Grundlagen der Elektrotechnik 1

von
Prof. Dipl.-Ing. Wolf-Ewald Büttner

3., verbesserte Auflage

Oldenbourg Verlag München

Prof. Dipl.-Ing. Wolf-Ewald Büttner war von 1986 bis 2005 Professor an der FH Regensburg, wo er Vorlesungen hielt zu den Themen Grundlagen der Elektrotechnik, Automatisierungstechnik, Technische Zuverlässigkeit, Energietechnische Anlagen und Kernkraftwerkstechnik. Professor Büttner hat über 50 Veröffentlichungen insbesondere im Bereich Kernenergie und besitzt den Lehrbrief für Grundlagen der Elektrotechnik für das Fernlehrinstitut Eckert. Seit 2010 lehrt er an der DIPLOMA Hochschule am Standort Regenstauf das Fach *Grundlagen der Elektrotechnik*.

Bibliografische Information der Deutschen Nationalbibliothek

Die Deutsche Nationalbibliothek verzeichnet diese Publikation in der Deutschen Nationalbibliografie; detaillierte bibliografische Daten sind im Internet über http://dnb.d-nb.de abrufbar.

© 2011 Oldenbourg Wissenschaftsverlag GmbH
Rosenheimer Straße 145, D-81671 München
Telefon: (089) 45051-0
www.oldenbourg-verlag.de

Lektorat: Martin Preuß
Herstellung: Constanze Müller
Titelbild: thinkstockphotos.de
Einbandgestaltung: hauser lacour
Gesamtherstellung: Grafik + Druck, München

Dieses Papier ist alterungsbeständig nach DIN/ISO 9706.

ISBN 978-3-486-70706-9

Inhaltsverzeichnis

Vorwort

Liebe Studierende,

als Leserin oder Leser möchte ich Sie nicht ansprechen, denn das vorliegende Grundlagenbuch eignet sich kaum als Lektüre zum Zeitvertreib. Sie haben mit der Wahl Ihres Studienfaches eine wichtige Entscheidung getroffen. Die zahlreichen Kontakte zu meinen Studentinnen und Studenten, die oft noch viele Jahre in deren Berufsleben hinein weiterreichen, bestätigen, dass die meisten diese Wahl nie bereuten, sondern Freude an diesem kreativen, innovativen Beruf haben. Wäre da nur nicht die hohe Hürde der ersten Semester mit den vielen Grundlagenvorlesungen. Ich hoffe, dass dieses Buch Ihnen das Studium etwas erleichtert und eine dieser Hürden zu nehmen hilft. Für Anregungen und Kritik bin ich offen und dankbar. Das Vorwort hatte ich, das abschließende Urteil über dieses Buch haben Sie.

Da das Leben aber nicht nur aus dem Beruf besteht, möchte ich Ihnen gerne noch ein Wort des französischen Physikers und Mathematikers André Marie Ampère (* Polémieux 22. Jan. 1775, † Marseille 10. Juni 1836), nach dem die Einheit der elektrischen Stromstärke benannt ist, weitergeben. Es ist altmodisch formuliert, aber zeitlos aktuell in der Aussage und deshalb des Nachdenkens wert:

„Nimm dich in Acht, dass du nicht so ausschließlich mit den Wissenschaften dich beschäftigst. Arbeite im Geiste des Gebetes, erforsche die Dinge dieser Welt, das gebietet dir die Pflicht deines Berufes, aber blicke sie nur mit einem Auge an, damit dein anderes Auge beständig durch das ewige Licht gefesselt sei. Höre die Weltweisen, aber höre sie nur mit einem Ohr, dass das andere immer bereit sei, die sanften Töne deines himmlischen Freundes aufzunehmen. Schreibe nur mit der einen Hand, mit der anderen halte dich am Kleide Gottes, wie ein Kind sich liebend an den Kleidern seines Vaters hält. Ohne diese Vorsicht zerschmetterst du dir unfehlbar an irgendeinem Fels den Kopf."

Regenstauf   Wolf-Ewald Büttner

1   Einleitung

Dieses Lehrbuch wendet sich an Studierende der Elektrotechnik und Mechatronik an Fachhochschulen und Technischen Universitäten, kann jedoch auch an Technikerschulen oder Höheren Technischen Lehranstalten eingesetzt werden, auch wenn die behandelten Themen den dort gelehrten Stoffumfang übersteigen. Dabei ist das Lehrbuch gleichermaßen als Begleitlektüre zu den Vorlesungen wie zum Selbststudium geeignet und kann auch in der Berufspraxis wertvolle Hilfe leisten.

Der vorliegende erste Band umfasst stationäre Vorgänge in elektrischen Gleichstromkreisen mit den Berechnungsverfahren für elektrische Netzwerke, einfache Schaltvorgänge sowie das stationäre elektrische als auch das stationäre und zeitlich veränderliche magnetische Feld. Der zweite Band behandelt den Wechsel- und Drehstrom, Ortskurven, nichtsinusförmige Größen, Schalt- und Einschwingvorgänge, elektromagnetische Felder und den Transformator.

Es wurde versucht, den Stoff so kompakt wie möglich und so ausführlich wie nötig darzustellen, was Kompromisse erforderte. In einer Vorlesung kann durch die Rückkopplung zu den Hörern bei schwierigen Themen ein Sachverhalt nochmals auf andere Weise erläutert oder durch weitere Übungsaufgaben erschlossen werden, was leider bei einem Buch entfällt.

Der Lehrstoff muss nicht zwangsläufig in der hier dargebotenen Reihenfolge durchgearbeitet werden. Zum Beispiel kann das magnetische Feld auch vor dem elektrischen durchgenommen oder es können auch einzelne Kapitel übersprungen werden, dies gilt insbesondere, wenn das Lehrbuch als Begleitlektüre zu Vorlesungen benutzt wird. Für das Selbststudium empfiehlt sich jedoch die hier aus didaktischen Gründen gewählte Vorgehensweise.

Vorausgesetzt werden physikalische und mathematische Grundkenntnisse, wie sie an Gymnasien, Fachober- oder Berufsoberschulen gelehrt werden und auch parallel zu den Vorlesungen Grundlagen der Elektrotechnik in den Mathematikvorlesungen an Fachhochschulen und Technischen Universitäten vermittelt werden. Trotzdem werden wichtige Formeln ausführlich hergeleitet, denn ohne diese Herleitung ist auch ihr Gültigkeitsbereich nicht zu erkennen. Weiter weckt die Herleitung ein tieferes Verständnis für die Problemstellungen und deren Lösungen und stellt nebenbei eine gute Übungsmöglichkeit dar. Zudem trifft man in der beruflichen Praxis oft Aufgabenstellungen, für die auf Anhieb keine passende Formel in einem Lehr- oder Formelsammlungsbuch zu finden ist. Durch die ausführliche Herleitung soll auch die Fähigkeit geübt werden, wie man an eine Problemstellung herangeht.

Soweit möglich erfolgt immer wieder ein Brückenschlag zur beruflichen Praxis. Das Lehrgebiet Grundlagen der Elektrotechnik trägt seinen Namen nicht umsonst, vielmehr bildet es das Fundament für die meisten anderen fachspezifischen Gebiete. Trotzdem ist der Praxisbezug nur bedingt möglich. Bei vielen praktischen Aufgabenstellungen müssen mehrere Faktoren gleichzeitig bedacht und berücksichtigt werden, was berufliche Erfahrung voraussetzt. Diese fehlende Erfahrung durch ellenlange Erklärungen ersetzen zu wollen, würde ein Lehrbuch unlesbar machen, dazu spannt sich der Bogen der praktischen Anwendungen und Aufgabenfelder fast unübersehbar weit. So wird sich der Nutzen oder die Notwendigkeit der hier behandelten Themen an manchen Stellen erst im Laufe des weiteren Studiums erschließen.

Unerlässlich für die Kontrolle, ob der Lehrstoff auch verstanden wurde, ist die Anwendung des Gelernten auf praktische Aufgabenstellungen. Dies ist nur durch die selbstständige Lösung der Übungsaufgaben in einer angemessenen Zeit möglich. Die eigenen Lösungen der Aufgaben sollten immer erst nach dem selbstständigen Durcharbeiten mit den Musterlösungen verglichen werden. Meist sind auch noch andere Lösungswege als in den Musterlösungen angegeben, möglich. Weitere Übungsaufgaben lassen sich dadurch schaffen, dass man bei den Übungen und Aufgaben die ursprünglich gegebenen Größen als unbekannt und die gesuchten als nunmehr gegeben annimmt, oder man löst die zahlreichen Beispiele mit Hilfe eines anderen Verfahrens als im Buch angegeben. Sehr bewährt haben sich auch Lerngruppen. In der späteren Praxis ist Teamfähigkeit und Gemeinschaftsgeist gefragt, gemeinsam kommt man leichter auf die Lösungen und kann Unklarheiten beseitigen, man gibt auch nicht so schnell auf. Wichtig ist die optimale eigene Lernmethode für sich selbst zu finden und zu entwickeln, aber auch die beste Methode ersetzt nicht den Fleiß. Bei den Lösungen von Übungsaufgaben sollten für die physikalischen Größen nicht mehr als drei bis vier laufende Ziffern angegeben werden, eine genauere Angabe ist für die Praxis meist nicht sinnvoll.

Sollten trotz sorgfältigen Korrekturlesens noch Fehler entdeckt werden, so werden diese und die entsprechenden Berichtigungen dazu auf der Internetseite des Buches – zu finden über www.oldenbourg-verlag.de/wissenschaftsverlag/ unter dem Reiter „Zusatzmaterialien" – aufgeführt. Kritik, Anregungen und eine Mitteilung über entdeckte Fehler sind erwünscht.

2 Grundbegriffe

In diesem ersten Band werden mit Ausnahme einfacher Schaltvorgänge im Gleichstromkreis (Abschn. 4.7 und 6.3) und der Induktionswirkung im magnetischen Feld (Abschn. 6.1) nur **stationäre Vorgänge** betrachtet, d. h. die elektrischen oder magnetischen Größen ändern sich zeitlich nicht. Stationäre physikalische Größen werden durch das für sie vorgesehene Formelzeichen dargestellt. Ändern sich die Größen jedoch zeitlich, so wird dies – soweit erforderlich – durch den Zusatz der Zeitabhängigkeit oder bei einigen elektrischen Größen durch die Kleinschreibung des Formelzeichens angezeigt. Ein stationärer Strom wird z. B durch das Formelzeichen I dargestellt, ein sich zeitlich ändernder Strom dagegen durch $I(t)$ oder i, man nennt dies den Augenblickswert des Stromes.

2.1 Elektrische Ladung

Das Wesen des elektrischen Stromes soll anhand des bohr-sommerfeldschen Atommodells erläutert werden. In der Technik sollen Modelle einen beobachteten Sachverhalt möglichst einfach beschreiben und vor allem dessen Formulierung mit Hilfe mathematischer Gleichungen erleichtern. Ein Modell muss für den Beobachtungsausschnitt vollständig, widerspruchsfrei und definierbar sein, wird der Beobachtungsumfang vergrößert, so muss auch in der Regel das Modell angepasst und erweitert werden.

Nach dem bohr-sommerfeldschen Atommodell, das für die Betrachtungen hier ausreicht, besteht ein Atom aus dem Atomkern und aus Elektronen, die den Atomkern auf bis zu sieben Kreis- oder Ellipsenbahnen unterschiedlichen Abstandes umlaufen. Der Atomkern selbst besteht aus Protonen und Neutronen. Protonen sind elektrisch positiv, Elektronen negativ geladen. Neutronen besitzen nach diesem Modell keine Ladung. Die Ladung eines Protons oder Elektrons stellt dabei die kleinste vorkommende und nicht weiter teilbare Ladung dar und wird Elementarladung e genannt.

$$e = 1{,}602 \cdot 10^{-19} \, \text{C} \quad \text{(Coulomb)} \tag{2.1}$$

Ein Elektron trägt somit die Ladung $-e$ und ein Proton die Ladung $+e$. Normalerweise besitzt ein Atom genauso viele Elektronen auf seinen Elektronenschalen wie Protonen im Atomkern. Ein solches Atom ist nach außen elektrisch neutral.

Ein Atom kann aber auch zu einem Ion werden, z. B. durch eine größere Energiezufuhr von außen oder die Einbindung in ein Kristallgitter. Ein Atom (oder Molekül), das mehr Elektronen als Protonen besitzt, ist somit ein negatives Ion bzw. umgekehrt ein positives Ion.

Freie Elektronen treten insbesondere im Kristallgitter von Metallen auf, dort sind die Atome ionisiert. Es handelt sich dabei um die Elektronen auf der äußeren Elektronenschale, den so genannten Valenzelektronen, die nicht mehr einem bestimmten Atom zuzuordnen sind.

In Halbleitern tritt ein weiteres Phänomen auf, wenn in das reine Halbleitermaterial Fremdatome eingebracht werden, denen ein Elektron zur vollständigen Bindung fehlt. Solche Fremdatome nehmen von einem benachbarten Halbleiteratom ein Valenzelektron auf, worauf dieses positiv geladen wird und seinerseits ein anderes Valenzelektron aufnimmt. Obwohl sich also in Wirklichkeit Elektronen bewegen, erscheint es von außen, als ob positive Ladungen wandern würden. Man spricht hier von Defektelektronen oder Löchern.

Zum Transport von Ladungen in Festkörpern kommen nur Elektronen und Defektelektronen in Frage. Die positiv geladenen (ionisierten) Ionen im Kristallgitter bewegen sich zwar ebenso wie die Elektronen um ihre Ruhelage, wobei die Schwingungsweite mit zunehmender Temperatur steigt, sind aber nicht frei beweglich. Diese Bewegung ist ungeregelt. In Gasen dagegen tragen auch die Ionen und in Flüssigkeiten nur Ionen zum Ladungstransport bei.

Die Ladungsmenge bzw. die Elektrizitätsmenge eines Körpers, die in eine Bewegung versetzt werden kann, wird mit Q bezeichnet. Ist die Anzahl n der freien Ladungsträger pro Volumeneinheit in einem Körper bekannt, so kann seine Ladungsmenge berechnet werden. Da in der Praxis hauptsächlich Festkörper als Leitermaterial (siehe Abschn. 2.2) verwendet werden und diese nur Elektronen als Ladungsträger haben, sei hier nur deren Anzahl mit n_n angegeben.

$$Q = -e \cdot n_n \cdot V = -e \cdot n_n \cdot l \cdot A \qquad\qquad (2.2)$$

Dabei ist n_n die Anzahl der freien, negativ geladenen Ladungsträger pro Volumeneinheit, V das Volumen des Körpers und l seine Länge sowie A sein Querschnitt. Die Dimension von Q ist somit:

$$[Q] = [e] \cdot [n_n] \cdot [l] \cdot [A] = 1\,\mathrm{C} \cdot \mathrm{m}^{-3} \cdot \mathrm{m} \cdot \mathrm{m}^2 = 1\,\mathrm{C}\,.$$

Die Ladung Q ist ebenso wie die Elementarladung e eine skalare Größe.

2.2   Leiter und Nichtleiter

Stoffe, die sich für den Transport elektrischer Ladungsträger gut eignen, werden Leiter genannt. Voraussetzung ist dabei, dass sie pro Volumeneinheit über eine große Anzahl freier Ladungsträger verfügen.

Die wichtigste Gruppe von Leitern stellen die Metalle bzw. Metalllegierungen dar. Sie ändern sich chemisch nicht bei einem Ladungstransport und werden Leiter erster Klasse genannt. Der beste Leiter ist Silber, ihm folgen Kupfer, Gold und Aluminium, auch Kohle gehört zu den Leitern erster Klasse. Bei den Leitern zweiter Klasse erfolgt durch den Ladungstransport eine chemische Veränderung. Zu ihnen zählen verdünnte Säuren und Basen sowie wässrige Salzlösungen und Gase. Gase zählen zwar eigentlich zu den Nichtleitern, durch äußere Energiezufuhr können aber Atome oder Moleküle in ihnen ionisiert werden, so dass eine genügend große Anzahl frei beweglicher Ladungsträger zur Verfügung steht.

Die Anzahl der frei beweglichen Elektronen beträgt in Metallen ca. 10^{23} pro cm^3.

Bei den Nichtleitern oder Isolatoren ist die Anzahl der frei beweglichen Ladungsträger um ca. 10 Zehnerpotenzen geringer, d. h. auch hier stehen frei bewegliche Elektronen oder Ionen zur Verfügung, als idealer Nichtleiter kann nur Vakuum gelten. Die wichtigsten festen Nichtleiter in der Technik sind Kunststoffe, Glas, Porzellan, Quarz, Glimmer, Papier, Seide, Hartgummi und Bernstein. Ebenso sind viele Flüssigkeiten Nichtleiter wie z. B. Transformatorenöl oder reines Wasser. Wie bereits erwähnt, zählen auch die Gase und insbesondere die Edelgase zu den Nichtleitern und werden deshalb ebenfalls in der Technik als Isolatoren eingesetzt wie z. B. Luft oder Schwefelhexafluorid.

Zwischen den Leitern und Nichtleitern stehen die Halbleiter. Bei Zimmertemperatur besitzen sie nur eine geringe Anzahl freier Ladungsträger und verhalten sich demnach wie Nichtleiter. Schon durch eine geringe Energiezufuhr von außen, z. B. durch Erwärmung oder Lichteinfall oder durch eine gezielte Verunreinigung (Dotierung) des Halbleitermaterials mit Fremdatomen kann die Anzahl der freien Ladungsträger wesentlich erhöht werden, so dass sich die Halbleiter dann wie Leiter verhalten.

2.3   Elektrischer Strom und Stromstärke

Ein elektrischer Strom fließt immer dann, wenn sich der ungeregelten Bewegung der Ladungsträger eine gemeinsame Bewegungsrichtung überlagert, d. h. ein elektrischer Strom kommt durch die gerichtete Bewegung elektrischer Ladungsträger zustande.

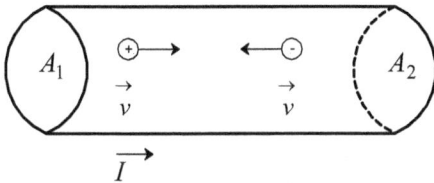

Abb. 2.1: Zusammenhang zwischen der Bewegungsrichtung von Ladungsträgern und der Stromrichtung

Ladungsträger vom Querschnitt A_1 zum Querschnitt A_2 bewegen bzw. negative vom Querschnitt A_2 zum Querschnitt A_1 (siehe Abb. 2.1). Man nennt dies den **Richtungssinn** Nach DIN 5489 wird ein Strom in einem Leiter als positiv definiert, wenn sich positive **des Stromes.**

Auf die Ursache für den Ladungsträgertransport, d. h. auf die Kraftwirkung auf Ladungsträger in einem elektrischen Feld, wird erst im Abschn. 4.3.1 über das elektrische Feld näher eingegangen.

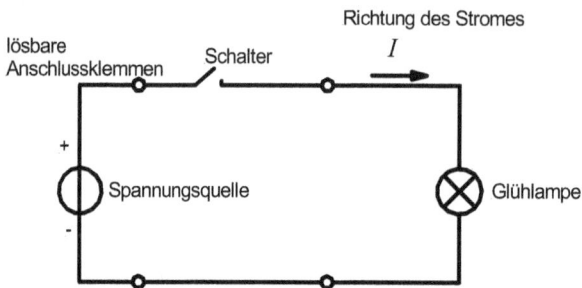

Abb. 2.2: Schaltplan eines einfachen unverzweigten Stromkreises mit Richtungssinn des Stromes

In der Abb. 2.2 ist ein Stromkreis dargestellt. Die Bedeutungen der Symbole sind dabei in der Abbildung benannt. Bei der angegebenen Polung der Spannungsquelle wird nach dem Schließen des Schalters ein Strom in der eingetragenen Pfeilrichtung fließen, da sich die freien Elektronen in der Leitung vom Minus- zum Pluspol der Quelle bewegen. In dem Stromkreis lassen sich unterschiedliche Wirkungen des elektrischen Stromes beobachten:

1. Die Leitungen und die Glühlampe werden erwärmt.

2. Nimmt man an, dass die Spannungsquelle eine Batterie ist, so treten in ihr chemische Wirkungen auf. Ebenso würden diese auftreten, wenn z. B. anstelle der Glühlampe ein Behälter mit einer wässrigen Salzlösung in den Stromkreis geschaltet worden wäre.

3. Der Strom ruft in der Umgebung des Leiters Kräfte auf benachbarte ferromagnetische Stoffe, Dauermagnete oder andere stromdurchflossene Leiter hervor.

Während die Wärmewirkung unabhängig von der Stromrichtung ist (bei Umpolung der Spannungsquelle und gleicher Zeitdauer des Stromflusses tritt die gleiche Erwärmung auf wie vorher), ergibt sich bei der chemischen und magnetischen Wirkung eine Abhängigkeit von der Stromrichtung. Es würde z. B. eine in die Nähe der Leitung gebrachte Magnetnadel bei Umpolung der Spannungsquelle und damit Umkehr der Stromlaufrichtung in die andere Richtung ausschlagen.

Der elektrische Strom wird durch die elektrische Stromstärke I beschrieben, die in Kurzform üblicherweise Strom genannt wird. Im weiteren Verlauf des Buches wird dieser Kurzform gefolgt. Der Richtungssinn des Stromes ist im Schaltplan durch einen Pfeil neben der Leitung bezeichnet.

Außerhalb der Spannungsquelle verläuft der Strom vom Pluspol der Quelle zum Minuspol, innerhalb der Quelle vom Minus- zum Pluspol. Technische Geräte, bei deren Anschluss auf die Polung geachtet werden muss, tragen eine Kennzeichnung. Der Pluspol wird dabei auch Anode genannt, bei ihm tritt der Strom in das Gerät ein und kommt beim Minuspol, der Kathode, wieder heraus.

Seit 1969 ist in der Bundesrepublik Deutschland das Internationale Einheitensystem (Système International, SI) verbindlich eingeführt. Danach sind die folgenden Grund- oder Basiseinheiten definiert, aus denen alle weiteren abgeleitet sind:

Tab. 2.1: Basisgrößen des Internationalen Einheitensystems

Physikalische Größe	Maßeinheit	Kurzzeichen
Länge	Meter	m
Masse	Kilogramm	kg
Zeit	Sekunde	s
Stromstärke	Ampere	A
Temperatur	Kelvin	K
Lichtstärke	Candela	cd
Stoffmenge	Mol	mol

Die Stromstärke könnte grundsätzlich aus allen drei Wirkungen definiert werden; nach dem SI-System ist die Maßeinheit Ampere wie folgt festgelegt:

1 Ampere ist die Stärke eines zeitlich unveränderlichen elektrischen Stromes, der, durch zwei im Vakuum parallel im Abstand 1 Meter voneinander angeordnete, geradlinige, unendlich lange Leiter von vernachlässigbar kleinem, kreisförmigen Querschnitt fließend, zwischen diesen Leitern auf je 1 Meter Leiterlänge elektrodynamisch die Kraft $2 \cdot 10^{-7}$ Newton ($1\,\mathrm{N} = 1\,\mathrm{kg} \cdot \mathrm{m/s^2}$) hervorrufen würde.

Da ein Strom durch den Transport von Ladungsträgern zustande kommt, hängen die Stromstärke (oder kurz der Strom) I und die Ladungsmenge Q zusammen. Fließt durch einen Leiter der Länge l und des Querschnitts A während eines Zeitabschnitts Δt die Ladungsmenge ΔQ, so ist der Strom I bzw. i (zeitunabhängige Größen werden durch Großbuchstaben und zeitabhängige durch Kleinbuchstaben gekennzeichnet, vgl. z. B. Abschn. 4.7 oder Kapitel 6).

$$I = \frac{\Delta Q}{\Delta t} \quad \text{bzw.} \quad i = \frac{dQ}{dt} \qquad [I] = 1\,\text{A}$$

$$\text{mit} \quad \Delta Q = \Delta Q_p - \Delta Q_n$$

(2.3)

Die Beträge der positiven und negativen Ladungen müssen addiert werden, da beide Ladungsträgerarten zum Stromfluss beitragen und durch die Definition der positiven Stromrichtung die negativen Ladungsträger entgegen der Stromrichtung fließen. Bei den meisten technischen Anwendungen kommen allerdings nur Elektronen als negative Ladungsträger vor. Ein Strom, bei dem pro Zeiteinheit immer die gleiche Ladungsmenge durch einen Querschnitt fließt, d. h. bei dem $\Delta Q / \Delta t$ konstant ist, nennt man **Gleichstrom (DC)**. Die ersten Kapitel befassen sich ausschließlich mit Gleichstrom.

Setzt man als Anfangsbedingung für den Zeitpunkt $t = 0$ die Ladungsmenge $Q = 0$, so geht die Gleichung 2.3 über in die Form:

$$I = \frac{Q}{t} \quad \text{bzw.} \quad Q = I \cdot t$$

(2.4)

Da die Ladungsmenge Q und die Zeit t skalare Größen sind, muss auch der Strom I ein Skalar sein. Ein negatives Vorzeichen des Stroms bezieht sich nur darauf, dass positive Ladungsträger entgegengesetzt und negative in der eingetragenen Stromrichtung fließen, es hat keine geometrische Bedeutung.

Nach der Gleichung 2.3 kann man die Dimension 1 C (Coulomb) durch die Basiseinheiten Ampere und Sekunde ausdrücken:

$$[Q] = [I] \cdot [t] = 1\,\text{A} \cdot \text{s} = 1\,\text{C}$$

2.4 Driftgeschwindigkeit der Ladungsträger

In einem unverzweigten Stromkreis ist der Strom überall gleich groß. Besteht ein Stromkreis aus mehreren Abschnitten unterschiedlichen Querschnitts, so muss demnach nach Gleichung 2.3 in allen Leitungsquerschnitten pro Zeiteinheit die gleiche Ladungsmenge hindurchströmen. In den Leitungsabschnitten mit großem Querschnitt ist also die Strömungsgeschwindigkeit der Ladungsträger klein, in denen mit kleinem Querschnitt entsprechend größer.

Betrachtet man einen metallischen Leiter, in dem nur negative Ladungsträger vorkommen, so erhält man mit den Gleichungen 2.4, 2.3 und 2.2

$$I = \frac{Q}{t} = \frac{-Q_n}{t} = \frac{n_n \cdot e \cdot A \cdot l}{t} \qquad \text{Der Ausdruck } \frac{l}{t} \text{ ist dabei die Geschwindigkeit.}$$

Somit ist die Driftgeschwindigkeit v_n der negativen Ladungsträger:

$$v_n = \frac{I}{n_n \cdot e \cdot A} \hspace{5cm} (2.5)$$

Existieren in einem Leiter sowohl positive wie auch negative Ladungsträger, so ist:

$$I = I_p + I_n = e \cdot A \cdot \left(n_p \cdot v_p + n_n \cdot v_n\right)$$

Beispiel:
Es soll die mittlere Driftgeschwindigkeit der Leitungselektronen in einem Kupferdraht mit einem Querschnitt von $A = 1 \text{ mm}^2$ bei einer Stromstärke von $I = 5$ A bestimmt werden. Die Anzahl der freien Ladungsträger bei Kupfer ist $n_{n_{Cu}} = 8{,}45 \cdot 10^{22} \text{ cm}^{-3}$.

$$v_n = \frac{5\,\text{A}}{8{,}45 \cdot 10^{28}\,\text{m}^{-3} \cdot 1{,}602 \cdot 10^{-19}\,\text{A} \cdot \text{s} \cdot 10^{-6}\,\text{m}^2} = 0{,}369\,\frac{\text{mm}}{\text{s}}$$

Die Driftgeschwindigkeit ist also ziemlich klein. Allerdings nehmen alle freien Ladungsträger im Leiter ihre Bewegung beim Einschalten mit Lichtgeschwindigkeit auf, somit wird der Strom praktisch überall gleichzeitig wirksam.

2.5   Stromdichte

Aus der Gleichung 2.5 ist ersichtlich, dass in einem bestimmten Leiter mit vorgegebener Anzahl freier Ladungsträger deren Driftgeschwindigkeit nur von dem Quotienten I/A abhängt. Diesen Quotienten nennt man die Stromdichte J.

$$J = \frac{I}{A} \hspace{5cm} (2.6)$$

Die übliche Dimension für die Stromdichte ist:

$$[J] = \frac{[I]}{[A]} = 1\,\frac{\text{A}}{\text{mm}^2}$$

Die Stromdichte ist die wichtigste Belastungsgröße für elektrische Leiter. Bei zu großen Werten werden das Leitermaterial und die Isolierung durch die Wärmewirkung unzulässig erwärmt und u. U. zerstört. Für die unterschiedlichen Leitungen ist die zulässige Stromdichte in VDE 0100, Teil 523 festgelegt.

In der Technik kann man meist davon ausgehen, dass ein Leiter aus nur einem Material besteht, man spricht dann von einem **homogenen Leiter**. Ist der Querschnitt des Leiters über die gesamte Länge konstant und zudem der Leiterdurchmesser sehr klein gegenüber der

Leiterlänge, so spricht man von einem **linearen Leiter**. In einem linearen, homogenen Leiter ist bei Gleichstrom die Stromdichte über den gesamten Querschnitt konstant.

Bemerkung:
Im bisherigen Kapitel 2 wurden die Größen l, v, A und J als skalare Größen geschrieben, obwohl sie eigentlich Vektoren sind. Dies ist für die Betrachtungen in Kapitel 2 und 3 ausreichend, da hier immer davon ausgegangen wird, dass es sich um gerade Leiter handelt und die Ladungsträger durch eine Fläche so hindurchfließen, dass die Richtung der Geschwindigkeit senkrecht zur Fläche ist. Dieser Sonderfall kommt in der Technik am häufigsten vor. Im Kapitel über das elektrische Feld wird dann auf die vektorielle Schreibweise dieser Größen und das Vorgehen bei inhomogenen und nichtlinearen Leitern oder inhomogenen Feldern eingegangen.

2.6   Energie

Die im anschließenden Kapitel behandelten Größen Potenzial und Spannung werden über die Energie definiert, daher muss vorher auf diese eingegangen werden. Auf die elektrische Energie und ihre Umwandlung in andere Energieformen wird in Abschn. 2.10 und 2.11 noch näher eingegangen.

> Energie ist die Fähigkeit, Arbeit zu verrichten. Das bedeutet, dass bei der Umwandlung der Energie von einer Energieform in eine andere Arbeit verrichtet wird. Nach dem Energieerhaltungssatz bleibt in einem geschlossenen System die Gesamtmenge der Energie konstant. Einrichtungen, die aus einer anderen Energieform elektrische Energie erzeugen, nennt man Erzeuger; Einrichtungen, die elektrische Energie in eine andere Form überführen, nennt man Verbraucher.

Energie und Arbeit erhalten das Formelzeichen W. Die Dimension für beide Größen ist das Joule J. Die Energie ist eine skalare Größe.

$$[W] = 1\,\mathrm{J} = 1\,\mathrm{N} \cdot \mathrm{m} = 1\,\frac{\mathrm{kg} \cdot \mathrm{m}^2}{\mathrm{s}^2} = 1\,\mathrm{W} \cdot \mathrm{s}$$

Daneben verwendet man z. B. in der Kernphysik oder Halbleitertechnik die Dimension 1 eV (Elektronenvolt), 1 eV = $1{,}602 \cdot 10^{-19}$ W·s.

In einem Erzeuger wird demnach ständig von außen zugeführte nichtelektrische Energie in elektrische umgewandelt und über eine Leitung dem Verbraucher zugeführt, der sie wiederum in nichtelektrische umwandelt. Somit muss der Erzeuger die Ladungsträger auf der Hinleitung zum Verbraucher auf ein höheres Energieniveau heben; beim Durchlaufen des Verbrauchers verlieren die Ladungsträger dieses hohe Niveau wieder und fallen bis zur

Rückleitung auf ihr ursprüngliches Niveau zurück. In dem Erzeuger werden sie dann wieder auf ein höheres Energieniveau gehoben. Auf die Ladungsträger wird eine Kraft ausgeübt, die diese in Richtung der Kraftwirkung bewegt, d. h. Arbeit wird verrichtet. Auf diese Zusammenhänge wird nochmals im Kapitel über das elektrische Feld eingegangen. Bei einem metallischen Leiter, in dem es nur negativ geladene Elektronen als freie Ladungsträger gibt, befinden sich diese also am Minuspol des Erzeugers auf einem hohen Energieniveau und am Pluspol auf einem niedrigen.

2.7   Elektrisches Potenzial und elektrische Spannung

Wie aus Abschn. 2.6 ersichtlich, kann man einer Ladung in einem elektrischen Stromkreis an jedem Ort innerhalb des Stromkreises ein Energieniveau zuordnen. Dieses ist aber nicht nur vom Ort, sondern auch von der Größe der Ladung und ihrem Vorzeichen abhängig. Ein solches Vorgehen ist aber umständlich, außerdem möchte man die Eigenschaft der Ladungen an unterschiedlichen Orten durch eine ladungsunabhängige elektrische Größe beschreiben. Deshalb wurde als elektrisches Potenzial φ (phi) das auf die Ladung Q bezogene Energieniveau W der Ladung definiert.

$$\varphi = \frac{W}{Q} \tag{2.7}$$

Wie die Energie und die Ladung ist das Potenzial eine skalare Größe. Die Dimension von φ ergibt sich aus den Dimensionen von W und Q:

$$[\varphi] = \frac{[W]}{[Q]} = 1\,\frac{\text{J}}{\text{C}} = 1\,\frac{\text{W} \cdot \text{s}}{\text{A} \cdot \text{s}} = 1\,\text{V} \quad (\text{Volt})$$

Die Dimension Volt gehört nicht zu den Basisgrößen des SI-Einheitensystems. Wollte man das Volt durch die Basisgrößen ausdrücken, so wäre

$$1\,\text{V} = 1\,\frac{\text{J}}{\text{C}} = 1\,\frac{\text{N} \cdot \text{m}}{\text{A} \cdot \text{s}} = 1\,\frac{\frac{\text{kg} \cdot \text{m}}{\text{s}^2} \cdot \text{m}}{\text{A} \cdot \text{s}} = 1\,\frac{\text{kg} \cdot \text{m}^2}{\text{A} \cdot \text{s}^3}.$$

Nach dieser Definition und dem unter Abschn. 2.6 Gesagten ist also in einem Stromkreis, wie er z. B. in Abb. 2.2 gezeigt ist, das Potenzial am Pluspol immer höher als am Minuspol.

In technischen Anwendungen ist allerdings nicht die absolute Größe des Energieniveaus an einem bestimmten Ort von besonderem Interesse, sondern die Änderung des Energieniveaus einer Ladung zwischen zwei Punkten. In Abb. 2.3 ist ein Leiterstück dargestellt, in dem sich eine negative Ladung von $Q = -1$ C am Punkt 2 auf einem Energieniveau von $W = 2$ J befindet und sich zum Punkt 1 bewegt, dort habe sie noch $W = 1$ J.

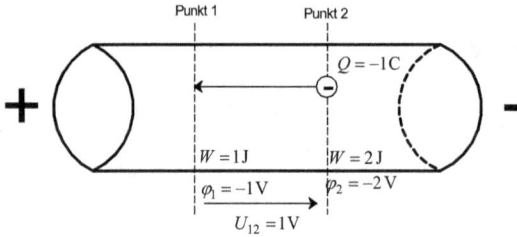

Abb. 2.3: Änderung des Energieniveaus einer Ladung längs eines Weges und Potenzialdifferenz

Nach Gleichung 2.7 ist das Potenzial bei Punkt 1 $\varphi_1 = -1$ V und bei Punkt 2 $\varphi_2 = -2$ V. Die Energiedifferenz zwischen den Punkten 1 und 2 ist $W_{12} = W_1 - W_2 = -1$ J und die Potenzialdifferenz ist $\varphi_1 - \varphi_2 = -1$ V $- (-2$ V$) = 1$ V.

Bezieht man die Änderung des Energieniveaus einer Ladung auf dieselbe, so erhält man die elektrische Spannung U, die wie φ ein Skalar ist und die gleiche Dimension wie das Potenzial φ hat:

$$U_{12} = \frac{W_{12}}{Q} = \frac{W_1 - W_2}{Q} = \varphi_1 - \varphi_2 \qquad [U] = 1\,\mathrm{V} \quad (\text{Volt}) \qquad (2.8)$$

Die Reihenfolge der Indizes beschreibt dabei, wie die Potenzialdifferenz betrachtet wird. So ist $U_{21} = \varphi_2 - \varphi_1 = -U_{12}$. Eine Spannung U_{12} ist dann positiv, wenn das Potenzial bei Punkt 1 größer ist als bei 2, dies bezeichnet man als den **Richtungssinn der Spannung** (vgl. Abb. 2.3). Da das Potenzial am Pluspol stets höher als am Minuspol ist, ist eine positive Spannung immer vom Plus- zum Minuspol gerichtet. Wenn ein Strom fließt, so herrscht auch längs des Strompfades immer eine Potenzialdifferenz, und nur wenn eine Spannung zwischen zwei Punkten herrscht, kann ein Strom fließen.

Beispiel:
Ein Verbraucher liegt an einer Spannung von $U = 24$ V, dabei fließt ein Strom von 0,5 A. Welche Ladungsmenge fließt dabei während einer Zeitdauer von 1 h durch den Verbraucher und welche elektrische Energie wird ihm dabei zugeführt und in ihm in Wärmeenergie umgewandelt?

$$Q = I \cdot t = 0{,}5\,\mathrm{A} \cdot 3600\,\mathrm{s} = 1{,}8\,\mathrm{kC}$$

$$W = U \cdot Q = 24\,\mathrm{V} \cdot 1{,}8\,\mathrm{kC} = 43{,}2\,\mathrm{kJ} = 43{,}2\,\mathrm{kW} \cdot \mathrm{s} = 12\,\mathrm{W} \cdot \mathrm{h}$$

2.8   Zählpfeilsysteme

Die beiden skalare Größen Strom und Spannung werden in einem Stromkreis noch nicht allein durch ihren Betrag eindeutig ausgedrückt. Von gleicher Bedeutung ist, in welche Richtung eine Spannung wirkt bzw. ein Strom fließt. Es soll dies an einem einfachen Beispiel erläutert werden. Auf den Verbraucher in Abb. 2.4 wirken zwei Quellen. Die eine sei der Generator eines Autos, die andere der Akkumulator. Beim Starten des Fahrzeugs wird allein der Akkumulator Energie liefern und der Generator u. U. sogar als Verbraucher wirken, nämlich als Starter; in diesem Fall dreht sich die Stromrichtung im Generator um. Bei laufendem Generator und sehr starker Belastung liefern beide Quellen Energie an den Verbraucher. Dagegen wird der Akkumulator bei geringerer Beanspruchung durch den Verbraucher wieder aufgeladen, er wirkt also selbst als Verbraucher und dadurch kehrt sich auch die Richtung des Stromflusses in ihm um. Zur Berechnung der Ströme und Spannungen nimmt man deshalb deren Richtung an und kennzeichnet dies durch Spannungs- und Stromzählpfeile.

> Fällt die tatsächliche Richtung einer Größe mit der durch den Zählpfeil gewählten zusammen, so erhält die Spannung oder der Strom ein positives Vorzeichen, andernfalls ein negatives.

Beim Aufladen des Akkumulators würde z. B. der Strom I_2 negativ.

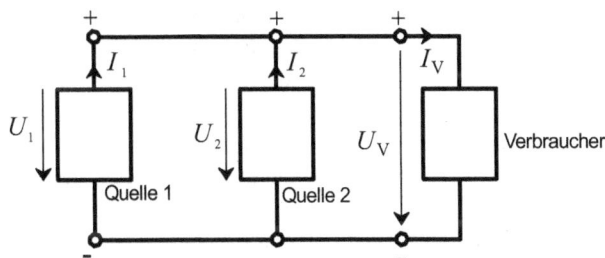

Abb. 2.4: Zählpfeile für Spannungen und Ströme

Eigentlich ist die Wahl der Zählpfeile willkürlich, denn erst das Vorzeichen einer Spannung oder eines Stromes zusammen mit dem Zählpfeil der Größe ergeben den wahren Richtungs- oder Laufsinn. Allerdings würde eine willkürliche Wahl die Berechnungsverfahren für Netzwerke unnötig erschweren.

Bei der Betrachtung eines Zweipols kann man zwei Zählpfeilsysteme unterscheiden, diese sind in Abb. 2.5 dargestellt. Der Begriff **Zweipol** deutet an, dass es sich um ein Schaltungselement mit zwei Anschlussklemmen handelt.

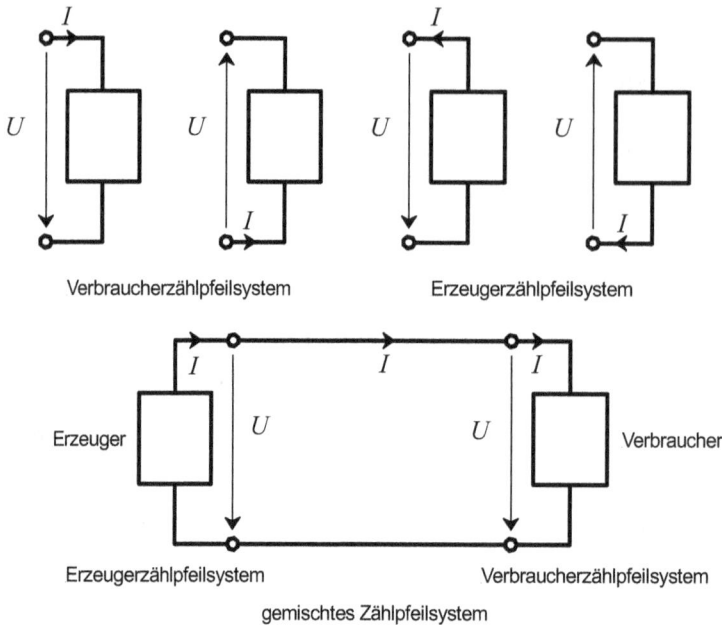

Abb. 2.5: Verbraucher- und Erzeugerzählpfeilsystem, gemischtes Zählpfeilsystem

Bei einem Zweipol, auf den das **Verbraucherzählpfeilsystem (VZS)** angewendet wird, gehen die Zählpfeile für U und I von der gleichen Anschlussklemme aus bzw. enden an der gleichen Anschlussklemme. Bei einem Zweipol, auf den das **Erzeugerzählpfeilsystem (EZS)** angewendet wird, gehen die Zählpfeile für U und I von unterschiedlichen Anschluss-polen aus. Da es in Schaltbildern üblich ist, bei unverzweigten Stromkreisen nur einmal in die Stromleitung einen Stromzählpfeil einzutragen, ergibt sich automatisch für die beiden Zweipole ein unterschiedliches Zählpfeilsystem, man spricht dann auch von einem **gemisch-ten Zählpfeilsystem (GZS)**. Man muss hier zur Feststellung, ob die zueinander gehörenden Größen U und I miteinander ein Verbraucher- oder Erzeugerzählpfeilsystem bilden, in Ge-danken den Stromzählpfeil hinter die Anschlussklemmen des Zweipols verschieben, wie es in der Schaltung in Abb. 2.5 vorgenommen wurde.

Handelt es sich bei einem Zweipol, auf den das Verbraucherzählpfeilsystem angewandt wur-de, tatsächlich um einen Verbraucher, so ergibt sich bei einer positiven Spannung ein positi-ver Strom, d. h. die Richtung der Spannung und die Stromlaufrichtung stimmen mit der Richtung der Zählpfeile überein. Ist dagegen die Spannung negativ, so muss auch der Strom negativ sein. Ist der Zweipol, auf den das Verbraucherzählpfeilsystem angewandt wurde, jedoch ein Erzeuger, so ergibt sich bei einer positiven Spannung ein negativer Strom und bei einer negativen Spannung ein positiver Strom.

Sinngemäß ergibt sich bei einem Erzeuger, auf den das Erzeugerzählpfeilsystem angewandt wurde, bei positiver Spannung ein positiver Strom und bei negativer Spannung ein negativer.

Bei Anwendung des Erzeugerzählpfeilsystems auf einen Verbraucher ist bei positiver Spannung der Strom negativ und bei negativer Spannung ist er positiv.

Wird ein separater Zweipol untersucht, so ist es üblich, auf ihn immer das Verbraucherzählpfeilsystem anzuwenden.

Vor der Berechnung einer Schaltung sind zuerst Zählpfeile für die Spannungen und Ströme anzugeben. Wird bei passiven Zweipolen nur ein Zählpfeil für den Strom angetragen, so wird der Zählpfeil für die an dem Zweipol abfallende Spannung automatisch in Richtung des Stromes angenommen, d. h. es wird für den Zweipol ein Verbraucherzählpfeilsystem unterstellt.

2.9   Elektrischer Widerstand

Die Moleküle eines Leiterwerkstoffs und damit auch deren Elektronen vollführen bei Temperaturen oberhalb des absoluten Nullpunktes ständig eine ungeregelte Wärmebewegung. Wird an den Leiter eine Spannung angelegt, so überlagert sich dieser Wärmebewegung eine gerichtete Bewegung der freien Elektronen. Diese stoßen ständig mit den Atomen des Leiterwerkstoffs zusammen und geben dadurch einen Teil ihrer kinetischen Energie an diese ab, wodurch sich deren thermische Bewegung erhöht und somit die Temperatur des Leiters zunimmt. Die durch diese Zusammenstöße verursachte Hemmung der Ladungsträger bezeichnet man als elektrischen Widerstand. Im allgemeinen Sprachgebrauch wird dieser Begriff auch auf ein Bauelement angewendet, in dem elektrische Energie in thermische umgewandelt wird. Solche Bauelemente werden durch die in Abb. 2.6 gezeigten Schaltzeichen in einer Schaltung dargestellt. Elektrische Widerstände sind **passive Zweipole**, das Attribut passiv weist darauf hin, dass der Zweipol ein Verbraucher ist.

| allgemein | mit Anzapfungen | veränderbar |

| mit Werkzeug einstellbar | mit Schleifkontakt | nichtlinear |

Abb. 2.6: Schaltzeichen für Widerstände

2.9.1   Strom-Spannungs-Kennlinie

Man spricht bei Verbrauchern davon, dass an ihnen ein **Spannungsabfall** auftritt. Eine weitere Anwendung dieses Begriffs findet sich in Abschn. 2.10.1. Damit bringt man zum Ausdruck, dass die Energie der Ladungsträger auf ihrem Weg durch einen Verbraucher vermindert wird (siehe Abschn. 2.7). Dieser Spannungsabfall entspricht der an den Verbraucher angelegten Spannung. Tatsächlich verbraucht ein Verbraucher keine Energie, er wandelt diese nur in eine andere Energieform um, er verbraucht dagegen Spannung.

Das Verhalten eines passiven Zweipols kann durch seine **Strom-Spannungs-Kennlinie** (I-U-Kennlinie) beschrieben werden. Dabei wird der Strom, der durch den Zweipol fließt, über der an den Zweipol angelegten bzw. an ihm abfallenden Spannung aufgetragen. Es gibt jedoch auch Anwendungsgebiete, wie z. B. in der Energietechnik, bei denen üblicherweise die Spannung über dem Strom aufgetragen wird. In den Schaltungen wird ein Strommesser in den Stromkreis gelegt und ein Spannungsmesser parallel zu dem Verbraucher. Wenn nicht ausdrücklich erwähnt, sollen in den folgenden Schaltungen die Strom- und Spannungsmesser als ideal angesehen werden, d. h. sie haben keinen Eigenverbrauch und beeinflussen somit das Messobjekt und die Schaltung in keiner Weise.

In den Schaltungen in Abb. 2.7 wird ein Verbraucher durch eine variable Spannungsquelle versorgt, die sowohl unterschiedliche Spannungen abgeben als auch die Polung der Spannung verändern kann. Trägt man die bei unterschiedlichen Spannungen gemessenen Ströme in einer Kennlinie auf, so erhält man die in Abb. 2.8 gezeigten Kennlinien. Obwohl es unüblich ist, wurde hier zur Vertiefung des Abschn. 2.8 auch die Kennlinie dargestellt, wenn man auf den Verbraucher das Erzeugerzählpfeilsystem anwendet.

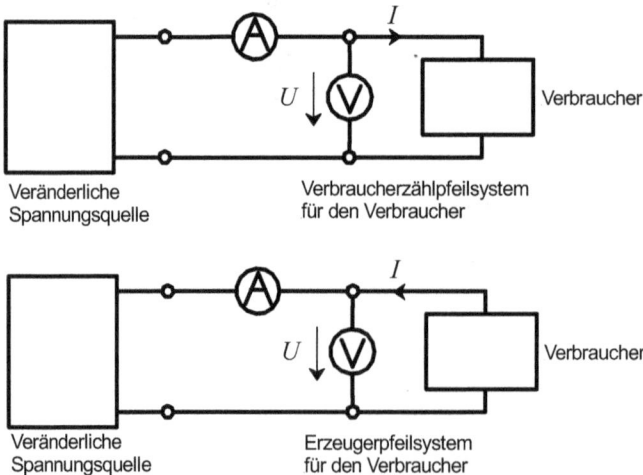

Abb. 2.7: Schaltungen für die Aufnahme der I-U-Kennlinie eines linearen oder nichtlinearen Verbrauchers

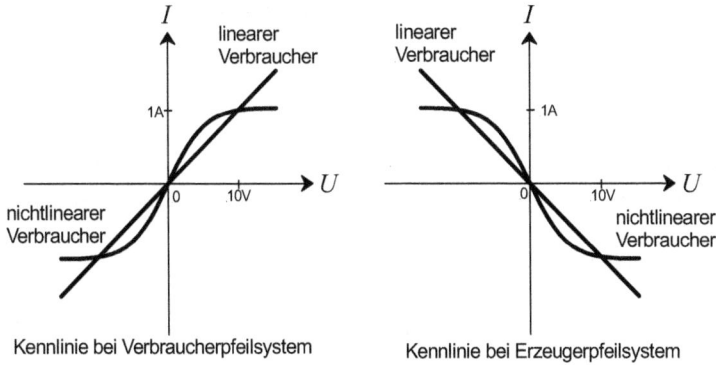

Abb. 2.8 *I-U-Kennlinien für einen linearen und nichtlinearen Verbraucher*

Unabhängig vom Zählpfeilsystem müssen bei einem passiven Zweipol die *I-U*-Kennlinien durch den Nullpunkt oder Ursprung der Kennlinie verlaufen, da kein Strom fließen kann, wenn keine Spannung anliegt. Bei einem linearen Verbraucher ist die Steigung der *I-U*-Kennlinie überall gleich, bei einem nichtlinearen Verbraucher ist die Steigung dagegen strom- bzw. spannungsabhängig. Der Verbraucher ist auch dann nichtlinear, wenn sich nur in bestimmten Abschnitten der *I-U*-Kennlinie eine konstante Steigung einstellt.

Bei einem zugrunde liegenden Verbraucherzählpfeilsystem wird der Quotient aus Spannung und Strom in einem bestimmten Punkt der *I-U*-Kennlinie **Widerstand** *R* genannt. Nach DIN 1324 muss der Widerstand stets positiv sein. Somit ist *R* bei Anwendung des Erzeugerzählpfeilsystems der negative Quotient aus *U* und *I*.

$$R = \pm \frac{U}{I} \tag{2.9}$$

Das Vorzeichen Plus in der Gleichung 2.9 gilt dabei für ein Verbraucher- und das Vorzeichen Minus für ein Erzeugerzählpfeilsystem.

$$[R] = \frac{[U]}{[I]} = 1\frac{\text{V}}{\text{A}} = 1\Omega \quad \text{(Ohm)}$$

Bei einem nichtlinearen Widerstand ergibt sich für jeden Punkt der Kennlinie ein anderer Widerstand *R*, bei einem linearen Widerstand dagegen ist der Quotient aus *U* und *I* und somit auch *R* konstant. Für lineare Leiter nennt man die Gleichung 2.9 das **ohmsche Gesetz**. Ein linearer, passiver Zweipol wird als **ohmscher Widerstand** bezeichnet.

Der Kehrwert des Widerstandes *R* heißt **Leitwert** *G*.

$$G = \frac{1}{R} = \pm \frac{I}{U} \tag{2.10}$$

Das Vorzeichen Plus gilt für ein Verbraucher- und Minus für ein Erzeugerzählpfeilsystem.

$$[G] = \frac{[I]}{[U]} = 1\frac{A}{V} = 1S \quad \text{(Siemens)}$$

Bei nichtlinearen passiven Zweipolen ist neben dem Widerstand R und Leitwert G oft der **differenzielle Widerstand** r und der **differenzielle Leitwert** g von Bedeutung, letzterer gibt die Steigung der I-U-Kennlinie in einem Punkt wieder (Abb. 2.9). Der differenzielle Widerstand oder Leitwert eines Zweipols kann in bestimmten Abschnitten der I-U-Kennlinie sowohl positiv als auch negativ sein (siehe z. B. Abb. 2.11. und 2.12).

$$r = \pm\frac{dU}{dI} = \pm\frac{\Delta U}{\Delta I} \tag{2.11}$$

$$g = \pm\frac{dI}{dU} = \pm\frac{\Delta I}{\Delta U} \tag{2.12}$$

Das Vorzeichen Plus gilt für ein Verbraucher- und Minus für ein Erzeugerzählpfeilsystem.

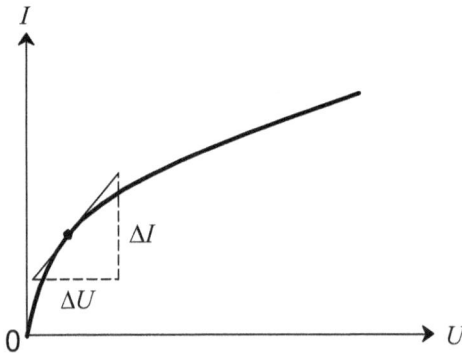

Abb. 2.9: Ermittlung des differenziellen Widerstandes und Leitwertes

Da der Zusammenhang zwischen I und U meist nur in Form einer Kurve gegeben ist und zur Ableitung $I = f(U)$ bzw. $U = f(I)$ als Formel gegeben sein müsste, werden der differenzielle Widerstand und Leitwert meist auf graphischem Weg ermittelt.

Beispiel:
Aus Abb. 2.8 soll für den linearen Verbraucher der Widerstand und Leitwert ermittelt werden und für den nichtlinearen Verbraucher der differenzielle Widerstand und differenzielle Leitwert für den Punkt bei $U = 10\,\text{V}$.

$$R = \frac{U}{I} = \frac{10\,\text{V}}{1\,\text{A}} = 10\,\Omega \qquad\qquad G = \frac{1}{R} = \frac{1}{10\,\Omega} = 0{,}1\,\text{S}$$

$$r = \frac{\Delta U}{\Delta I} = \frac{10\,\text{V}}{50\,\text{mA}} = 200\,\Omega \qquad\qquad g = \frac{1}{r} = \frac{1}{200\,\Omega} = 5\,\text{mS}$$

Beispiel:
An eine Spannungsquelle mit $U = 10$ V ist ein ohmscher Widerstand angeschlossen, der sich im Bereich zwischen maximal $R_{max} = 200\ \Omega$ und minimal $R_{min} = 20\ \Omega$ verstellen lässt. Für diesen Widerstand soll die Funktion $I = f(R)$ aufgetragen werden, wobei 8 Kurvenpunkte genügen sollen.

R	20 Ω	25 Ω	35 Ω	50 Ω	75 Ω	100 Ω	150 Ω	200 Ω
$I = U/R$	500 mA	400 mA	286 mA	200 mA	133 mA	100 mA	66,7 mA	50 mA

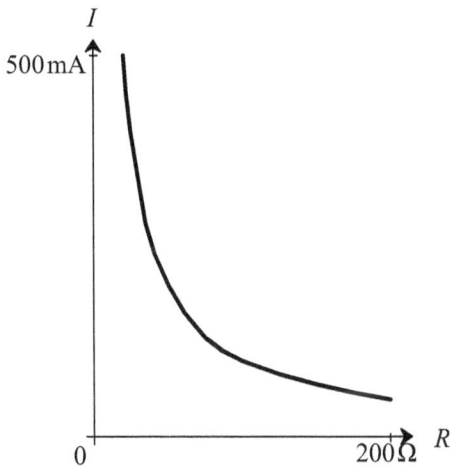

Abb. 2.10: $I = f(R)$ für einen zwischen 20 Ω und 200 Ω einstellbaren ohmschen Widerstand an $U = 10$ V

2.9.2 Nichtlineare passive Zweipole

Im folgenden Abschnitt werden einige typische nichtlineare Zweipole beschrieben. Es ist darauf hinzuweisen, dass eigentlich alle Zweipole nichtlinearen Charakter haben; z. B. erwärmt sich ein Widerstand bei großen Strömen stärker als bei kleinen. Es gibt jedoch Widerstandsmaterialien, bei denen die Widerstandsänderung durch die Erwärmung sehr gering ist, so dass für die Praxis diese Widerstände, zumindest in weiten Temperaturbereichen, als linear angesehen werden können. Darauf wird in Abschn. 2.9.3 noch näher eingegangen. Für alle in den folgenden Kapiteln in Schaltbildern durch das Schaltzeichen für einen allgemeinen Widerstand dargestellten Zweipolen soll angenommen werden, dass es sich dabei um ohmsche Widerstände handelt!

Auf die Leitungsmechanismen der dargestellten nichtlinearen Zweipole kann im Rahmen dieses Buches nicht näher eingegangen werden, dies ist Stoff des Faches Bauelemente. Wie allgemein üblich, wird für alle Widerstände das Verbraucherzählpfeilsystem benutzt.

Kaltleiter und PTC-Widerstand (**P**ositive **T**emperature **C**oefficient)
Kaltleiter haben im kalten Zustand einen niedrigeren Widerstand als im warmen. Praktisch alle Metalle und Metalllegierungen fallen in diese Kategorie. Es gibt Bauelemente aus Materialien, bei denen dieses Verhalten besonders ausgeprägt ist, wie bei polykristallinen Titanat-Keramik-Sorten, man nennt sie PTC-Widerstände. Bei diesem Material sinkt zwar der Widerstandswert bei leichter Temperaturzunahme gegenüber der Raumtemperatur zunächst leicht, um dann aber ab der so genannten Anfangstemperatur stark anzusteigen. Die Erwärmung kann dabei durch eine steigende Außentemperatur oder durch Eigenerwärmung bei steigenden Stromwerten erfolgen. Abb. 2.11 zeigt die Abhängigkeit des Widerstandswertes von der Temperatur ϑ (theta). Bemerkung: Eine durch ϑ gekennzeichnete Temperatur wird in Celsiusgraden, eine durch T gekennzeichnete in Kelvingraden angegeben.

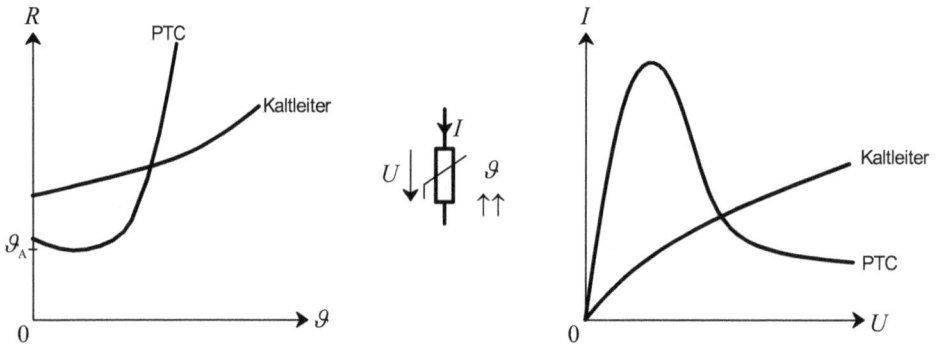

Abb. 2.11: $R = f(\vartheta)$ und $I = f(U)$ für einen Kaltleiter und einen PTC-Widerstand

Heißleiter und NTC-Widerstand (**N**egative **T**emperature **C**oefficient)
Deren Widerstandswert sinkt mit steigenden Temperaturen, z. B. bei Kohle ist dies der Fall. Es gilt besonders für Halbleitermaterialen, bei denen durch die steigende Temperatur zusätzliche freie Ladungsträger entstehen. Bauelemente mit stark ausgeprägtem Heißleiterverhalten nennt man NTC-Widerstände, sie bestehen aus polykristallinen Mischkristallen aus Eisen-, Nickel-, Kobalt- oder Magnesiumoxiden oder Titanverbindungen.

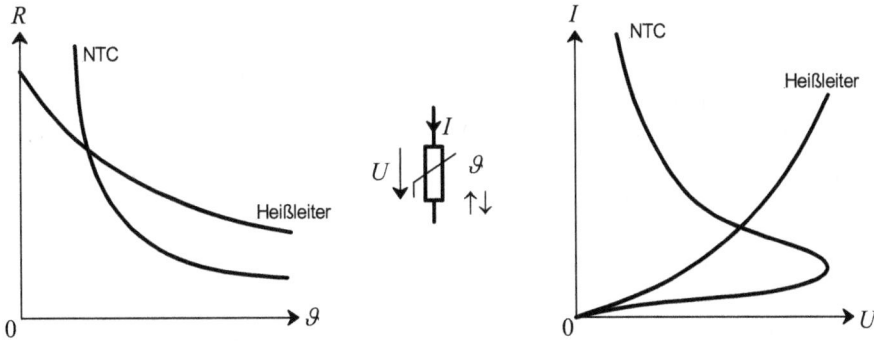

Abb. 2.12: R = f(θ) und I = f(U) für einen Heißleiter und einen NTC-Widerstand

Spannungsabhängiger oder VDR-Widerstand (Voltage Dependent Resistor)
Bei VDR-Widerständen hängt der Widerstandswert von der Höhe der angelegten Spannung ab, aber nicht von der Polarität. Sie bestehen aus gesinterten und zusammengepressten Siliziumkarbidplättchen und der Verlauf des Stromes folgt allgemein der Einheitengleichung $U = a \cdot I^b$. Dabei ist a eine Konstante mit der Dimension $[a] = 1$ V/A, die von den Abmessungen des VDR-Widerstandes abhängt. Sie gibt die Spannung an, bei der ein Strom von 1 A durch den VDR-Widerstand fließt und liegt üblicherweise zwischen 15 und 5000 V/A. Der Regelfaktor b liegt üblicherweise zwischen Werten von 0,15 und 0,4.

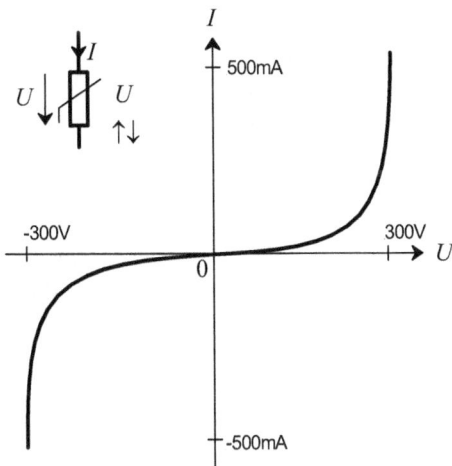

Abb. 2.13: I-U-Kennlinie eines VDR-Widerstandes

Diode und Z-Diode (Zenerdiode)

Während bei den bisherigen Bauelementen die Polarität der Spannung keine Rolle spielte, ist das Verhalten von Dioden spannungsrichtungsabhängig. Dioden werden in ihrem Durchlassbereich ab einer bestimmten Spannung, die bei Siliziumdioden bei ca. 0,7 V und bei Germaniumdioden bei ca. 0,3 V liegt, sehr niederohmig, im Sperrbereich sind sie dagegen sehr hochohmig. Um das Verhalten der Dioden in beiden Bereichen darzustellen, ist dazu die Strom- und Spannungsachse im positiven und negativen Bereich unterschiedlich skaliert. Z-Dioden werden üblicherweise im Sperrbereich betrieben, im Durchlassbereich verhalten sie sich wie normale Dioden. Für die Praxis genügt es oft mit idealisierten Kennlinien oder bei sehr hohen Spannungen sogar mit der Kennlinie einer als ideal angenommenen Diode zu arbeiten, d. h. einer Diode, die im Durchlassbereich einen Kurzschluss und im Sperrbereich eine Unterbrechung darstellt.

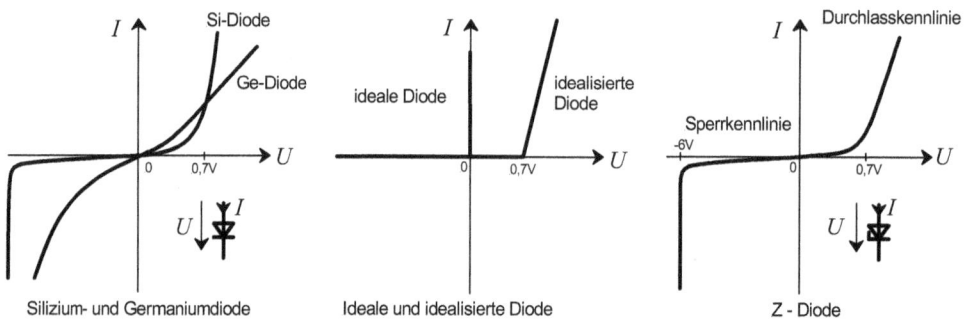

Abb. 2.14: I-U-Kennlinien einer Silizium-, Germanium-, idealen und idealisierten Diode und einer Z-Diode

Transistor

Transistoren sind Halbleiterbauelemente mit drei Anschlüssen, also eigentlich Dreipole, die jedoch in Netzwerkberechnungen wie Vierpole dargestellt werden (siehe Abb. 2.15 und Kap. 3.9). Trotzdem kann der Transistor bereits hier behandelt werden, z. B. wenn nur sein so genanntes Ausgangskennlinienfeld von Interesse ist. In der folgenden Abbildung 2.15 ist die häufig angewendete Emitterschaltung des Transistors dargestellt und dazu sein Ausgangskennlinienfeld $I_C = f(U_{CE})$. Sein Eingangskennlinienfeld $I_B = f(U_{BE})$ entspräche dem einer Diode, wobei allerdings die Höhe von U_{CE} noch einen geringfügigen Einfluss hat und deshalb als Parameter an die Kennlinie angetragen wird. Im Ausgangskennlinienfeld ist der Basisstrom I_B als Parameter angetragen, bei gleicher Spannung U_{CE} steigt demnach der Kollektorstrom I_C bei einem steigenden Basisstrom.

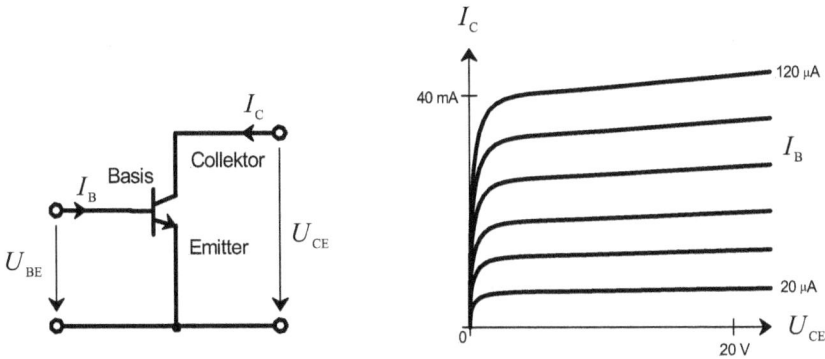

Abb. 2.15: Emitterschaltung eines Transistors und sein Ausgangskennlinienfeld

Weitere nichtlineare Widerstände
Die Liste der nichtlinearen Widerstände könnte noch lange fortgesetzt werden. Hier seien nur noch einige erwähnt, z. B. Fotowiderstände, die in Abhängigkeit des eingestrahlten Lichtes ihren Widerstandswert verändern, oder Wismut, dessen Widerstandswert sich in Abhängigkeit der Stärke eines Magnetfeldes verändert. Bei den so genannten Dehnungsmessstreifen (DMS) ändert sich der Widerstand infolge einer Dehnung oder Stauchung derselben oder bei Schaltern hängt der Übergangswiderstand vom Kontaktdruck ab. In Übungsaufgaben des Kapitels zur Berechnung von Netzwerken mit nichtlinearen Widerständen werden einige nichtlineare Widerstände auftauchen.

2.9.3   Widerstandsberechnung eines Leiters

Der Widerstandswert bzw. der ohmsche Widerstand eines linearen homogenen Leiters oder eines Bauelementes mit Widerstandseigenschaft kann aus den geometrischen Abmessungen und der Materialeigenschaft des Leiterwerkstoffes bestimmt werden. Die Materialeigenschaft wird durch die **Leitfähigkeit** γ (gamma) bzw. deren Kehrwert, dem **spezifischen Widerstand** ρ (rho) berücksichtigt. Dabei sind diese Größen nur eine Materialkonstante, hängen aber von der Temperatur ab, wie noch im nächsten Abschnitt gezeigt wird. Es ist deshalb üblich ihre Werte für eine Temperatur von 20 °C anzugeben und dies durch einen Index zu kennzeichnen. Bei einem drahtförmigen Leiter ist der Widerstand der Leiterlänge l proportional und dem Leiterquerschnitt umgekehrt proportional. Somit ergibt sich die folgende Gleichung:

$$R = \frac{\rho \cdot l}{A} = \frac{l}{\gamma \cdot A} \tag{2.13}$$

Die Dimensionen von ρ und γ ergeben sich aus der obigen Gleichung.

$$[\rho] = \frac{[R] \cdot [A]}{[l]} = 1\frac{\Omega \cdot m^2}{m} = 1\Omega \cdot m \quad \text{zweckmäßig ist auch} \quad [\rho] = 1\frac{\Omega \cdot mm^2}{m}$$

$$[\gamma] = \frac{[l]}{[R] \cdot [A]} = 1\frac{m}{\Omega \cdot m^2} = 1\frac{S}{m} \quad \text{zweckmäßig ist auch} \quad [\gamma] = 1\frac{S \cdot m}{mm^2}$$

Meist werden bei Leitern die Längen in m und der Querschnitt in mm^2 angegeben, deshalb ist die zweite Dimension sehr zweckmäßig. Natürlich ergeben sich für die beiden unterschiedlichen Dimensionen auch unterschiedliche Zahlenwerte für ρ und γ.

Für einige wichtige Leiterwerkstoffe sind die Werte für ρ_{20} und γ_{20} in Tab. 2.2 angegeben.

Beispiel:
Es soll der Widerstand der Erregerwicklung einer Synchronmaschine bei Raumtemperatur 20 °C berechnet werden, die aus einem Kupferrunddraht mit der Länge $l = 2800$ m und dem Drahtdurchmesser $d = 1,2$ mm besteht. Der spezifische Widerstand bei 20 °C für Kupfer ist $\rho_{20} = 1,786 \cdot 10^{-6}$ $\Omega \cdot$cm (vgl. Tab. 2.2).

$$R = \frac{1,786 \cdot 10^{-6}\,\Omega \cdot 10^{-2}\,m \cdot 2800\,m}{\pi \cdot \dfrac{\left(1,2 \cdot 10^{-3}\,m\right)^2}{4}} = 44,22\,\Omega$$

2.9.4   Temperaturabhängigkeit des Widerstandes

Es gibt einige Metalllegierungen, bei denen der Einfluss der Temperatur auf den Widerstand nur eine sehr geringe Rolle spielt, so dass man für den in der Praxis vorkommenden Temperaturbereich Widerstände aus diesen Materialien als ohmsche Widerstände bezeichnen kann. Es sind dies insbesondere Widerstände aus Konstantan, Manganin und Chromnickel.

Für andere Widerstandsmaterialien hat man messtechnisch den Verlauf des Widerstandes R als Funktion der Temperatur ϑ aufgenommen und bestimmt daraus den **Temperaturkoeffizienten** α_{20} (alpha) für die **Bezugstemperatur**, die nach VDE 0201 20 °C ist. Der Widerstandswert bei der Bezugstemperatur wird **Bezugswiderstand** R_{20} genannt. Der Temperaturkoeffizient α_{20} ist die Steigung der Widerstandskurve bei 20 °C bezogen auf den Bezugswiderstand, man führt also eine Geradennäherung durch. Dies ist in einem Temperaturbereich von ca. −200 °C bis ca. 250 °C (mit Ausnahme bei Eisen) ohne weiteres zulässig. Sollten höhere Temperaturen erreicht werden, so kann man das Polynom für den Widerstand durch einen zweiten Temperaturkoeffizienten β_{20} (beta) noch besser an den gemessenen Verlauf annähern. Für Widerstandsmaterialien, die ohnehin nur sehr wenig temperaturabhängig sind, wird kein Temperaturkoeffizient β_{20} angegeben. Die Temperaturkoeffizienten sind ebenfalls in Tab. 2.2 zu finden.

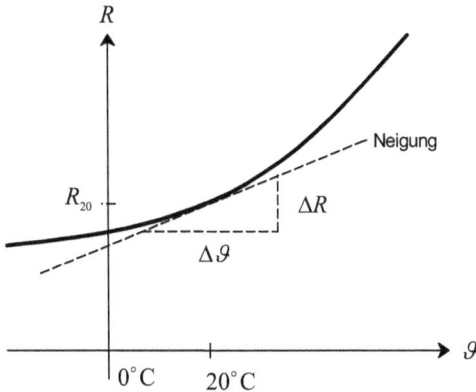

Abb. 2.16: Temperaturabhängigkeit des Widerstandes mit Geradennäherung

$$\alpha_{20} = \frac{\dfrac{\Delta R}{\Delta \vartheta}}{R_{20}} = \frac{\dfrac{R_\vartheta - R_{20}}{\vartheta - 20\,°C}}{R_{20}} \qquad [\alpha_{20}] = \frac{1}{K} = 1\,K^{-1}$$

In dieser Gleichung ist die Temperatur ϑ in Celsiusgraden °C einzusetzen. Da Temperatur-differenzen aber in Kelvingraden K angegeben werden, ist auch die Dimension des Tempera-turkoeffizienten K^{-1}. Stellt man die obige Gleichung nach R_ϑ um, so erhält man:

$$R_\vartheta = R_{20} \cdot \left[1 + \alpha_{20} \cdot (\vartheta - 20\,°C)\right] \qquad\qquad (2.14)$$

Für Temperaturen über ca. 250 °C (bei Eisen bereits über 100 °C) ist die folgende Gleichung zur Berechnung des Widerstandes zu benützen, dabei ist $[\beta_{20}] = 1K^{-2}$:

$$R_\vartheta = R_{20} \cdot \left[1 + \alpha_{20} \cdot (\vartheta - 20\,°C) + \beta_{20} \cdot (\vartheta - 20\,°C)^2\right] \qquad\qquad (2.15)$$

Beispiel:
Es soll der Einschalt- und Betriebsstrom einer Glühlampe ermittelt werden, die aus einem Wolframrunddraht mit der Länge $l = 50$ cm und dem Drahtdurchmesser $d = 25$ µm besteht und mit $U = 230$ V betrieben wird, wenn die Betriebstemperatur ϑ 2200 °C beträgt.

Der Widerstand des Glühwendels bei Raumtemperatur beträgt:

$$R_{20} = \frac{\rho_{20} \cdot l}{A} = \frac{0{,}055\,\dfrac{\Omega \cdot mm^2}{m} \cdot 50 \cdot 10^{-2}\,m}{\pi \cdot \dfrac{\left(25 \cdot 10^{-3}\,mm\right)^2}{4}} = 56{,}02\,\Omega \ .$$

Für die Betriebstemperatur muss der Widerstand mit Gleichung 2.15 ermittelt werden, da sie deutlich über 250 °C liegt.

$$R_\vartheta = 56{,}02\,\Omega \cdot \left[1 + 4{,}1 \cdot 10^{-3}\,\frac{1}{K} \cdot (2200 - 20)K + 10^{-6}\,\frac{1}{K^2} \cdot (2200 - 20)^2\,K^2 \right] = 822{,}9\,\Omega$$

Der Einschaltstrom beträgt somit: $I_{20} = \dfrac{230\,V}{56{,}02\,\Omega} = 4{,}11\,A$

Und der Betriebsstrom beträgt: $I_{2200} = \dfrac{230\,V}{822{,}9\,\Omega} = 279{,}5\,mA$

Tab. 2.2: Spezifischer Widerstand, Leitfähigkeit und Temperaturkoeffizienten einiger Leiter

Leiterwerkstoff		ρ_{20} $\dfrac{\Omega \cdot mm^2}{m}$	γ_{20} $\dfrac{S \cdot m}{mm^2}$	α_{20} kK^{-1}	β_{20} kK^{-2}	τ_{20} K
Silber		0,016	62,5	3,8	0,7	243
Kupfer		0,01786	56	3,92	0,6	235
Gold		0,023	44	4,0	0,5	230
Aluminium		0,02857	35	3,77	1,3	245
Wolfram		0,055	18	4,1	1,0	225
Zink		0,063	16	3,7	1,0	250
Nickel		0,1	10	4,8	9	188
Eisen (rein)		0,1	10	6	6	147
Zinn		0,11	9,1	4,2	6	218
Blei		0,21	4,8	4,2	2	218
Manganin	(84Cu, 4Ni, 12Mn)	0,43	2,3	0,02		
Konstantan	(55Cu, 44Ni, 1Mn)	0,49	2,04	0,01		
Chromnickel	(79Ni, 20Cr, 1Mn)	1,1	0,91	0,064		
Kohle		40	0.025	−1,0		

In der Praxis ergeben sich oft Aufgabenstellungen, bei denen nicht von der Bezugstemperatur 20 °C ausgegangen wird. In solchen Fällen müsste also zunächst R_{20} ermittelt werden. Dividiert man jedoch die Gleichung für R_ϑ durch die für R_A bei der Anfangstemperatur ϑ_A, so erhält man einen Ausdruck für R_ϑ in dem R_{20} nicht mehr vorkommt.

$$\frac{R_\vartheta}{R_A} = \frac{R_{20} \cdot [1 + \alpha_{20} \cdot (\vartheta - 20\,°C)]}{R_{20} \cdot [1 + \alpha_{20} \cdot (\vartheta_A - 20\,°C)]} = \frac{\dfrac{1}{\alpha_{20}} + \vartheta - 20\,°C}{\dfrac{1}{\alpha_{20}} + \vartheta_A - 20\,°C}$$

Mit einem weiteren **Temperaturkoeffizienten** τ_{20} (tau), der wie folgt definiert ist, ergibt sich dann die neue Formel für R_ϑ :

$$\tau_{20} = \frac{1}{\alpha_{20}} - 20\,°C \quad \text{mit} \quad [\tau_{20}] = 1\,K$$

$$R_\vartheta = R_A \cdot \frac{\tau_{20} + \vartheta}{\tau_{20} + \vartheta_A} \tag{2.16}$$

Beispiel:
Eine Spule aus Kupferrunddraht hat bei $-10\,°C$ einen Widerstand von $40\,\Omega$. Bei welcher Temperatur beträgt ihr Widerstand $50\,\Omega$?

$$\vartheta = \frac{R_\vartheta}{R_A} \cdot (\tau_{20} + \vartheta_A) - \tau_{20} = \frac{50\,\Omega}{40\,\Omega} \cdot (235 - 10)\,K - 235\,K = 46,25\,°C$$

Als Ergebnis erhält man die Temperatur in Celsiusgraden, da auch τ_{20} aus einer Differenz von Celsiustemperaturen ermittelt wurde.

Aufgabe 2.1
Um wie viel Grad muss die Temperatur eines Widerstandes aus Kupferdraht und eines anderen aus Konstantandraht gegenüber der Bezugstemperatur $20\,°C$ zunehmen, wenn eine relative Widerstandszunahme von $0,4\%$ eintreten soll?

Aufgabe 2.2
Ein Runddraht aus Kupfer mit einem Durchmesser von $0,04\,mm$ und einer Länge von $3,52\,m$ hat bei einer Temperatur von $71\,°C$ einen Widerstand von $60\,\Omega$. Gesucht ist die Leitfähigkeit bei dieser Temperatur und bei einer Temperatur von $-10\,°C$.

Aufgabe 2.3
Ein Widerstand aus Kupferdraht liegt an einer Spannung von $230\,V$ und nimmt bei einer Temperatur von $20\,°C$ einen Strom von $0,4\,A$ auf und bei einer zu ermittelnden Endtemperatur ϑ einen Strom von $0,25\,A$.

2.10   Elektrische Quelle

Eine Einrichtung, in der eine Ladungstrennung vollzogen wird, nennt man Quelle oder **aktiven Zweipol**. Das Attribut aktiv besagt, dass der Zweipol ein Erzeuger ist. Im Inneren der Quelle erzwingt die ladungstrennende Ursache nichtelektrischer Natur, dass der Strom entgegen der Potenzialdifferenz fließt. Dem Pluspol der Quelle werden ständig so viele Elektronen entzogen wie ihm vom Minuspol her über die Leitungsverbindung und dem Verbraucher zufließen. Bei einer stationären, d. h. einer zeitlich konstant bleibenden, elektrischen Strömung, wie sie in diesem Kapitel stets unterstellt wird, hat man eine Gleichspannungs- oder Gleichstromquelle vor sich.

Wie die Ladungstrennung geschieht, ist ein Thema der Physik. Es werden hier nur kurz einige der wichtigsten technischen Quellen erwähnt:

–   Elektrodynamische Quellen (Generatoren). Die Spannung wird hier durch Induktion in einem magnetischen Feld erzeugt. Dabei erfolgt eine Umwandlung mechanischer Energie in elektrische.
–   Elektrochemische Quellen (galvanische Elemente). Es erfolgt eine Umwandlung chemisch gespeicherter Energie in elektrische.
–   Akkumulatoren (Sekundärelemente). Beim Laden dieser Elemente wird elektrische Energie in chemische umgewandelt und beim Entladen wieder in elektrische zurückgeführt.
–   In weiten Bereichen der Sensorik werden physikalische Effekte ausgenutzt, bei denen durch eine nichtelektrische Ursache eine elektrische Spannung oder ein elektrischer Strom erzeugt wird. Dadurch können diese physikalischen Größen dann elektrisch gemessen werden. Als einige wenige Beispiele seien Photoelemente, Thermoelemente oder piezoelektrische Geber angeführt.

2.10.1   Spannungsquelle

Ideale Spannungsquelle
Eine ideale Spannungsquelle hat unabhängig von ihrer Belastung an den Anschlussklemmen immer die gleiche Spannung. Die im Inneren der Quelle erzeugte Spannung nennt man **Quellenspannung** U_q. Schließt man einen Verbraucher an die Klemmen der Quelle an, so ist der sich einstellende Strom von dessen Widerstand abhängig.

Sind Strom und Spannung bei dem angegebenen Zählpfeilsystem in Abb. 2.17 positiv, so wirkt die Quelle als aktiver Zweipol; ist der Strom negativ, so wirkt die Quelle als passiver Zweipol, d. h. sie nimmt elektrische Energie auf. Eine ideale Spannungsquelle kann nicht im Kurzschluss betrieben werden, denn es gibt in der Kennlinie keinen Kurvenpunkt für $U = 0$.

Eine ideale Spannungsquelle lässt sich bis zu einem Grenzstrom durch elektronische Schaltungen verwirklichen, d. h. vom Leerlauf bis zum Erreichen dieses Grenzstromes entspricht die an den Klemmen der Quelle anliegende Spannung der Quellenspannung, wird der Grenzstrom überschritten, so bricht die Spannung sehr schnell auf den Wert null zusammen. Eine solche Spannungsquelle nennt man auch **Konstantspannungsquelle**.

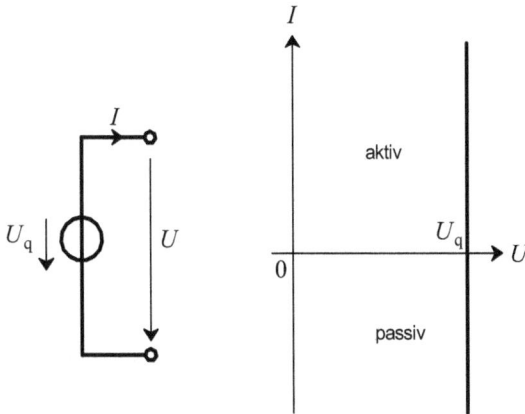

Abb. 2.17: Schaltzeichen und I-U-Kennlinie einer idealen Spannungsquelle bei einem Erzeugerzählpfeilsystem

Lineare Spannungsquelle

Hier tritt die **Quellenspannung** U_q nur an den unbelasteten Anschlussklemmen der Quelle auf. Will man diese Spannung messtechnisch erfassen, so muss die Quelle mit Ausnahme der so genannten Kompensationsverfahren (Abschn. 3.2.3) für das angeschlossene Messinstrument elektrische Energie liefern. Dadurch jedoch treten im Inneren der Quelle Energieverluste auf, so dass die außen an den Klemmen liegende **Klemmenspannung** gegenüber der Quellenspannung absinkt. Dieser Effekt ist bei leistungsstarken Spannungsquellen so gering, dass er technisch zu vernachlässigen ist, dagegen kann er z. B. bei Sensoren einen sehr gravierenden Einfluss haben, der nicht mehr zu vernachlässigen ist. Das Absinken der Klemmenspannung gegenüber der Quellenspannung ist belastungsabhängig, darauf wird noch in späteren Kapiteln eingegangen, z. B. bei der Leistungsanpassung (vgl. Kap 2.11.4).

Das durch die inneren Energieverluste verursachte Absinken der Klemmenspannung gegenüber der Quellenspannung nennt man **Spannungsabfall**. Nur ideale Spannungsquellen haben keinen Spannungsabfall.

Um den Effekt des Spannungsabfalls bei der Berechnung elektrischer Netzwerke mit einbeziehen zu können, stellt man reale Quellen durch eine als ideal angenommene Quelle zusammen mit einem passiven Element, dem **Innenwiderstand** R_i dar. Dieser drückt die inneren Verluste aus.

Wird die lineare Spannungsquelle im Leerlauf betrieben, so ist $I = 0$ und damit $U = U_q$. Schließt man die Quelle an den Außenklemmen kurz, so ist $U = 0$, und es fließt der **Kurzschlussstrom** I_k. Dieser wird nur durch den Innenwiderstand R_i begrenzt.

$$I_k = \frac{U_q}{R_i} \qquad\qquad\qquad\qquad (2.17)$$

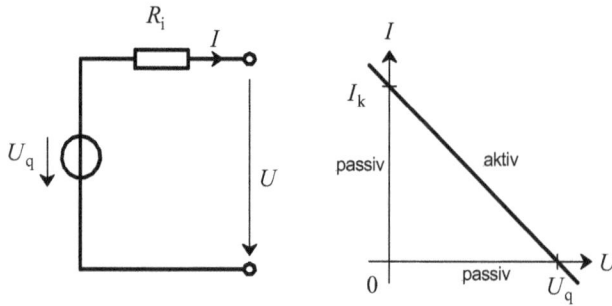

Abb. 2.18: Ersatzschaltung und I-U-Kennlinie einer linearen Spannungsquelle bei einem Erzeugerzählpfeilsystem

Für die beiden Grenzfälle Leerlauf und Kurzschluss der Quelle wird von der Quelle nach außen keine Energie abgegeben. Nach Gleichung 2.8 ist $W = U \cdot Q$; ersetzt man darin Q nach Gleichung 2.4 durch I und t, so wird $W = U \cdot I \cdot t$. Wird entweder I oder U zu null, so ist auch W null.

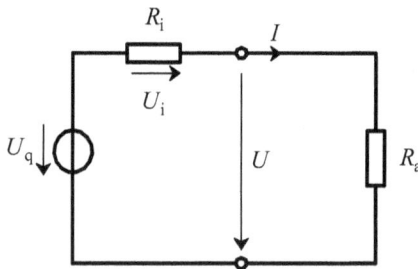

Abb.: 2.19: Belastung einer linearen Spannungsquelle mit einem ohmschen Widerstand

Nun soll die lineare Spannungsquelle mit einem ohmschen Widerstand belastet werden. Mit den gewählten Zählpfeilen ergibt sich für den passiven Zweipol R_a ein Verbraucherzählpfeilsystem und für die Quelle ein Erzeugerzählpfeilsystem. Die Zählpfeile von I und U_i bilden auf den Widerstand R_i bezogen ebenfalls ein Verbraucherzählpfeilsystem. Somit gilt:

$$U_i = I \cdot R_i \quad \text{und} \quad U = I \cdot R_a \qquad (2.18)$$

Will man U durch U_q, I und R_i ausdrücken, so muss leider auf den erst in Abschn. 3.1.2 behandelten Maschensatz (zweiter kirchhoffscher Satz) vorgegriffen werden, der besagt, dass in einer Masche die Summe aller Spannungen null ist. Damit erhält man:

$$U = U_q - U_i = U_q - I \cdot R_i = I \cdot R_a$$

$$I = \frac{U_q}{R_i + R_a} \qquad\qquad (2.19)$$

Will man eine reale Quelle in einer Schaltung durch ihr Schaltzeichen wiedergeben, so kann zwar U_q durch den Leerlaufversuch bestimmt werden, aber nur sehr wenige Quellen dürfen im Kurzschluss betrieben werden, so dass sich R_i nicht aus Gleichung 2.17 bestimmen lässt. Belastet man aber die Quelle mit zwei unterschiedlichen Abschlusswiderständen R_{a1} und R_{a2} und misst für den ersten Belastungsfall U_1 und I_1 sowie für den zweiten U_2 und I_2, so kann R_i mit Hilfe der Gleichung 2.19 auf folgende Weise ermittelt werden:

$$U_q = U + U_i = I_1 \cdot R_{a1} + I_1 \cdot R_i = I_2 \cdot R_{a2} + I_2 \cdot R_i$$

$$R_i \cdot (I_1 - I_2) = U_2 - U_1$$

$$R_i = \frac{U_2 - U_1}{I_1 - I_2} \qquad\qquad (2.20)$$

Viele reale Spannungsquellen können näherungsweise als lineare Quellen, zumindest abschnittsweise, angesehen werden.

Wendet man bei einem aktiven Zweipol die Gleichung 2.9 an, die für passive Zweipole definiert wurde, so erhält man formal einen negativen Widerstand. Bei einem Erzeuger mit einem Erzeugerzählpfeilsystem sind U und I positiv und demnach wird $R = -\dfrac{U}{I}$ negativ werden. Bei einem unterstellten Verbraucherzählpfeilsystem ist aber entweder U oder I negativ und somit ist $R = +\dfrac{U}{I}$ wieder negativ. Der Betrag des auf diese Weise ermittelten Widerstandes ist der Innenwiderstand R_i. Das negative Vorzeichen weist darauf hin, dass der Zweipol aktiv wirkt. Es sei nochmals auf DIN 1324 hingewiesen, nach der ein Widerstand stets positiv sein muss.

Nichtlineare Spannungsquelle

Bei Spannungsquellen mit einer nichtlinearen I-U-Kennlinie kann der Zusammenhang zwischen U und I nicht durch Gleichung 2.19 beschrieben werden, da R_i nicht konstant ist. Für solche Quellen muss die I-U-Kennlinie dem Datenblatt der Quelle entnommen oder messtechnisch ermittelt werden. Als Beispiel ist in der folgenden Abbildung die U-I-Kennlinie eines selbsterregten Gleichstrom-Nebenschlussgenerators angegeben. Wie bereits in Abschn. 2.9.1 gesagt, wird in der Energietechnik meist die Spannung über dem Strom aufgetragen. Man kann der Abbildung aber entnehmen, dass zumindest in einem weiten Bereich oder mit noch vertretbarer Näherung sogar bis zum Nennstrom die Kennlinie als linear angesehen werden kann.

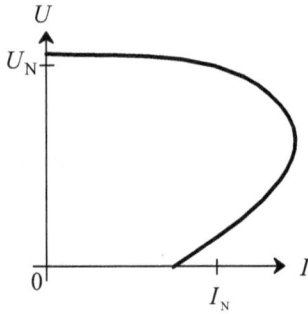

Abb. 2.20: U-I-Kennlinie eines selbsterregten Gleichstrom-Nebenschlussgenerators

2.10.2   Stromquelle

Ideale Stromquelle
Eine ideale Stromquelle liefert unabhängig von ihrer Belastung an den Anschlussklemmen
den gleichen Strom. Im Inneren der Quelle wirkt ein eingeprägter, konstanter **Quellenstrom**
I_q. Die an den Klemmen anliegende Spannung hängt von der Größe des angeschlossenen
Verbraucherwiderstandes ab.

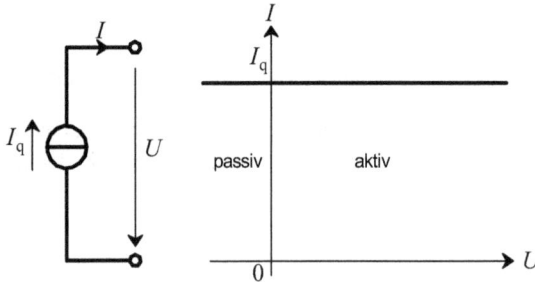

Abb. 2.21: Schaltzeichen und I-U-Kennlinie einer idealen Stromquelle bei einem Erzeugerzählpfeilsystem

Sind Strom und Spannung bei dem angegebenen Zählpfeilsystem positiv, so wirkt die Quelle
als aktiver Zweipol, d. h. sie liefert elektrische Energie. Ist die Spannung dagegen negativ, so
wirkt sie als passiver Zweipol und nimmt elektrische Energie auf. Eine ideale Stromquelle
kann nicht im Leerlauf betrieben werden, denn es gibt keinen Kurvenpunkt mit $I = 0$.

Wie eine ideale Spannungsquelle kann man eine ideale Stromquelle bis zu einer Grenzspannung näherungsweise durch elektronische Schaltungen verwirklichen. Eine solche Quelle
kann aber nicht beliebig hochohmig belastet werden, denn dadurch würde die Spannung
gegen unendlich gehen. Wird die Grenzspannung überschritten, so bricht der Quellenstrom

sehr rasch auf null zusammen. Eine solche Stromquelle nennt man auch **Konstantstrom-quelle.**

Lineare Stromquelle

Eine verlustbehaftete lineare Quelle wurde im vorgehenden Kapitel durch das Ersatzschalt-bild einer Spannungsquelle dargestellt. Es ist aber ebenso möglich, dafür eine andere Ersatz-schaltung anzugeben.

Wird die Quelle an den Anschlussklemmen kurzgeschlossen, so fließt der gesamte Quellen-strom I_q über die Kurzschlussleitung, d. h. der Kurzschlussstrom $I_k = I_q$. Wird die Quelle dagegen im Leerlauf betrieben, so fließt I_q über den Innenwiderstand R_i und an diesem fällt eine Spannung $U = I_q \cdot R_i$ ab. Diese Spannung ist die Leerlaufspannung U_0. Misst man also bei einer realen Quelle die Leerlaufspannung und den Kurzschlussstrom bzw. bestimmt den Innenwiderstand R_i mit Hilfe der Gleichung 2.20 und errechnet dann daraus I_k, so kann man die Quelle entweder durch eine lineare Spannungs- oder Stromquelle darstellen. Es ergibt sich in beiden Fällen die gleiche I-U-Kennlinie.

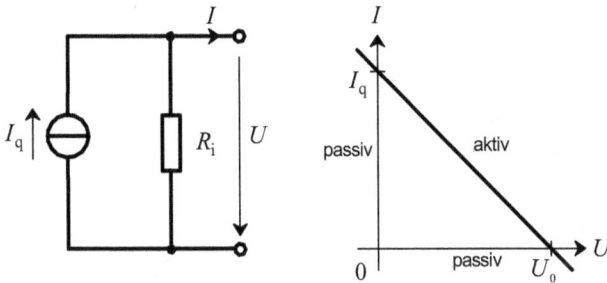

Abb. 2.22: Ersatzschaltung und I-U-Kennlinie einer linearen Stromquelle bei einem Erzeugerzählpfeilsystem

> Die Ersatzschaltungen einer linearen Quelle durch eine lineare Spannungsquelle oder Stromquelle sind gleichwertig. Jede lineare Spannungsquelle kann in eine lineare Strom-quelle umgerechnet werden und umgekehrt.

Nichtlineare Stromquelle

Hier gilt sinngemäß das Gleiche wie bei der nichtlinearen Spannungsquelle.

2.11 Elektrische Energie und elektrische Leistung, Wirkungsgrad

2.11.1 Elektrische Energie

Hier wird das bereits in den Abschn. 2.6 und 2.7 über die Energie Gesagte ergänzt. Die elektrische Energie stellt dabei eine besonders ideale Energieform dar, da sie gegenüber anderen Energieformen leicht und ohne große Verluste übertragen und praktisch in alle anderen Energieformen ohne große Verluste umgeformt werden kann.

Nach den Gleichungen 2.8 und 2.4 drückt die elektrische Energie das Arbeitsvermögen der elektrischen Spannung aus.

$$W = U \cdot Q = U \cdot I \cdot t$$

Diese Gleichung gilt allerdings nur für stationäre, d. h. zeitlich unveränderliche Spannungen und Ströme. Bei zeitlich veränderlichen Größen, wie sie in Abschn. 4.6.1 und 6.6.1 oder bei den Schaltvorgängen in Abschn. 4.7 und 6.3 bzw. im zweiten Band behandelt werden, ist:

$$W = \int u \cdot i \cdot dt$$

Durch die Kleinschreibung der Formelzeichen für die Spannung und den Strom wird ausgedrückt, dass es sich dabei um zeitlich veränderliche Größen handelt, u und i stellen die Augenblickswerte für Spannung und Strom dar.

Nach dem Energieerhaltungssatz bleibt die Summe der Energie in einem geschlossenen System gleich. Ein Stromkreis oder Netzwerk kann als ein geschlossenes System angesehen werden, in ihm muss also die Summe der elektrischen Energie gleich bleiben, d. h. die Summe der von den aktiven Zweipolen (aus einer anderen Energieform) erzeugten elektrischen Energie muss gleich die Summe der von den passiven Zweipolen verbrauchten (d. h. in eine andere Energieform umgewandelten) Energie sein. Um nicht bei jedem einzelnen Zweipol vermerken zu müssen, ob die elektrische Energie darin erzeugt oder verbraucht wird, empfiehlt es sich, der Energie ein Vorzeichen zuzuordnen. Ein negatives Vorzeichen bedeutet dabei **erzeugte elektrische Energie**, ein positives Vorzeichen **verbrauchte elektrische Energie**. In einem geschlossenen Stromkreis ist dann

$$\sum_{i=1}^{n} W_i = 0 \quad \text{mit n = Anzahl der Zweipole im Stromkreis oder Netzwerk.}$$

Das Vorzeichen der Energie lässt sich dabei mit Hilfe des angewandten Zählpfeilsystems gewinnen.

$$W = \pm U \cdot I \cdot t \qquad\qquad (2.21)$$

Das Vorzeichen Plus gilt dabei für ein Verbraucher- und das Vorzeichen Minus für ein Erzeugerzählpfeilsystem.

Hat man einen passiven Zweipol vor sich und setzt man in die Gleichung für die elektrische Energie für $U = \pm I \cdot R$ oder für $I = \pm U/R$ (Gleichung 2.9) ein, so erhält man:

$$W = \pm U \cdot I \cdot t = I^2 \cdot R \cdot t = \frac{U^2}{R} \cdot t \qquad (2.22)$$

Durch die zweimalige Berücksichtigung des Vorzeichens in Abhängigkeit vom gewählten Zählpfeilsystem wird somit auch sichergestellt, dass die elektrische Energie bei einem Verbraucher stets positiv ist.

2.11.2 Elektrische Leistung

In der Technik ist es meist interessanter die pro Zeiteinheit umgewandelte oder übertragene Energie statt nur die Energie selbst zu kennen, denn dadurch wird die Baugröße einer elektrischen Maschine wesentlich bestimmt. Liefert z. B. ein Generator die elektrische Energie von $1300 \cdot 10^6$ W·s innerhalb der Zeit von einer Sekunde, so handelt es sich um einen der derzeit größten Kraftwerksgeneratoren, der in einem riesigen Maschinenhaus untergebracht ist. Liefert ein anderer Generator die gleiche Energie in einer Zeit von einem Jahr, so kann man ihn bequem in einer Damenhandtasche transportieren.

Wie bereits bei der elektrischen Energie ist es sinnvoll, durch ein Vorzeichen festzulegen, ob ein Zweipol elektrische Leistung liefert oder verbraucht. Auf diese Weise kann für einen Stromkreis oder ein Netzwerk eine Leistungsbilanz aufgestellt werden.

$\sum_{i=1}^{n} P_i = 0$ mit n = Anzahl der Zweipole im Stromkreis oder Netzwerk.

Die elektrische **Leistung** P ist die innerhalb einer Zeitspanne übertragene oder umgewandelte Energie.

$$P = \pm \frac{\Delta W}{\Delta t} = \pm U \cdot I \qquad (2.23)$$

Das Vorzeichen Plus gilt dabei für ein Verbraucher- und das Vorzeichen Minus für ein Erzeugerzählpfeilsystem.

Hat man einen passiven Zweipol vor sich und setzt man in die Gleichung für die elektrische Leistung für $U = \pm I \cdot R$ oder für $I = \pm U/R$ (Gleichung 2.9) ein, so erhält man:

$$P = \pm U \cdot I = I^2 \cdot R = \frac{U^2}{R} \qquad (2.24)$$

Durch die zweimalige Berücksichtigung des Vorzeichens in Abhängigkeit vom gewählten Zählpfeilsystem wird somit auch sichergestellt, dass die elektrische Leistung bei einem Verbraucher stets positiv ist.

$$[P] = 1\frac{[W]}{[t]} = 1\frac{J}{s} = 1\frac{W \cdot s}{s} = 1\,V \cdot A = 1\,W \quad \text{(Watt)}$$

Auf den Typenschildern technischer Geräte oder in den Datenblättern elektrischer Bauteile sind immer die Größen für die Nennbelastung angegeben. Ein Gerät oder Bauteil gibt die **Nennleistung** P_N ab, wenn an ihm die **Nennspannung** U_N anliegt und der **Nennstrom** I_N fließt.

2.11.3   Wirkungsgrad

Bei der Energieumwandlung von einer Energieform in eine andere treten in der Praxis immer Verluste auf, indem neben der eigentlich gewollten Energieumwandlung noch direkt nicht nutzbare andere Energieformen auftreten. Man unterscheidet deshalb bei technischen Geräten oder Einrichtungen zwischen der **zugeführten Leistung** P_{zu}, der **nutzbaren abgegebenen Leistung** P_{ab} und der **Verlustleistung** P_v. Als Beispiel soll ein Motor dienen. Die abgegebene Leistung ist dabei die mechanische Leistung an seiner Welle. Die zugeführte Leistung ist die dem Motor über die Leitung zur Verfügung gestellte elektrische Leistung. Daneben treten noch Verluste durch die Erwärmung des Motors infolge ohmscher Verluste, Eisenverluste, Reibung der Welle und Verluste durch das Kühlgebläse auf. Diese Verluste müssen durch die zugeführte Leistung abgedeckt werden.

Der **Wirkungsgrad** η (eta) ist dabei als Quotient der nutzbaren abgegebenen zur zugeführten Leistung definiert.

$$\eta = \frac{P_{ab}}{P_{zu}} = \frac{P_{ab}}{P_{ab} + P_v} \leq 1 \qquad (2.25)$$

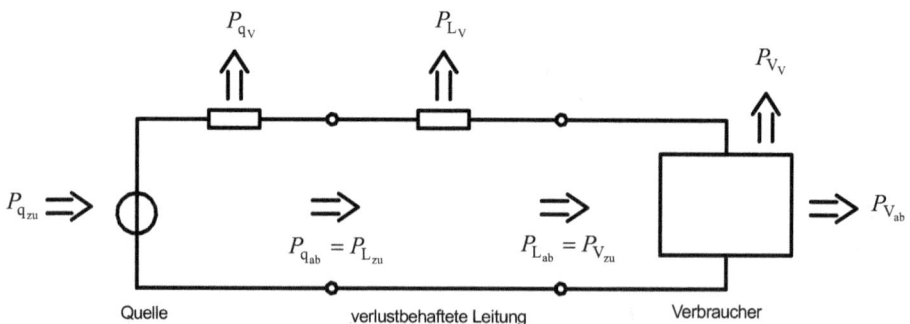

Abb. 2.23: Leistungen in einem geschlossenen Kreislauf

Betrachtet man in Abb. 2.23 den geschlossenen Kreislauf aus einer Quelle, einer Leitung und einem Verbraucher, so kann man für jeden dieser drei Teile einen Wirkungsgrad η_q, η_L und η_V ermitteln und aus den Wirkungsgraden der einzelnen Teile einen **Gesamtwirkungsgrad** η_{ges} bestimmen.

Dabei ist die von der Quelle abgegebene Leistung gleich der, die der Leitung zugeführt wird, und die von der Leitung abgegebene Leistung gleich der, die dem Verbraucher zugeführt wird. Somit ergibt sich für den Gesamtwirkungsgrad:

$$\eta_{ges} = \frac{P_{V_{ab}}}{P_{q_{zu}}} = \frac{\dfrac{P_{V_{ab}}}{P_{V_{zu}}} \cdot P_{V_{zu}}}{P_{q_{zu}}} = \frac{\eta_V \cdot P_{V_{zu}}}{P_{q_{zu}}} = \frac{\eta_V \cdot P_{L_{ab}}}{P_{q_{zu}}}$$

$$= \frac{\eta_V \cdot \dfrac{P_{L_{ab}}}{P_{L_{zu}}} \cdot P_{L_{zu}}}{P_{q_{zu}}} = \frac{\eta_V \cdot \eta_L \cdot P_{L_{zu}}}{P_{q_{zu}}} = \frac{\eta_V \cdot \eta_L \cdot P_{q_{ab}}}{P_{q_{zu}}} = \eta_V \cdot \eta_L \cdot \eta_q$$

(2.26)

Beispiel:
Betrachtet man Abb. 2.19, so stellt der Innenwiderstand R_i dabei die inneren Verluste der Quelle dar. Die in der Quelle erzeugte Leistung entspricht dann der dem Stromkreis zugeführten Leistung und an R_a wird die Leistung abgegeben. Der Wirkungsgrad des Stromkreises ist somit:

$$\eta = \frac{P_{ab}}{P_{zu}} = \frac{P_{ab}}{P_{ab} + P_v} = \frac{I^2 \cdot R_a}{I^2 \cdot (R_a + R_i)} = \frac{R_a}{R_a + R_i} = \frac{1}{1 + \dfrac{R_i}{R_a}}$$

Der Wirkungsgrad ist umso größer, je höherohmig R_a und je niedrigerohmig R_i ist.

Aufgabe 2.4
Es soll der Wirkungsgrad eines Gleichstrommotors bestimmt werden, für den folgende Nenndaten bekannt sind: $P_N = 4$ kW, $U_N = 440$ V, $I_N = 11{,}1$ A.

2.11.4 Leistungsanpassung

In der Energietechnik geht es darum, möglichst geringe Verluste und somit möglichst große Wirkungsgrade zu erzielen. Es gibt aber noch eine andere Problemstellung, die sehr oft in der Nachrichtentechnik oder der Mikroelektronik auftritt. Es soll dabei von einer linearen Quelle die maximal mögliche Leistung an einen Verbraucher übertragen werden. Dazu betrachtet man wieder Abb. 2.19, wobei R_a jeden beliebigen Wert zwischen null und unendlich annehmen können soll. Die in R_a umgesetzte Leistung ist $P_a = U \cdot I$, gesucht ist der Wert von R_a, bei dem P_a das Maximum erreicht.

Für den Grenzfall $R_a = 0$ (d. h. Kurzschluss an den Klemmen) wird $U = 0$ und somit auch $P = 0$. Für den anderen Grenzfall $R_a \to \infty$ (d. h. offene Klemmen) wird $I = 0$ und somit wiederum $P = 0$. Trägt man die Leistung P_a über R_a auf (Abb. 2.24), so kann man das Maximum durch Ableiten und Nullsetzen der Ableitung ermitteln. Dazu muss man $P_a = f(R_a)$ aufstellen.

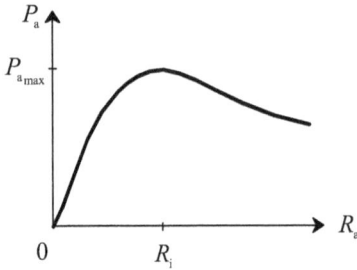

Abb. 2.24: Verlauf der in einem Verbraucher umgesetzten Leistung in Abhängigkeit vom Verbraucherwiderstand

$$\frac{d(P_a)}{d(R_a)} = 0$$

Mit den Gleichungen 2.19 und 2.24 kann man P_a als Funktion von R_a aufstellen.

$$P_a = I \cdot U = I^2 \cdot R_a$$

Setzt man für $I = \dfrac{U_q}{R_i + R_a}$, so erhält man:

$$P_a = \frac{U_q^2 \cdot R_a}{(R_i + R_a)^2}$$

$$\frac{d(P_a)}{d(R_a)} = 0 = \frac{d\left(\dfrac{U_q^2 \cdot R_a}{(R_i + R_a)^2}\right)}{d(R_a)} = \frac{(R_i + R_a)^2 \cdot U_q^2 - U_q^2 \cdot R_a \cdot 2 \cdot (R_i + R_a)}{(R_i + R_a)^4}$$

Die Gleichung wird null, wenn der Zähler des Bruches null wird.

$$(R_i + R_a)^2 \cdot U_q^2 - U_q^2 \cdot R_a \cdot 2 \cdot (R_i + R_a) = 0$$

$$R_i^2 - R_a^2 = 0$$

$$R_a = R_i \qquad\qquad\qquad\qquad\qquad\qquad\qquad\qquad\qquad\qquad\qquad (2.27)$$

Es ergibt sich demnach dann die maximale Leistung, wenn der Innen- und der Belastungswiderstand gleich groß sind. In diesem Fall spricht man von **Leistungsanpassung**. Da durch beide Widerstände der gleiche Strom fließt, ist auch $U_i = U$ und damit

$$U = \frac{U_q}{2} \tag{2.28}$$

Anstatt nach dem Widerstand R_a zu suchen, bei dem Leistungsanpassung auftritt, kann man auch gleich die Spannung ermitteln, bei der Leistungsanpassung auftritt. Das Ergebnis ist zwar schon bekannt, trotzdem soll auch dieser Weg aufgezeigt werden.

Wieder ist $P_a = U \cdot I$. Für den Grenzfall, dass $I = 0$ ist (Leerlauf) wird $P_a = 0$ und $U = U_q$, für den anderen Grenzfall, dass $U = 0$ ist (Kurzschluss) wird $P_a = 0$. Das zwischen $0 \leq U \leq U_q$ liegende Maximum von P_a kann man durch Ableiten und Nullsetzen der Ableitung ermitteln. Dazu muss man $P_a = f(U)$ aufstellen.

$$\frac{d(P_a)}{d(U)} = 0$$

Mit Gleichung 2.19 erhält man:

$$U = U_q - U_i = U_q - I \cdot R_i \quad \text{bzw.} \quad I = \frac{U_q - U}{R_i}$$

$$P_a = U \cdot I = U \cdot \frac{U_q - U}{R_i} = \frac{1}{R_i} \cdot \left(U \cdot U_q - U^2 \right)$$

$$\frac{d(P_a)}{d(U)} = 0 = \frac{d\left(\frac{1}{R_i} \cdot \left(U \cdot U_q - U^2 \right) \right)}{d(U)} = \frac{1}{R_i}\left(U_q - 2 \cdot U \right) \qquad U_q - 2 \cdot U = 0 \qquad U = \frac{U_q}{2}$$

Das Leistungsmaximum tritt demnach auf, wenn die Spannung gleich der halben Quellenspannung ist, wie bereits in Gleichung 2.28 abgeleitet. Den Zusammenhang zwischen der Leistung und der Spannung zeigt Abb. 2.25.

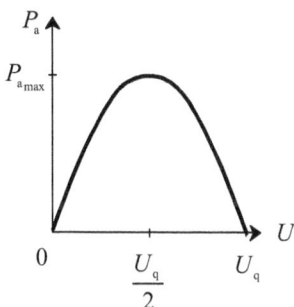

Abb. 2.25: Verlauf der in einem Verbraucher umgesetzten Leistung in Abhängigkeit von der Spannung

3   Berechnung von Netzwerken

Das folgende Kapitel befasst sich mit den unterschiedlichen Verfahren zur Netzwerkanalyse. Diese Verfahren werden in diesem Band nur für Gleichstromkreise vorgestellt und auf solche angewandt, sie sind jedoch ebenso für Wechselstromkreise einsetzbar und werden deshalb im zweiten Band als bekannt vorausgesetzt.

3.1   Knoten- und Maschensatz

3.1.1   Knotensatz

Als **Knoten** bezeichnet man Leitungsverzweigungen, wie sie in Abb. 3.1 dargestellt sind. Um einen Knoten gegenüber einem Kreuzungspunkt, bei dem sich Leitungen kreuzen, ohne elektrisch verbunden zu sein, zu unterscheiden, wird ein Knoten in den Abbildungen durch einen Punkt gekennzeichnet. Dieser Punkt dürfte nach DIN 40100 entfallen, wenn eindeutig ein Knoten vorliegt, davon soll hier nicht Gebrauch gemacht werden.

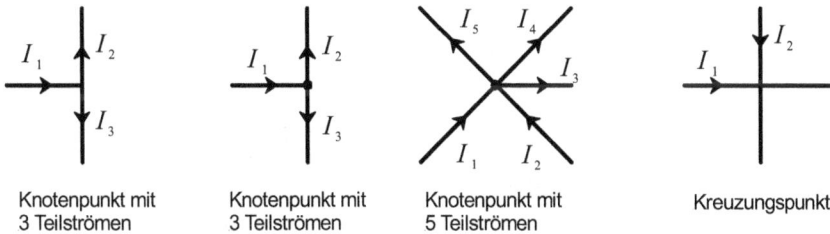

| Knotenpunkt mit 3 Teilströmen | Knotenpunkt mit 3 Teilströmen | Knotenpunkt mit 5 Teilströmen | Kreuzungspunkt |

Abb. 3.1: Knoten und Kreuzungspunkt

Da sich in einem Knoten keine Ladungen anstauen können, müssen zu jedem Zeitpunkt so viele Ladungen abtransportiert werden wie zufließen.

In einem Knoten ist die Summe der zufließenden Ströme gleich der Summe der abfließenden Ströme.

Um diesen **Knotensatz** oder **ersten kirchhoffschen Satz** mathematisch zu formulieren, sollen alle Ströme positiv gezählt werden, deren Zählpfeile zum Knoten hinweisen, und negativ die Ströme, deren Zählpfeile vom Knoten wegweisen, dabei kann der Betrag der Ströme positiv oder negativ sein (Abschn. 2.8). Es ist aber ebenso möglich, Ströme negativ zu zählen, deren Zählpfeile zum Knoten hinweisen, und positiv diejenigen, deren Zählpfeile vom Knoten wegweisen. Dies entspricht einer Multiplikation beider Seiten der Knotengleichung mit dem Faktor (-1).

$$\sum_{i=1}^{n} I_i = 0 \qquad\qquad \text{mit n = Anzahl der Ströme.} \qquad\qquad (3.1)$$

Für die beiden Knoten in Abb. 3.1 erhält man somit die Knotengleichungen:

$$I_1 - I_2 - I_3 = 0 \qquad\qquad I_1 + I_2 - I_3 - I_4 - I_5 = 0$$

Beispiel:
Für den Knoten mit 5 Teilströmen in Abb. 3.1 sind folgende Ströme bekannt:

$I_1 = 4$ A, $I_2 = 3$ A, $I_3 = 5$ A, $I_4 = 4$ A. Gesucht ist I_5.

$I_5 = I_1 + I_2 - I_3 - I_4 = 4$ A $+ 3$ A $- 5$ A $- 4$ A $= -2$ A

Der Strom I_5 fließt also in Wirklichkeit entgegengesetzt zu dem eingetragenen Zählpfeil.

3.1.2   Maschensatz

Zunächst sollen drei häufig vorkommende Begriffe für Netzwerke oder Stromkreise geklärt werden. Das einfachste Netzwerk stellt Abb. 2.19 dar, es ist ein **unverzweigtes Netzwerk**, d. h. es gibt darin keinerlei Stromverzweigung. Auch wenn in diesem Netzwerk noch weitere Schaltungselemente in Reihe geschaltet wären, fließt durch alle der gleiche Strom. Ein **verzweigtes Netzwerk** ist in Abb. 3.2 gezeigt. Der Strom I verzweigt sich dabei zunächst in die Teilströme I_1 und I_2, um sich nach der Wiedervereinigung erneut in die Teilströme I_3, I_4 und I_5 zu verzweigen. Wie später noch gezeigt wird, könnte man jedoch die Widerstände R_1 und R_2 sowie R_3, R_4 und R_5 jeweils zu Ersatzwiderständen zusammenfassen und würde auf diese Weise ein unverzweigtes Netzwerk erhalten.

Liegt eine Zusammenschaltung mehrerer Zweipole vor, die sich nicht oder nicht mehr ohne weiteres zu einem unverzweigten Netzwerk vereinfachen lässt, so spricht man von einem **vermaschten Netzwerk**. In Abb. 3.3 ist ein solches Beispiel gezeigt.

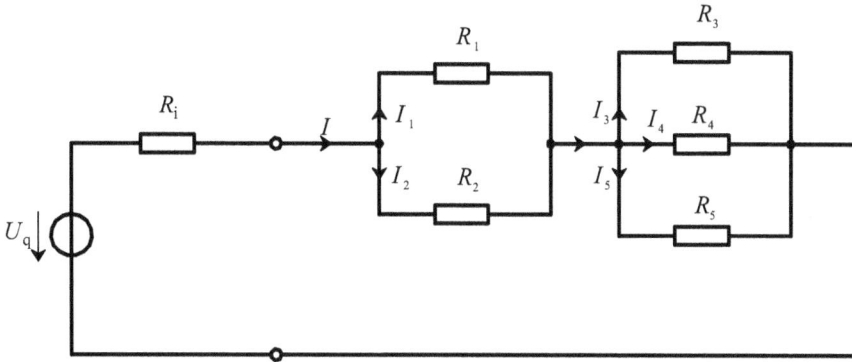

Abb. 3.2: Verzweigtes Netzwerk

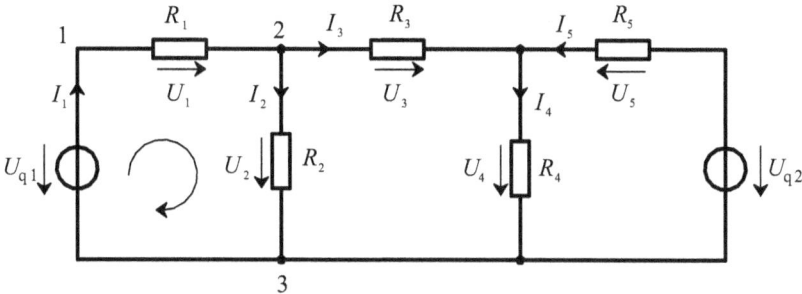

Abb. 3.3: Vermaschtes Netzwerk

In jedem beliebigen Netzwerk lassen sich geschlossene Umläufe bilden, die man als **Maschen** bezeichnet. Diese Umläufe müssen dabei nicht unbedingt über Zweipole geführt werden, sondern können auch über offene Klemmen gehen, wie später noch in Beispielen gezeigt wird. Der Umlaufsinn ist dabei willkürlich. Wichtig ist, dass der Umlauf dort endet, wo er begonnen wurde, d. h. geschlossen ist. In Abb. 3.3 ist eine solche Masche mit ihrer Umlaufrichtung eingetragen. Im Allgemeinen werden die einzelnen Zweipole nicht oder nicht alle vom gleichen Strom durchflossen. Für die drei in der gewählten Masche vorkommenden Spannungen wird daher eine Beziehung über die Potenziale an den drei Punkten 1 bis 3 hergestellt. Punkt 1 hat das Potenzial φ_1, Punkt 2 das Potenzial φ_2 und Punkt 3 φ_3. Die drei Spannungen lassen sich jetzt durch die Potenzialdifferenzen ausdrücken:

$$U_{q1} = \varphi_1 - \varphi_3 \qquad U_1 = \varphi_1 - \varphi_2 \qquad U_2 = \varphi_2 - \varphi_3$$

Bei einem Umlauf in der Masche werden alle Spannungen, deren Zählpfeil in Richtung des Umlaufsinns gerichtet ist, positiv und alle Spannungen, deren Zählpfeil entgegengesetzt zum Umlaufsinn verläuft, negativ gezählt. Dabei kann der Betrag der Spannung positiv oder negativ sein; würde z. B. die Quellenspannung U_{q2} wesentlich höher sein als U_{q1}, so könnte es sein, dass der Strom I_1 in Wirklichkeit in die andere Richtung fließt, als durch seinen Zählpfeil angenommen. Der Betrag von I_1 wäre dann negativ und $U_1 = I_1 \cdot R_1$ ebenfalls. Für die Masche erhält man:

$$U_1 + U_2 - U_{q1} = (\varphi_1 - \varphi_2) + (\varphi_2 - \varphi_3) - (\varphi_1 - \varphi_3) = 0$$

Auch für jede andere Masche würde sich als Summe der Spannungen null ergeben. Dies nennt man den **Maschensatz** oder **zweiten kirchhoffschen Satz**.

> Die Summe der Spannungen in einer Masche ist unter Berücksichtigung des Umlaufsinnes und der Zählpfeilrichtungen der Spannungen stets null.

$$\sum_{i=1}^{n} U_i = 0 \qquad\qquad \text{mit n = Anzahl der Teilspannungen.} \qquad\qquad (3.2)$$

Beispiel:

Mit diesem Maschensatz kann jetzt die in Abschn. 2.10.1 aufgestellte Gleichung 2.19 bewiesen werden. Für einen Umlauf in dem unverzweigten Netzwerk der Abb. 2.19 gilt bei einem Umlauf im Uhrzeigersinn:

$$U_i + U - U_q = 0 \qquad\qquad \text{Dabei ist } U = I \cdot R_a \text{ und } U_i = I \cdot R_i.$$

$$I \cdot R_i + I \cdot R_a - U_q = I \cdot (R_i + R_a) - U_q = 0 \qquad I = \frac{U_q}{R_i + R_a}$$

3.2   Schaltung von ohmschen Widerständen

3.2.1   Reihenschaltung

In Abb. 3.4 liegen drei Widerstände in Reihe. Sie werden alle vom gleichen Strom durchflossen, an den Widerständen fallen die drei Teilspannungen $U_1 = I \cdot R_1$, $U_2 = I \cdot R_2$ und $U_3 = I \cdot R_3$ ab.

Nach dem Maschensatz gilt:

$$U = U_1 + U_2 + U_3 = I \cdot (R_1 + R_2 + R_3)$$

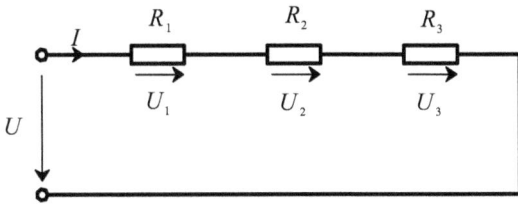

Abb. 3.4: Reihenschaltung von drei Widerständen

Für viele Anwendungen ist es unerheblich, wie sich die Spannung oder der Strom innerhalb des Zweipols verteilt, es interessiert nur das Verhalten des Zweipols von seinen Anschluss-klemmen aus betrachtet. In diesen Fällen können die drei Widerstände zu einem **Ersatzwi-derstand** R_e zusammengefasst werden, wodurch sich die Berechnung von Netzwerken ver-einfacht. Für die Abb. 3.4 wäre demnach $U = I \cdot R_e$ mit $R_e = R_1 + R_2 + R_3$ oder allgemein ergibt sich für eine Reihenschaltung:

$$R_e = \sum_{i=1}^{n} R_i \qquad \text{mit n = Anzahl der Teilwiderstände} \qquad (3.3)$$

Für die Reihenschaltung von Widerständen lässt sich das Verhältnis von zwei beliebigen Widerständen und den an ihnen abfallenden Spannungen durch die **Spannungsteilerregel** angeben. Man erhält diese, indem man den Quotienten aus zwei Teilspannungen oder der Gesamtspannung und einer Teilspannung bildet.

$$\frac{U_1}{U_2} = \frac{I \cdot R_1}{I \cdot R_2} = \frac{R_1}{R_2} \qquad \text{oder} \qquad \frac{U}{U_1} = \frac{R_e}{R_1} \qquad \text{usw.} \qquad (3.4)$$

> Bei einer Reihenschaltung verhalten sich die Spannungen zueinander wie die Widerstän-de, an denen sie abfallen.

Beispiel:
Ein Spannungsmesser (Voltmeter) hat einen Messgerätewiderstand $R_M = 2\,\Omega$ und einen Spannungsmessbereich von $U_M = 50\,\text{mV}$, d. h. bei dieser Spannung zeigt das Messgerät Vollausschlag. Dieses Messgerät soll nun zur Messung größerer Spannung herangezogen werden und der Messbereich auf 10 V, d. h. um den Faktor n = 200 erweitert werden. Wel-cher Vorwiderstand R_V muss dazu in Reihe zu dem Messgerät geschaltet werden?

Bei Vollausschlag fließt durch das Messgerät ein Strom $I = \dfrac{U_M}{R_M} = \dfrac{50\,\text{mV}}{2\,\Omega} = 25\,\text{mA}$. Der

Ersatzwiderstand aus R_V und R_M beträgt $R_e = \dfrac{U}{I} = \dfrac{10\,\text{V}}{25\,\text{mA}} = 400\,\Omega$.

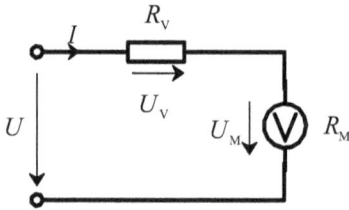

Abb. 3.5: Voltmeter mit Vorwiderstand

Somit ist $R_V = R_e - R_M = 398\ \Omega$. Die Lösung ließe sich auch dadurch gewinnen, dass man die Spannung U_V ermittelt und aus U_V und I den Widerstand R_V. In der Messtechnik wird zudem oft mit dem Messbereich-Erweiterungsfaktor n gerechnet. Dafür kann man folgende Formel herleiten:

$$\frac{R_V}{R_M} = \frac{U_V}{U_M} = \frac{U - U_M}{U_M} = \frac{U}{U_M} - 1 = n - 1 \qquad R_V = (n-1)\cdot R_M = (200-1)\cdot 2\Omega = 398\Omega$$

3.2.2   Parallelschaltung

In Abb. 3.6 liegen drei Widerstände zueinander parallel. An allen Widerständen fällt die gleiche Spannung ab und der Gesamtstrom I verteilt sich in den Widerständen in die drei Teilströme I_1, I_2 und I_3.

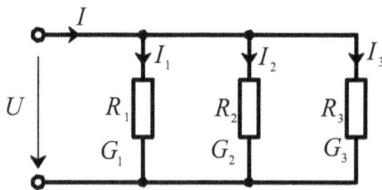

Abb. 3.6: Parallelschaltung von drei Widerständen

Nach dem Knotensatz gilt:

$$I = I_1 + I_2 + I_3 = U \cdot (G_1 + G_2 + G_3) = U \cdot \left(\frac{1}{R_1} + \frac{1}{R_2} + \frac{1}{R_3}\right)$$

Fasst man die drei Widerstände bzw. Leitwerte wieder zu einem **Ersatzwiderstand** R_e oder **Ersatzleitwert** G_e zusammen, so erhält man:

$$G_e = \sum_{i=1}^{n} G_i \qquad R_e = \frac{1}{\sum_{i=1}^{n} \dfrac{1}{R_i}} \quad \text{mit n = Anzahl der Teilwiderstände} \qquad (3.5)$$

Bei nur zwei Widerständen kann man noch mit einer anderen Formel für den Ersatzwiderstand rechnen:

$$\frac{1}{R_e} = \frac{1}{R_1} + \frac{1}{R_2} = \frac{R_2 + R_1}{R_1 \cdot R_2} \qquad \text{oder} \qquad \frac{1}{R_1} = \frac{1}{R_e} - \frac{1}{R_2} = \frac{R_2 - R_e}{R_e \cdot R_2}$$

$$R_e = \frac{R_1 \cdot R_2}{R_1 + R_2} \qquad \text{oder} \qquad R_1 = \frac{R_e \cdot R_2}{R_2 - R_e} \qquad (3.6)$$

Für die Parallelschaltung von Widerständen lässt sich das Verhältnis von zwei beliebigen Leitwerten oder Widerständen und den durch sie fließenden Strömen durch die **Stromteilerregel** angeben. Man erhält diese, indem man den Quotienten aus zwei Teilströmen oder dem Gesamtstrom und einem Teilstrom bildet.

$$\frac{I_1}{I_2} = \frac{U \cdot G_1}{U \cdot G_2} = \frac{G_1}{G_2} = \frac{R_2}{R_1} \qquad \text{bzw.} \qquad \frac{I}{I_1} = \frac{G_e}{G_1} = \frac{R_1}{R_e} \qquad \text{usw.} \qquad (3.7)$$

> Bei der Parallelschaltung verhalten sich die Ströme zueinander wie die Leitwerte bzw. umgekehrt wie die Widerstände, durch die sie fließen.

Beispiel:
Ein Strommesser (Amperemeter) hat einen Messgerätewiderstand von $R_M = 2\ \Omega$ und einen Strommessbereich von $I_M = 25$ mA, d. h. bei diesem Strom zeigt das Messgerät Vollausschlag. Dieses Messgerät soll nun zur Messung größerer Ströme herangezogen werden und sein Messbereich auf 1 A, d. h. um den Faktor n = 40 erweitert werden. Welcher Widerstand R_p muss dazu parallel zu dem Messgerät geschaltet werden?

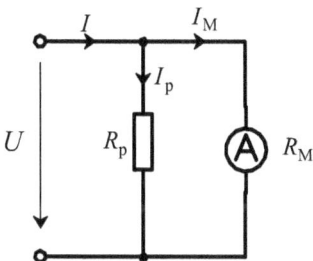

Abb. 3.7: Amperemeter mit Parallelwiderstand

Durch das Messgerät darf maximal ein Strom von 25 mA fließen. Somit muss der Widerstand R_p den restlichen Strom $I_p = I - I_M = 1\,A - 25\,mA = 975\,mA$ übernehmen. Beide Widerstände liegen an der Spannung $U = I_M \cdot R_M = 25\,mA \cdot 2\,\Omega = 50\,mV$. Somit ist

$$R_p = \frac{U}{I_p} = \frac{50\,mV}{975\,mA} = 51,28\,m\Omega\,.$$

Die Lösung könnte man ebenso gut über die Stromteilerregel gewinnen:

$$R_p = R_M \cdot \frac{I_M}{I_p} = 2\,\Omega \cdot \frac{25\,mA}{975\,mA} = 51,28\,m\Omega$$

Möchte man R_p mit Hilfe des Messbereich-Erweiterungsfaktors n ermitteln, so benützt man ebenso die Stromteilerregel.

$$\frac{R_M}{R_p} = \frac{I_p}{I_M} = \frac{I - I_M}{I_M} = \frac{I}{I_M} - 1 = n - 1 \qquad R_p = \frac{R_M}{n-1} = \frac{2\,\Omega}{39} = 51,28\,m\Omega$$

Aufgabe 3.1
Zwei Widerstände R_1 und R_2 sind parallel geschaltet, sie liegen an einer Spannung $U = 10\,V$. Der Gesamtstrom ist $I = 10\,A$ und der Strom $I_1 = \frac{1}{2} \cdot I_2$. Gesucht sind die Widerstandswerte für R_1 und R_2.

3.2.3 Kombination von Reihen- und Parallelschaltungen

Besteht ein Netzwerk aus einer Kombination von Reihen- und Parallelschaltungen von Widerständen, so kann ein solches Netzwerk durch Zusammenfassung eines Teiles oder aller Widerstände zu einem Ersatzwiderstand stark vereinfacht und somit die Berechnung der Größen in dem Netzwerk erleichtert werden.

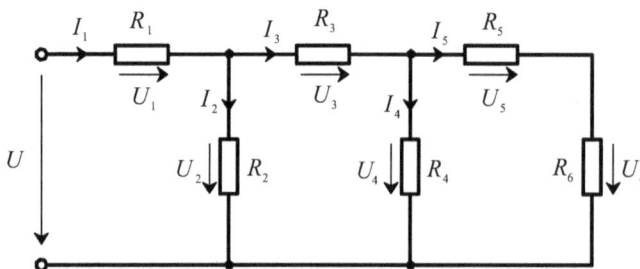

Abb. 3.8: Kombination von Reihen- und Parallelschaltung von Widerständen

Dies sei an der in Abb. 3.8 gegebenen Schaltung gezeigt. $U = 100\,\text{V}$, $R_1 = 150\,\Omega$, $R_2 = 1300\,\Omega$, $R_3 = 820\,\Omega$, $R_4 = 1200\,\Omega$, $R_5 = 470\,\Omega$, $R_6 = 330\,\Omega$. Es sollen sämtliche Ströme und Spannungen ermittelt werden.

Bei einiger Übung könnte die Gleichung für den gesamten Ersatzwiderstand der Schaltung in einem Zuge erfolgen, es soll hier jedoch die Zusammenfassung in mehrere Teilschritte aufgeteilt werden. Für die Reihenschaltung aus R_5 und R_6 erhält man als Ersatzwiderstand

$R_{\text{e}5,6} = R_5 + R_6 = 800\,\Omega$. Dieser Ersatzwiderstand liegt parallel zu R_4; somit ergibt sich:

$$R_{\text{e}4,5,6} = \frac{R_4 \cdot R_{\text{e}5,6}}{R_4 + R_{\text{e}5,6}} = 480\,\Omega\,. \text{ In Reihe dazu liegt } R_3.$$

$R_{\text{e}3,4,5,6} = R_3 + R_{\text{e}4,5,6} = 1,3\,\text{k}\Omega$. Dieser Ersatzwiderstand ist parallel zu R_2 geschaltet.

$$R_{\text{e}2,3,4,5,6} = \frac{R_2 \cdot R_{\text{e}3,4,5,6}}{R_2 + R_{\text{e}3,4,5,6}} = 650\,\Omega\,. \text{ Den gesamten Ersatzwiderstand erhält man dann zu}$$

$R_{\text{e}} = R_1 + R_{\text{e}2,3,4,5,6} = 800\,\Omega$. Mit diesem Ersatzwiderstand lässt sich I_1 und daraus U_1 errechnen:

$$I_1 = \frac{U}{R_{\text{e}}} = 125\,\text{mA} \quad \text{und} \quad U_1 = I_1 \cdot R_1 = 18{,}75\,\text{V}$$

Mit Hilfe des Maschensatzes gewinnt man nun U_2 und daraus dann I_2:

$$U_2 = U - U_1 = 81{,}25\,\text{V und } I_2 = \frac{U_2}{R_2} = 62{,}5\,\text{mA}\,. \text{ Ebenso hätte man } U_2 \text{ über } I \text{ und } R_{\text{e}2,3,4,5,6}$$

erhalten können: $U_2 = I \cdot R_{\text{e}2,3,4,5,6} = 81{,}25\,\text{V}$

Von hier aus kann auf unterschiedlichen Wegen weitergerechnet werden,

$$I_3 = I - I_2 = 62{,}5\,\text{mA oder } I_3 = \frac{U_2}{R_{\text{e}3,4,5,6}} = 62{,}5\,\text{mA oder } I_3 = I_1 \cdot \frac{R_{\text{e}2,3,4,5,6}}{R_{\text{e}3,4,5,6}} = 62{,}5\,\text{mA}\,.$$

Für die Berechnung der folgenden Ströme und Spannungen wird immer nur ein Weg aufgezeigt, obwohl, wie bereits zu sehen war, mehrere Möglichkeiten bestehen. Auf diese Weise lassen sich die Ergebnisse auch immer noch mit Hilfe redundanter Verfahren kontrollieren.

$$U_3 = I_3 \cdot R_3 = 51{,}25\,\text{V} \qquad U_4 = U_2 - U_3 = 30\,\text{V} \qquad I_4 = \frac{U_4}{R_4} = 25\,\text{mA}$$

$$I_5 = I_3 - I_4 = 37{,}5\,\text{mA} \qquad U_5 = I_5 \cdot R_5 = 17{,}625\,\text{V} \qquad U_6 = I_5 \cdot R_6 = 12{,}375\,\text{V}$$

An einigen häufig in der Praxis vorkommenden Schaltungen können die bisher behandelten Gesetzmäßigkeiten weiter vertieft werden.

Spannungsteiler

Sind die in Abb. 3.9 gezeigten Spannungsteiler an ihren Klemmen A und B unbelastet, also im Leerlauf, so erhält man die sich einstellende Spannung U_{AB} durch Anwendung der Spannungsteilerregel.

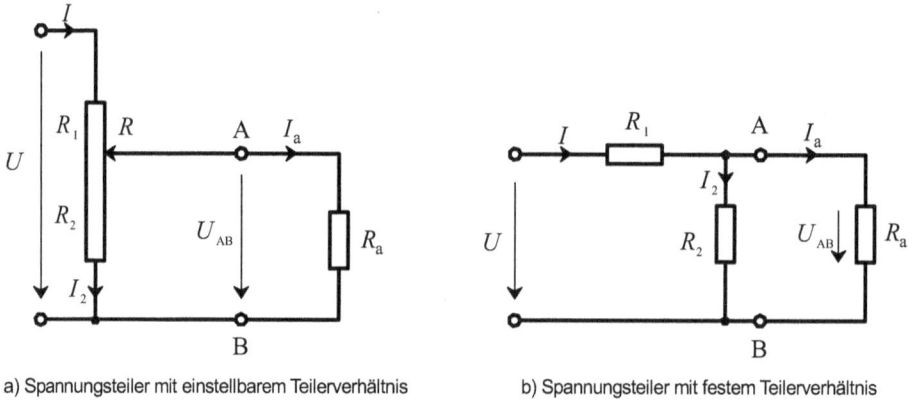

a) Spannungsteiler mit einstellbarem Teilerverhältnis   b) Spannungsteiler mit festem Teilerverhältnis

Abb. 3.9: Belastete Spannungsteiler

$$U_{AB} = U \cdot \frac{R_2}{R_1 + R_2}$$

Ist der Spannungsteiler dagegen belastet, so muss, um die nur für Reihenschaltung geltende Spannungsteilerregel anwenden zu können, die Parallelschaltung von R_2 und R_a zu einem Ersatzwiderstand $R_{e2,a}$ zusammengefasst werden:

$$U_{AB} = U \cdot \frac{R_{e2,a}}{R_1 + R_{e2,a}} = U \cdot \frac{\dfrac{R_2 \cdot R_a}{R_2 + R_a}}{R_1 + \dfrac{R_2 \cdot R_a}{R_2 + R_a}} = U \cdot \frac{\dfrac{R_2 \cdot R_a}{R_2 + R_a}}{\dfrac{R_1 \cdot R_2 + R_1 \cdot R_a + R_2 \cdot R_a}{R_2 + R_a}}$$

$$= U \cdot \frac{R_2}{R_1 + R_2 + \dfrac{R_1 \cdot R_2}{R_a}}$$

Aus dieser Gleichung ist ersichtlich, dass sich die Spannung U_{AB} für sehr hochohmige Belastungswiderstände R_a gegenüber R_1 und R_2 nur recht wenig ändert, weil der letzte Summand im Nenner dadurch nur klein ist; dagegen bricht U_{AB} für sehr niederohmige R_a stark ein.

Besonders für Laboraufbauten wird der Spannungsteiler mit einem einstellbaren Teilerverhältnis gerne eingesetzt. Bei der Auswahl des Spannungsteilers ist darauf zu achten, dass sein Gesamtwiderstand $R = R_1 + R_2$ klein genug gegenüber R_a bleibt, da sich andernfalls eine stark nichtlineare Charakteristik des Spannungsteilers (Abb. 3.10) ergibt. Dies bedeutet, dass sich die Spannungen im oberen Bereich von U_{AB} nur schwer einstellen lassen, weil bereits die kleinste Änderung beim Widerstandsverhältnis eine große Spannungsänderung hervorruft. Außerdem besteht die Gefahr, dass der Benutzer das Teilerverhältnis sehr schnell ändert, weil sich im mittleren Stellbereich kaum eine Spannungsänderung ergibt, und dann rasch in zu hohe Spannungen im hinteren Teil der Kennlinie gerät.

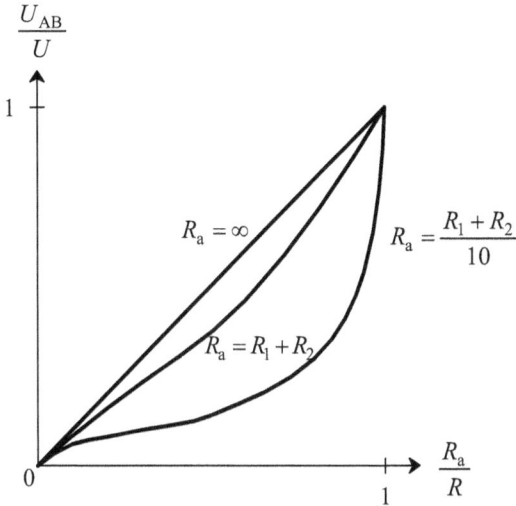

Abb. 3.10: Kennlinien eines belasteten Spannungsteilers

Bei der Auswahl des geeigneten Spannungsteilers spielt noch der sich maximal einstellende Strom eine Rolle. Befindet sich der Abgriff für das Spannungsteilerverhältnis bei dem Widerstand in Abb. 3.9.a) ganz oben, so ist $U_{AB} = U$ und es wird das allerletzte Stück des Widerstandes R mit der Summe der Ströme I_2 und I_a belastet. Der größte Strom für I_a ergibt sich dabei durch den kleinsten Widerstandswert von R_a, der vorkommen kann. Für diesen Strom muss der Spannungsteiler ausgelegt sein.

$$I_{max} = I_2 + I_{a_{max}} = \frac{U}{R} + \frac{U}{R_{a_{min}}} \qquad \text{mit} \qquad R = R_1 + R_2$$

Als ein weiteres Beispiel sei der unbelastete doppelte Spannungsteiler aufgeführt, wie er in Abb. 3.11 gezeigt ist. Für ihn wird die Spannung U_a in Abhängigkeit der Widerstände gesucht. Dabei ist der Spannungsteiler aus R_1 und R_2 mit dem Spannungsteiler, den R_3 und R_4 bilden, belastet. Es sei allerdings auch erwähnt, dass sich eine solche Schaltung mit den noch zu behandelnden Netzwerkberechnungsverfahren bedeutend leichter berechnen lässt.

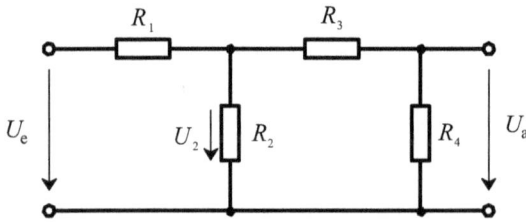

Abb. 3.11: Unbelasteter doppelter Spannungsteiler

Zur Lösung muss das Verhältnis der Spannungen U_a / U_e aufgestellt werden. Dazu kann man die Verhältnisse von U_a / U_2 und U_2 / U_e bilden und dann die beiden multiplizieren, wodurch sich U_2 herauskürzt. Das Verhältnis U_a / U_2 ist einfach anzugeben, denn es ist unerheblich, woher die Eingangsspannung für den Spannungsteiler aus R_3 und R_4 kommt. Um das Verhältnis U_2 / U_e zu bilden, müssen jedoch die Widerstände R_2, R_3 und R_4 zuerst zu einem Ersatzwiderstand zusammengefasst werden, denn die Spannungsteilerregel ist nur auf Reihenschaltungen anwendbar.

$$\frac{U_a}{U_2} = \frac{R_4}{R_3 + R_4} \qquad \text{und} \qquad \frac{U_2}{U_e} = \frac{\dfrac{R_2 \cdot (R_3 + R_4)}{R_2 + R_3 + R_4}}{R_1 + \dfrac{R_2 \cdot (R_3 + R_4)}{R_2 + R_3 + R_4}}$$

$$\frac{U_a}{U_2} \cdot \frac{U_2}{U_e} = \frac{R_4}{R_3 + R_4} \cdot \frac{\dfrac{R_2 \cdot (R_3 + R_4)}{R_2 + R_3 + R_4}}{R_1 + \dfrac{R_2 \cdot (R_3 + R_4)}{R_2 + R_3 + R_4}} = \frac{R_2 \cdot R_4}{R_1 \cdot R_2 + R_1 \cdot R_3 + R_1 \cdot R_4 + R_2 \cdot R_3 + R_2 \cdot R_4}$$

$$U_a = U_e \cdot \frac{R_2 \cdot R_4}{R_1 \cdot R_2 + R_1 \cdot R_3 + R_1 \cdot R_4 + R_2 \cdot R_3 + R_2 \cdot R_4}$$

Abgleichbrücke oder Wheatstonebrücke

Abb. 3.12 zeigt eine einfache Messanordnung zur Bestimmung eines unbekannten Widerstandes R_x aus den bekannten Widerständen R_1, R_2 und R_3. Dabei wird der Schleifkontakt an dem Widerstand R so lange verstellt, bis durch den hochempfindlichen Strommesser kein Strom mehr fließt, d. h. der Strom in dem Brückenzweig $I_{AB} = 0$ ist. Man sagt dann, die Brücke befindet sich im Abgleich oder ist abgeglichen. Wenn der Strom null ist, dann müssen die Punkte A und B gleiches Potenzial besitzen, andernfalls würde aufgrund der Potenzialdifferenz auch ein Strom durch den Strommesser mit seinem Widerstand R_M fließen. Wäre dies der Fall, so könnte die Schaltung mit den bisher behandelten Verfahren nicht berechnet werden, denn die Schaltung ist dann nicht mehr eine einfache Kombination aus Reihen- und Parallelschaltungen von Widerständen. Ist dagegen $I_{AB} = 0$, so könnte man den Schaltungszweig zwischen den Punkten A und B auch aus der Schaltung heraustrennen, ohne damit eine Veränderung der Schaltungseigenschaften zu erzielen.

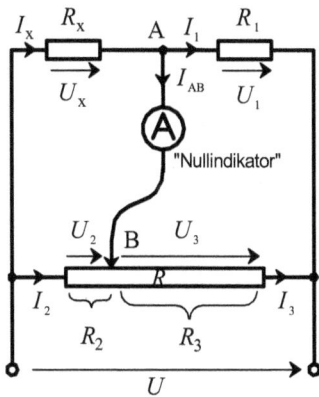

Abb. 3.12: Abgeglichene Wheatstonebrücke

Wenn $I_{AB} = 0$ ist, dann fällt auch an dem Widerstand R_M des Strommessers keine Spannung ab und nach dem Maschensatz ist $U_x = U_2$ und $U_1 = U_3$. Da an dem Punkt A bzw. B zudem keine Stromverzweigung stattfindet, ist auch $I_x = I_1$ und $I_2 = I_3$.

$$U_x = U_2 \qquad \text{bzw.} \qquad I_x \cdot R_x = I_2 \cdot R_2 \qquad \text{bzw.} \qquad I_1 \cdot R_x = I_2 \cdot R_2$$
$$U_1 = U_3 \qquad \text{bzw.} \qquad I_1 \cdot R_1 = I_3 \cdot R_3 \qquad \text{bzw.} \qquad I_1 \cdot R_1 = I_2 \cdot R_3$$

Dividiert man die beiden letzten Gleichungen durcheinander, erhält man:

$$\frac{I_1 \cdot R_x}{I_1 \cdot R_1} = \frac{I_2 \cdot R_2}{I_2 \cdot R_3} \qquad \text{und} \qquad R_x = \frac{R_1 \cdot R_2}{R_3}$$

Man kann also aus den bekannten Widerständen den unbekannten Widerstand bestimmen.

Ausschlagbrücke

Weitaus häufiger kommen jedoch in der Praxis Ausschlagbrücken vor. Als Beispiel ist in der Brücke in Abb. 3.13 einer der Widerstände temperaturabhängig. Ein Pt 100 Widerstand (Messwiderstand aus Platin) hat dabei bei 0 °C einen Widerstandswert von 100 Ω, seine Widerstandsänderung aufgrund der Temperaturänderung ist bekannt. Man wählt dann die anderen Widerstände so, dass die Brücke bei 0 °C abgeglichen ist. Für jeden beliebigen Widerstandswert von R_θ kann die Spannung ausgerechnet werden, die zwischen den Punkten A und B entsteht. Diese Spannung soll mit einem so hochohmigen Instrument (z. B. mit Hilfe eines hochohmigen Verstärkers) gemessen werden, dass für den Praktiker der Widerstand gegen unendlich geht. Dieses Instrument kann dann sofort anstatt in Volt in Grad Celsius geeicht werden. Setzt man den Pt 100 Widerstand einer bestimmten Temperatur aus, so dient diese Methode zur elektrischen Messung einer nichtelektrischen Größe. Bemerkt werden soll hier noch, dass der durch den Pt 100 Widerstand fließende Strom so klein sein muss, dass die dadurch entstehende Eigenerwärmung die Messung nicht verfälscht, dies ist bei Strömen kleiner als 5 mA der Fall.

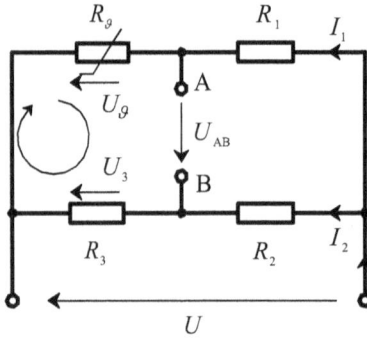

Abb. 3.13: Ausschlagbrücke zur Temperaturmessung

Bei einer Temperatur von 100 °C hat der Pt 100 Widerstand einen Wert von 138,5 Ω und bei −100 °C von 60,25 Ω. Für beide Temperaturen soll die sich einstellende Spannung U_{AB} für $U = 5\,\text{V}$, $R_1 = R_2 = 2\,\text{k}\Omega$ und $R_3 = 100\,\Omega$ berechnet werden.

Die Widerstände R_ϑ und R_1 sowie R_2 und R_3 liegen jeweils in Reihe an der Eingangsspannung U der Brücke. Mit der in Abb. 3.13 eingetragenen Masche ergibt sich die Maschengleichung:

$$U_{AB} = U_\vartheta - U_3$$

Die Spannungen U_ϑ und U_3 sind nach der Spannungsteilerregel:

$$U_\vartheta = U \cdot \frac{R_\vartheta}{R_1 + R_\vartheta} \qquad \text{und} \qquad U_3 = U \cdot \frac{R_3}{R_2 + R_3}$$

Die Spannung U_{AB} wird demnach:

$$U_{AB} = U \cdot \left(\frac{R_\vartheta}{R_1 + R_\vartheta} - \frac{R_3}{R_2 + R_3} \right)$$

Somit ergibt sich für die beiden Temperaturen:

$$U_{AB_{+100}} = 85,73\,\text{mV} \qquad \text{und} \qquad U_{AB_{-100}} = -91,88\,\text{mV}$$

Gleichspannungskompensator

Hier sei nur das Prinzip dieser Messmethode beschrieben, in der praktischen Anwendung gestaltet sie sich etwas komplizierter, da z. B. einem Normalelement nur ein maximaler Strom von 0,1 mA entnommen werden darf. Der Abgleich erfolgt demnach in mehreren Schritten, da zum Schutz des Normalelementes zunächst ein hoher Schutzwiderstand in Reihe geschaltet wird (in Abb. 3.14 nicht eingetragen), der schrittweise verkleinert wird.

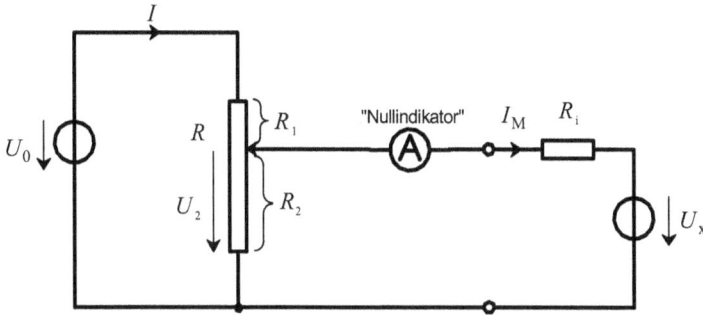

Abb. 3.14: Prinzipschaltung eines Gleichstromkompensators

Eine unbekannte Spannung U_x wird mit Hilfe einer bekannten Spannung U_0 (Normalelement) gemessen. Dazu wird der Schleifkontakt an dem Widerstand R so lange verstellt, bis der Strom $I_M = 0$ geworden ist. Im Abgleichfall wird also der unbekannten Spannungsquelle kein Strom mehr entnommen und man kann somit unmittelbar die Quellenspannung messen (vgl. Abschn. 2.10.1). Für den Fall, dass $I_M = 0$ ist, gilt:

$$U_x = U_2 = I \cdot R_2 \qquad \text{und}$$
$$U_0 = I \cdot R \quad \text{mit} \quad R = R_1 + R_2$$

Dividiert man diese beide Gleichungen durcheinander, so ergibt sich:

$$\frac{U_x}{U_0} = \frac{I \cdot R_2}{I \cdot R} = \frac{R_2}{R} \qquad U_x = U_0 \cdot \frac{R_2}{R}$$

Widerstandsbestimmung durch Strom-/Spannungsmessung

Bisher wurden immer ideale Messinstrumente unterstellt, d. h. Voltmeter mit einem unendlich hohen Messgerätewiderstand R_M und Amperemeter mit $R_M = 0$. Will man den Widerstand mit Hilfe des ohmschen Gesetzes bestimmen und misst dazu den Strom, der durch den Widerstand fließt, und die Spannung, die an ihm abfällt, macht man zwangsläufig einen systematischen Fehler aufgrund des Eigenverbrauchs der Instrumente, den man allerdings durch eine Fehlerrechnung korrigieren kann. Es gibt zwei Möglichkeiten des Messaufbaus, wie in Abb. 3. 15 gezeigt.

Im ersten Fall misst man den tatsächlich durch den Widerstand fließenden Strom. Allerdings misst man die Spannung, die am Amperemeter und am Abschlusswiderstand abfällt. Im zweiten Fall misst man die tatsächlich am Abschlusswiderstand abfallende Spannung, dafür misst das Amperemeter die Summe der Ströme durch das Voltmeter und den zu bestimmenden Widerstand.

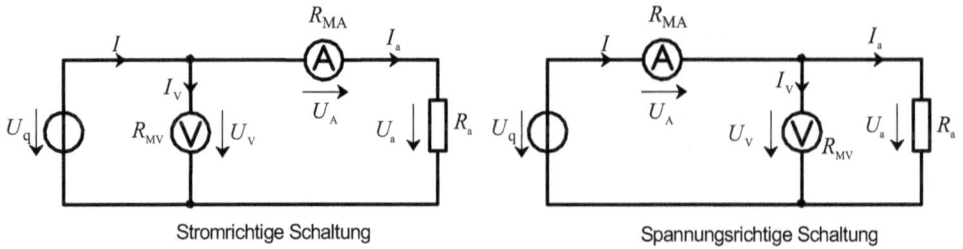

Stromrichtige Schaltung   Spannungsrichtige Schaltung

Abb. 3.15: Strom- und spannungsrichtiger Messaufbau zur Bestimmung eines Widerstandes

Es sollen die folgenden Annahmen gelten.

Für den ersten Fall: $R_{MV} = 10$ kΩ, $R_{MA} = 0,1$ Ω, gemessen wurde $U_V = 96$ V, $I_a = 10$ A.

Für den zweiten Fall: $R_{MV} = 10$ kΩ, $R_{MA} = 0,1$ Ω, gemessen wurde $U_V = 100$ V, $I_V = 0,81$ A.

Ohne Korrektur ergibt sich für den ersten Fall: $R_a = \dfrac{U_V}{I_a} = 9,6\,\Omega$

Mit Korrektur ergibt sich: $R_a = \dfrac{U_a}{I_a} = \dfrac{U_V - U_A}{I_a} = \dfrac{U_V - I_a \cdot R_{MA}}{I_a} = 9,5\,\Omega$

Ohne Korrektur ergibt sich für den zweiten Fall: $R_a = \dfrac{U_V}{I} = 123,5\,\Omega$

Mit Korrektur ergibt sich: $R_a = \dfrac{U_a}{I_a} = \dfrac{U_V}{I - I_V} = \dfrac{U_V}{I - \dfrac{U_V}{R_V}} = 125\,\Omega$

Beim stromrichtigen Messaufbau misst man demnach ohne Korrektur zu große Widerstände, beim spannungsrichtigen zu kleine Widerstände. Da Spannungsmesser meist sehr hochohmig und Strommesser sehr niederohmig sind, empfiehlt sich die stromrichtige Schaltung für hochohmige Widerstände und die spannungsrichtige Methode für niederohmige Widerstände, d. h. gerade umgekehrt, wie in dem Beispiel gewählt. Dieses wurde gewählt, um Fehler zu erhalten, die zu korrigieren sich lohnt.

Aufgabe 3.2
Der in Abb. 3.16 gezeigte Strommesser hat ohne die Widerstände R_1 und R_2 einen Messbereich von $I_M = 1$ mA und einen Messgerätewiderstand von $R_M = 100$ Ω. In der gezeigten Schalterstellung soll nun das Messgerät auf einen Messbereich von 0,1 A erweitert werden und bei Umschaltung auf die andere Schalterstellung auf 1 A. Dazu sind die Widerstandswerte von R_1 und R_2 auf vier Stellen genau zu bestimmen.

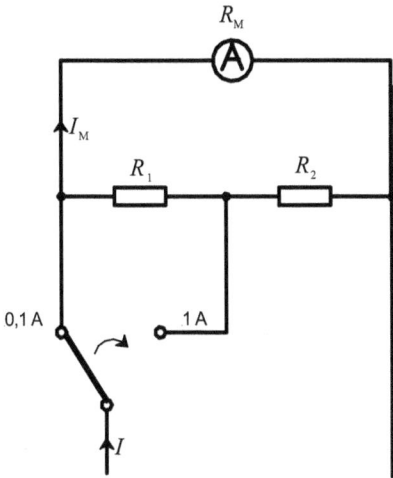

Abb. 3.16: Amperemeter mit Messbereichsumschaltung

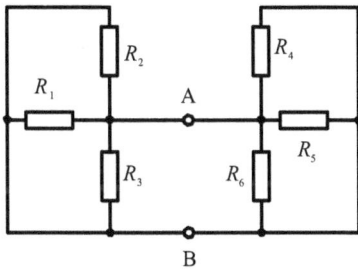

Aufgabe 3.3

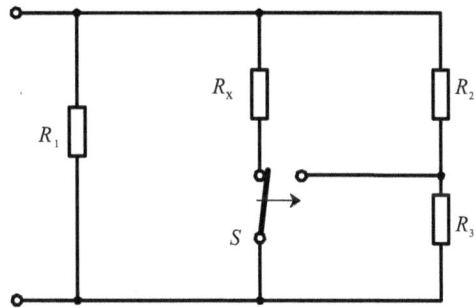

Aufgabe 3.4

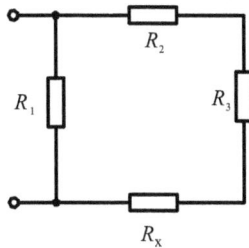

Aufgabe 3.5

Abb. 3.17: Schaltungen zu den Aufgaben 3.3, 3.4 und 3.5

Aufgabe 3.3
Es ist der Ersatzwiderstand für die Schaltung in Abb. 3.17 zu bestimmen, wenn $R_1 = 18\ \Omega$, $R_2 = 7{,}2\ \Omega$, $R_3 = 12\ \Omega$, $R_4 = 10{,}8\ \Omega$, $R_5 = R_6 = 21{,}6\ \Omega$ sind.

Aufgabe 3.4
Die Schaltung in Abb. 3.17 soll unabhängig von der Stellung des Schalters immer den gleichen Strom aufnehmen. Wie groß muss dazu R_x sein? $R_1 = 40\ \Omega$, $R_2 = 10\ \Omega$, $R_3 = 20\ \Omega$.

Aufgabe 3.5
Welchen Widerstandswert muss R_x annehmen, wenn R_x gleich groß wie der Ersatzwiderstand R_e der Schaltung sein soll? $R_1 = 400\ \Omega$, $R_2 = R_3 = 100\ \Omega$.

3.2.4   Stern-Dreieck-Umwandlung

Wollte man den Ersatzwiderstand der in Abb. 3.12 gezeigten Brückenschaltung bezüglich der Klemmen bestimmen, so ist dies mit den bisherigen Methoden nicht möglich, denn die Widerstände sind nicht mehr in reine Reihen- oder Parallelschaltungen zu unterteilen. Hier kann die Umwandlung einer Sternschaltung von Widerständen in eine äquivalente Dreieckschaltung bzw. umgekehrt weiterhelfen. Äquivalent bedeutet, dass sich die umgewandelte Schaltung, von ihren Klemmen aus betrachtet, genauso verhalten muss wie die Ausgangsschaltung.

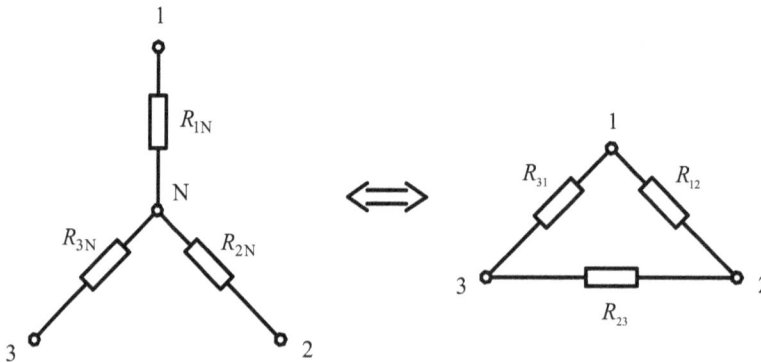

Abb.3.18: Stern-Dreieck-Umwandlung von Widerstandsschaltungen

Zuerst soll die Dreieckschaltung aus den Widerständen R_{12}, R_{23} und R_{31} in eine äquivalente Sternschaltung mit den Widerständen R_{1N}, R_{2N} und R_{3N} umgerechnet werden. Da drei Größen unbekannt sind, müssen demnach drei unabhängige Gleichungen zur Lösung des Problems aufgestellt werden. Dazu betrachtet man beide Schaltungen nacheinander von ihren Klemmen 1 und 2, 2 und 3 sowie 3 und 1 aus. Die Reihenfolge der Indizierung wurde hier so gewählt, weil die gleiche Aufgabenstellung auch bei Drehstromschaltungen, die allerdings erst in Band 2 behandelt werden, vorkommt. Bei Drehstrom ist die hier gewählte Indizierung üblich. Eine andere Anwendung dieser Rechenmethode ergibt sich manchmal bei der Bestimmung des Ersatzinnenwiderstandes einer Ersatzquelle (vgl. Abschn. 3.8.1).

Von den Klemmen 1 und 2 aus betrachtet, muss die Reihenschaltung aus R_{1N} und R_{2N} für die Sternschaltung den gleichen Widerstand aufweisen wie bei der Dreieckschaltung die Reihenschaltung aus R_{23} und R_{31}, die parallel zu R_{12} liegt.

$$R_{1N} + R_{2N} = \frac{R_{12} \cdot (R_{23} + R_{31})}{R_{12} + R_{23} + R_{31}} = \frac{R_{12} \cdot R_{23} + R_{12} \cdot R_{31}}{R_{12} + R_{23} + R_{31}}$$

Von den Klemmen 2 und 3 aus betrachtet, erhält man:

$$R_{2N} + R_{3N} = \frac{R_{23} \cdot (R_{31} + R_{12})}{R_{23} + R_{31} + R_{12}} = \frac{R_{12} \cdot R_{23} + R_{23} \cdot R_{31}}{R_{12} + R_{23} + R_{31}}$$

Von den Klemmen 3 und 1 aus betrachtet, erhält man:

$$R_{3N} + R_{1N} = \frac{R_{31} \cdot (R_{12} + R_{23})}{R_{31} + R_{12} + R_{23}} = \frac{R_{12} \cdot R_{31} + R_{23} \cdot R_{31}}{R_{12} + R_{23} + R_{31}}$$

Addiert man die 1. und 3. Gleichung und subtrahiert davon die 2. Gleichung, so erhält man:

$$R_{1N} + R_{2N} + R_{3N} + R_{1N} - R_{2N} - R_{3N}$$
$$= \frac{R_{12} \cdot R_{23} + R_{12} \cdot R_{31} + R_{12} \cdot R_{31} + R_{23} \cdot R_{31} - R_{12} \cdot R_{23} - R_{23} \cdot R_{31}}{R_{12} + R_{23} + R_{31}}$$
$$2 \cdot R_{1N} = \frac{2 \cdot R_{12} \cdot R_{31}}{R_{12} + R_{23} + R_{31}}$$

Auf ähnliche Weise erhält man auch die beiden anderen Widerstände.

$$R_{1N} = \frac{R_{12} \cdot R_{31}}{R_{12} + R_{23} + R_{31}}$$

$$R_{2N} = \frac{R_{12} \cdot R_{23}}{R_{12} + R_{23} + R_{31}} \tag{3.8}$$

$$R_{3N} = \frac{R_{23} \cdot R_{31}}{R_{12} + R_{23} + R_{31}}$$

Bei der Umwandlung einer Sternschaltung in eine äquivalente Dreieckschaltung kann man von den Ergebnissen der Formel 3.8 ausgehen. Stellt man die erste Gleichung der Formel 3.8 um, so ist:

$$R_{12} \cdot R_{31} = R_{1N} \cdot (R_{12} + R_{23} + R_{31}) \qquad R_{12} = R_{1N} \cdot \left(1 + \frac{R_{12}}{R_{31}} + \frac{R_{23}}{R_{31}}\right)$$

Das Verhältnis $\dfrac{R_{12}}{R_{31}}$ erhält man, indem man in Formel 3.8 die zweite durch die dritte Glei-

chung dividiert und $\dfrac{R_{23}}{R_{31}}$, indem man die zweite Gleichung durch die erste dividiert.

$$\frac{R_{2N}}{R_{3N}} = \frac{\dfrac{R_{12} \cdot R_{23}}{R_{12} + R_{23} + R_{31}}}{\dfrac{R_{23} \cdot R_{31}}{R_{12} + R_{23} + R_{31}}} = \frac{R_{12}}{R_{31}} \qquad\qquad \frac{R_{2N}}{R_{1N}} = \frac{\dfrac{R_{12} \cdot R_{23}}{R_{12} + R_{23} + R_{31}}}{\dfrac{R_{12} \cdot R_{31}}{R_{12} + R_{23} + R_{31}}} = \frac{R_{23}}{R_{31}}$$

Setzt man diese Verhältnisse in die vorige Gleichung ein, so erhält man die Gleichung für R_{12} und auf ähnliche Weise kann auch das Ergebnis für R_{23} und R_{31} gewonnen werden.

$$R_{12} = R_{1N} \cdot \left(1 + \frac{R_{2N}}{R_{3N}} + \frac{R_{2N}}{R_{1N}}\right) = R_{1N} + R_{2N} + \frac{R_{1N} \cdot R_{2N}}{R_{3N}}$$

$$R_{23} = R_{2N} + R_{3N} + \frac{R_{2N} \cdot R_{3N}}{R_{1N}} \tag{3.9}$$

$$R_{31} = R_{1N} + R_{3N} + \frac{R_{1N} \cdot R_{3N}}{R_{2N}}$$

Formt man die Formel 3.9 nach Leitwerten um, so erhält man eine ähnliche Struktur wie bei Formel 3.8:

$$\frac{1}{G_{12}} = \frac{1}{G_{1N}} \cdot \left(1 + \frac{G_{3N}}{G_{2N}} + \frac{G_{1N}}{G_{2N}}\right) = \frac{1}{G_{1N}} \cdot \left(\frac{G_{2N}}{G_{2N}} + \frac{G_{3N}}{G_{2N}} + \frac{G_{1N}}{G_{2N}}\right) = \frac{G_{1N} + G_{2N} + G_{3N}}{G_{1N} \cdot G_{2N}}$$

$$G_{12} = \frac{G_{1N} \cdot G_{2N}}{G_{1N} + G_{2N} + G_{3N}}$$

$$G_{23} = \frac{G_{2N} \cdot G_{3N}}{G_{1N} + G_{2N} + G_{3N}} \tag{3.10}$$

$$G_{31} = \frac{G_{1N} \cdot G_{3N}}{G_{1N} + G_{2N} + G_{3N}}$$

Beispiel:
Die Brückenspannung U_{AB} der Abgleichbrücke in Abb. 3.13 soll bei einer Temperatur von 100 °C mit Hilfe eines Spannungsmesser mit einem Innenwiderstand $R_M = 4\,\text{k}\Omega$ gemessen und mit dem Ergebnis für Leerlauf zwischen den Klemmen A und B (bzw. einem extrem

hochohmigen Spannungsmesser) verglichen werden. Es bleiben $U = 5\,\text{V}$, $R_1 = R_2 = 2\,\text{k}\Omega$ und $R_3 = 100\,\Omega$. Die Aufgabe soll gelöst werden, indem zunächst der Ersatzwiderstand berechnet wird. Es wäre auch eine andere Lösung unter Anwendung der kirchhoffschen Sätze (Abschn. 3.4) möglich, wie sie später in Aufgabe 3.8 verlangt wird, oder mit Lösungsverfahren, die erst in den beiden folgenden Kapiteln 3.5 und 3.6 vorgestellt werden.

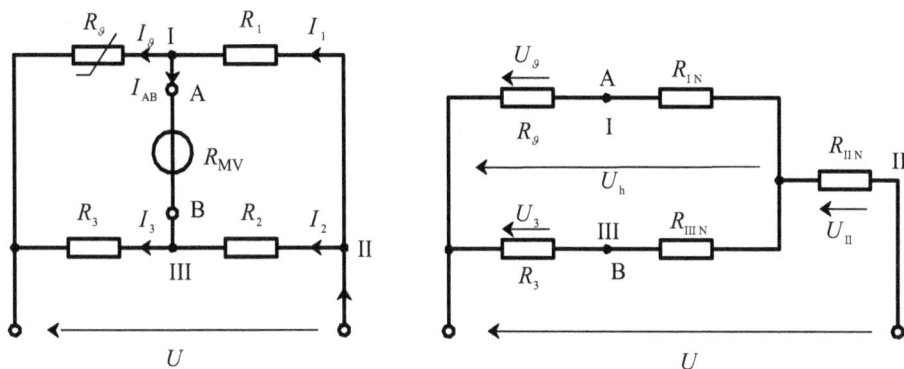

Abb. 3.19: Ausschlagbrücke zur Temperaturmessung mit Berücksichtigung des Spannungsmessers für U_{AB}

Zunächst soll der Ersatzwiderstand der Schaltung bestimmt werden und daraus der Gesamtstrom. Es könnten die Widerstände R_M, R_2 und R_3, die miteinander eine Sternschaltung bilden, in eine äquivalente Dreieckschaltung umgerechnet werden. Einfacher ist jedoch, die Dreieckschaltung aus den Widerständen R_M, R_1 und R_2 in eine äquivalente Sternschaltung umzurechnen. Dadurch bleibt die Masche mit der Maschengleichung $U_{AB} = U_{\vartheta} - U_3$ wie in dem Beispiel der Ausschlagbrücke in Abschn. 3.2.3 erhalten und man muss nur die sich jetzt einstellenden Spannungen U_{ϑ} und U_3 berechnen.

Um keine Verwechslung mit den Indizes der Widerstände in der Originalschaltung aufkommen zu lassen, wurden die drei Klemmenpunkte der Dreieckschaltung mit römischen Ziffern versehen. Berechnet werden müssen demnach die Widerstände R_{IN}, R_{IIN} und R_{IIIN} und die Widerstände in der Originalschaltung entsprechen folgenden Widerständen der Formel 3.8: $R_1 \equiv R_{I\,II}$, $R_2 \equiv R_{II\,III}$ und $R_M \equiv R_{III\,I}$.

$$R_{IN} = \frac{R_1 \cdot R_M}{R_1 + R_2 + R_M} = 1\,\text{k}\Omega \qquad R_{IIN} = \frac{R_1 \cdot R_2}{R_1 + R_2 + R_M} = 500\,\Omega \qquad R_{IIIN} = \frac{R_2 \cdot R_M}{R_1 + R_2 + R_M} = 1\,\text{k}\Omega$$

$$R_e = \frac{(R_{\vartheta} + R_{IN}) \cdot (R_3 + R_{IIIN})}{R_{\vartheta} + R_{IN} + R_3 + R_{IIIN}} + R_{IIN} = 1{,}06\,\text{k}\Omega$$

$$I = \frac{U}{R_e} = 4{,}72\,\text{mA}$$

Damit lässt sich die an R_{IIN} abfallende Spannung U_{II} und die Hilfsspannung U_{h} berechnen und daraus die sich dann an den beiden Reihenschaltungen einstellenden Spannungen U_{ϑ} und U_3.

$$U_{\text{II}} = I \cdot R_{\text{IIN}} = 2{,}36\,\text{V} \qquad U_{\text{h}} = U - U_{\text{IIN}} = 2{,}64\,\text{V}$$

$$U_{\vartheta} = U_{\text{h}} \cdot \frac{R_{\vartheta}}{R_{\vartheta} + R_{\text{IN}}} = 321{,}2\,\text{mV} \qquad U_3 = U_{\text{h}} \cdot \frac{R_3}{R_3 + R_{\text{IIIN}}} = 240\,\text{mV}$$

$$U_{\text{V}} = U_{\text{AB}} = U_{\vartheta} - U_3 = 81{,}17\,\text{mV}$$

Die Spannung, die das Voltmeter anzeigt, ist demnach um 4,56 mV oder 5,32 % kleiner als die im Leerlauf auftretende Spannung. Dadurch wird eine zu kleine Temperatur an dem Widerstand R_{ϑ} vorgetäuscht, wenn keine entsprechende Korrektur des systematischen Messfehlers vorgenommen wird.

3.2.5   Rekursives Berechnungsverfahren

In Netzwerken mit nur einer Spannungs- oder Stromquelle und linearen Verbrauchern kann auch das rekursive Berechnungsverfahren angewendet werden. Man geht dabei so vor, dass man der gesuchten Größe zunächst einen willkürlichen Wert zuweist und mit diesem Wert bis zur gegebenen Eingangsgröße zurückrechnet. Die sich auf diesem Weg ergebende Eingangsgröße stimmt natürlich kaum mit dem gegebenen Wert überein, es sei denn, man hätte zufälligerweise den richtigen Wert für die gesuchte Größe erraten. Deshalb müssen am Schluss alle Ergebnisse der Berechnung mit einem Faktor multipliziert werden, der aus dem Verhältnis der gegebenen zur errechneten Eingangsgröße besteht. Dies ist zulässig, da zwischen allen Größen nur lineare Abhängigkeiten bestehen. Der Vorteil des Verfahrens besteht darin, dass man sich die Berechnung des Ersatzwiderstandes erspart.

Beispiel:
Das Verfahren sei an der Schaltung in Abb. 3.8 gezeigt. Die Spannung U_6 ist gesucht.

Um die mit dem angenommen Wert berechneten Größen von den echten zu unterscheiden, werden Erstere mit einem Auslassungszeichen versehen.

Die unbekannte Spannung U_6 sei angenommen zu $U_6' = 33$ V. Damit ergeben sich:

$$I_5' = \frac{U_6'}{R_6} = 100\,\text{mA} \qquad U_5' = I_5' \cdot R_5 = 47\,\text{V} \qquad U_4' = U_5' + U_6' = 80\,\text{V}$$

$$I_4' = \frac{U_4'}{R_4} = 66{,}67\,\text{mA} \qquad I_3' = I_4' + I_5' = 166{,}7\,\text{mA} \qquad U_3' = I_3' \cdot R_3 = 136{,}7\,\text{V}$$

$$U_2' = U_3' + U_4' = 216{,}7\,\text{V} \qquad I_2' = \frac{U_2'}{R_2} = 166{,}7\,\text{mA} \qquad I_1' = I_2' + I_3' = 333{,}3\,\text{mA}$$

$$U_1' = I_1' \cdot R_1 = 50\,\text{V} \qquad U' = U_1' + U_2' = 266{,}7\,\text{V}$$

Die wirkliche Spannung U war jedoch 100 V. Die tatsächlichen Spannungen und Ströme erhält man durch Multiplikation mit dem Faktor

$$\frac{U}{U'} = 0{,}375 \qquad \text{somit} \qquad U_6 = U_6' \cdot 0{,}375 = 12{,}38\,\text{V}$$

Alle weiteren echten Teilströme und Teilspannungen könnten so ermittelt werden, z. B.

$$I_3 = I_3' \cdot 0{,}375 = 62{,}5\,\text{mA} \ .$$

3.3 Reihen- und Parallelschaltung von Quellen

Die Schaltungen werden jeweils für nur zwei Quellen erläutert. Sind mehr als zwei Quellen in Reihe oder zueinander parallel angeordnet, so lassen sich die Zusammenhänge jeweils nach dem gleichen Schema herleiten.

3.3.1 Reihenschaltung

Reihenschaltung zweier Spannungsquellen
Die Reihenschaltung von Spannungsquellen dient insbesondere der Erzielung höherer Spannungen, als sie mit einer Quelle allein zu erreichen sind.

Wird die Reihenschaltung der beiden Spannungsquellen in Abb. 3.20 im Leerlauf betrieben, so ist die Spannung an den Klemmen A und B nach dem Maschensatz:

$$U_{AB} = U_{q1} + U_{q2}$$

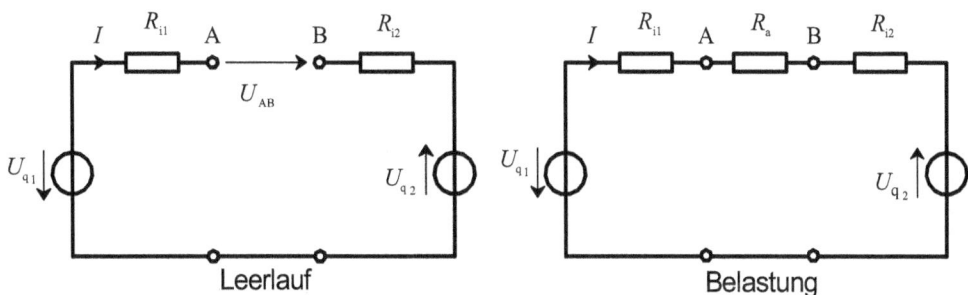

Abb. 3.20: Reihenschaltung zweier Spannungsquellen

Bei Anschluss eines Widerstandes R_a an die Klemmen A und B fließt ein Strom und es stellt sich folgende Spannung U_{AB} ein:

$$I = \frac{U_{q1} + U_{q2}}{R_{i1} + R_{i2} + R_a} \qquad U_{AB} = I \cdot R_a = \left(U_{q1} + U_{q2}\right) \cdot \frac{R_a}{R_{i1} + R_{i2} + R_a}$$

Würde es sich um ideale Spannungsquellen handeln, so entfielen in obiger Formel die beiden Innenwiderstände, da R_{i1} und R_{i2} null sind, und U_{AB} würde belastungsunabhängig.

Reihenschaltung zweier Stromquellen

Die Reihenschaltung zweier linearer Stromquellen wird nicht eigens erläutert, da sie in zwei Spannungsquellen umgerechnet werden können. Zwei ideale Stromquellen dürfen nur bei gleich großen Quellenströmen in Reihe geschaltet werden, da sonst an dem theoretisch unendlich großen Innenwiderstand der Stromquelle mit dem kleineren Quellenstrom eine unendlich große Spannung entsteht, d. h. die Quellen würden zerstört.

Reihenschaltung einer Spannungs- und einer Stromquelle

Diese Art der Zusammenschaltung von Quellen soll nur am Beispiel zweier idealer Quellen erläutert werden, da andernfalls eine Umwandlung in gleichartige Quellen möglich wäre. Die Stromquelle prägt dabei dem Stromkreis einen festen Strom auf und die Spannungsquelle liefert eine konstante Leistung. Die Größe des Verbraucherwiderstandes bestimmt dann, ob die Stromquelle ebenfalls elektrische Leistung liefert oder aufnimmt. Es soll dies an einem Zahlenbeispiel erläutert werden.

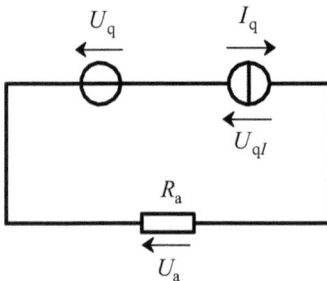

Abb. 3.21: Reihenschaltung einer idealen Spannungs- und Stromquelle

$U_q = 10\,\text{V}$ und $I_q = 100\,\text{mA}$. Der Widerstand R_a sei zunächst 150 Ω. Dann fällt an R_a die Spannung $U_a = I_q \cdot R_a = 15\,\text{V}$ ab. Nach dem Maschensatz ist somit die Spannung an der Stromquelle $U_{qI} = 5\,\text{V}$ und die Leistungen ergeben sich wie folgt.

Für die Spannungsquelle liegt ein Erzeugerzählpfeilsystem vor: $P_{U_q} = -U_q \cdot I_q = -1\,\text{W}$

Gleiches gilt für die Stromquelle: $P_{I_q} = -U_{qI} \cdot I_q = -0,5\,\text{W}$

Beide Quellen liefern in diesem Fall elektrische Leistung.

Der Verbraucher nimmt folgende Leistung auf: $P_a = I_q^2 \cdot R_a = U_a \cdot I_q = 1,5\,\text{W}$

Für einen zweiten Fall sei nun $R_a = 50\,\Omega$. Die Spannung an R_a ist damit 5 V und an der Stromquelle $U_{qI} = U_a - U_q = -5\,\text{V}$. Da sich an den Zählpfeilen nichts geändert hat, ergeben sich die Leistungen wie folgt:

Für die Spannungsquelle: $P_{U_q} = -U_q \cdot I_q = -1\,\text{W}$

Für die Stromquelle: $P_{I_q} = -U_{qI} \cdot I_q = 0,5\,\text{W}$ (Die Stromquelle wirkt also als Verbraucher)

Für den Verbraucher: $P_a = I_q^2 \cdot R_a = U_a \cdot I_q = 0,5\,\text{W}$

In beiden Fällen ist die Summe aller Leistungen null (vgl. Abschn. 2.11.2).

3.3.2   Parallelschaltung

Parallelschaltung zweier Spannungsquellen
Die Parallelschaltung wird insbesondere dann angewandt, wenn eine Quelle allein nicht in der Lage ist, die geforderte Leistung zu liefern. Auch hier wird die Berechnungsmethode bei nur zwei Quellen erläutert, sie ist auf beliebig viele übertragbar.

Zwei ideale Spannungsquellen dürfen nur dann parallel geschaltet werden, wenn beide die gleiche Quellenspannung aufweisen, weil sich anderenfalls ein unendlich großer Ausgleichsstrom ergibt, der die Quellen zerstört.

In Abb. 3.22 ist eine Parallelschaltung zweier Spannungsquellen gezeigt, wie sie auch bereits in Abb. 2.4 vorkam.

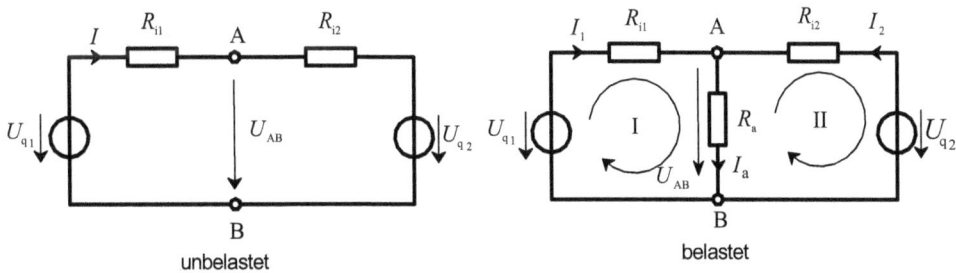

Abb. 3.22: Parallelschaltung zweier Spannungsquellen

Auch wenn zwischen den Klemmen A und B kein Verbraucher hängt, fließt bereits ein Strom, es sei denn beide Quellenspannungen sind gleich, was in der Praxis oft vorkommt.

Den Strom I für den Leerlauffall erhält man aus der Außenmasche und die Spannung U_{AB} aus einer der beiden Innenmaschen.

$$I = \frac{U_{q1} - U_{q2}}{R_{i1} + R_{i2}} \qquad \text{und} \qquad U_{AB} = U_{q1} - I \cdot R_{i1} = U_{q2} + I \cdot R_{i2}$$

Für den Belastungsfall sind in der Regel die Spannungs- und Widerstandswerte bekannt und die drei Ströme gesucht, es müssen somit drei unabhängige Gleichungen aufgestellt werden. Eine Gleichung erhält man mit Hilfe des Knotensatzes:

$$I_1 + I_2 - I_a = 0$$

Würde man für den unteren Knoten die Gleichung aufstellen, so ist $-I_1 - I_2 + I_a = 0$, das gleiche Ergebnis könnte man aber bereits aus der obigen Gleichung durch Multiplizieren mit -1 erhalten, die Gleichung ist also nicht unabhängig und kommt somit nicht in Frage.

Zwei weitere Gleichungen lassen sich durch Anwendung des Maschensatzes gewinnen, z. B. für die beiden Innenmaschen:

$$I_1 \cdot R_{i1} + I_a \cdot R_a - U_{q1} = 0 \qquad \text{und} \qquad U_{q2} - I_a \cdot R_a - I_2 \cdot R_{i2} = 0$$

Die dritte Masche, d. h. die Außenmasche, ist dagegen nicht mehr unabhängig. Sie lautet:

$$I_1 \cdot R_{i1} - I_2 \cdot R_{i2} + U_{q2} - U_{q1} = 0$$

Man könnte das Ergebnis aber auch erhalten, indem man die zweite Gleichung nach I_a umstellt und in die erste Gleichung einsetzt. Es wird noch im Abschn. 3.4.1 darauf eingegangen, wie man auch bei komplizierten Schaltungen immer zuverlässig ein System voneinander unabhängiger Gleichungen aufstellt.

Es existieren mehrere Lösungsmöglichkeiten, z. B. setzt man in die erste Spannungsgleichung für $I_1 = I_a - I_2$ ein und löst nach I_a auf.

$$I_a = \frac{U_{q1} + I_2 \cdot R_{i1}}{R_a + R_{i1}} \qquad \text{Eingesetzt in die zweite Spannungsgleichung ergibt dies:}$$

$$I_2 = \frac{U_{q2} - U_{q1} \cdot \dfrac{R_a}{R_a + R_{i1}}}{\dfrac{R_a \cdot R_{i1}}{R_a + R_{i1}} + R_{i2}} \, .$$

Beginnt man demnach mit der Bestimmung von I_2, kann anschließend I_a und dann I_1 ausgerechnet werden.

Beispiel:
In der Schaltung der Abb. 3.22 sind $U_{q1} = 27{,}5$ V, $R_{i1} = 0{,}2\ \Omega$, $U_{q2} = 25$ V, $R_{i2} = 0{,}1\ \Omega$ und der Belastungswiderstand R_a soll nacheinander die Werte $0{,}6\ \Omega$, $2\ \Omega$ und $5{,}1\ \Omega$ annehmen.

Mit den obigen Gleichungen ergibt sich für $R_a = 0{,}6\,\Omega$:

$I_2 = 17{,}5\,\text{A}$, $I_a = 38{,}75\,\text{A}$ und $I_1 = 21{,}25\,\text{A}$.

Bei $R_a = 2\,\Omega$ erhält man:

$I_2 = 0$, $I_a = 12{,}5\,\text{A}$ und $I_1 = 12{,}5\,\text{A}$, d. h. es wirkt nur die erste Quelle.

Die Ergebnisse für $R_a = 5{,}1\,\Omega$ lauten:

$I_2 = -5\,\text{A}$, $I_a = 5\,\text{A}$ und $I_1 = 10\,\text{A}$, d. h. die zweite Quelle wirkt auch als Verbraucher, da der Strom I_2 entgegengesetzt zu dem eingetragenen Zählpfeil fließt. (Vgl. Abschn. 2.8, 1. Absatz.)

Parallelschaltung zweier Stromquellen
Zwei lineare Stromquellen können in äquivalente Spannungsquellen umgewandelt und somit wie im vorhergehenden Kapitel behandelt werden. Bei zwei idealen Stromquellen liegen die Verhältnisse besonders einfach, es addieren sich die beiden Quellenströme zu dem Gesamtstrom im Verbraucher.

Parallelschaltung einer Spannungs- und einer Stromquelle
Wie bereits bei der Reihenschaltung einer Spannungs- und Stromquelle soll nur die Zusammenschaltung idealer Quellen betrachtet werden. Die Spannungsquelle bestimmt die an R_a und der Stromquelle anliegende Spannung. Da also Spannung und Strom bei der Stromquelle konstant sind, liefert sie auch eine konstante Leistung. Ist der durch R_a fließende Strom I_a größer als der Quellenstrom I_q, dann liefert auch die Spannungsquelle Leistung. Wird dagegen I_a kleiner als I_q, dann wird der Strom I_U durch die Spannungsquelle negativ und sie wirkt als Verbraucher.

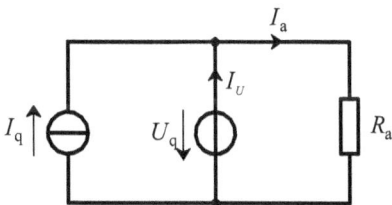

Abb. 3.23: Parallelschaltung einer idealen Spannungs- und Stromquelle

Aufgabe 3.6
Für die Schaltung in Abb. 3.24 sollen alle Ströme und die Spannung U_{q2} bei geschlossenem Schalter berechnet sowie eine Leistungsbilanz aufgestellt werden. Wie groß wird die Spannung U_S und der Strom I_7 nach dem Öffnen des Schalters? Die Aufgabe ist durch sukzessive Anwendung der kirchhoffschen Sätze und des ohmschen Gesetzes lösbar. Es sind $U_{q1} = 10\,\text{V}$, $U_{q3} = 18\,\text{V}$, $I_q = 0{,}2\,\text{A}$, $I_7 = 50\,\text{mA}$, $I_8 = 0{,}1\,\text{A}$, $R_1 = 13\,\Omega$, $R_2 = R_3 = 28\,\Omega$, $R_4 = 35\,\Omega$, $R_5 = 14\,\Omega$, $R_6 = 24\,\Omega$, $R_7 = 40\,\Omega$, $R_8 = 20\,\Omega$.

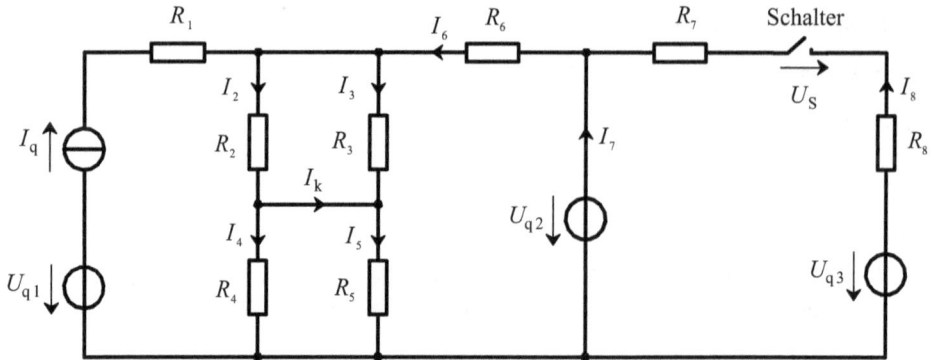

Abb. 3.24: Schaltung für Aufgabe 3.6

Aufgabe 3.7
Eine lineare Stromquelle und eine ideale Spannungsquelle versorgen gemeinsam eine Wider-
standsschaltung. Zu berechnen sind alle Ströme in der Schaltung und es ist eine Leistungsbi-
lanz aufzustellen. $U_q = 10\,\text{V}$, $I_q = 150\,\text{mA}$, $R_i = 500\,\Omega$, $R_1 = 75\,\Omega$, $R_2 = 30\,\Omega$, $R_3 = R_4 = R_5 = 50\,\Omega$.

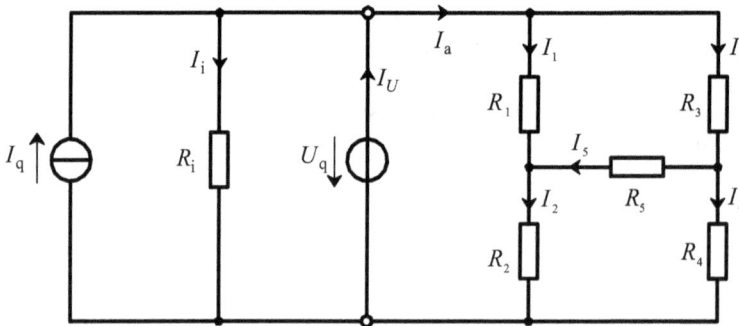

Abb. 3.25: Schaltung zu Aufgabe 3.7

3.4   Netzwerkberechnung mittels Knoten- und Maschensatz

Auch die bisherigen Aufgabenstellungen mit linearen Zweipolen wurden durch unmittelbare
Anwendung des Knoten- und Maschensatzes gelöst. In dem Beispiel Abb. 3.22 in Abschn.
3.3.2 erfolgte jedoch bereits der Hinweis, dass es nicht immer ganz einfach ist, die nötige
Anzahl voneinander unabhängiger Gleichungen zu finden. Es wird deshalb zunächst ein
Verfahren vorgestellt, mit dessen Hilfe auch bei umfangreichen und komplizierten Schaltun-

gen sicher voneinander unabhängige Knoten- und Maschengleichungen gefunden werden. Durch ein systematisches und schematisiertes Vorgehen lassen sich Fehler vermeiden.

3.4.1 Aufstellen der Knoten- und Maschengleichungen

Zuerst müssen noch einige Begriffe geklärt werden. Sind in einem Netzwerk zwei Knotenpunkte durch einen passiven oder aktiven Zweipol verbunden, so bezeichnet man diese Verbindung als **Zweig**; die Anzahl der Zweige in einer Schaltung ist z. Die Anzahl der Knoten ist k. Befindet sich dabei zwischen zwei oder mehr Knoten in einem Schaltbild nur eine leitende Verbindung ohne Schaltelement, so bilden diese Knoten zusammen nur einen Knoten (vgl. Abb. 3.24). Man wählt die zeichnerische Darstellung dort nur so, um eine übersichtliche Schaltung zu erhalten, z. B. könnte man ebenso gut in Abb. 3.24 die beiden linken Knotenpunkte an der oberen und unteren Leitung zu jeweils einem einzigen zusammenziehen, dann ergäben sich aber viele Schrägverbindungen in dem Schaltbild. Der Strom in einem Zweig wird **Zweigstrom** genannt, die an den Schaltelementen in einem Zweig abfallende Spannung **Zweigspannung**. Fließt durch einen Zweipol in einem Zweig ein Strom, so müssen die Knotenpunkte ein unterschiedliches Potenzial aufweisen, dieses nennt man **Knotenpotenzial**.

Um ein Netzwerk vollständig berechnen zu können, dürfen darin maximal z Größen unbekannt sein. Somit müssen z voneinander unabhängige Gleichungen aufgestellt werden. Mit Hilfe des Knotensatzes lassen sich $k - 1$ unabhängige Stromgleichungen für die z Zweigströme aufstellen. Wie bereits in dem Beispiel der Abb. 3.22 gezeigt wurde, ist eine der Knotengleichung von den jeweils anderen abhängig, da jeder Strom, der in einen Knoten hineinfließt, aus einem anderen herausfließen muss. Die Summe über alle Knoten liefert folglich $0 = 0$. Für einen beliebig gewählten Knoten wird somit keine Knotengleichung angegeben. Für die verbleibenden unbekannten Größen müssen $z - (k - 1)$ voneinander unabhängige Maschengleichungen für die Zweigspannungen gesucht werden; dies entspricht auch der Anzahl der möglichen unabhängigen Maschengleichungen, obwohl mehr Maschen gebildet werden könnten (vgl. Abschn. 3.3.2). Verwendet man in einem Netzwerk konsequent nur alle Innenmaschen, so sind diese immer voneinander unabhängig. Manchmal ist dies, wie noch in späteren Kapiteln gezeigt wird, nicht möglich oder zumindest unzweckmäßig. In solchen Fällen ist es angebracht, ein Verfahren aus der Topologie (Teilgebiet der Mathematik, das sich mit der Anordnung geometrischer Gebilde im Raum befasst) anzuwenden, das im Folgenden beschrieben wird.

Vorher werden aber noch einige wichtige Regeln aufgeführt, die bei der Netzwerkanalyse berücksichtigt werden sollten, um Fehler zu vermeiden oder das Gleichungssystem nicht unnötig aufzublähen.

- Das Netzwerk soll übersichtlich dargestellt werden, z. B. sollten Kreuzungspunkte möglichst vermieden werden (vgl. Kap. 3.5.1 Abb. 3.30 und 3.31).
- Sind zwei Knotenpunkte durch mehrere Zweige mit passiven Zweipolen verbunden, so sollten diese zu einem Ersatzzweipol zusammengefasst werden, um dadurch die Anzahl der Zweige und somit auch der Unbekannten im Gleichungssystem zu reduzieren. Die

Ströme in diesen parallel liegenden Zweipolen lassen sich dann am Ende der Lösung sehr leicht mit Hilfe der Stromteilerregel (Gleichung 3.7) bestimmen.

- In alle Zweige müssen Zählpfeile für die Zweigströme eingetragen sein. Soweit nicht bereits vorgegeben, müssen auch die Quellen mit Zählpfeilen für die Quellenspannungen bzw. –ströme versehen werden.
- Es werden $k - 1$ voneinander unabhängige Knotengleichungen aufgestellt.
- Es werden $z - (k - 1)$ voneinander unabhängige Maschengleichungen aufgestellt. Wählt man dazu nicht alle Innenmaschen, so ist es sinnvoll, mit Hilfe eines topologischen Verfahrens die unabhängigen Maschen auszuwählen. Für jede Masche ist ein willkürlicher Umlaufsinn festzulegen (vgl. Abschn. 3.1.2).
- Das Gleichungssystem aus z Gleichungen für z Unbekannte wird gelöst. In der Praxis sind dabei meist die Quellenspannungen bzw. -ströme und die Werte für die passiven Zweipole gegeben und die z Zweigströme gesucht. Bei dem Verfahren zur Lösung des Gleichungssystems erfolgt hier eine Beschränkung auf **lineare Netzwerke**, d. h. Netzwerke, in denen nur lineare Widerstände und lineare oder ideale Quellen vorkommen. Unter Anwendung von Iterationsverfahren kann auch ein Gleichungssystem gelöst werden, in dem nichtlineare Zweipole vorkommen, die z. B. durch ihr Kennlinienfeld beschrieben sind. Dies würde jedoch den Rahmen dieses Lehrbuches sprengen. Für die Berechnung von Netzwerken mit nichtlinearen Zweipolen wird in Abschn. 3.8 ein anderes Verfahren vorgestellt.
- Sind die Zweigströme ermittelt, so können daraus auch die Zweigspannungen und Zweigleistungen berechnet werden.

Das Verfahren zur Ermittlung der unabhängigen Maschengleichungen soll anhand der in Abb. 3.26 gegebenen Schaltung erklärt werden. Es sind: $U_{q1} = 12$ V, $U_{q2} = 10$ V, $R_1 = 1$ Ω, $R_2 = 40$ Ω, $R_3 = 75$ Ω, $R_4 = 150$ Ω, $R_5 = 30$ Ω, $R_6 = 2$ Ω.

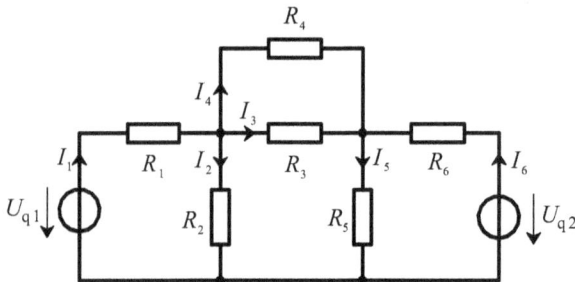

Abb. 3.26: Netzwerk mit sechs unbekannten Zweigströmen

Zuerst werden die beiden parallel geschalteten Widerstände R_3 und R_4 zu einem Ersatzwiderstand $R_{e3,4} = 50\ \Omega$ zusammengefasst, durch diesen fließt dann der resultierende Zweigstrom $I_3 + I_4$, der mit $I_{3,4}$ bezeichnet werden soll. Die Zahl der unbekannten Zweigströme reduziert sich damit auf fünf und es ergibt sich das vereinfachte Netzwerk in Abb. 3.27.

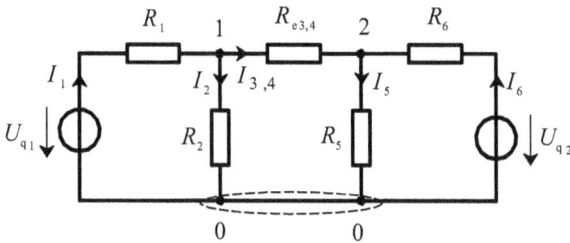

Abb. 3.27: Vereinfachung des Netzwerks der Abb. 3.26

Die Knotenpunkte werden durchnummeriert, wobei mit dem einen Knotenpunkt, der wegen den nur $k-1$ unabhängigen Knotengleichungen unberücksichtigt bleibt, mit null begonnen wird.

Gibt man die Verbindung der Knotenpunkte durch die Zweige, wobei jeder Zweig als Linie dargestellt wird, wieder, so erhält man einen **ungerichteten Graph** (Abb. 3.28). Ein System von Zweigen, das alle Knotenpunkte miteinander verbindet, ohne dass dabei geschlossene Maschen entstehen dürfen, nennt man **vollständigen Baum**. In Abb. 3.28 sind einige Möglichkeiten zur Bildung eines vollständigen Baumes gezeigt, wobei die Zweige, die zum vollständigen Baum gehören sollen, dick eingezeichnet wurden. Alle Zweige, die nicht zum vollständigen Baum gehören, werden als **unabhängige Zweige** bezeichnet.

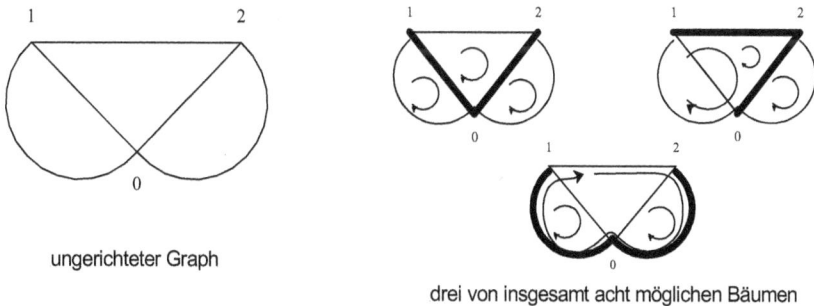

ungerichteter Graph

drei von insgesamt acht möglichen Bäumen

Abb. 3.28: Ungerichteter Graph und einige vollständige Bäume für das Netzwerk der Abb. 3.27

Die voneinander unabhängigen Maschengleichungen erhält man nun, indem man nacheinander für jeden unabhängigen Zweig Maschen bildet, in denen jeweils nur der eine unabhängige Zweig und beliebig viele Zweige des vollständigen Baumes vorkommen dürfen.

Für den vollständigen Baum, der aus den in Abb. 3.28 in V-Form gezeichneten Zweigen zwischen den Knoten 0 und 1 sowie 0 und 2 besteht, erhält man als Ergebnis die drei Innenmaschen. Es ergeben sich unter Berücksichtigung der in Abb. 3.27 eingetragenen Zählpfeile und bei einem Umlauf im Uhrzeigersinn für die Maschen folgende drei voneinander unabhängige Maschengleichungen:

$$I_1 \cdot R_1 + I_2 \cdot R_2 - U_{q1} = 0$$
$$I_{3,4} \cdot R_{e3,4} + I_5 \cdot R_5 - I_2 \cdot R_2 = 0$$
$$-I_6 \cdot R_6 + U_{q2} - I_5 \cdot R_5 = 0$$

Für den vollständigen Baum mit den Zweigen zwischen den Knoten 1 und 2 sowie 0 und 2 würden sich folgende Maschengleichungen ergeben:

$$I_1 \cdot R_1 + I_{3,4} \cdot R_{e3,4} + I_5 \cdot R_5 - U_{q1} = 0$$
$$I_{3,4} \cdot R_{e3,4} + I_5 \cdot R_5 - I_2 \cdot R_2 = 0$$
$$-I_6 \cdot R_6 + U_{q2} - I_5 \cdot R_5 = 0$$

Bei der Wahl des dritten vollständigen Baumes mit den Zweigen zwischen den Knoten 0 und 1 sowie 0 und 2 ergeben sich die Maschengleichungen:

$$I_1 \cdot R_1 + I_{3,4} \cdot R_{e3,4} - I_6 \cdot R_6 + U_{q2} - U_{q1} = 0$$
$$I_1 \cdot R_1 + I_2 \cdot R_2 - U_{q1} = 0$$
$$-I_6 \cdot R_6 + U_{q2} - I_5 \cdot R_5 = 0$$

3.4.2   Aufstellen und Lösen des Gleichungssystems

Es ergeben sich bei der Berechnung von Netzwerken Gleichungssysteme, die gelöst werden müssen. Das Verfahren wird anhand des Beispiels in Abschn. 3.4.1 erläutert.

Für die fünf unbekannten Zweigströme kann man mit den zwei Knotengleichungen für die Knoten 1 und 2 und den drei Maschengleichungen bei Wahl des ersten vollständigen Baumes folgende fünf Gleichungen aufstellen:

$$I_1 - I_2 - I_{3,4} = 0$$

$$I_{3,4} - I_5 + I_6 = 0$$

$$I_1 \cdot R_1 + I_2 \cdot R_2 = U_{q1}$$

$$-I_2 \cdot R_2 + I_{3,4} \cdot R_{e3,4} + I_5 \cdot R_5 = 0$$

$$I_5 \cdot R_5 + I_6 \cdot R_6 = U_{q2}$$

Es wäre zu umständlich dieses Gleichungssystem auf herkömmlichem Weg lösen zu wollen. Taschenrechner oder mathematische Computerprogramme bieten die Möglichkeit, solche Aufgabenstellungen mit Hilfe von Matrizen zu bearbeiten. Stehen solche Hilfsmittel nicht zur Verfügung, so kann z. B. durch Anwendung des gaußschen Algorithmus ein gestaffeltes System linearer Gleichungen entwickelt werden, aus dem nacheinander die Unbekannten berechnet werden. Derartige Verfahren werden als bekannt vorausgesetzt bzw. entsprechende Taschenrechner als verfügbar angenommen. In **Matrizenschreibweise** wird das Gleichungssystem folgendermaßen dargestellt:

$$\begin{bmatrix} 1 & -1 & -1 & 0 & 0 \\ 0 & 0 & 1 & -1 & 1 \\ R_1 & R_2 & 0 & 0 & 0 \\ 0 & -R_2 & R_{e3,4} & R_5 & 0 \\ 0 & 0 & 0 & R_5 & R_6 \end{bmatrix} \cdot \begin{bmatrix} I_1 \\ I_2 \\ I_{3,4} \\ I_5 \\ I_6 \end{bmatrix} = \begin{bmatrix} 0 \\ 0 \\ U_{q1} \\ 0 \\ U_{q2} \end{bmatrix}$$

Die Lösung dieses Gleichungssystems ergibt mit den angegebenen Widerstands- und Spannungswerten:

$I_1 = 335{,}7$ mA, $I_2 = 291{,}6$ mA, $I_{3,4} = 44{,}13$ mA, $I_5 = 315{,}3$ mA, $I_6 = 271{,}1$ mA.

Die beiden Ströme I_3 und I_4 für die Originalschaltung von Abb. 3.26 gewinnt man mit Hilfe der Stromteilerregel (Formel 3.7):

$$I_3 = I_{3,4} \cdot \frac{R_{e34}}{R_3} = 29{,}42 \, \text{mA} \qquad I_4 = I_{3,4} - I_3 = 14{,}71 \, \text{mA} \, .$$

Grundsätzlich können mit dem beschriebenen Verfahren beliebige lineare Netzwerke berechnet werden, allerdings erhält man bei etwas größeren Netzwerken sofort eine hohe Anzahl von Zweigen und somit von Gleichungen, so dass Taschenrechner rasch an die Grenze ihrer Leistungsfähigkeit gelangen. Deshalb wird dieses Verfahren nur auf kleine und nicht stark vermaschte Netzwerke angewendet.

Aufgabe 3.8
Es sollen für die Schaltung in Abb. 3.29 die drei Ströme berechnet werden. $U_{q1} = U_{q3} = 13$ V, $U_{q2} = 17$ V, $R_1 = R_2 = R_3 = 10 \, \Omega$.

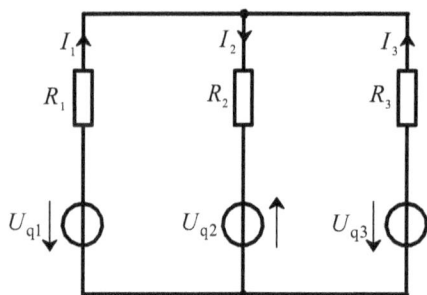

Abb. 3.29: Schaltung für Aufgabe 3.8

Aufgabe 3.9

Es soll das Beispiel aus Abschn. 3.2.4 (Schaltung Abb. 3.19 mit einem Messgerät mit $R_M = 4\,\text{k}\Omega$ zwischen den Klemmen A und B) mit Hilfe der Knoten- und Maschensätze für die Schaltung berechnet werden.

3.5   Maschenstromverfahren

Das Lösungsverfahren für Netzwerke mit Hilfe des Maschenstromverfahrens ist auf lineare Netzwerke beschränkt. Es beruht auf dem Maschensatz, d. h. Spannungsquellen sind hier leicht zu behandeln, da die Summe aller Spannungen in einer Masche null sein muss. Spannungsquellen werden deshalb auch als artverwandt bezeichnet. Das Verfahren ist jedoch auf Netzwerke mit Stromquellen ebenso anwendbar, obwohl die Spannung, die an ihnen abfällt, zunächst unbekannt ist; Stromquellen werden als artfremd bezeichnet. Als neue unabhängige Variable werden hier fiktive Maschenströme eingeführt. Durch das Maschenstromverfahren reduziert sich das Gleichungssystem für die aufzustellenden Gleichungen auf eine Anzahl von $z - (k - 1)$. Dadurch wird der Aufwand für die Aufstellung der Gleichungen und deren Lösung wesentlich reduziert.

Beim Maschenstromverfahren wird jeder **unabhängigen Masche** ein fiktiver **Maschenstrom** zugeordnet. Kommt ein Zweig nur in einer einzigen Masche vor und entspricht der Umlaufsinn des Maschenstroms dem Richtungssinn des Zählpfeils dieses Zweigstroms, so sind beide identisch, andernfalls entspricht der Zweigstrom dem negativen Maschenstrom. Gehört ein Zweig mehreren Maschen an, so erhält man den Zweigstrom durch Überlagerung der im Zweig fließenden Maschenströme.

3.5.1 Maschenstromverfahren bei Netzwerken ohne Stromquellen

Das Verfahren soll anhand des Netzwerkes aus Abb. 3.30 erläutert werden. Dort kommen nur artverwandte Spannungsquellen vor. Existieren in einem Netzwerk dagegen auch lineare Stromquellen, so könnten diese in lineare Spannungsquellen umgerechnet werden. Findet man in einem Netzwerk parallel zu einer idealen Stromquelle einen linearen Widerstand, so kann man diesen quasi als Innenwiderstand der Quelle auffassen und diese wiederum in eine Spannungsquelle umrechnen. Beides ist jedoch nicht empfehlenswert, da anschließend die Schaltung wieder zurückverwandelt werden müsste und die Ströme und Spannungen in diesem rückverwandelten Teil separat zu berechnen sind. Die Behandlung von Stromquellen wird in Abschn. 3.5.2 besprochen.

Das Maschenstromverfahren ist auch auf gesteuerte Quellen erweiterbar. Da solche Quellen jedoch nicht im Rahmen dieses Lehrbuches behandelt werden, wird auch auf diese Erweiterung nicht eingegangen.

Zur Festlegung der voneinander unabhängigen Maschengleichungen kann wieder die Aufstellung eines vollständigen Baumes sinnvoll sein, soweit nicht einfach die Innenmaschen verwendet werden. Wird z. B. in einem Netzwerk nur ein bestimmter Zweigstrom gesucht, so wählt man den vollständigen Baum so, dass der Zweig, in dem er fließt, ein unabhängiger Zweig ist. Dann entspricht der Zweigstrom dem Maschenstrom und es muss nur eine der unbekannten Variablen ermittelt werden.

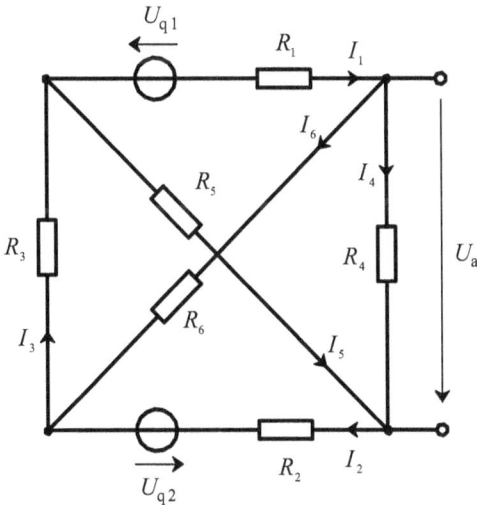

Abb. 3.30: Schaltung zur Erläuterung des Maschenstromverfahrens

Für die Schaltung in Abb. 3.30 mit $U_{q1} = U_{q2} = 10\,\text{V}$, $R_1 = R_2 = 100\,\Omega$, $R_4 = R_5 = 1\,\text{k}\Omega$, $R_3 = 400\,\Omega$ und $R_6 = 2\,\text{k}\Omega$ sollen nun alle Zweigströme und die Spannung U_a ermittelt werden. Um die Schaltung besser zu überblicken, wurde der Zweig mit dem Widerstand R_5 nach außen gezogen, der Kreuzungspunkt entfällt. Zur Festlegung der Maschen wird der erste vollständige Baum in Abb. 3.31 gewählt, d. h. man legt sich auf die drei Innenmaschen fest.

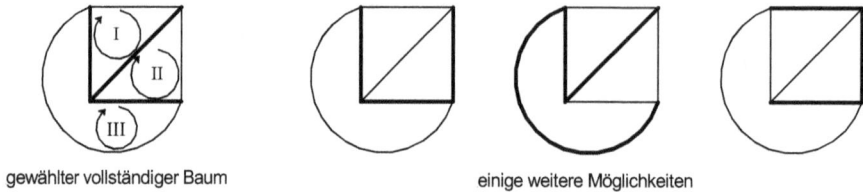

gewählter vollständiger Baum   einige weitere Möglichkeiten

Abb. 3.31: Auswahl von vollständigen Bäumen für die Schaltung aus Abb. 3.30

Wäre bei dieser Aufgabe allein nach der Spannung U_a gefragt, so müsste dazu der Strom I_4 im Widerstand R_4 ermittelt werden. Um nur einen der drei Maschenströme ausrechnen zu müssen, ist in diesem Fall der Zweig mit dem Widerstand R_4 als unabhängiger Zweig zu wählen, wie es beim 1. und 3. vollständigen Baum in Abb. 3.31 der Fall ist, denn dann fällt der Strom I_4 mit einem der Maschenströme zusammen. Der Umlaufsinn der drei Maschenströme, die zur Unterscheidung gegenüber den Zweigströmen mit römischen Indizes versehen wurden, ist in Richtung des Uhrzeigersinns gewählt. In den Zweigen mit den Widerständen R_2, R_3 und R_6 wirken dabei jeweils zwei Maschenströme. Damit ergeben sich die drei Gleichungen für die zusätzlich eingeführten Variablen I_I, I_{II} und I_{III}, die gleich so angeschrieben werden, dass sie sofort ohne weitere Umstellung in die Matrizenschreibweise überführt werden können:

$$I_I \cdot (R_1 + R_3 + R_6) - I_{II} \cdot R_6 - I_{III} \cdot R_3 = U_{q1}$$
$$-I_I \cdot R_6 + I_{II} \cdot (R_2 + R_4 + R_6) - I_{III} \cdot R_2 = U_{q2}$$
$$-I_I \cdot R_3 - I_{II} \cdot R_2 + I_{III} \cdot (R_2 + R_3 + R_5) = -U_{q2}$$

In Matrizenschreibweise lautet das Gleichungssystem:

$$\begin{bmatrix} (R_1 + R_3 + R_6) & -R_6 & -R_3 \\ -R_6 & (R_2 + R_4 + R_6) & -R_2 \\ -R_3 & -R_2 & (R_2 + R_3 + R_5) \end{bmatrix} \cdot \begin{bmatrix} I_I \\ I_{II} \\ I_{III} \end{bmatrix} = \begin{bmatrix} U_{q1} \\ U_{q2} \\ -U_{q2} \end{bmatrix}$$

Als Ergebnis erhält man:

$I_I = 12{,}621\,\text{mA}$, $I_{II} = 11{,}286\,\text{mA}$, $I_{III} = -2{,}549\,\text{mA}$.

Weil zur Ermittlung der echten Ströme Summen oder Differenzen der Maschenströme zu bilden sind, werden diese hier auf fünf Stellen genau angegeben und erst später gerundet. Mit diesen fiktiven Maschenströmen können nun die echten Zweigströme und die Spannung U_a errechnet werden:

$I_1 = I_I = 12{,}62$ mA $\qquad\qquad\qquad$ $I_2 = I_{II} - I_{III} = 13{,}84$ mA

$I_3 = I_I - I_{III} = 15{,}17$ mA $\qquad\qquad$ $I_4 = I_{II} = 11{,}29$ mA

$I_5 = -I_{III} = 2{,}55$ mA $\qquad\qquad\qquad$ $I_6 = I_I - I_{II} = 1{,}34$ mA

$U_a = I_4 \cdot R_4 = 11{,}29$ V

Beispiel:
Das Maschenstromverfahren soll an einem weiteren Beispiel erläutert werden. Dazu wird die Gleichung für die Ausgangsspannung des unbelasteten Spannungsteilers in Abb. 3.11 mit Hilfe des Maschenstromverfahrens ermittelt. Gewählt werden die beiden Innenmaschen in der Schaltung von Abb. 3.11, der Umlaufsinn der Maschenströme ist im Uhrzeigersinn; in der linken Masche fließt der Maschenstrom I_I und in der rechten I_{II}. Da nur die Ausgangsspannung U_a gesucht ist, muss auch nur der Strom $I_4 = I_{II}$ ermittelt werden.

$$I_I \cdot (R_1 + R_2) - I_{II} \cdot R_2 = U_e$$
$$-I_I \cdot R_2 + I_{II} \cdot (R_2 + R_3 + R_4) = 0$$

$$I_{II} = \frac{U_e \cdot R_2}{(R_1 + R_2) \cdot (R_2 + R_3 + R_4) - R_2^2}$$

$$U_a = I_{II} \cdot R_4 = U_e \cdot \frac{R_2 \cdot R_4}{R_1 \cdot R_2 + R_1 \cdot R_3 + R_1 \cdot R_4 + R_2 \cdot R_3 + R_2 \cdot R_4}$$

Die Lösung lässt sich also viel leichter und weniger fehlerträchtig finden als mit der in Abschn. 3.2.3 gezeigten Methode.

Aufgabe 3.10
Die Zweigströme und die Spannung U_a des in Abb. 3.30 gezeigten Netzwerkes sollen für den Fall berechnet werden, dass alle sechs Widerstände in der Schaltung den Wert 1 kΩ haben, die Quellenspannungen bleiben wie angegeben.

Aufgabe 3.11
Die Schaltung in Abb. 3.27 soll mit Hilfe des Maschenstromverfahrens berechnet werden.

3.5.2 Maschenstromverfahren bei Netzwerken mit Stromquellen

Wie bereits im Abschn. 3.5.1 erwähnt, können lineare Stromquellen in Spannungsquellen umgewandelt werden. Bei idealen Stromquellen wäre eine Umwandlung in eine Spannungsquelle nur dann möglich, wenn in dem Netzwerk ein Widerstand parallel zu dieser Stromquelle liegt, den man dann quasi als Innenwiderstand dieser Quelle auffassen bzw. heranziehen könnte. Vorteilhafter ist jedoch, den vollständigen Baum so zu wählen, dass die Stromquelle – bei einer linearen Stromquelle allein die Quelle ohne den parallel liegenden Innenwiderstand – in einem unabhängigen Zweig liegt. Dieser unabhängige Zweig bildet dann ja die Basis für eine Masche, bei der dann aber der Maschenstrom nicht mehr unbekannt, sondern gleich dem Quellenstrom ist (vorausgesetzt der Umlaufsinn des Maschenstromes stimmt mit dem Zählpfeil des Quellenstromes überein, andernfalls ist der Maschenstrom gleich dem negativen Quellenstrom).

Beispiel:
In dem in Abb. 3.32 gezeigten Netzwerk mit $U_q = 10\,\text{V}$, $I_q = 0,2\,\text{A}$, $R_1 = 5\,\Omega$, $R_3 = 20\,\Omega$, $R_2 = R_4 = R_5 = 10\,\Omega$ und $R_6 = 25\,\Omega$ soll der Strom I_6 ermittelt werden.

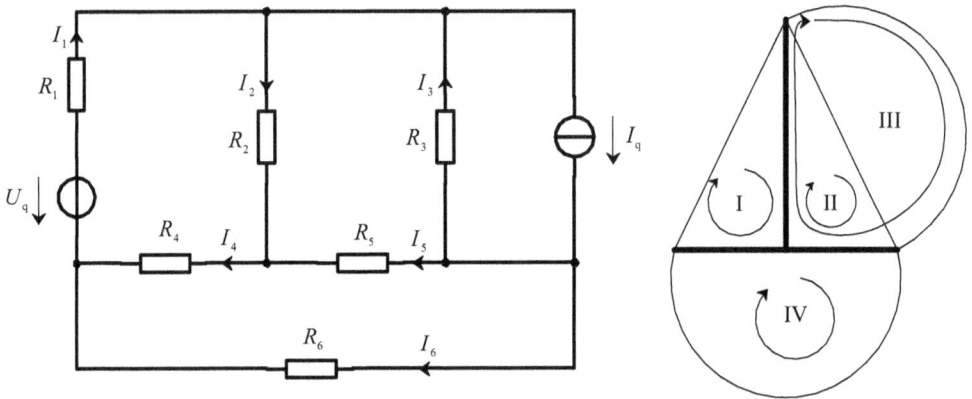

Abb. 3.32: Netzwerk mit Stromquelle und gewählter vollständiger Baum für das Maschenstromverfahren

In diesem Netzwerk ist der Maschenstrom I_{III} bekannt, er ist gleich dem Quellenstrom I_q. Somit sind nur drei Maschengleichungen für die drei unbekannten Maschenströme I_I, I_{II} und I_{IV} aufzustellen; das Produkt aus dem bekannten Maschenstrom I_{III} und den jeweils von ihm durchflossenen Widerständen wird als bekannte Spannung auf die rechte Seite der Gleichung geschrieben.

$$I_I \cdot (R_1 + R_2 + R_4) - I_{II} \cdot R_2 - I_{IV} \cdot R_4 = U_q + I_{III} \cdot R_2$$

$$-I_I \cdot R_2 + I_{II} \cdot (R_2 + R_3 + R_5) - I_{IV} \cdot R_5 = -I_{III} \cdot (R_2 + R_5)$$

$$-I_I \cdot R_4 - I_{II} \cdot R_5 + I_{IV} \cdot (R_4 + R_5 + R_6) = I_{III} \cdot R_5$$

Das Gleichungssystem in Matrizenschreibweise lautet somit:

$$
\begin{bmatrix}
25\,\Omega & -10\,\Omega & -10\,\Omega \\
-10\,\Omega & 40\,\Omega & -10\,\Omega \\
-10\,\Omega & -10\,\Omega & 45\,\Omega
\end{bmatrix}
\cdot
\begin{bmatrix}
I_{\mathrm{I}} \\ I_{\mathrm{II}} \\ I_{\mathrm{IV}}
\end{bmatrix}
=
\begin{bmatrix}
12\,\mathrm{V} \\ -4\,\mathrm{V} \\ 2\,\mathrm{V}
\end{bmatrix}
$$

Für I_6 ist das Ergebnis: $I_6 = I_{\mathrm{IV}} = 0,2$ A.

Aufgabe 3.12

Für das Netzwerk in Abb. 3.32 sollen sämtliche Ströme mit Hilfe des Maschenstromverfahrens bestimmt werden und dabei die ideale Stromquelle zusammen mit dem Widerstand R_3 in eine Ersatzspannungsquelle umgerechnet werden. Anschließend ist das Netzwerk zur Berechnung des Stromes I_3 wieder in die Originalschaltung zurückzuverwandeln.

Aufgabe 3.13

Für das Netzwerk in Abb. 3.33 im Kapitel 3.6.1 sollen mit Hilfe des Maschenstromverfahrens alle unbekannten Ströme und U_a ermittelt sowie die Leistungsbilanz aufgestellt werden.

3.6 Knotenpotenzialverfahren

Auch das Lösungsverfahren zur Berechnung von Netzwerken mit Hilfe des Knotenpotenzialverfahrens wird nur für lineare Netzwerke erklärt. Es ist jedoch auch auf nichtlineare Netzwerke ausdehnbar und ebenso auf gesteuerte Quellen. Die Berechnung nichtlinearer Netzwerke wird in diesem Buch mit einem anderen Verfahren, der Zweipoltheorie Abschn. 3.8, durchgeführt. Das Knotenpotenzialverfahren beruht auf dem Knotensatz, der besagt, dass die Summe aller Ströme in einem Knotenpunkt null ist. Somit sind bei diesem Verfahren Stromquellen artverwandt und Spannungsquellen artfremd. Trotzdem ist das Verfahren auch auf Netzwerke anwendbar, in denen Spannungsquellen vorkommen. Als neue unabhängige Variable werden hier die Potenzialdifferenzen, die zwischen den Knotenpunkten und einem Bezugsknoten herrschen, eingeführt, nachdem für den Bezugsknoten ein willkürliches Bezugspotenzial gewählt wurde. Dadurch reduziert sich das Gleichungssystem zur Bestimmung dieser Unbekannten auf $k-1$ Gleichungen. Bei stark vermaschten oder voll vermaschten Netzwerken, d. h. wenn jeder Knoten mit jedem anderen durch einen Zweig verbunden ist, ergeben sich beim Knotenpotenzialverfahren oft weniger Unbekannte als beim Maschenstromverfahren. Man geht dabei auf folgende Weise vor:

Man wählt beim Knotenpotenzialverfahren einen beliebigen Knoten als **Bezugsknoten** und weist diesem ein willkürlich festgelegtes **Bezugspotenzial** zu, am besten den Wert 0 V. Jeder andere Knoten hat dann ein festes Knotenpotenzial. Die Spannung zwischen einem beliebigen Knoten und dem Bezugsknoten ist die Differenz beider Potenziale und wird **Knotenspannung** genannt. Danach stellt man die Knotengleichungen auf und drückt die unbekannten Zweigströme durch die Leitwerte und Zweigspannungen aus, wobei die Zweigspannungen durch die Knotenspannungen ersetzt werden.

3.6.1 Knotenpotenzialverfahren bei Netzwerken ohne Spannungsquellen

Es ist sinnvoll, das Netzwerk so zu vereinfachen, dass die Anzahl der Knoten reduziert wird, wenn dies möglich ist. Das Verfahren soll anhand der Berechnung aller Zweigströme für das Netzwerk der Abb. 3.33 erläutert werden.

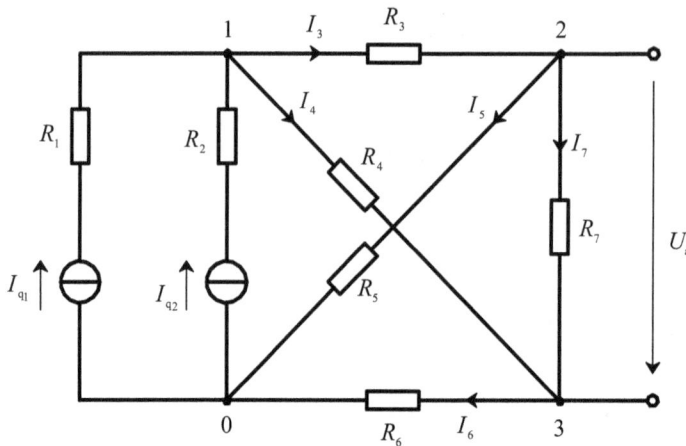

Abb. 3.33: Schaltung zur Erläuterung des Knotenpotenzialverfahrens

Es sind: $I_{q1} = 10\,\text{mA}$, $I_{q2} = 15\,\text{mA}$, $R_1 = R_2 = R_3 = R_6 = 1\,\text{k}\Omega$, $R_4 = R_5 = 10\,\text{k}\Omega$ und $R_7 = 2\,\text{k}\Omega$.

Als Bezugsknoten wird der Knoten 0 gewählt und ihm das Potenzial $\varphi_0 = 0$ zugewiesen. Damit ergeben sich für den Knoten 1 mit dem Potenzial φ_1, Knoten 2 mit φ_2 usw. die Knoten- und Zweigspannungen:

$$U_{10} = \varphi_1 - \varphi_0 = \varphi_1 \qquad\qquad U_{12} = \varphi_1 - \varphi_2 = U_{10} - U_{20}$$
$$U_{20} = \varphi_2 - \varphi_0 = \varphi_2 \qquad\qquad U_{13} = \varphi_1 - \varphi_3 = U_{10} - U_{30}$$
$$U_{30} = \varphi_3 - \varphi_0 = \varphi_3 \qquad\qquad U_{23} = \varphi_2 - \varphi_3 = U_{20} - U_{30}$$

Für die Knotenpunkte 1 bis 3 werden nun die Knotengleichungen aufgestellt, die bekannten Quellenströme kommen dabei auf die rechte Seite der Gleichungen. Hier wurden aus Vorzeichengründen zufließende Ströme negativ und abfließende positiv eingesetzt, dies entspricht einer Multiplikation der Knotengleichungen mit dem Faktor -1.

$$I_3 + I_4 = I_{q1} + I_{q2}$$
$$-I_3 + I_5 + I_7 = 0$$
$$-I_4 + I_6 - I_7 = 0$$

Jetzt ersetzt man die Zweigströme durch die Zweigspannungen und Zweigleitwerte; die Zweigspannungen drückt man dabei durch die Knotenspannungen aus.

$$U_{12} \cdot G_3 + U_{13} \cdot G_4 = I_{q1} + I_{q2}$$

$$\left(U_{10} - U_{20}\right) \cdot G_3 + \left(U_{10} - U_{30}\right) \cdot G_4 = I_{q1} + I_{q2}$$

$$U_{10} \cdot \left(G_3 + G_4\right) - U_{20} \cdot G_3 - U_{30} \cdot G_4 = I_{q1} + I_{q2}$$

$$-U_{12} \cdot G_3 + U_{20} \cdot G_5 + U_{23} \cdot G_7 = 0$$

$$-\left(U_{10} - U_{20}\right) \cdot G_3 + U_{20} \cdot G_5 + \left(U_{20} - U_{30}\right) \cdot G_7 = 0$$

$$-U_{10} \cdot G_3 + U_{20} \cdot \left(G_3 + G_5 + G_7\right) - U_{30} \cdot G_7 = 0$$

$$-U_{13} \cdot G_4 + U_{30} \cdot G_6 - U_{23} \cdot G_7 = 0$$

$$-\left(U_{10} - U_{30}\right) \cdot G_4 + U_{30} \cdot G_6 - \left(U_{20} - U_{30}\right) \cdot G_7 = 0$$

$$-U_{10} \cdot G_4 - U_{20} \cdot G_7 + U_{30} \cdot \left(G_4 + G_6 + G_7\right) = 0$$

Aus den drei Gleichungen können die drei unbekannten Knotenspannungen und daraus dann alle Zweigspannungen und -ströme ermittelt werden.

$$
\begin{bmatrix}
G_3 + G_4 & -G_3 & -G_4 \\
-G_3 & G_3 + G_5 + G_7 & -G_7 \\
-G_4 & -G_7 & G_4 + G_6 + G_7
\end{bmatrix}
\cdot
\begin{bmatrix}
U_{10} \\
U_{20} \\
U_{30}
\end{bmatrix}
=
\begin{bmatrix}
I_{q1} + I_{q2} \\
0 \\
0
\end{bmatrix}
$$

Damit erhält man:

$U_{10} = 70$ V

$U_{20} = 50$ V $I_5 = U_{20} \cdot G_5 = 5$ mA

$U_{30} = 20$ V $I_6 = U_{30} \cdot G_6 = 20$ mA

$U_{12} = U_{10} - U_{20} = 20$ V $I_3 = U_{12} \cdot G_3 = 20$ mA

$U_{13} = U_{10} - U_{30} = 50$ V $I_4 = U_{13} \cdot G_4 = 5$ mA

$U_{23} = U_{20} - U_{30} = 30$ V $I_7 = U_{23} \cdot G_7 = 15$ mA

Aufgabe 3.14

Die Brückenschaltung der Abb. 3.19 mit $R_\theta = 138{,}5\,\Omega$, $R_1 = R_2 = 2\,\text{k}\Omega$, $R_3 = 100\,\Omega$ und $R_M = 4\,\text{k}\Omega$ wird nicht, wie in Abb. 3.19 angegeben, mit einer idealen Spannungsquelle, sondern mit einer idealen Stromquelle mit $I_q = 5$ mA gespeist, der Quellenstrom ist von der linken zur rechten Anschlussklemme gerichtet. Es soll mit Hilfe des Knotenpotenzialverfahrens die Spannung U_{AB} ermittelt werden.

Aufgabe 3.15

In dem Netzwerk der Abb. 3.34 soll die Spannung U_{AB} mit Hilfe des Knotenpotenzialverfahrens ermittelt werden. Es sind $I_{q1} = 10\,\text{mA}$, $I_{q2} = 20\,\text{mA}$, $R_1 = R_2 = R_3 = R_4 = 1\,\text{k}\Omega$. Die Zählpfeile für die Zweigströme sind selbst festzulegen.

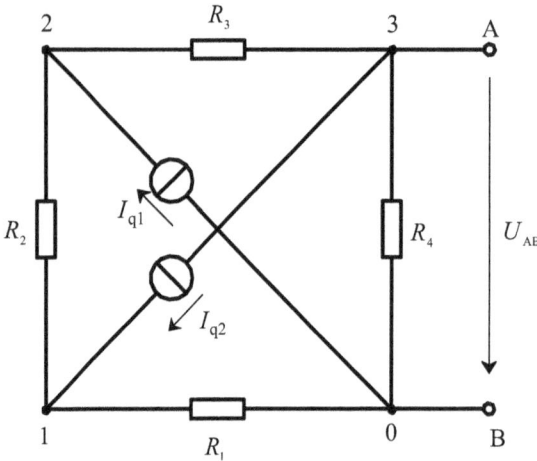

Abb. 3.34: Netzwerk zu Aufgabe 3.15

3.6.2   Knotenpotenzialverfahren bei Netzwerken mit Spannungsquellen

Verfahren bei linearen Spannungsquellen

Kommen in einem Netzwerk lineare Spannungsquellen vor, so können sie in Stromquellen umgewandelt werden. Gleiches gilt, wenn zu einer idealen Spannungsquelle ein Widerstand in Reihe liegt, den man dann als Innenwiderstand der Quelle auffassen kann. Allerdings ist es besser, auf diese Umwandlung zu verzichten, da die Schaltung dann nicht anschließend wieder in die Originalschaltung zurückgewandelt werden muss. Auch dieses Verfahren soll an einem Beispiel erläutert werden:

Es sind in Abb. 3.35: $U_{q1} = 12\,\text{V}$, $U_{q2} = 10\,\text{V}$, $I_q = 0,1\,\text{A}$, $R_1 = R_2 = 20\,\Omega$, $R_3 = 100\,\Omega$, $R_4 = R_5 = 200\,\Omega$, $R_6 = 50\,\Omega$ und $R_7 = 125\,\Omega$.

Das Potenzial des Knotens 0 wird wieder willkürlich null gesetzt. Die Knotenspannungen und Zweigspannungen ergeben sich dann wie folgt:

$$U_{10} = \varphi_1 - \varphi_0 = \varphi_1 \qquad U_3 = U_{10} \qquad\qquad U_6 = U_{03} = -U_{30}$$
$$U_{20} = \varphi_2 - \varphi_0 = \varphi_2 \qquad U_4 = U_{12} = U_{10} - U_{20} \qquad U_7 = U_{20}$$
$$U_{30} = \varphi_3 - \varphi_0 = \varphi_3 \qquad U_5 = U_{23} = U_{20} - U_{30}$$

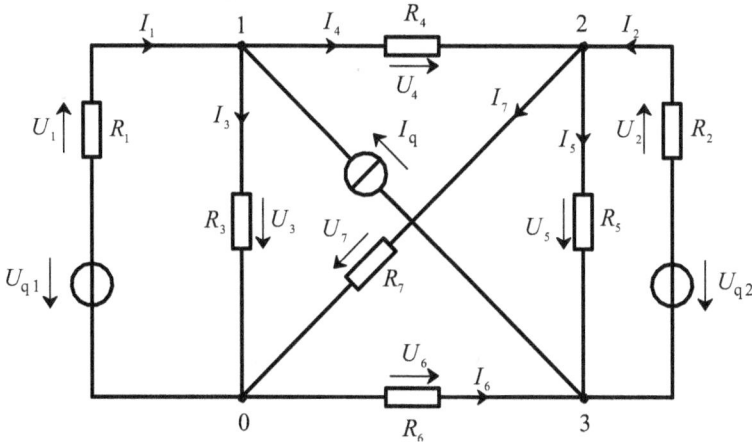

Abb. 3.35: Schaltung zur Erläuterung des Knotenpotenzialverfahrens bei Netzwerken mit linearen Spannungsquellen

Nun erfolgt die Aufstellung der Knotengleichungen für die Knoten 1 bis 3. Zufließende Ströme werden dabei positiv gewertet.

$$I_1 - I_3 - I_4 + I_q = 0$$
$$I_2 + I_4 - I_5 - I_7 = 0$$
$$-I_2 + I_5 + I_6 - I_q = 0$$

Die Ströme werden durch die Zweigspannungen und -leitwerte ausgedrückt und die Zweigspannungen durch die Knotenspannungen ersetzt. Die Ströme I_1 und I_2, die durch die Spannungsquellen fließen, erhält man mit Hilfe der beiden Innenmaschen.

$$I_1 \cdot R_1 + U_{10} - U_{q1} = 0 \qquad I_1 = \left(U_{q1} - U_{10}\right) \cdot G_1$$
$$I_2 \cdot R_2 + U_{23} - U_{q2} = I_2 \cdot R_2 + U_{20} - U_{30} - U_{q2} = 0 \qquad I_2 = \left(U_{q2} + U_{30} - U_{20}\right) \cdot G_2$$

Das Produkt aus einer bekannten Quellenspannung und einem gegebenen Leitwert ergibt einen bekannten Strom. Damit gehen die drei Knotengleichungen über in die Form:

$$\left(U_{q1} - U_{10}\right) \cdot G_1 - U_{10} \cdot G_3 - U_{12} \cdot G_4 = -I_q$$
$$U_{q1} \cdot G_1 - U_{10} \cdot G_1 - U_{10} \cdot G_3 - \left(U_{10} - U_{20}\right) \cdot G_4 = -I_q$$
$$-U_{10} \cdot \left(G_1 + G_3 + G_4\right) + U_{20} \cdot G_4 = -I_q - U_{q1} \cdot G_1$$

$$\left(U_{q2} + U_{30} - U_{20}\right) \cdot G_2 + U_{12} \cdot G_4 - U_{23} \cdot G_5 - U_{20} \cdot G_7 = 0$$
$$U_{q2} \cdot G_2 + U_{30} \cdot G_2 - U_{20} \cdot G_2 + \left(U_{10} - U_{20}\right) \cdot G_4 - \left(U_{20} - U_{30}\right) \cdot G_5 - U_{20} \cdot G_7 = 0$$
$$U_{10} \cdot G_4 - U_{20} \cdot \left(G_2 + G_4 + G_5 + G_7\right) + U_{30} \cdot \left(G_2 + G_5\right) = -U_{q2} \cdot G_2$$

$$-\left(U_{q2}+U_{30}-U_{20}\right)\cdot G_2 +U_{23}\cdot G_5 +U_{03}\cdot G_6 = I_q$$

$$-U_{q2}\cdot G_2 -U_{30}\cdot G_2 +U_{20}\cdot G_2 +\left(U_{20}-U_{30}\right)\cdot G_5 -U_{30}\cdot G_6 = I_q$$

$$U_{20}\cdot\left(G_2+G_5\right)-U_{30}\cdot\left(G_2+G_5+G_6\right) = I_q +U_{q2}\cdot G_2$$

Das Gleichungssystem in Matrizenschreibweise für die drei unbekannten Knotenspannungen hat damit folgende Ergebnisse:

$$\begin{bmatrix} -\left(G_1+G_3+G_4\right) & G_4 & 0 \\ G_4 & -\left(G_2+G_4+G_5+G_7\right) & G_2+G_5 \\ 0 & G_2+G_5 & -\left(G_2+G_5+G_6\right) \end{bmatrix} \cdot \begin{bmatrix} U_{10} \\ U_{20} \\ U_{30} \end{bmatrix} = \begin{bmatrix} -I_q -U_{q1}\cdot G_1 \\ -U_{q2}\cdot G_2 \\ I_q +U_{q2}\cdot G_2 \end{bmatrix}$$

$U_{10} = 11,09\ \text{V}$ $U_{20} = 4,173\ \text{V}$ $U_{30} = -\,4,94\ \text{V}$

Daraus können nun die Zweigströme bestimmt werden.

$I_1 = \left(U_{q1}-U_{10}\right)\cdot G_1 = 45,49\,\text{mA}$ $I_2 = \left(U_{q2}+U_{30}-U_{20}\right)\cdot G_2 = 44,36\,\text{mA}$

$I_3 = U_{10}\cdot G_3 = 110,9\,\text{mA}$ $I_4 = U_{12}\cdot G_4 = 34,59\,\text{mA}$ $I_5 = U_{23}\cdot G_5 = 45,56\,\text{mA}$

$I_6 = -U_{30}\cdot G_6 = 98,8\,\text{mA}$ $I_7 = U_{20}\cdot G_7 = 33,38\,\text{mA}$

Würde diese Aufgabe mit dem Maschenstromverfahren gelöst, so würden sich bei den fünf Maschen, von denen jedoch ein Maschenstrom bekannt ist, ein Gleichungssystem mit vier Unbekannten ergeben.

Aufgabe 3.16

In dem Netzwerk in Abb. 3.30 (das in Abschn. 3.5.1 bereits mit Hilfe des Maschenstromverfahrens berechnet wurde) soll mit Hilfe des Knotenpotenzialverfahrens die Spannung U_a ermittelt werden.

Verfahren bei idealen Spannungsquellen

Bei idealen Spannungsquellen ist es nicht möglich den Strom in dem Zweig der Spannungsquelle anzugeben. Bei nur einer Spannungsquelle, oder wenn alle Spannungsquellen mit jeweils einem ihrer Anschlüsse an einem gemeinsamen Knoten liegen, hat man jedoch den Vorteil, dass dann so viele Knotenspannungen bekannt wie Spannungsquellen vorhanden sind. Dies soll anhand der Schaltung in Abb. 3.36 erläutert werden.

Darin sind $U_{q1} = 11\,\text{V}$, $U_{q2} = 20\,\text{V}$, $R_1 = R_5 = 1\,\text{k}\Omega$, $R_2 = 500\,\Omega$, $R_3 = 400\,\Omega$, $R_4 = 400\,\Omega$, $R_6 = 800\,\Omega$.

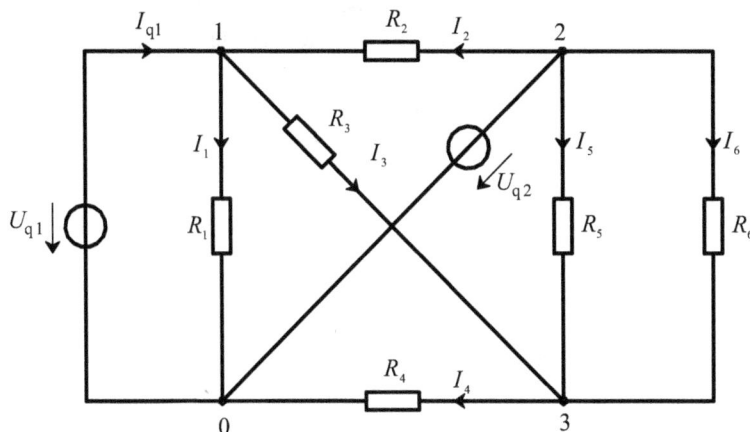

Abb. 3.36: Schaltung zur Erläuterung des Knotenpotenzialverfahrens bei Netzwerken mit idealen Spannungsquellen

Eine Zusammenfassung der Widerstände R_5 und R_6 zu einem Ersatzwiderstand bringt hier keinen Vorteil, da dadurch die Anzahl der Knoten nicht reduziert wird. Jetzt sind die Knotenspannungen $U_{10} = U_{q1}$ und $U_{20} = U_{q2}$ bekannt, für die Knoten 1 und 2 brauchen somit keine Knotengleichungen mehr aufgestellt werden. Es verbleibt als Unbekannte lediglich U_{30}. Für den Knoten 3 lautet die Knotengleichung:

$$I_3 - I_4 + I_5 + I_6 = 0$$

$$U_{13} \cdot G_3 - U_{30} \cdot G_4 + U_{23} \cdot G_5 + U_{23} \cdot G_6 = 0$$

$$\left(U_{10} - U_{30}\right) \cdot G_3 - U_{30} \cdot G_4 + \left(U_{20} - U_{30}\right) \cdot \left(G_5 + G_6\right) = 0$$

$$U_{30} = \frac{U_{10} \cdot G_3 + U_{20} \cdot \left(G_5 + G_6\right)}{G_3 + G_4 + G_5 + G_6} = 10\,\text{V}$$

Die Ströme ergeben sich dann aus den folgenden Beziehungen:

$$I_1 = U_{10} \cdot G_1 = U_{q1} \cdot G_1 = 11\,\text{mA} \qquad I_2 = U_{21} \cdot G_2 = \left(U_{q2} - U_{q1}\right) \cdot G_2 = 18\,\text{mA}$$

$$I_3 = U_{13} \cdot G_3 = \left(U_{q1} - U_{30}\right) \cdot G_3 = 2{,}5\,\text{mA} \qquad I_4 = U_{30} \cdot G_4 = 25\,\text{mA}$$

$$I_5 = U_{23} \cdot G_5 = \left(U_{q2} - U_{30}\right) \cdot G_5 = 10\,\text{mA} \qquad I_6 = U_{23} \cdot G_6 = \left(U_{q2} - U_{30}\right) \cdot G_6 = 12{,}5\,\text{mA}$$

$$I_{q1} = I_1 - I_2 + I_3 = -4{,}5\,\text{mA} \qquad I_{q2} = I_2 + I_5 + I_6 = 40{,}5\,\text{mA}$$

Bei diesem Beispiel kann man einen deutlichen Vorteil gegenüber dem Maschenstromverfahren erkennen, selbst bei Zusammenfassung der Widerstände R_5 und R_6 hätten sich 4 Maschen ergeben, also vier Gleichungen für die unbekannten Maschenströme aufgestellt werden müssen. Es gibt aber ebenso Aufgabenstellungen, bei denen das Maschenstromverfahren günstiger ist.

Verfahren bei idealen Spannungsquellen ohne gemeinsamen Bezugspunkt
Auch dieser letzte Fall soll noch an einem einfachen Beispiel erläutert werden, obwohl es hier oft der einfachere Weg ist, auf das Maschenstromverfahren überzugehen. In Abb. 3.37 ist eine Schaltung gezeigt, die zwar nur eine ideale Spannungsquelle enthält, es wurde aber der Bezugsknoten absichtlich so gewählt, dass er nicht mit einer Anschlussklemme der Quelle zusammenfällt. Die Schaltung entspricht der von Abb. 3.19, d. h. $U_q = 5\,\text{V}$, $R_1 = 138{,}5\,\Omega$, $R_2 = R_4 = 2\,\text{k}\Omega$, $R_3 = 100\,\Omega$ und $R_5 = 4\,\text{k}\Omega$.

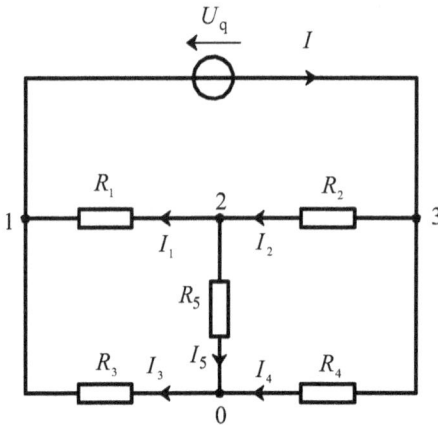

Abb. 3.37: Schaltung zur Erläuterung des Knotenpotenzialverfahrens bei Netzwerken mit idealen Spannungsquellen

Der Strom I kann wieder nicht durch die Spannung U_{13} und einen Leitwert ausgedrückt werden, deshalb führt man einen fiktiven Leitwert G^* ein, der anschließend durch das Zusammenfassen zweier Gleichungen wieder eliminiert werden muss. Die Zweigspannung U_{31} ist dabei bekannt, nämlich gleich U_q. Somit kann eine der unbekannten Knotenspannungen U_{10} oder U_{30} durch die andere und U_q ausgedrückt werden und entfällt somit. Hier wird U_{30} ersetzt.

$$U_{31} = U_{30} - U_{10} = U_q \quad \text{bzw.} \quad U_{13} = U_{10} - U_{30} = -U_q \qquad U_{30} = U_{10} + U_q$$

Nun werden der Reihe nach für die Ströme die Knotengleichungen für die Knoten 1 bis 3 aufgestellt und die Ströme wieder durch die Produkte aus Spannungen und Leitwerten ersetzt.

Für den Knoten 1 gilt:

$$-I + I_1 + I_3 = 0$$
$$-U_{13} \cdot G^* + U_{21} \cdot G_1 + U_{01} \cdot G_3 = 0$$
$$U_q \cdot G^* + \left(U_{20} - U_{10}\right) \cdot G_1 - U_{10} \cdot G_3 = 0$$
$$U_q \cdot G^* - U_{10} \cdot \left(G_1 + G_3\right) + U_{20} \cdot G_1 = 0$$

Für den Knoten 2 gilt:

$$-I_1 + I_2 - I_5 = 0$$

$$-U_{21} \cdot G_1 + U_{32} \cdot G_2 - U_{20} \cdot G_5 = 0$$

$$-(U_{20} - U_{10}) \cdot G_1 + (U_{10} + U_q - U_{20}) \cdot G_2 - U_{20} \cdot G_5 = 0$$

$$U_{10} \cdot (G_1 + G_2) - U_{20} \cdot (G_1 + G_2 + G_5) = -U_q \cdot G_2$$

Für den Knoten 3 gilt:

$$I - I_2 - I_4 = 0$$

$$U_{13} \cdot G^* - U_{32} \cdot G_2 - U_{30} \cdot G_4 = 0$$

$$-U_q \cdot G^* - (U_{10} + U_q - U_{20}) \cdot G_2 - (U_{10} + U_q) \cdot G_4 = 0$$

$$-U_q \cdot G^* - U_{10} \cdot (G_2 + G_4) + U_{20} \cdot G_2 = U_q \cdot (G_2 + G_4)$$

Man hat nun drei Gleichungen vor sich, aber nur zwei Unbekannte. Dafür ist in der ersten und dritten Knotengleichung noch der fiktive Leitwert G^* enthalten. Addiert man die Knotengleichungen 1 und 3, so wird G^* eliminiert und man hat auch nur mehr zwei Gleichungen.

$$\begin{bmatrix} -(G_1 + G_2 + G_3 + G_4) & G_1 + G_2 \\ G_1 + G_2 & -(G_1 + G_2 + G_5) \end{bmatrix} \cdot \begin{bmatrix} U_{10} \\ U_{20} \end{bmatrix} = \begin{bmatrix} U_q \cdot (G_2 + G_4) \\ -U_q \cdot G_2 \end{bmatrix}$$

Als Lösung erhält man $U_{10} = -240$ mV und $U_{20} = 81{,}17$ mV. Daraus könnten wieder alle anderen Werte in der Schaltung berechnet werden. Die Spannung U_{20} entspricht genau dem Wert, der auch in der Beispielaufgabe zu der Stern-Dreieck-Umwandlung bei der Schaltung der Abb. 3.19 herauskam.

3.7   Überlagerungsverfahren

Das Überlagerungsverfahren ist auf lineare Netzwerke mit rückwirkungsfreien Quellen (in diesem Lehrbuch werden ausschließlich rückwirkungsfreie Quellen behandelt) anwendbar. Seine besondere Bedeutung liegt jedoch bei den Berechnungen von Netzwerken bei nichtsinusförmigen Spannungen bzw. Strömen, die jedoch erst im zweiten Band behandelt werden.

Das Überlagerungsverfahren beruht darauf, dass man die Wirkung jeder einzelnen Quelle in einem Netzwerk berechnet und alle Einzelwirkungen überlagert. Nacheinander wird nur jeweils eine Quelle als wirksam betrachtet, alle anderen Spannungsquellen – nicht jedoch deren Innenwiderstand – werden kurzgeschlossen (d. h. die Quellenspannungen werden null gesetzt) und alle Stromquellen – nicht jedoch deren Innenwiderstand – werden aufgetrennt (d. h. die Quellenströme werden null gesetzt).

Es ist jedoch auch auf andere Aufgabenstellungen anwendbar. Ist eine Unbekannte in einer Gleichung von mehreren Variablen abhängig, so kann man diese nacheinander bis auf eine null setzen und dann die Einzelwirkungen überlagern.

Ein weiterer Anwendungsfall ist die Lösung inhomogener Differenzialgleichungen. Die Lösung erhält man hier durch die Überlagerung der Wirkung des Einschaltvorgangs und des stationären Endzustands.

Die jeweils von der ersten Quelle herrührenden Ströme und Spannungen werden zur Unterscheidung mit einem Auslassungszeichen, die von der zweiten mit zwei Auslassungszeichen usw., gekennzeichnet.

Das Verfahren wird an zwei Beispielen erläutert. Weitere Beispiele finden sich in Abschn. 3.9.

Beispiel:
In dem Netzwerk der Abb. 3.38 ist der Strom I_a gesucht. Dabei sind $U_q = 10\,\text{V}$, $I_q = 5\,\text{A}$, $R_{i1} = 0,1\,\Omega$, $R_{i2} = 2\,\Omega$, $R_a = 6\,\Omega$.

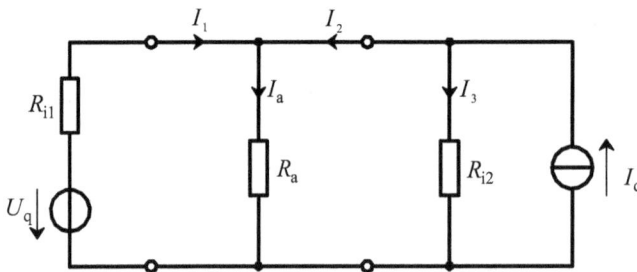

Abb. 3.38: Erste Schaltung zur Erläuterung des Überlagerungsverfahrens

Trennt man zunächst die Stromquelle ohne ihren Innenwiderstand R_{i2} auf und lässt allein die Spannungsquelle wirken, so liegt die Parallelschaltung der Widerstände R_a und R_{i2} in Reihe zu R_{i1} und man erhält:

$$I_1' = \frac{U_q}{R_{i1} + \dfrac{R_a \cdot R_{i2}}{R_a + R_{i2}}} = 6,25\,\text{A} \qquad \text{und mit der Stromteilerregel}$$

$$I_a' = I_1' \cdot \frac{\dfrac{R_a \cdot R_{i2}}{R_a + R_{i2}}}{R_a} = 1,563\,\text{A}$$

Nun schließt man die Spannungsquelle ohne ihren Innenwiderstand R_{i1} kurz und berechnet die Wirkung, die allein die Stromquelle hervorruft. Da alle drei Widerstände zueinander parallel liegen, ist:

$$I_a'' = I_q \cdot \frac{\dfrac{1}{\dfrac{1}{R_{i1}} + \dfrac{1}{R_a} + \dfrac{1}{R_{i2}}}}{R_a} = 78\,\text{mA}$$

Den gesamten Strom I_a erhält man aus der Überlagerung der beiden Teilströme:

$$I_a = I_a' + I_a'' = 1{,}641\,\text{A}$$

Wollte man alle weiteren Zweigströme bestimmen, so erhält man:

$$I_3' = -I_2' = I_1' - I_a' = 4{,}687\,\text{A} \quad I_3'' = I_q \cdot \frac{\dfrac{1}{\dfrac{1}{R_{i1}} + \dfrac{1}{R_a} + \dfrac{1}{R_{i2}}}}{R_{i2}} = 234\,\text{mA} \quad I_3 = I_3' + I_3'' = 4{,}921\,\text{A}$$

$$I_2' = -I_3' = -4{,}687\,\text{A} \quad I_2'' = I_q - I_3'' = 4{,}766\,\text{A} \quad I_2 = I_2' + I_2'' = 79\,\text{mA}$$

$$I_1'' = I_a'' - I_2'' = -4{,}688\,\text{A} \quad\quad I_1 = I_1' + I_1'' = 1{,}562\,\text{A}$$

Beispiel:
In dem Netzwerk der Abb. 3.39 mit $U_{q1} = 10\,\text{V}$, $U_{q2} = 12\,\text{V}$, $R_1 = 120\,\Omega$, $R_2 = 60\,\Omega$, $R_3 = 40\,\Omega$ und $R_4 = 30\,\Omega$ soll der Strom I_k in dem Kurzschlusszweig an den Anschlussklemmen A und B berechnet werden. In den folgenden Abbildungen sind die Schaltungen gezeigt, die sich bei alleiniger Wirkung der Spannungsquelle 1 bzw. 2 ergeben, dabei wurden beide Schaltungen zur besseren Übersicht umgezeichnet.

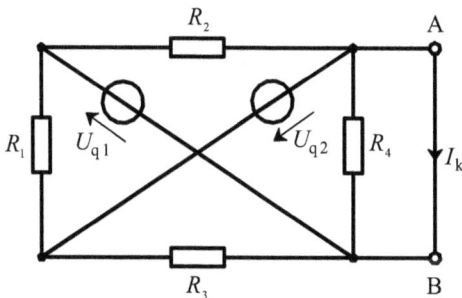

Abb. 3.39: Zweite Schaltung zur Erläuterung des Überlagerungssatzes

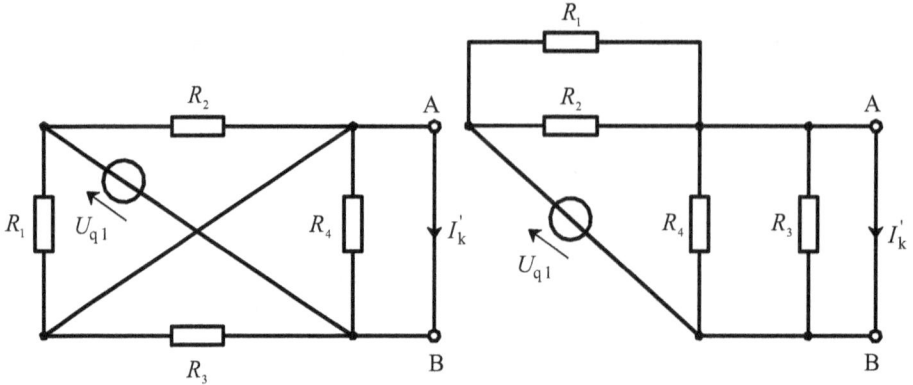

Abb. 3.40: Schaltung bei alleiniger Wirkung der ersten Spannungsquelle

Durch den Kurzschlusszweig sind R_3 und R_4 kurzgeschlossen, der Strom I_k' wird allein durch die Widerstände R_1 und R_2 begrenzt. Die Spannung U_{q1} ruft einen Strom in entgegengesetzter Richtung zum Zählpfeil für I_k' hervor. Die Zählpfeile für U_{q1} und I_k' bilden miteinander ein Verbraucherzählpfeilsystem, es handelt sich aber um eine Quelle. Somit ist:

$$I_k' = -\frac{U_{q1}}{\dfrac{R_1 \cdot R_2}{R_1 + R_2}} = -0{,}25\,\text{A}$$

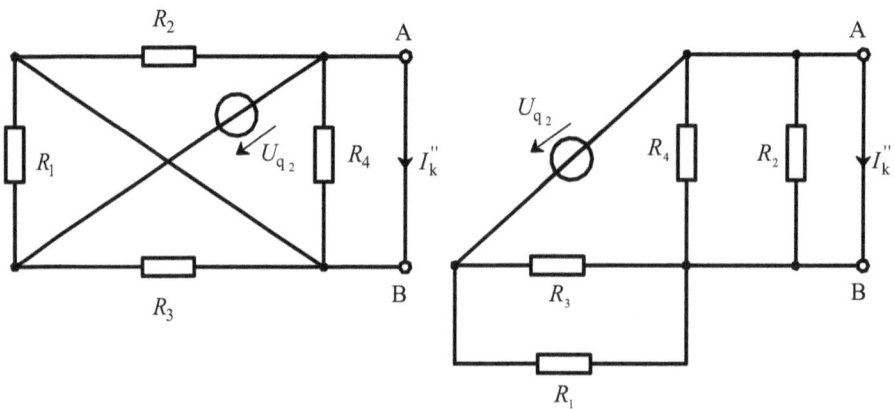

Abb. 3.41: Schaltung bei alleiniger Wirkung der zweiten Spannungsquelle

Wirkt allein die Quelle 2, so sind die Widerstände R_2 und R_4 kurzgeschlossen und die Parallelschaltung aus R_1 und R_3 begrenzt den Kurzschlussstrom I_k''. Die Spannung U_{q2} ruft einen Strom in Richtung des Zählpfeils von I_k'' hervor.

$$I_k'' = \frac{U_{q2}}{\dfrac{R_1 \cdot R_3}{R_1 + R_3}} = 0,4\,\text{A}$$

Den Gesamtstrom erhält man aus der Überlagerung der beiden Einzelströme.

$$I_k = I_k' + I_k'' = 0,15\,\text{A}$$

Aufgabe 3.17
Das Zahlenbeispiel zu der Schaltung in Abschn. 3.3.2, Abb. 3.22, soll für den Fall, dass $R_a = 0,6\,\Omega$ ist, mit Hilfe des Überlagerungsverfahrens gelöst werden.

Aufgabe 3.18
In dem Netzwerk Abb. 3.36 soll der Strom I_6 mit Hilfe des Überlagerungssatzes bestimmt werden.

3.8   Zweipoltheorie

Die Zweipoltheorie hilft in vielen Fällen, die Berechnung von Netzwerken wesentlich zu vereinfachen. Die wichtigste Anwendung ist die zur Lösung von Aufgaben mit nichtlinearen Schaltelementen; eine andere, wenn innerhalb eines Netzwerkes viele Schaltelemente immer gleich bleiben und sich nur eines oder einige wenige in Abhängigkeit von der jeweiligen Anwendung ändern. Sie ist auch geeignet, wenn innerhalb eines Netzwerkes nicht alle Teilströme bzw. Zweigspannungen interessieren, sondern nur die Spannung zwischen zwei Klemmen und der an diesen Stellen fließende Strom. In allen Fällen wandelt man einen oder mehrere Teile oder das ganze Netzwerk in einen bzw. mehrere **Ersatzzweipole** um.

> Ein Ersatzzweipol verhält sich von seinen Anschlussklemmen aus betrachtet stets genauso wie das Originalnetzwerk.

3.8.1   Lineare aktive und passive Ersatzzweipole

Enthält ein Netzwerk oder ein Teil eines Netzwerkes nur passive Zweipole und soll es in einen **passiven Ersatzzweipol** umgewandelt werden, so wird mit den in Abschn. 3.2 beschriebenen Methoden der **Ersatzwiderstand** R_e der Schaltung bzw. des Schaltungsteiles bestimmt. Dies wurde bereits ausführlich dargestellt und geübt und bedarf deshalb keiner weiteren Erklärung.

Jedes Teilnetzwerk oder ein ganzes Netzwerk, das aus passiven und/oder aktiven linearen Zweipolen besteht, kann durch eine **Ersatzspannungsquelle** mit einer **Ersatzquellenspannung** U_{eq} und einem **Ersatzinnenwiderstand** R_{ei} bzw. durch eine **Ersatzstromquelle** mit dem **Ersatzquellenstrom** I_{eq} und einem **Ersatzinnenwiderstand** R_{ei} dargestellt werden. Wie in Abschn. 2.10.2 bereits dargelegt, lässt sich jede lineare Ersatzspannungsquelle in eine lineare Ersatzstromquelle umformen und umgekehrt. Dieses Verfahren ist nicht anwendbar, wenn in dem Netzwerk gesteuerte Quellen vorkommen.

Will man einen Teil des Netzwerkes zu einem aktiven Ersatzzweipol umwandeln, so trennt man es an der interessierenden Stelle auf bzw. legt bei einem ganzen Netzwerk, das umgewandelt werden soll, die beiden interessierenden Klemmen fest und betrachtet es von dort aus. Die Ersatzquellenspannung entspricht dann der an den festgelegten Klemmen auftretenden Leerlaufspannung. Ebenso kann man das Netzwerk an den beiden Klemmen kurzschließen und den Kurzschlussstrom bestimmen, dieser entspricht dann dem Ersatzquellenstrom. Den Ersatzinnenwiderstand erhält man, indem man in dem Netzwerk alle Spannungsquellen – ohne deren Innenwiderstand – kurzschließt (d. h. die Quellenspannungen werden null gesetzt) und alle Stromquellen – ohne deren Innenwiderstand – auftrennt (d. h. die Quellenströme werden null gesetzt) und von den beiden Klemmen aus den Widerstand der Schaltung bestimmt oder den Quotienten aus der Leerlaufspannung und dem Kurzschlussstrom bildet.

Das Verfahren wird anhand der unbelasteten Schaltung in der Abb. 3.22 erläutert. Sie soll bezüglich der Klemmen A und B in einen Ersatzzweipol umgewandelt werden. Die beiden Spannungsquellen werden demnach zu einer Ersatzspannungsquelle zusammengefasst, die Werte für die Quellenspannungen und Innenwiderstände entsprechen dabei denen des Beispiels in Abschn. 3.3.2.

Die an den leerlaufenden Klemmen A und B anstehende Spannung erhält man aus der Gleichung

$$U_{AB_0} = U_{q1} - I \cdot R_{i1} = U_{q2} + I \cdot R_{i2} \quad \text{mit} \quad I = \frac{U_{q1} - U_{q2}}{R_{i1} + R_{i2}} \qquad U_{AB_0} = U_{eq} = 25{,}83\,\text{V}$$

Diese Spannung entspricht der Ersatzquellenspannung U_{eq}. Schließt man in der Schaltung die beiden Spannungsquellen kurz, so liegen von den Klemmen A und B aus betrachtet die beiden Innenwiderstände parallel.

$$R_{ei} = \frac{R_{i1} \cdot R_{i2}}{R_{i1} + R_{i2}} = 66{,}67\,\text{m}\Omega$$

Es ergibt sich somit das in Abb. 3.42 wiedergegebene Ersatzschaltbild für die Ersatzquelle. Belastet man diese nun wie in dem Beispiel des Abschn. 3.3.2 mit einem unterschiedlich großen Abschlusswiderstand R_a, so stellen sich folgende Ströme I_a ein:

$$I_a = \frac{U_{eq}}{R_{ei} + R_a}$$

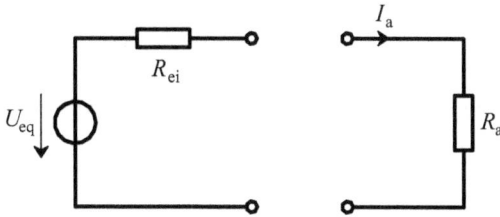

Abb. 3.42: Ersatzspannungsquelle für die Schaltung in Abb. 3.22

Für $R_a = 0.6\ \Omega$ wird $I_a = 38,75$ A; für $R_a = 2\ \Omega$ wird $I_a = 12,5$ A und für $R_a = 5,1\ \Omega$ stellt sich ein Strom $I_a = 5$ A ein. Die Berechnung des Stromes I_a für unterschiedliche Abschlusswiderstände vereinfacht sich also wesentlich.

Beispiel:
Das Netzwerk der Abb. 3.39 soll für den Fall, dass die Klemmen A und B unbelastet sind, d. h. die Kurzschlussbrücke zwischen ihnen entfernt wurde, in eine Ersatzspannungs- und Ersatzstromquelle umgewandelt werden.

Da für dieses Netzwerk bereits mit Hilfe des Überlagerungssatzes der Kurzschlussstrom bestimmt wurde, kann man sich die Berechnung der Leerlaufspannung U_{AB_0} ersparen, andernfalls wäre diese mit Hilfe eines der besprochenen Verfahren zu berechnen. Den Ersatzinnenwiderstand erhält man durch Kurzschließen der beiden Spannungsquellen. Von den Klemmen A und B aus betrachtet liegen dann alle vier Widerstände zueinander parallel.

$$R_{ei} = \frac{1}{\dfrac{1}{R_1} + \dfrac{1}{R_2} + \dfrac{1}{R_3} + \dfrac{1}{R_4}} = 12\,\Omega$$

Aus dem Kurzschlussstrom, der I_{eq} entspricht, und dem Innenwiderstand erhält man:

$$U_{eq} = I_{eq} \cdot R_{ei} = 1,8\,\text{V}$$

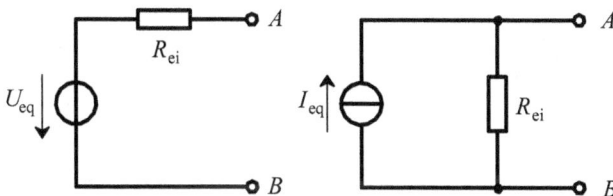

Abb. 3.43: Ersatzspannungs- und -stromquelle für die Schaltung Abb. 3.39 bei offenen Klemmen A und B

Beispiel:
In dem Netzwerk Abb. 3.44 mit $U_{q1} = 60\,\text{V}$, $U_{q2} = 40\,\text{V}$, $R_1 = 4\,\Omega$, $R_2 = 6\,\Omega$, $R_3 = 8\,\Omega$, $R_4 = R_5 = R_6 = R_7 = 3\,\Omega$ soll der Strom I mit Hilfe der Zweipoltheorie bestimmt werden. Dazu wird das Netzwerk an den Klemmen A und B aufgetrennt und die Schaltung rechts davon in einen passiven Ersatzzweipol R_e sowie die Schaltung links davon in eine Ersatzspannungsquelle mit U_{eq} und R_{ei} umgewandelt.

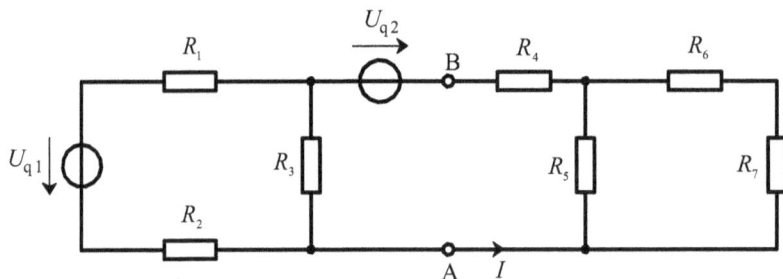

Abb. 3.44: Schaltungsbeispiel zur Anwendung der Zweipoltheorie

Somit ergeben sich nach der Auftrennung die in Abb. 3.45 gezeigten Schaltungen für den aktiven und passiven Teil, die anschließend wieder an den Klemmen verbunden werden können.

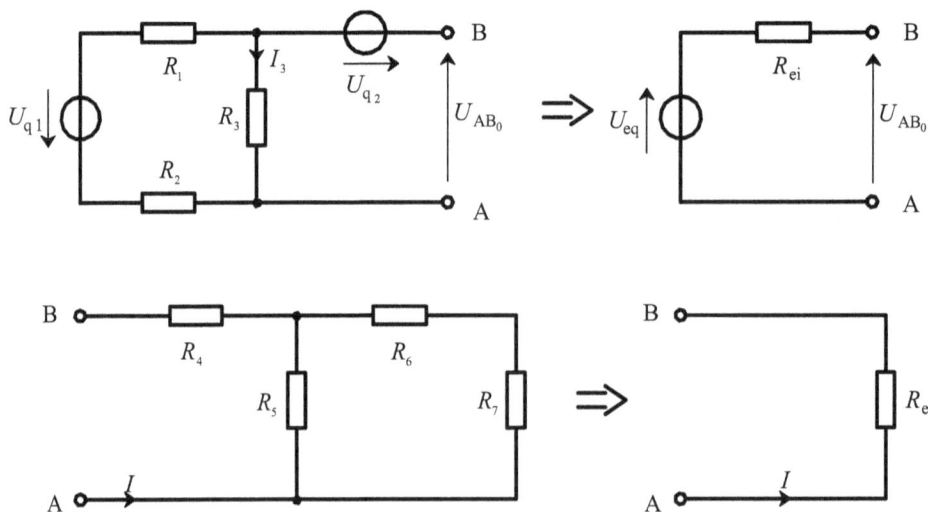

Abb. 3.45: Aktiver und passiver Ersatzzweipol für die Schaltung Abb. 3.44

Für den passiven rechten Teil wird:

$$R_e = R_4 + \frac{R_5 \cdot (R_6 + R_7)}{R_5 + R_6 + R_7} = 5\,\Omega$$

Die Spannung U_{eq} erhält man aus der Leerlaufspannung an den Klemmen A und B, denn nach dem Maschensatz ist $U_{eq} = U_{AB_0}$.

$$U_{eq} = U_{AB_0} = U_{q2} - I_3 \cdot R_3 \qquad I_3 = \frac{U_{q1}}{R_1 + R_2 + R_3} \qquad U_{eq} = 13{,}33\,\mathrm{V}$$

Bei Überbrückung (Kurzschluss) der beiden Spannungsquellen wird:

$$R_{ei} = \frac{(R_1 + R_2) \cdot R_3}{R_1 + R_2 + R_3} = 4{,}444\,\Omega$$

Verbindet man die beiden Ersatzzweipole miteinander, so stellt sich der Strom

$$I = \frac{U_{eq}}{R_{ei} + R_e} = 1{,}41\,\mathrm{A} \text{ ein.}$$

Aufgabe 3.19
In dem Netzwerk Abb. 3.32 nimmt der Widerstand R_6 unterschiedliche Ohmwerte an, während die ganze andere Schaltung immer unverändert bleibt. Deshalb soll die Schaltung am Widerstand R_6 aufgetrennt werden (d. h. R_6 wird entfernt) und die rechte Klemme soll mit A und die linke mit B bezeichnet werden. Der Rest der Schaltung aus der Spannungs- und Stromquelle und den Widerständen R_1 bis R_5 soll in eine Ersatzspannungsquelle umgewandelt und anschließend R_6 an die Klemmen A und B angeschlossen und überprüft werden, ob sich der gleiche Strom I_6 wie in dem Beispiel des Abschn. 3.5.2 einstellt.

3.8.2   Nichtlineare passive Ersatzzweipole

Nichtlineare passive Zweipole sind in der Regel durch ihre I-U-Kennlinien gegeben. Befindet sich in einer Schaltung deshalb nur ein nichtlinearer Zweipol, so trennt man die Schaltung an dieser Stelle auf, wandelt den Rest der Schaltung in eine Ersatzquelle um und überträgt deren I-U-Kennlinie in das Kennlinienfeld des nichtlinearen Zweipols. Der Schnittpunkt beider Kennlinien ergibt den sich einstellenden Arbeitspunkt. Dieses graphische Lösungsverfahren kann auch bei der Zusammenschaltung eines linearen aktiven und linearen passiven Zweipols angewendet werden, denn es lässt sich für den passiven Teil sehr leicht die I-U-Kennlinie angeben. Sie ist eine durch den Nullpunkt des I-U-Kennlinienfeldes gehende Gerade mit konstanter Steigung. Meist eignen sich die vorher besprochenen Lösungsverfahren bei rein linearen Netzwerken besser, es soll diese Methode aber an einem einfachen Beispiel erläutert werden.

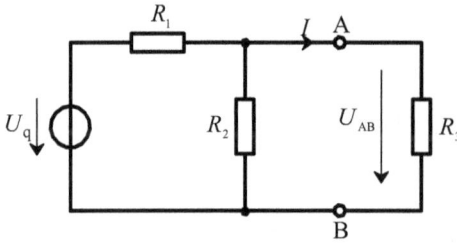

Abb. 3.46: Beispiel zum graphischen Lösungsverfahren bei einem linearen Netzwerk

Es sind $U_q = 9\,\text{V}$, $R_1 = 300\,\Omega$, $R_2 = 600\,\Omega$ und $R_3 = 200\,\Omega$.

Wandelt man die Spannungsquelle mit den beiden Widerständen R_1 und R_2 zu einer Ersatzquelle um, so ist die Spannung U_{AB_0} bei offenen Klemmen

$$U_{\text{eq}} = U_{\text{AB}_0} = U_q \cdot \frac{R_2}{R_1 + R_2} = 6\,\text{V}$$

und der Ersatzinnenwiderstand sowie der Kurzschlussstrom der Ersatzquelle

$$R_{\text{ei}} = \frac{R_1 \cdot R_2}{R_1 + R_2} = 200\,\Omega \qquad I_k = \frac{U_{\text{eq}}}{R_{\text{ei}}} = 30\,\text{mA}\ .$$

Trägt man in einem gemeinsamen I-U-Diagramm die Kennlinie der Ersatzspannungsquelle
und des Widerstandes R_3 an, wobei man für die Widerstandskennlinie nur zwei Punkte
braucht, z. B. bei $U = 0$ ergibt sich nach dem ohmschen Gesetz $I = 0$ und bei einem beliebigen anderen Spannungswert $U = 6$ V ergibt sich $I = 30$ mA, so erhält man als Schnittpunkt
der beiden Kennlinien den Arbeitspunkt AP bei $U = 3$ V und $I = 15$ mA.

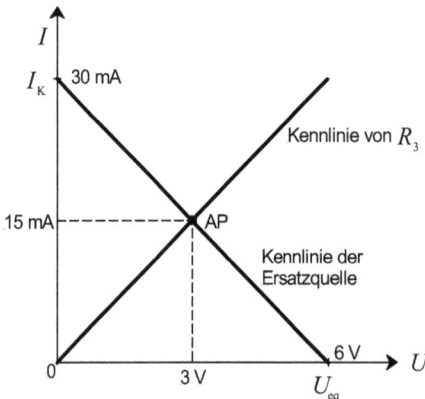

Abb. 3.47: I-U-Kennlinien der Ersatzquelle und des Widerstandes R_3 mit sich einstellendem Arbeitspunkt

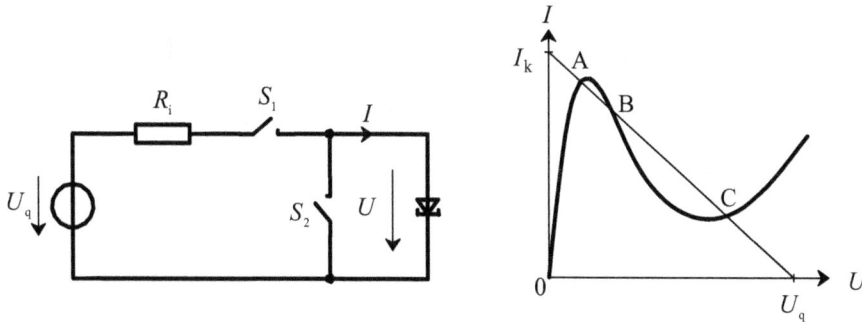

Abb. 3.48: Stabile und instabile Arbeitspunkte bei einer Tunneldiode an einer Spannungsquelle

Ehe das Verfahren für nichtlineare Widerstände beschrieben wird, muss noch etwas zur Stabilität des Arbeitspunktes erläutert werden. In Abb. 3.48 ist eine einfache Schaltung mit einer Tunneldiode (Esakidiode) und daneben die I-U-Kennlinie der Tunneldiode und der Spannungsquelle gezeigt. Die Frage ist, welcher der drei möglichen Arbeitspunkte sich einstellen wird? Angenommen, der Arbeitspunkt A oder C hätte sich eingestellt und z. B. aufgrund einer kleinen Netzstörung würde die Spannung geringfügig ansteigen. Bei dieser etwas höheren Spannung müsste in der Tunneldiode ein wesentlich höherer Strom fließen, der seinerseits einen größeren Spannungsabfall am Innenwiderstand verursacht, wodurch die Spannung an der Tunneldiode sinkt, d. h. zum Arbeitspunkt zurückkehrt. Würde Gleiches beim Arbeitspunkt B passieren, so nimmt die Tunneldiode bei einer etwas höheren Spannung einen viel kleineren Strom auf, woraufhin der Spannungsabfall an R_i kleiner wird und die Spannung an der Tunneldiode noch weiter steigt, bis sie den Wert im Arbeitspunkt C erreicht. Die Arbeitspunkte A und C sind somit stabil, der Arbeitspunkt B ist instabil.

Ein stabiler Arbeitspunkt ergibt sich nur für $\left(\dfrac{\mathrm{d}I}{\mathrm{d}U}\right)_{\text{Quelle}} < \left(\dfrac{\mathrm{d}I}{\mathrm{d}U}\right)_{\text{Verbraucher}}$

Wären demnach in der Schaltung in Abb. 3.48 zunächst beide Schalter offen und würde S_1 geschlossen, so stellt sich der Arbeitspunkt C ein. Wären zunächst beide Schalter geschlossen und würde S_2 geöffnet, so stellt sich Arbeitspunkt A ein. Bei allen weiteren Beispielen in diesem Kapitel werden nur stabile Arbeitspunkte auftreten.

Netzwerk mit einem nichtlinearen passiven Zweipol
In dem Netzwerk der Abb. 3.49 mit $U_{q1} = U_{q2} = 10\,\text{V}$, $R_1 = 10{,}2\,\Omega$ und $R_2 = R_3 = 0{,}1\,\Omega$ ist der sich einstellende Strom und die Spannung an dem nichtlinearen Widerstand R_4 gesucht. Der Zusammenhang zwischen I_4 und U_4 ist dabei gegeben. Aus diesem Grund kann die Aufgabe numerisch gelöst werden, es wird sich aber zeigen, dass die graphische Lösung bedeutend einfacher ist; zudem liegt der Zusammenhang von Strom und Spannung für einen nichtlinearen Widerstand meist nicht formelmäßig, sondern in Form einer I-U-Kennlinie, d. h. graphisch vor.

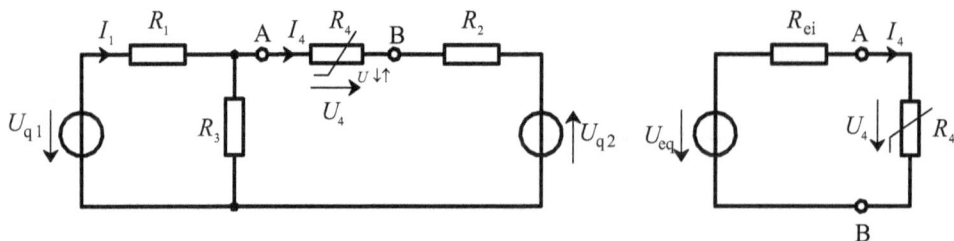

Abb. 3.49: Netzwerk mit einem nichtlinearen Widerstand

Für den nichtlinearen Widerstand R_4 soll gelten: $I_4 = U_4^3 \cdot 0{,}2 \dfrac{A}{V^3}$

Zuerst wird der lineare Teil der Schaltung bei offenen Klemmen AB in eine Ersatzspannungsquelle umgewandelt. Bei offenen Klemmen fließt ein Strom I_1 von

$I_1 = \dfrac{U_{q1}}{R_1 + R_3} = 971 \text{mA}$. Somit ergibt sich $U_{eq} = U_{AB_0} = I_1 \cdot R_3 + U_{q2} = 10{,}1 \text{V}$.

Der Ersatzinnenwiderstand ist $R_{ei} = R_2 + \dfrac{R_1 \cdot R_3}{R_1 + R_3} = 199 \text{m}\Omega$. $I_k = \dfrac{U_{eq}}{R_{ei}} = 50{,}7 \text{A}$

Für die Ersatzschaltung erhält man nach dem Maschensatz eine kubische Gleichung.

$I_4 \cdot R_{ei} + U_4 - U_{eq} = 0$

$U_4^3 \cdot 0{,}2 \dfrac{A}{V^3} \cdot R_{ei} + U_4 - U_{eq} = 0 \qquad U_4^3 + 25{,}12 \, V^2 \cdot U_4 - 253{,}7 \, V^3 = 0$

Es liegt eine kubische Gleichung in der Normalform $x^3 + 3p \cdot x + 2q = 0$ vor.

Da die Diskriminante $D = q^2 + p^3 > 0$ ist, ergeben sich eine reelle und zwei komplexe Wurzeln als Lösung. Von Interesse ist nur die reelle Lösung. Mit

$r = -\sqrt{p}$ und $\sinh \varphi = \dfrac{q}{r^3}$ ergibt sich $x_1 = U_4 = -2r \cdot \sinh \dfrac{\varphi}{3} = 5 \text{V}$.

Bedeutend einfacher wird die Lösung, wenn man in ein *I-U*-Kennlinienfeld die Kennlinien für den nichtlinearen Widerstand R_4 und die Ersatzspannungsquelle einträgt, wie es in Abb. 3.50 gezeigt ist. Dazu wählt man einige Spannungswerte für U_4 und berechnet die zugehörigen Werte für I_4, sehr oft sind jedoch für nichtlineare Widerstände die Kennlinienfelder in Datenbüchern zu finden. Der Arbeitspunkt stellt sich bei 25 A und 5 V ein.

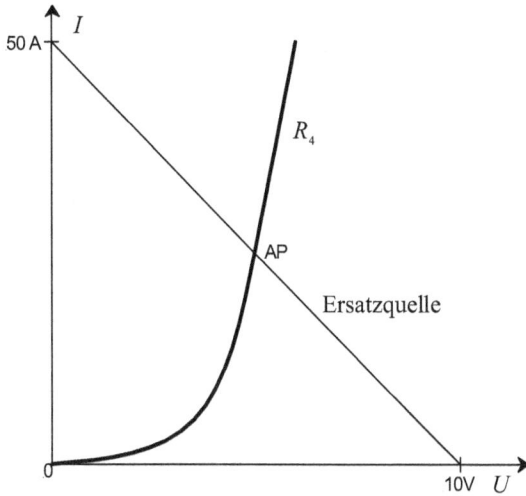

Abb. 3.50: I-U-Kennlinie für den nichtlinearen Widerstand R_4 und die Ersatzquelle

Kommen in einem Netzwerk mehrere nichtlineare passive Zweipole vor, so können die *I-U-*Kennlinien derselben zu einer resultierenden Kennlinie zusammengefasst werden, wenn der nichtlineare Teil – u. U. auch zusammen mit einigen linearen Widerständen – in eine Reihen-oder Parallelschaltung bzw. eine Kombination beider Schaltungen zerlegt werden kann. Brückenschaltungen nichtlinearer Zweipole lassen sich demnach nicht so behandeln.

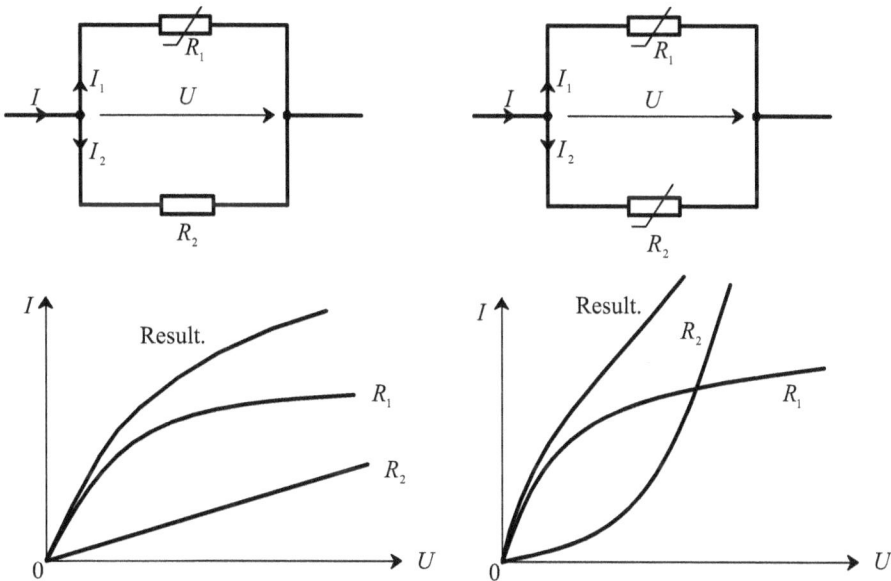

Abb. 3.51: Resultierende I-U-Kennlinie bei parallel geschalteten Widerständen

Parallelschaltung

Bei einer Parallelschaltung wie in Abb. 3.51 liegen alle Widerstände an der gleichen Spannung, die Teilströme addieren sich zum Gesamtstrom. Um die resultierende Kennlinie zu erhalten, müssen bei einzelnen Spannungen nur die Teilströme graphisch addiert werden.

Reihenschaltung

Bei einer Reihenschaltung wie in Abb. 3.52 fließt durch alle Widerstände der gleiche Strom. Um die resultierende Kennlinie in Reihe geschalteter Widerstände zu erhalten, müssen bei einzelnen Strömen nur die Teilspannungen graphisch addiert werden.

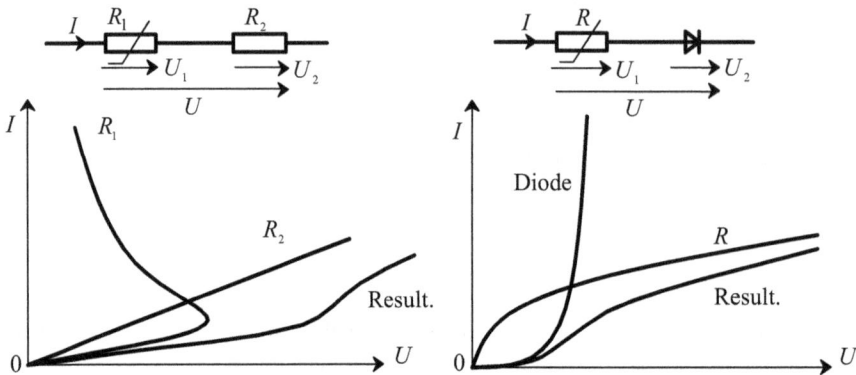

Abb. 3.52: Resultierende I-U-Kennlinie bei in Reihe geschalteten Widerständen

Kombination von Reihen- und Parallelschaltung

Bei der Schaltung in Abb. 3.53 konstruiert man zunächst die resultierende I-U-Kennlinie der Widerstände R_2 und R_3 und anschließend die Kennlinie der Reihenschaltung von R_1 und $R_{e2,3}$.

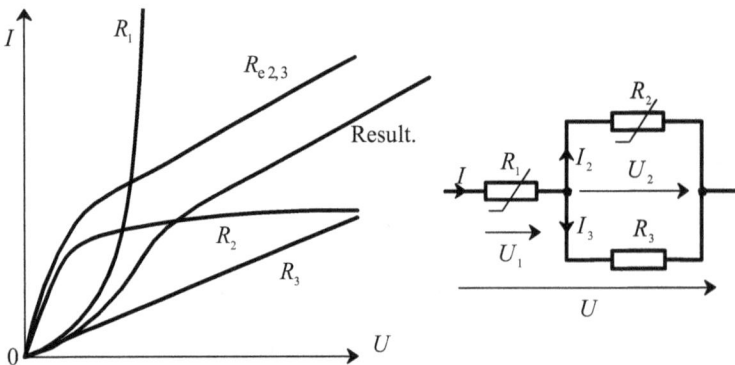

Abb. 3.53: Resultierende I-U-Kennlinie einer Kombination aus Reihen- und Parallelschaltung

Das graphische Lösungsverfahren mit Hilfe der Zweipoltheorie soll nun anhand einiger Beispiele weiter erläutert werden.

Beispiel:
Abb. 3.54 zeigt einen doppelten Spannungsteiler, der mit den beiden nichtlinearen Widerständen R_{a1} und R_{a2} belastet ist. Die beiden nichtlinearen Widerstände sollen identisch sein,
d. h. $R_{a1} = R_{a2}$. $U_q = 100\,\text{V}$, $R_1 = R_2 = R_3 = R_4 = 100\,\Omega$. In Abb. 3.54 ist ebenfalls die I-U-
Kennlinie eines der beiden Belastungswiderstände angegeben. Gesucht ist der sich einstel-
lende Arbeitspunkt.

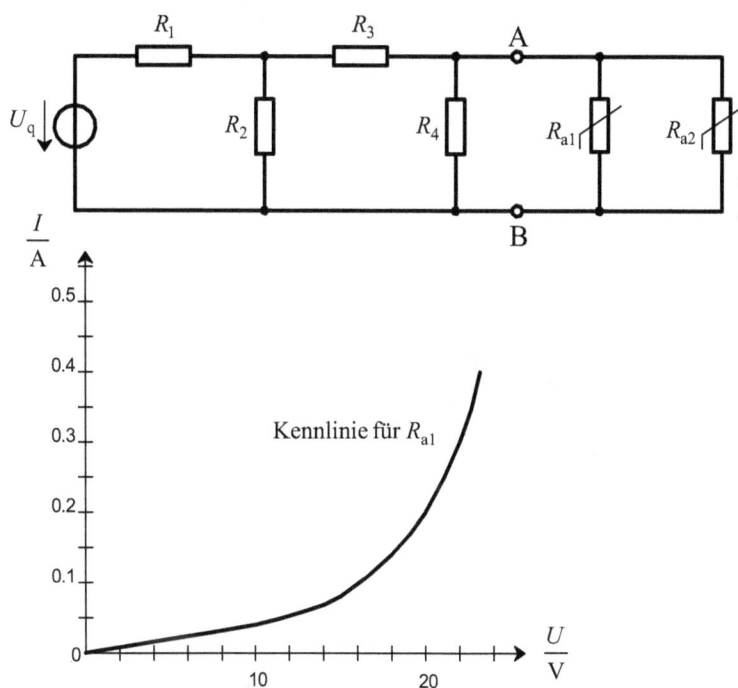

Abb. 3.54: Mit nichtlinearen Widerständen belasteter doppelter Spannungsteiler

Die Schaltung wird an den Klemmen AB aufgetrennt, für den linearen Teil die Ersatzquelle
ermittelt und für die beiden nichtlinearen Widerstände die resultierende Kennlinie (siehe
Abb. 3.55) konstruiert.

Die Ersatzquellenspannung entspricht der Spannung U_{AB_0} an den leerlaufenden Klemmen,
sie soll hier mit Hilfe des Maschenstromverfahrens ermittelt werden. Mit den beiden Innenmaschen erhält man:

$$\begin{bmatrix} R_1 + R_2 & -R_2 \\ -R_2 & R_2 + R_3 + R_4 \end{bmatrix} \cdot \begin{bmatrix} I_{\mathrm{I}} \\ I_{\mathrm{II}} \end{bmatrix} = \begin{bmatrix} U_q \\ 0 \end{bmatrix} \qquad I_{\mathrm{II}} = 0,2\,\mathrm{A} \qquad U_{eq} = U_{AB_0} = I_{\mathrm{II}} \cdot R_4 = 20\,\mathrm{V}$$

Der Ersatzinnenwiderstand und daraus der Kurzschlussstrom werden:

$$R_{ei} = \dfrac{\left(\dfrac{R_1 \cdot R_2}{R_1 + R_2} + R_3\right) \cdot R_4}{\dfrac{R_1 \cdot R_2}{R_1 + R_2} + R_3 + R_4} = 60\,\Omega \qquad I_k = \dfrac{U_{eq}}{R_{ei}} = 333\,\mathrm{mA}$$

Trägt man die resultierende Kennlinie für die Parallelschaltung von R_{a1} und R_{a2} sowie die Ersatzquelle in ein gemeinsames I-U-Kennlinienfeld ein, wie in Abb. 3.55 gezeigt, so stellt sich ein Arbeitspunkt bei $U = 13$ V und $I = 120$ mA ein.

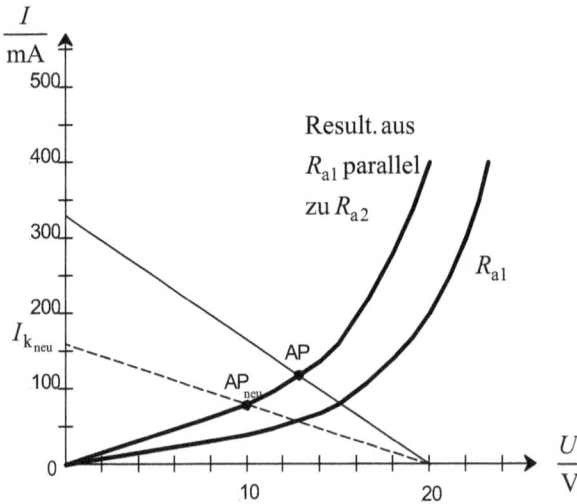

Abb. 3.55: *I-U-Kennlinien für den aktiven und passiven Teil der Schaltung Abb. 3.54*

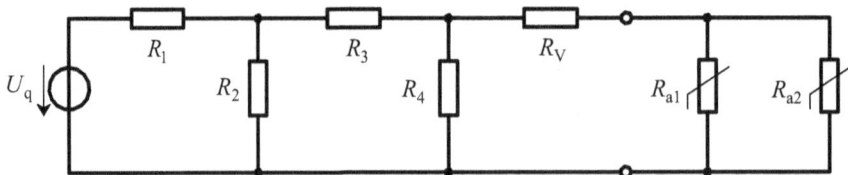

Abb. 3.56: *Doppelter Spannungsteiler mit Vorwiderstand, belastet mit zwei nichtlinearen Widerständen*

Um bei der Schaltung Abb. 3.54 die Spannung U_{AB} im Belastungsfall auf 10 V zu begrenzen, wurde ein Vorwiderstand R_V, wie in Abb. 3.56 gezeigt, eingebaut. Wie groß muss dieser Vorwiderstand sein?

Durch diesen Vorwiderstand ändert sich bei leer laufenden Klemmen AB die Spannung U_{AB_0} nicht, d. h. die Ersatzquellenspannung U_{eq} bleibt davon unberührt, es ändert sich aber dadurch der Ersatzinnenwiderstand, denn zum alten R_{ei} muss R_V addiert werden. Bei dieser Aufgabe liegen für die Kennlinie der Ersatzquelle der Arbeitspunkt und die Spannung U_{eq} bei $I = 0$ fest (gestrichelt in Abb. 3.55 eingetragen). Man kann somit graphisch den neuen Kurzschlussstrom mit 160 mA ablesen.

$$R_{ei_{neu}} = \frac{U_{eq}}{I_{k_{neu}}} = 125\,\Omega \qquad R_V = R_{ei_{neu}} - R_{ei_{alt}} = 65\,\Omega$$

Beispiel:
Bei einem Transistor sei der Basisstrom konstant. Für die Berechnung der Schaltung in Abb. 3.57 ist nur das Ausgangskennlinienfeld $I_C = f(U_{CE})$ von Interesse. Als Überspannungsschutz ist parallel zur Kollektor/Emitter-Strecke ein VDR geschaltet. Die I-U-Kennlinien beider nichtlinearer Widerstände sind in Abb. 3.58 gegeben. Für den sich einstellenden Arbeitspunkt bei $U_q = 10$ V und $R = 11\,\Omega$ soll der Strom I_{VDR} und die Verlustleistung im Transistor $P_V = I_C \cdot U_{CE}$ ermittelt werden.

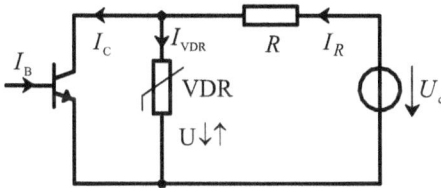

Abb. 3.57: Transistorschaltung mit VDR

Die resultierende Kennlinie aus der Kennlinie des Transistors und des VDR ist ebenfalls in Abb. 3.58 eingetragen. Eine Ersatzquelle muss nicht gebildet werden, denn es ist nur eine Spannungsquelle vorhanden, und man kann den Widerstand R als deren Innenwiderstand auffassen. Damit ergibt sich ein Kurzschlussstrom von 909 mA.

Als Ergebnis kann für den sich einstellenden Arbeitspunkt aus Abb. 3.58 abgelesen werden:

$I_{VDR} = 50$ mA, $I_C = 500$ mA und $U_{CE} = 3,9$ V, somit ergibt sich eine Verlustleistung von 1,95 W.

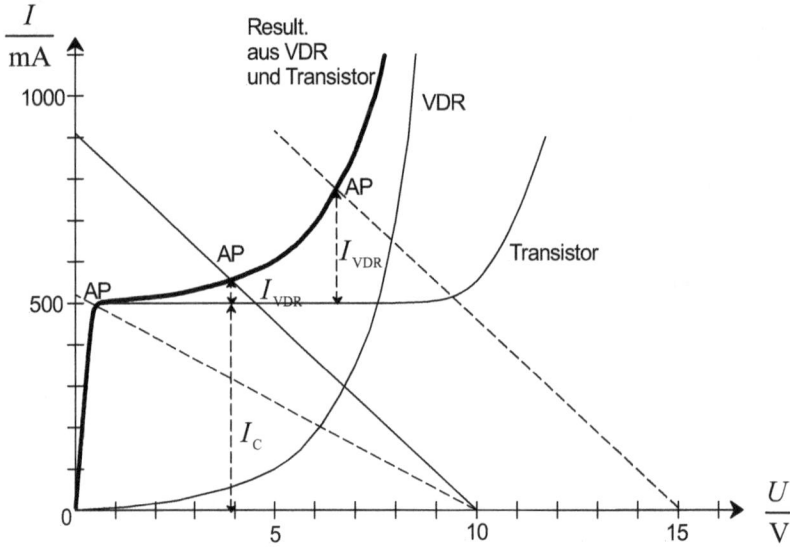

Abb. 3.58: I-U-Kennlinien zur Schaltung Abb. 3.57

Weiter soll ermittelt werden, wie groß der Widerstand R maximal werden darf, wenn der Strom I_R den Wert von 500 mA nicht unterschreiten soll.

Wie im vorigen Beispiel ist durch diese Angabe der sich einstellende Arbeitspunkt gegeben. Da sich zudem die Quellenspannung nicht ändert, liegen zwei Punkte der Kennlinie für die Quelle fest (gestrichelt in Abb. 3.58 eingetragen). Es ergibt sich für den neuen Kurzschlussstrom ein Wert von 525 mA. Somit ist:

$$R_{max} = \frac{U_q}{I_{k_{neu}}} = 19\Omega .$$

Als letzter Fall soll ermittelt werden, wie groß I_{VDR} wird, wenn bei $R = 11\ \Omega$ die Spannung U_q auf 15 V ansteigt.

Da sich dadurch der Kurzschlussstrom linear zur steigenden Quellenspannung ändert, kann man einfach die ursprüngliche Kennlinie der Quelle parallel verschieben, bis sie an der Spannungsachse den Wert 15 V erreicht (gestrichelt in Abb. 3.58 eingetragen); bei dieser Aufgabe könnte man ebenso den neuen Kurzschlussstrom berechnen. Wäre dagegen der neue Arbeitspunkt gegeben und nach der Quellenspannung gefragt, bei der er sich einstellt, so ist die Parallelverschiebung der Kennlinie die adäquate Vorgehensweise.

Aus der Kennlinie liest man ab: $I_{VDR} = 280$ mA

Aufgabe 3.20

Gegeben ist die Schaltung in Abb. 3.59. $U_{q1} = 11{,}5\,\text{V}$, $R_1 = 2\,\Omega$ und $R_2 = 8\,\Omega$, R_3 sei stufenlos zwischen $0\,\Omega$ und $20\,\Omega$ einstellbar, zunächst beträgt $R_3 = 6{,}4\,\Omega$. Die I-U-Kennlinien von R_4 und der in Sperrrichtung betriebenen Z-Diode finden sich in Abb. 3.60.

a) Bei offenem Schalter S stellt sich eine Spannung $U_{AB} = 8\,\text{V}$ ein. Wie groß ist dann U_{q2}?

b) Welche Spannung U_{AB} stellt sich nach dem Schließen des Schalters S ein?

c) Wie groß darf R_3 maximal werden, wenn U_{AB} nicht unter $5{,}5\,\text{V}$ sinken soll?

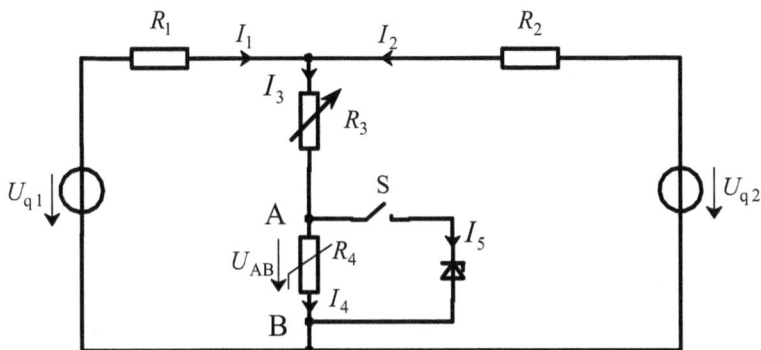

Abb. 3.59: Schaltung zu Aufgabe 3.20

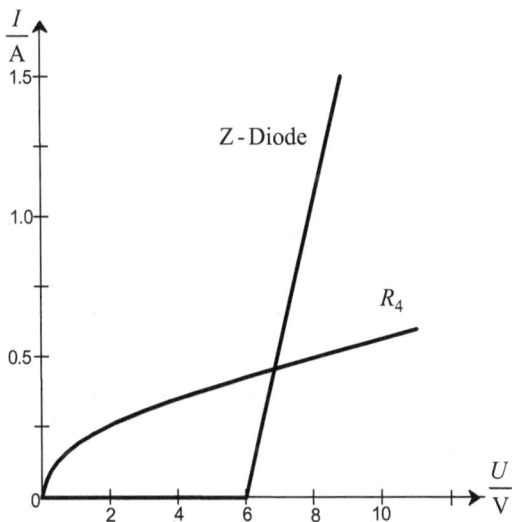

Abb. 3.60: I-U-Kennlinien des Widerstandes R_4 und der Z-Diode in Abb. 3.59

Aufgabe 3.21

Welcher Strom I_{LED} fließt durch die Leuchtdiode in der Schaltung Abb. 3.61 mit $U_{q2} = 6\,V$, $R_1 = R_2 = 1,2\,k\Omega$ und $R_3 = R_4 = 600\,\Omega$, wenn die Spannung an den offenen Klemmen AB, d. h. ohne die Leuchtdiode, 5 V beträgt? Welchen Spannungswert muss U_{q1} haben, damit sich im Leerlauf $U_{AB_0} = 5\,V$ einstellt?

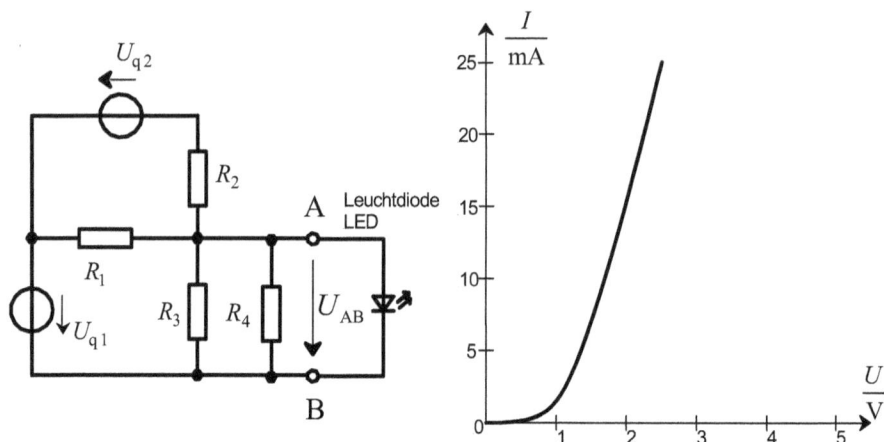

Abb. 3.61: Schaltung zu Aufgabe 3.21 und I-U-Kennlinie der Leuchtdiode

3.8.3   Nichtlineare aktive Ersatzzweipole

Auch für nichtlineare aktive Zweipole sind in der Regel die I-U-Kennlinien gegeben. Trägt man in diese Kennlinie ebenfalls die des passiven Teils der Schaltung ein, so ergibt der Schnittpunkt beider Kennlinien den sich einstellenden Arbeitspunkt. In Abb. 2.20 wurde bereits die nichtlineare Kennlinie eines selbsterregten Gleichstrom-Nebenschlussgenerators gezeigt. Ein anderes typisches Beispiel für nichtlineare Quellen stellen Solarzellen dar. In Abb. 3.62 ist die Kennlinie einer Silizium-Solarzelle und die der Reihenschaltung von zwei Solarzellen wiedergegeben. Werden zwei solcher Solarzellen in Reihe geschaltet und mit einem nichtlinearen Widerstand abgeschlossen, so stellt sich der ebenfalls in Abb. 3.62 gezeigte Arbeitspunkt ein.

Als ein weiteres Beispiel ist in Abb. 3.63 eine ideale Spannungsquelle gezeigt, die in Reihe zu einem nichtlinearen Widerstand liegt und ein Netzwerk versorgt. An den Anschluss-klemmen des Netzwerkes stellt sich dadurch ebenfalls eine nichtlineare Spannung U ein, die aus der Maschengleichung $U = U_q - I \cdot R$ bestimmt werden kann.

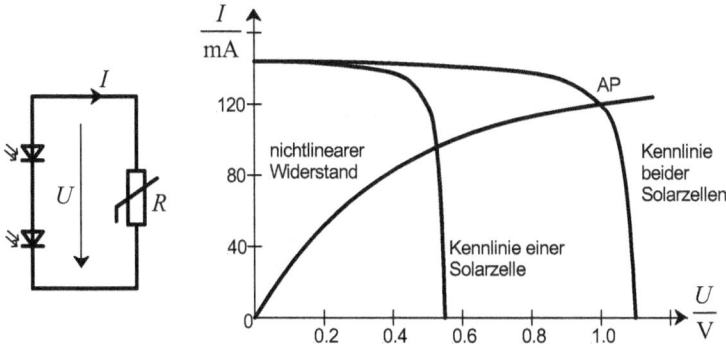

Abb. 3.62: I-U-Kennlinie zweier in Reihe geschalteter Silizium-Solarzellen

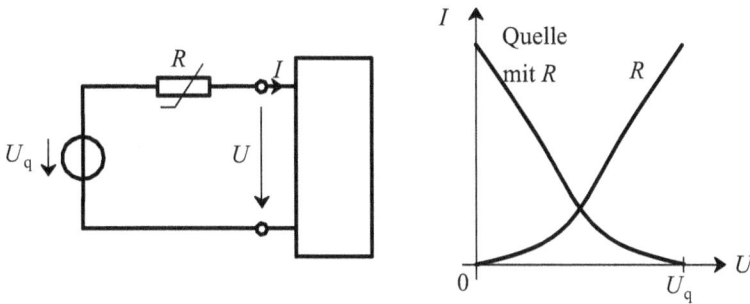

Abb. 3.63: Reihenschaltung einer idealen Quelle mit einem nichtlinearen Widerstand

3.9 Vierpole

Dieser Abschnitt beschränkt sich auf die Beschreibung passiver linearer Vierpole. Durch Vierpole lassen sich aber auch nichtlineare Schaltungen mittels ihrer Kennlinienfelder und insbesondere gesteuerte Quellen, d. h. strom- sowie spannungsgesteuerte Strom- und Spannungsquellen sehr gut systematisch beschreiben, dies würde jedoch den Rahmen dieses Grundlagenbuches sprengen und ist eher Thema eines Lehrbuches über Bauelemente oder Grundschaltungen der Elektronik.

Ein **Vierpol** ist ein Netzwerk zur Übertragung, Verstärkung oder Aufbereitung elektrischer Energie, es hat zwei Eingangs- (1 und 2) und zwei Ausgangsklemmen (3 und 4), die man **Tore** nennt, deshalb ist für einen Vierpol auch der Ausdruck **Zweitor** geläufig. Der Begriff Vierpol wird auch dann verwendet, wenn z. B. innerhalb des Vierpols die Klemmen 2 und 4 miteinander verbunden sind, also eigentlich nur ein Dreipol vorliegt. Ein Vierpol verbindet eine Quelle mit einem Verbraucher. Typische Vierpole sind Leitungen, Transformatoren oder Übertrager, Filter, Siebketten oder Verstärker. Bei einem linearen passiven Vierpol ist das Netzwerk, das den Vierpol bildet, nur aus linearen, passiven Zweipolen aufgebaut.

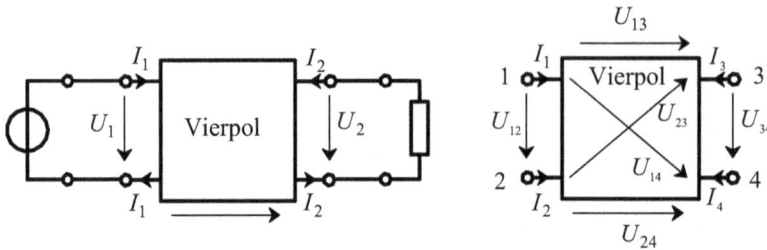

Abb. 3.64: Verbindung einer Quelle mit einem Verbraucher über einen Vierpol und allgemeiner Vierpol

Um einen allgemeinen Vierpol vollständig zu beschreiben, genügen drei der vier in Abb. 3.64 eingetragenen Ströme und drei der sechs Spannungen, alle übrigen können mit Hilfe des Knoten- und Maschensatzes ermittelt werden. Weil aber die Klemmen 1 und 2 miteinander ein Tor bilden, sind die Ströme I_1 und I_2 betragsmäßig gleich groß und entgegengesetzt gerichtet, gleiches gilt für die Ströme I_3 und I_4. Da die Aufgabe des Vierpols die Energieübertragung ist, interessieren nur die dafür relevanten Spannungen U_{12} (allgemein nur kurz als U_1 bezeichnet) und U_{34} (allgemein als U_2 bezeichnet). Es ist dabei üblich, bei einem Vierpol die Zählpfeile für die Ströme an den Klemmen 1 und 3 auf den Vierpol hin anzutragen, auch wenn bei vielen praktischen Schaltungen dann einer der beiden Ströme negativ sein muss.

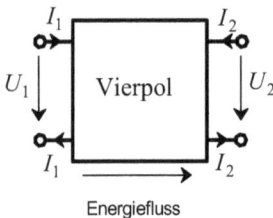

Energiefluss

Abb. 3.65: Schaltzeichen eines Vierpols mit Strom- und Spannungszählpfeilen nach DIN 40148

Es ergeben sich dadurch zwei Einschränkungen; erstens ist die Vierpolbeschreibung nur gültig, wenn an jedem Tor der an der einen Klemme hineinfließende Strom dem an der anderen hinausfließenden entspricht, und zweitens kann aus der Vierpolbeschreibung keine Spannung zwischen Klemmen unterschiedlicher Tore bestimmt werden.

Sowohl bei dem Tor am Eingang als auch am Ausgang des Vierpols liegt ein Verbraucherzählpfeilsystem vor. Da aber entweder der Strom I_2 oder die Spannung U_2 betragsmäßig negativ sein muss, ergibt sich nach Abschn. 2.11.1 und Gleichung 2.23 für den Eingang eine positive Leistung, d. h. der Vierpol nimmt eine **Eingangsleistung** auf und für den Ausgang eine negative Leistung, d. h. der Vierpol gibt eine **Ausgangsleistung** ab, was genau seiner Aufgabe entspricht. Ein Vierpol, der sowohl am Eingang als auch am Ausgang Leistung abgibt, ist ein **aktiver Vierpol**.

3.9.1   Vierpolgleichungen

Die Vierpolgleichungen können nur für lineare Netzwerke oder lineare Ersatzschaltungen nichtlinearer Vierpole angegeben werden, da sie mit Hilfe des Überlagerungssatzes (Abschn. 3.7) aufgestellt werden. Das Überlagerungsverfahren ist nur für lineare Netzwerke anwendbar.

Es gilt nun die Abhängigkeit der Ströme und Spannungen bei einem Vierpol zu beschreiben. Dabei gibt es unterschiedliche, aber gleichwertige Beschreibungsformen, um für jeweils unterschiedliche Aufgabenstellungen immer die geeignetste Form verfügbar zu haben. Um den Zusammenhang zwischen vier Größen beschreiben zu können, braucht man jeweils vier Parameter, die so genannten **Vierpolparameter**. Jeder dieser Vierpolparameter beschreibt den Zusammenhang zwischen jeweils zwei Größen, z. B. zwischen I_1 und U_1 oder zwischen I_1 und U_2. Um die Parameter eindeutig zu kennzeichnen, tragen sie eine Doppelindizierung, der erste Index entspricht dabei dem der abhängigen Variablen und der zweite ist gleich dem Index der unabhängigen Variablen.

Das Aufstellen der Vierpolgleichungen soll am Beispiel eines Spannungsteilers erläutert werden.

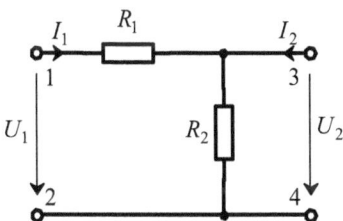

Abb. 3.66: Spannungsteiler in Vierpoldarstellung

Man erhält die **Widerstandsform** der Vierpolgleichungen, wenn man die Eingangs- und Ausgangsspannung als Funktion von Eingangs- und Ausgangsstrom darstellt. Mit Hilfe des Überlagerungsverfahrens (Abschn. 3.7) kann man $U_1 = f(I_1, I_2)$ und $U_2 = f(I_1, I_2)$ ermitteln, indem man jeweils zunächst nur die Wirkung von I_1 berechnet (U_1' bzw. U_2'), d. h. die Schaltung vom Eingangstor aus betrachtet und das Ausgangstor als leerlaufend annimmt, denn dann ist $I_2 = 0$, und anschließend nur die Wirkung von I_2 (U_1'' bzw. U_2''), d. h. die Schaltung vom Ausgangstor aus betrachtet und das Eingangstor als leerlaufend ($I_1 = 0$) annimmt. Beide Teilwirkungen werden dann zur Gesamtwirkung überlagert. Für den Spannungsteiler ergibt sich somit:

$$U_1' = (R_1 + R_2) \cdot I_1 \qquad U_1'' = R_2 \cdot I_2 \qquad U_1 = U_1' + U_1'' = (R_1 + R_2) \cdot I_1 + R_2 \cdot I_2$$
$$U_2' = R_2 \cdot I_1 \qquad\quad U_2'' = R_2 \cdot I_2 \qquad U_2 = U_2' + U_2'' = R_2 \cdot I_1 + R_2 \cdot I_2$$

Die Faktoren bei den Strömen nennt man Vierpolparameter. Die obige Form der Vierpolgleichungen wäre in jede andere umformbar, es soll aber gezeigt werden, wie z. B. die **Leitwertform** direkt aus der Schaltung zu gewinnen wäre. Hier werden der Eingangs- und Ausgangsstrom als Funktion der Eingangs- und Ausgangsspannung dargestellt. Möchte man I_1' ermitteln, also nur die Spannung U_1 wirken lassen, so schließt man die Klemmen 3 und 4 am Ausgang des Vierpols kurz, denn dadurch wird $U_2 = 0$ und bei der Ermittlung von I_1'' wird die Schaltung von den Klemmen 3 und 4 aus betrachtet und der Eingang kurzgeschlossen.

$$I_1' = \frac{1}{R_1} \cdot U_1 = G_1 \cdot U_1 \qquad I_1'' = -\frac{1}{R_1} \cdot U_2 = -G_1 \cdot U_2 \qquad I_1 = I_1' + I_1'' = G_1 \cdot U_1 - G_1 \cdot U_2$$
$$I_2' = -I_1' = -G_1 \cdot U_1 \qquad I_2'' = (G_1 + G_2) \cdot U_2 \qquad I_2 = I_2' + I_2'' = -G_1 \cdot U_1 + (G_1 + G_2) \cdot U_2$$

In Matrizenschreibweise erhält man dann die so genannte Widerstands- oder Leitwertmatrix, die aber nicht mit dem Formelbuchstaben R oder G bezeichnet werden, sondern mit Z bzw. Y. Dies rührt daher, dass diese Schreibweise auch auf komplexe Widerstände angewendet wird, die allerdings erst im zweiten Band behandelt werden. Für die Vierpolgleichungen in der Widerstandsform ergibt sich dann:

$$\begin{bmatrix} U_1 \\ U_2 \end{bmatrix} = \begin{bmatrix} R_1 + R_2 & R_2 \\ R_2 & R_2 \end{bmatrix} \cdot \begin{bmatrix} I_1 \\ I_2 \end{bmatrix} \quad \text{oder allgemein} \quad \begin{bmatrix} U_1 \\ U_2 \end{bmatrix} = \begin{bmatrix} Z_{11} & Z_{12} \\ Z_{21} & Z_{22} \end{bmatrix} \cdot \begin{bmatrix} I_1 \\ I_2 \end{bmatrix}.$$

Dabei ist $\boldsymbol{Z} = \begin{bmatrix} Z_{11} & Z_{12} \\ Z_{21} & Z_{22} \end{bmatrix}$ die **Widerstandsmatrix**.

Entsprechend ergibt sich für den zweiten Fall:

$$\begin{bmatrix} I_1 \\ I_2 \end{bmatrix} = \begin{bmatrix} G_1 & -G_1 \\ -G_1 & G_1 + G_2 \end{bmatrix} \cdot \begin{bmatrix} U_1 \\ U_2 \end{bmatrix} \quad \text{oder allgemein} \quad \begin{bmatrix} I_1 \\ I_2 \end{bmatrix} = \begin{bmatrix} Y_{11} & Y_{12} \\ Y_{21} & Y_{22} \end{bmatrix} \cdot \begin{bmatrix} U_1 \\ U_2 \end{bmatrix}$$

Dabei ist $\boldsymbol{Y} = \begin{bmatrix} Y_{11} & Y_{12} \\ Y_{21} & Y_{22} \end{bmatrix}$ die **Leitwertmatrix**.

Die wichtigsten Formen der Vierpolgleichungen sind in Tab. 3.1 zusammengefasst. Dabei sei noch darauf hingewiesen, dass es Netzwerke gibt, für die einige Formen der Vierpolgleichungen nicht angegeben werden können, weil ein oder mehrere Werte der Vierpolparameter gegen unendlich gehen. Dies ist z. B. bei einer als widerstandslos angenommenen Leitung als Verbindung zwischen Quelle und Verbraucher der Fall, für sie kann keine Y-Matrix angegeben werden und die Z-Matrix existiert nicht.

Tab. 3.1: Formen der Vierpolgleichungen in Matrizenschreibweise

Form	Vierpolgleichungen	Vierpolparameter
Widerstandsform	$\begin{bmatrix} U_1 \\ U_2 \end{bmatrix} = \begin{bmatrix} Z_{11} & Z_{12} \\ Z_{21} & Z_{22} \end{bmatrix} \cdot \begin{bmatrix} I_1 \\ I_2 \end{bmatrix}$	Widerstandsparameter $[Z_{ik}] = 1\,\Omega$
Leitwertform	$\begin{bmatrix} I_1 \\ I_2 \end{bmatrix} = \begin{bmatrix} Y_{11} & Y_{12} \\ Y_{21} & Y_{22} \end{bmatrix} \cdot \begin{bmatrix} U_1 \\ U_2 \end{bmatrix}$	Leitwertparameter $[Y_{ik}] = 1\,\mathrm{S}$
Erste Hybrid-form	$\begin{bmatrix} U_1 \\ I_2 \end{bmatrix} = \begin{bmatrix} H_{11} & H_{12} \\ H_{21} & H_{22} \end{bmatrix} \cdot \begin{bmatrix} I_1 \\ U_2 \end{bmatrix}$	Hybridparameter $[H_{11}] = 1\,\Omega \quad [H_{22}] = 1\,\mathrm{S}$ $[H_{12}] = [H_{21}] = 1$
Zweite Hybrid-form	$\begin{bmatrix} I_1 \\ U_2 \end{bmatrix} = \begin{bmatrix} D_{11} & D_{12} \\ D_{21} & D_{22} \end{bmatrix} \cdot \begin{bmatrix} U_1 \\ I_2 \end{bmatrix}$	Hybridparameter $[D_{11}] = 1\,\mathrm{S} \quad [D_{22}] = 1\,\Omega$ $[D_{12}] = [D_{21}] = 1$
Kettenform	$\begin{bmatrix} U_1 \\ I_1 \end{bmatrix} = \begin{bmatrix} A_{11} & A_{12} \\ A_{21} & A_{22} \end{bmatrix} \cdot \begin{bmatrix} U_2 \\ -I_2 \end{bmatrix}$	Kettenparameter $[A_{12}] = 1\,\Omega \quad [A_{21}] = 1\,\mathrm{S}$ $[A_{11}] = [A_{22}] = 1$

3.9.2 Zusammenschaltung von Vierpolen

Hier soll der Vorteil der einzelnen Formen der Vierpolgleichungen deutlich gemacht werden. In Abb. 3.67 sind einmal die Aus- und Eingänge zweier Vierpole in Reihe und im zweiten Fall parallel geschaltet.

Bei der Reihenschaltung lauten die beiden Vierpolgleichungen in Widerstandsform für die Vierpole A und B und den gesamten Vierpol aus der Reihenschaltung der beiden:

$$U_{A_1} = Z_{A_{11}} \cdot I_{A_1} + Z_{A_{12}} \cdot I_{A_2} \qquad U_{B_1} = Z_{B_{11}} \cdot I_{B_1} + Z_{B_{12}} \cdot I_{B_2} \qquad U_1 = Z_{11} \cdot I_1 + Z_{12} \cdot I_2$$

$$U_{A_2} = Z_{A_{21}} \cdot I_{A_1} + Z_{A_{22}} \cdot I_{A_2} \qquad U_{B_2} = Z_{B_{21}} \cdot I_{B_1} + Z_{B_{22}} \cdot I_{B_2} \qquad U_2 = Z_{21} \cdot I_1 + Z_{22} \cdot I_2$$

mit $I_1 = I_{A_1} = I_{B_1}$, $I_2 = I_{A_2} = I_{B_2}$, $U_1 = U_{A_1} + U_{B_1}$ und $U_2 = U_{A_2} + U_{B_2}$

Addiert man jeweils die beiden ersten und zweiten Gleichungen für die Vierpole A und B miteinander, so erhält man die Vierpolgleichung für die Reihenschaltung der beiden:

$$U_{A_1} + U_{B_1} = U_1 = \left(Z_{A_{11}} + Z_{B_{11}} \right) \cdot I_1 + \left(Z_{A_{12}} + Z_{B_{12}} \right) \cdot I_2$$

$$U_{A_2} + U_{B_2} = U_2 = \left(Z_{A_{21}} + Z_{B_{21}} \right) \cdot I_1 + \left(Z_{A_{22}} + Z_{B_{22}} \right) \cdot I_2$$

Somit ist für die Reihenschaltung die **Widerstandsmatrix** des Ersatzvierpols $\boldsymbol{Z} = \boldsymbol{Z}_A + \boldsymbol{Z}_B$.

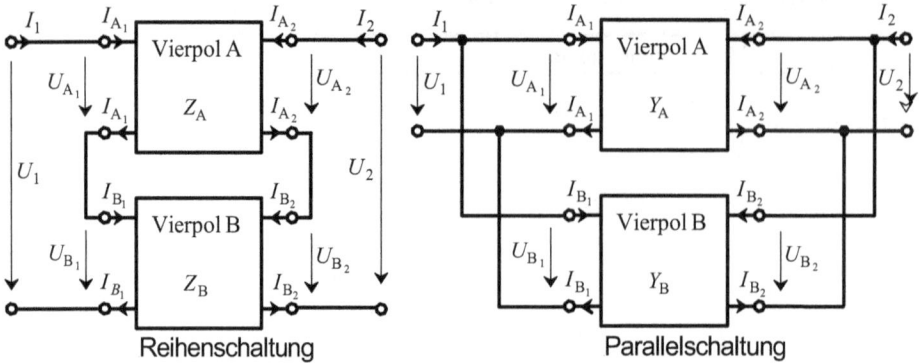

Abb. 3.67: Reihen- und Parallelschaltung von zwei Vierpolen

Wie man leicht selbst nachvollziehen kann, ergibt sich für die Parallelschaltung zweier Vierpole mit Hilfe der Leitwertform die **Leitwertmatrix** des Ersatzvierpols $Y = Y_A + Y_B$.

In Abb. 3.68 sind zwei Vierpole gezeigt, die einmal bezüglich ihrer Eingangstore in Reihe und der Ausgangstore parallel geschaltet sind und umgekehrt. Für den ersten Fall der Reihen-Parallelschaltung ergibt sich mit der ersten Hybridform die **Reihenparallelmatrix** für den Ersatzvierpol $H = H_A + H_B$ und für den zweiten Fall der Parallel-Reihenschaltung mit der zweiten Hybridform die **Parallelreihenmatrix** $D = D_A + D_B$.

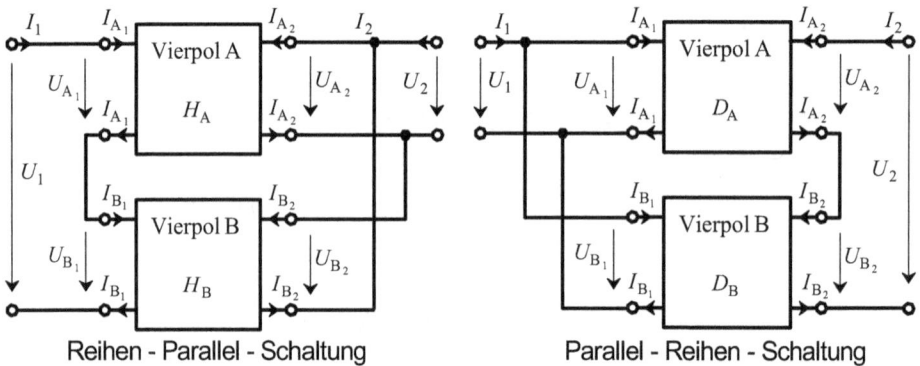

Abb. 3.68: Reihen-Parallelschaltung und Parallel-Reihenschaltung von Vierpolen

Die Kettenform der Vierpolgleichungen ist die ideale Form für Kettenschaltungen (siehe Abb. 3.69). Die **Kettenmatrix** für den Ersatzvierpol ist $A = A_A \cdot A_B$.

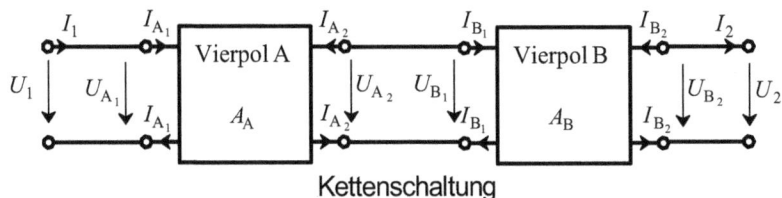

Abb. 3.69: Kettenschaltung von Vierpolen

Aufgabe 3.22

Es soll die Aussage über die Kettenmatrix anhand des Beispiels eines doppelten Spannungsteilers überprüft werden. Für die beiden einfachen Spannungsteiler A und B und den Ersatzvierpol aus der Kettenschaltung der beiden (siehe Abb. 3.70) sind die Vierpolkettenparameter aus der Schaltung zu bestimmen und mit dem Ergebnis aus $A = A_A \cdot A_B$ zu vergleichen. Diese Aufgabe soll den Vorteil der Vierpoldarstellung deutlich machen und bietet die Gelegenheit, viele Verfahren dieses 3. Kapitels anzuwenden und zu üben.

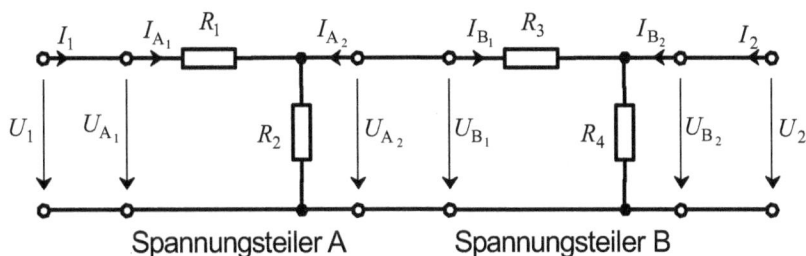

Abb. 3.70: Kettenschaltung von zwei Spannungsteilern

4 Elektrisches Feld

4.1 Grundbegriffe

Man nennt einen Raum, in dem bestimmte physikalische Wirkungen auftreten, ein Feld. Demnach liegt ein elektrisches Feld vor, wenn in einem Raum elektrische Wirkungen auftreten. In den beiden vorhergehenden Kapiteln fanden in den Leitungen und Zweipolen solche Wirkungen auf die Ladungsträger statt, ohne dass der Ursache für das Fließen eines elektrischen Stroms bisher besonders nachgegangen wurde. Es war dies eine Kraftwirkung auf Ladungsträger bzw. Ladungsmengen im elektrischen Feld. Wie die bisherigen Betrachtungen beschränken sich die folgenden auf Gleichstrom. Man nennt eine Größe, die sich zeitlich nicht ändert, stationär. Mit Ausnahme der Ladungs-, Entladungs- und Umladungsvorgänge werden hier nur Vorgänge im **stationären elektrischen Feld** betrachtet. Es sind jedoch alle Beziehungen direkt auf zeitlich veränderliche Verhältnisse übertragbar.

Man kann die physikalische Wirkung in einem Feld durch eine **Feldgröße** darstellen. Diese kann entweder ein Vektor oder ein Skalar sein, im ersten Fall spricht man von einem **Vektorfeld**, im zweiten von einem **Skalarfeld**. Ist die Feldgröße überall im Raum gleich groß – und bei einer vektoriellen Feldgröße dazu überall gleich gerichtet – nennt man das Feld **homogen**, andernfalls **inhomogen**. Ein Feld, das sich senkrecht zur Zeichenebene nicht ändert, wird als **paralleleben** bezeichnet, lässt es sich eindeutig und vollständig in einer Ebene darstellen, nennt man es **eben**, es muss sich dabei entweder um ein parallelebenes oder rotationssymmetrisches Feld handeln. In einem Vektorfeld heißen die Richtungslinien der Feldvektoren **Feldlinien**.

Hinsichtlich der Wirkungen des elektrischen Feldes wird unterschieden, ob sie in einem Leiter oder Nichtleiter auftreten. In einem Leiter hat die Kraftwirkung auf elektrische Ladungen zur Folge, dass Ladungsträger transportiert werden und ein Strom fließt. In Leitern tritt ein **Strömungsfeld** auf. In einem vollkommenen Nichtleiter sind keine frei beweglichen Ladungsträger vorhanden, hier kann es nur zu örtlich begrenzten **Ladungsverschiebungen** kommen. Auf beide Fälle wird noch näher eingegangen.

4.1.1   Ursache und Richtungssinn des elektrischen Feldes

Man unterscheidet nach zwei Ursachen. Durch die zeitliche Änderung eines Magnetfeldes können so genannte elektrische **Wirbelfelder** induziert werden. Auf diese wird erst in Kapitel 6 eingegangen. In diesem Kapitel werden ausschließlich **elektrische Potenzialfelder** behandelt. Die Ursache dafür ist eine Potenzialdifferenz zwischen zwei Punkten oder Ebenen, durch die in der Umgebung ein elektrisches Feld erregt wird. Dieses beginnt auf dem Potenzialpunkt oder der -ebene mit dem höheren Potenzial und endet beim niedrigeren Potenzial; ein solches Feld nennt man **Quellenfeld**. In einem Leiter übt das elektrische Feld eine Kraft auf die frei beweglichen Ladungsträger aus. In metallischen Leitern sind dies die Valenzelektronen, in Flüssigkeiten und Gasen die Ionen (vgl. Abschn. 2.1 und 2.2). In einem Nichtleiter kann ebenfalls eine Kraftwirkung auf in das Feld eingebrachte elektrisch geladene Prüfkörper auftreten oder eine Influenz- oder Polarisationswirkung (vgl. Abschn. 4.3.1).

Entsprechend der Definition für den Richtungssinn des elektrischen Stromes (Abschn. 2.3) werden in einem elektrischen Feld, aufgrund der Kraftwirkung, positive Ladungsmengen in der Feldrichtung längs der elektrischen Feldlinien bewegt und negative entgegengesetzt.

An dem Beispiel eines elektrischen Strömungsfeldes sollen die Zusammenhänge näher erläutert werden. Abb. 4.1 zeigt den Querschnitt eines geschlossenen, sich verjüngenden Rohres, in dem sich eine schwach leitende Flüssigkeit befindet. Das Rohr selbst besteht aus einem Isolator, die Abschlüsse am Anfang und Ende des Rohres aus einem gut leitenden Metall, so dass sich die ganze linke Metallplatte auf dem Potenzial φ_1 und die rechte auf φ_2 befindet. Aufgrund der Potenzialdifferenz wird ein Strom durch die Flüssigkeit fließen. Die Stromstärke ist dabei in jedem Abschnitt des Rohres gleich groß, d. h. durch jeden Querschnitt fließt in einer Zeit Δt die gleiche Ladungsmenge ΔQ (vgl. Abschn. 2.3). Da sich die Ladungsträger an keiner Stelle stauen können, muss ihre Driftgeschwindigkeit in dem engeren Teil des Rohres größer als in dem weiten sein. Weil sich der Querschnitt verjüngt, ist auch die Stromdichte J im engeren Teil des Rohres größer (vgl. Abschn. 2.5), was nach Gleichung 2.5 eine höhere Driftgeschwindigkeit zur Folge hat. In Abb. 4.1 sind dabei je zwei Driftgeschwindigkeiten positiver und negativer Ladungsträger eingezeichnet.

Man kann sich die Darstellung in Abb. 4.1 so vorstellen, dass die Gesamtladung in mehrere gleichgroße Teilladungen zerlegt ist, die zwischen den Begrenzungslinien hindurchfließen. Somit lässt sich das Liniennetz immer feiner zeichnen, bis man die Gesamtladung auf die Summe der Elementarladungen unterteilt hat. Die Begrenzungslinien stellen die Driftgeschwindigkeit der jeweils an einem Punkt befindlichen Ladungsträger dar. Dieses sich ergebende Vektorfeld ist inhomogen, da sowohl der Betrag als auch die Richtung der Geschwindigkeit an unterschiedlichen Beobachtungspunkten verschieden sind. Der Abstand zwischen den Feldlinien ist ein Maß für den Betrag der Feldgröße. Wird der Abstand zwischen den Feldlinien kleiner, so ist die Geschwindigkeit größer. Es stellt sich jedoch die Frage, wie der Verlauf der Feldlinien erfasst wird; schließlich kann die Bewegung einzelner Ionen in der Flüssigkeit oder von Elektronen in einem Festkörper nicht verfolgt werden. Dazu soll eine zweite Betrachtung helfen.

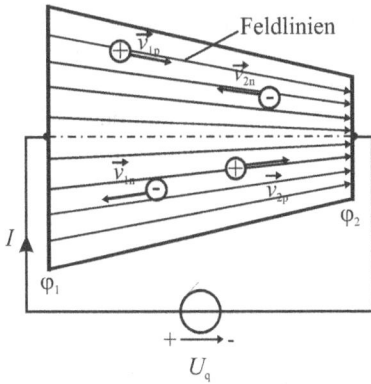

Abb. 4.1: Driftgeschwindigkeit positiver und negativer Ladungsträger in einem elektrischen Feld

In Abb. 4.2 ist eine dünne, schwach leitende Schicht auf einen Isolator aufgebracht, die Stirnseiten sind wieder sehr gut leitend, so dass sie sich auf jeweils gleichem Potenzial befinden. An den Minuspol der Spannungsquelle mit dem Potenzial $\varphi = 0$ ist ein Spannungsmesser angeschlossen. Mit der Messspitze am anderen Anschluss des Spannungsmessers sucht man auf der Oberfläche der schwach leitenden Schicht Punkte mit gleichem Potenzial, in Abb. 4.2 alle Punkte mit dem Potenzial $\varphi = 1$ V, $\varphi = 2$ V usw., und verbindet die Punkte gleichen Potenzials miteinander (gestrichelt in Abb. 4.2 eingetragen). Diese Linien nennt man **Äquipotenziallinien**. Sie stellen insgesamt ein nichtlineares Skalarfeld dar, allerdings ist es in den beiden Abschnitten, die rechts und links weit genug von der Stelle entfernt sind, an der sich der Leiterquerschnitt verjüngt, näherungsweise homogen.

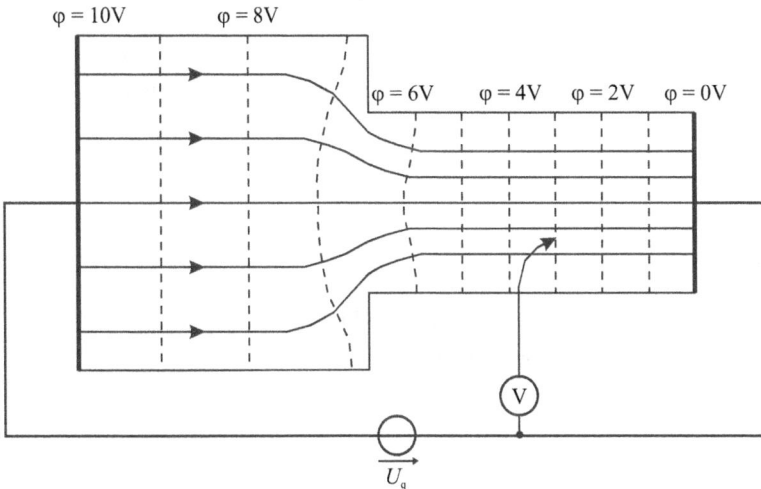

Abb. 4.2: Äquipotenzial- und Feldlinien eines elektrischen Strömungsfeldes

Ausgehend von den Äquipotenziallinien lässt sich der Verlauf der Feldlinien für das Strömungsfeld der Ladungsträger ermitteln. Dabei müssen alle Feldlinien des Strömungsfeldes senkrecht auf die Äquipotenziallinien gerichtet sein. Die Erklärung dafür ist, dass die Feldlinien des Strömungsfeldes in jedem Punkt dem Geschwindigkeitsvektor der positiven Ladungsträger entsprechen (auch wenn es solche in dem Festkörper nicht gibt, hier sind nur Elektronen als Ladungsträger vorhanden). Würde der Geschwindigkeitsvektor $\vec{v}$ nicht senkrecht auf die jeweilige Äquipotenziallinie gerichtet sein, so könnte er in eine Vektorsumme aus Normal- und Tangentialkomponente zerlegt werden. Eine Tangentialkomponente würde aber bedeuten, dass eine Ladungsträgergeschwindigkeit und damit ein Strom in Richtung der Äquipotenziallinie existierte, d. h. eine Wirkung ohne die dazu notwendige Potenzialdifferenz. Ebenso muss jede Äquipotenziallinie senkrecht auf der Trennfläche zwischen einem Leiter und Nichtleiter enden, andernfalls gäbe es eine Stromkomponente vom Leiter in den Nichtleiter hinein oder umgekehrt. Trennlinien zwischen Leitern und Nichtleitern sind also gleichzeitig auch Feldlinien des Strömungsfeldes.

4.1.2   Elektrische Feldstärke und Spannung

Die elektrische Feldstärke wird als das Potenzialgefälle definiert. Darunter versteht man die Abnahme des Potenzials längs einer Strecke stärkster Abnahme dividiert durch die Strecke. Für $\varphi_1 > \varphi_2$ gilt somit

$$E = \frac{\varphi_1 - \varphi_2}{l_{12}} = \frac{U_{12}}{l_{12}} \qquad [E] = \frac{[\varphi]}{[l]} = 1\frac{\mathrm{V}}{\mathrm{m}} \qquad\qquad (4.1)$$

Der Verlauf der Feldlinien der elektrischen Feldstärke $\vec{E}$ entspricht dem der Feldlinien für die Driftgeschwindigkeit positiver Ladungsträger, da längs der stärksten Potenzialabnahme auch die größte Kraftwirkung auf die Ladungen ausgeübt wird. In Abb. 4.3 ist ein homogenes Feld gezeigt, bei dem die Feldstärke in jedem Punkt den gleichen Betrag und die gleiche Richtung aufweist. Bewegt man sich in diesem Feld nicht auf dem Weg der stärksten Potenzialabnahme von Punkt 1 nach Punkt 2, sondern z. B. vom Punkt 1 zum Punkt 3, so hat man zwar dieselbe Potenzialdifferenz wie vorher durchschritten, aber Gleichung 4.1 muss nun vektoriell geschrieben werden.

$$U_{12} = \varphi_1 - \varphi_2 = E \cdot l_{12} = \vec{E} \cdot \vec{l}_{13} \qquad\qquad (4.2)$$

In einem inhomogenen Feld ändern sich jedoch Betrag und/oder Richtung der Feldstärke von Punkt zu Punkt. Gleichung 4.1 geht dann über in die Form

$$E = -\frac{\mathrm{d}\varphi}{\mathrm{d}l} \qquad\qquad (4.3)$$

Das Minuszeichen rührt daher, dass $\vec{E}$ immer vom höheren zum niedrigeren Potenzial gerichtet ist (Potenzialgefälle), $\mathrm{d}\varphi/\mathrm{d}l$ dagegen bei positivem Vorzeichen einen Potenzialanstieg darstellt.

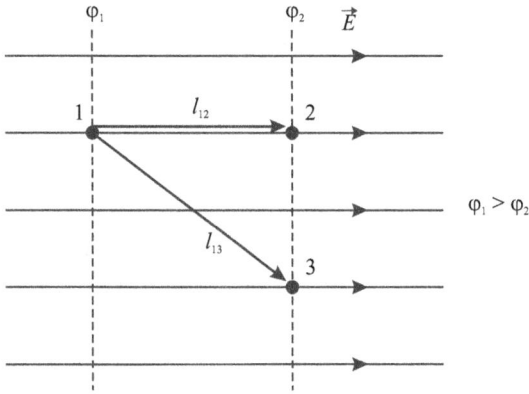

Abb. 4.3: Elektrische Feldstärke und Spannung in einem homogenen Feld

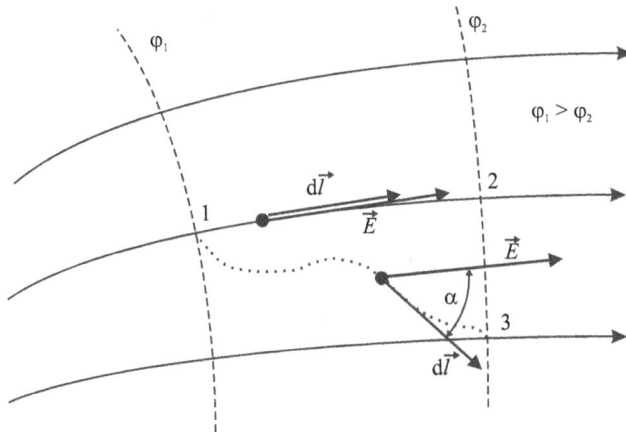

Abb. 4.4: Elektrische Feldstärke und Spannung in einem inhomogenen Feld

In Abb. 4.4 ist ein inhomogenes Feld dargestellt. Möchte man für diesen Fall die Spannung U_{12} mit Hilfe der Gleichung 4.3 ermitteln, so kann man die Potenzialdifferenz bilden, indem man sich vom Punkt 1 längs der Feldlinie, d. h. längs des Weges stärkster Abnahme des Potenzials, zum Punkt 2 bewegt. In diesem Fall weisen die Vektoren $\vec{E}$ und $\vec{l}$ immer in die gleiche Richtung, schließen also den Winkel null Grad ein, demnach kann hier auf die vektorielle Schreibweise verzichtet werden. Bewegt man sich dagegen längs des eingezeichneten Weges von Punkt 1 nach Punkt 3, so schließen die beiden Vektoren den sich ändernden

Winkel α ein, und man muss vektoriell rechnen, obwohl man die gleiche Potenzialdifferenz wie im ersten Fall durchläuft. Für die Praxis folgt daraus, dass man möglichst einen Integrationsweg längs der Feldlinien wählt. Für die Spannung U_{12} ergibt sich:

$$U_{12} = \varphi_1 - \varphi_2 = \int_2^1 d\varphi = -\int_1^2 d\varphi = \int_1^2 E \cdot dl = \int_1^3 \vec{E} \cdot d\vec{l}$$

$$U_{12} = \int_1^2 \vec{E} \cdot d\vec{l} \qquad\qquad\qquad (4.4)$$

Das skalare Produkt $\vec{E} \cdot d\vec{l}$ ergibt $\left|\vec{E}\right| \cdot \left|d\vec{l}\right| \cdot \cos\alpha$, d. h. nur die in Richtung von $\vec{E}$ weisende Komponente von $d\vec{l}$ trägt zur Spannung bei, die andere liegt in Richtung der Äquipotenziallinie. Ein Integral, das längs eines vorgegebenen Weges gebildet wird, nennt man **Linienintegral**.

> Die elektrische Spannung zwischen zwei Punkten ist demnach gleich dem Linienintegral der elektrischen Feldstärke längs eines Weges, der die beiden Punkte verbindet.

Läuft der Weg dabei über einen geschlossenen Weg, d. h. endet der Integrationsweg an seinem Anfangspunkt, so ist der Wert des Linienintegrals $\oint \vec{E} \cdot d\vec{l}$ immer null. Ein solches Integral nennt man Ringintegral. Das Linienintegral ist allerdings formal nur lösbar, wenn die Feldstärke als Funktion des Weges bekannt ist.

4.2   Elektrisches Strömungsfeld

4.2.1   Feld der Stromdichte

Nach Gleichung 2.6 war $J = I/A$. Setzt man nun für $I = U/R$ und nach Gleichung 4.1 für $U = E \cdot l$ sowie für $R = l/\gamma \cdot A$, so wird

$$J = \frac{E \cdot l}{R \cdot A} = \frac{E \cdot l}{\dfrac{l}{\gamma \cdot A} \cdot A} = \gamma \cdot E \qquad\qquad\qquad (4.5)$$

Bereits in Abschn. 2 wurde erwähnt, dass die Stromdichte wie die Fläche ein Vektor sei, dies wird auch an dieser Gleichung deutlich, denn während die Leitfähigkeit eine skalare Größe ist, ist die Feldstärke ein Vektor. Bei homogenen Feldern kann meist auf die vektorielle Schreibweise verzichtet werden, bei inhomogenen Feldern dagegen nicht, dann lautet der Zusammenhang zwischen der Stromdichte und elektrischen Feldstärke

$$\vec{J} = \gamma \cdot \vec{E} \qquad\qquad\qquad (4.6)$$

Jede Feldlinie der elektrischen Feldstärke ist auch eine Feldlinie der Stromdichte, beide
Feldgrößen unterscheiden sich nur durch die elektrische Leitfähigkeit.

4.2.2   Homogenes elektrisches Strömungsfeld

Liegt an den Klemmen eines homogenen, linearen, geraden Leiters (vgl. Abschn. 2.5) eine
gleich bleibende Spannung, so stellt sich ein stationäres, homogenes Strömungsfeld ein. Das
Strömungsfeld ist homogen, weil sich die Strömung der Ladungsträger gleichmäßig über den
Leiterquerschnitt verteilt, so dass die Stromdichte überall den gleichen Betrag und die gleiche Richtung hat.

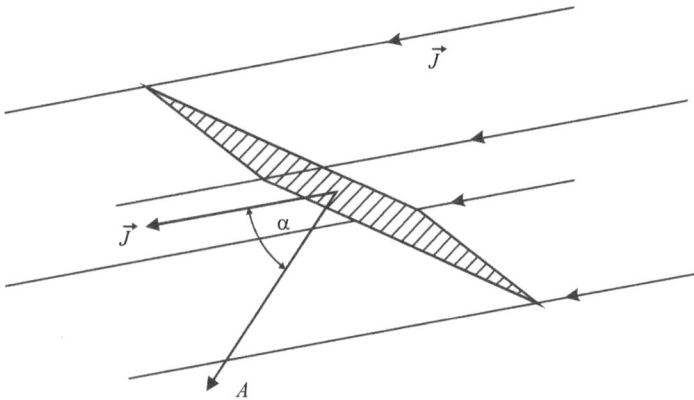

Abb. 4.5: Schräg angeströmte ebene Fläche in einem homogenen Strömungsfeld

In Abb. 4.5 liegt eine ebene Fläche in einem homogenen Strömungsfeld. Der Flächenvektor
steht senkrecht auf der Fläche und sein Betrag entspricht dem Flächeninhalt. Den Strom, der
durch diese Fläche fließt, erhält man nach Gleichung 2.6:

$$I = \vec{J} \cdot \vec{A} = \left|\vec{J}\right| \cdot \left|\vec{A}\right| \cdot \cos\alpha \qquad\qquad\qquad (4.7)$$

Liegt die ebene Fläche senkrecht zum Strömungsfeld und weisen somit der Stromdichte- und
der Flächenvektor die gleiche Richtung auf, dann vereinfacht sich Gleichung 4.7 wieder zu
der aus Abschn. 2 bekannten Form $I = J \cdot A$.

Beispiel:
In Abb. 4.6 sind zwei Leiter gezeigt, die sich aus zwei unterschiedlichen Materialien zu-
sammensetzen; diese sind einmal quer und einmal längs zueinander geschichtet. In beiden

Fällen liegen für die Materialien 1 und 2 die gleichen Leitfähigkeiten vor und betragen jeweils $\gamma_1 = 10^{-3}$ S·m/mm² und $\gamma_2 = 2 \cdot 10^{-3}$ S·m/mm². An den Stirnseiten befindet sich jeweils eine gut leitende Fläche, so dass sich die Stirnflächen jeweils auf gleichem Potenzial befinden. Bei der Querschichtung fließt ein Strom von 100 mA. Es sollen die Feldstärken und die in Material 1 und 2 abfallenden Spannungen sowie die an der Anordnung liegende Gesamtspannung ermittelt werden. Die zweite Anordnung mit der Längsschichtung liege an einer Spannung von 800 mV, auch hier sollen die Feldstärken in beiden Materialien sowie die Stromdichten, die Teilströme und der Gesamtstrom bestimmt werden. Beide quergeschichteten Materialien haben den gleichen Querschnitt von jeweils 12,5 mm². Wie auch in den folgenden Abbildungen sind in Abb. 4.6 alle Längen in mm angegeben.

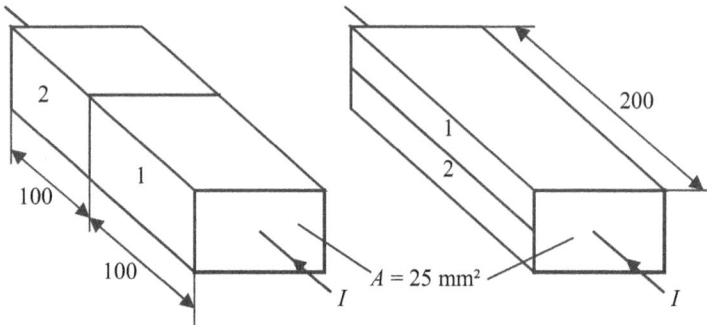

Abb. 4.6: Quer- und Längsschichtung zweier Leiter

In beiden Fällen liegt innerhalb der Materialien 1 und 2 ein homogenes elektrisches Strömungsfeld vor.

Bei der Querschichtung fließt durch beide Materialien der gleiche Strom, der sich gleichmäßig über den Querschnitt verteilt. Da sie den gleichen Querschnitt haben, ist auch die Stromdichte in beiden gleich. Die Stromdichte ist $J = \dfrac{I}{A} = 4 \cdot 10^{-3} \dfrac{\text{A}}{\text{mm}^2} = 400 \dfrac{\text{mA}}{\text{cm}^2}$. Mit Gleichung 4.5 ergeben sich dann die Feldstärken:

$$E_1 = \frac{J}{\gamma_1} = 40 \frac{\text{mV}}{\text{cm}} \qquad E_2 = \frac{J}{\gamma_2} = 20 \frac{\text{mV}}{\text{cm}}$$

Bildet man den Quotienten aus beiden Gleichungen, dann sieht man, dass sich bei einer Querschichtung die Feldstärken in den einzelnen Abschnitten wie die spezifischen Widerstände, bzw. umgekehrt wie die Leitfähigkeiten, verhalten.

$$\frac{E_1}{E_2} = \frac{\dfrac{J}{\gamma_1}}{\dfrac{J}{\gamma_2}} = \frac{\gamma_2}{\gamma_1} = \frac{\rho_1}{\rho_2}$$

Die Spannungen an den beiden Materialien und die Gesamtspannung sind:

$$U_1 = E_1 \cdot l_1 = 400\,\text{mV} \qquad U_2 = E_2 \cdot l_2 = 200\,\text{mV} \qquad U = U_1 + U_2 = 600\,\text{mV}$$

Bei der Längsschichtung wirkt in beiden Materialabschnitten die gleiche Feldstärke, da sie an der gleichen Spannung liegen und gleiche Länge aufweisen.

$$E = \frac{U}{l} = 40\,\frac{\text{mV}}{\text{cm}}$$

Die Stromdichten ergeben sich dann zu

$$J_1 = \gamma_1 \cdot E = 0{,}4\,\frac{\text{A}}{\text{cm}^2} \qquad J_2 = \gamma_2 \cdot E = 0{,}8\,\frac{\text{A}}{\text{cm}^2}\ .$$

Dividiert man beide Gleichungen durcheinander, dann sieht man, dass bei einer Längsschichtung sich die Stromdichten in den einzelnen Materialien wie die Leitfähigkeiten, bzw. umgekehrt wie die spezifischen Widerstände, verhalten.

$$\frac{J_1}{J_2} = \frac{\gamma_1 \cdot E}{\gamma_2 \cdot E} = \frac{\gamma_1}{\gamma_2} = \frac{\rho_2}{\rho_1}$$

Die beiden Teilströme und der Gesamtstrom werden:

$$I_1 = J_1 \cdot A_1 = 50\,\text{mA} \qquad I_2 = J_2 \cdot A_2 = 100\,\text{mA} \qquad I = I_1 + I_2 = 150\,\text{mA}$$

Befindet sich eine gekrümmte Fläche in einem homogenen Strömungsfeld, so muss die Fläche in kleinste Flächenelemente $\mathrm{d}\vec{A}$ unterteilt und die Summe der Teilströme gebildet werden; das Flächenelement $\mathrm{d}\vec{A}$ kann als eben und innerhalb desselben kann die Stromdichte als konstant angesehen werden. Gleichung 4.7 geht in ein Flächenintegral über.

$$I = \int_A \vec{J} \cdot \mathrm{d}\vec{A} \tag{4.8}$$

> Die Stromstärke in einer Fläche ist gleich dem Flächenintegral der Stromdichte, die diese Fläche durchsetzt.

Über eine geschlossene Hüllfläche, d. h. eine Oberfläche eines Körpers, liefert das Flächenintegral das Ergebnis null, da der gleiche Strom in diese Hüllfläche hinein wie herausfließt.

Lösbar ist dieses Flächenintegral nur, wenn die Stromdichte als Funktion der Fläche angegeben werden kann. Andernfalls muss man sich mit einer Näherungslösung begnügen, indem man die Fläche in Teilflächen $\Delta\vec{A}$ aufteilt, für die annähernd gilt, dass die Stromdichte darin konstant ist. Für diese Teilflächen werden die Teilströme bestimmt und dann die Summe der Teilströme gebildet.

Aufgabe 4.1

Durch einen langen, geraden Kupferdraht kreisförmigen Querschnittes mit $A = 2,5$ mm^2 fließt ein Strom. Zwischen zwei Punkten auf diesem Draht im Abstand von 1 m wird eine Spannung von 0,1 V gemessen. Welche Stromdichte herrscht in dem Leiter, welcher Strom fließt und welchen Widerstandswert hat der Draht auf der Länge von 1 m?

4.2.3   Inhomogenes elektrisches Strömungsfeld

In einem inhomogenen Feld sind Betrag und Richtung der Stromdichte ortsabhängig. Der Strom durch eine bestimmte Fläche lässt sich somit wieder nur mit Gleichung 4.8 ermitteln. An einem praktischen Beispiel soll das Vorgehen erläutert werden. Dazu wird ein Hohlzylinder mit einer metallischen Zylinderaußen- und Zylinderinnenfläche und einem schwach leitenden Medium dazwischen betrachtet. Durch die gut leitenden Außen- und Innenflächen verteilt sich der Strom gleichmäßig über diese Flächen.

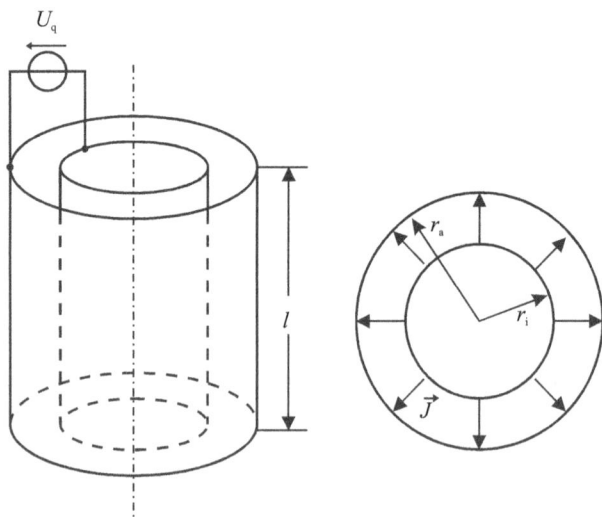

Abb. 4.7: Strömungsfeld in einem Hohlzylinder

Es stellt sich in dem schwach leitenden Medium zwischen Außen- und Innenfläche in der Draufsicht bei der angegebenen Polung der Spannungsquelle ein Strömungsfeld in der in Abb. 4.7 gezeigten Form ein. Dieses Feld ist inhomogen. Da die Feldlinien für die Driftgeschwindigkeit positiver Ladungsträger oder für die Stromdichte bzw. die elektrische Feldstärke in radialer Richtung vom Innen- zum Außenzylinder gerichtet sind, bezeichnet man ein solches Feld als **radialhomogen**. Dem Strom steht am Innenzylinder die kleinste Fläche zur Verfügung, entsprechend ist dort die Stromdichte am größten. Für jede beliebige koaxiale Zylinderoberfläche mit $r_i \leq r \leq r_a$ gilt, dass die Stromdichte $\vec{J}$ konstant ist und jedes Flächenelement $d\vec{A}$ senkrecht durchsetzt. Somit ist für eine Fläche mit dem Radius r:

$$I = \int_A \vec{J} \cdot d\vec{A} = \int_A J \cdot dA = J \cdot \int_A dA$$

Das Flächenintegral ist die Fläche eines Zylinders mit dem Radius r und der Zylinderhöhe l.

$\int_A dA = 2 \cdot r \cdot \pi \cdot l$. Damit ergibt sich:

$$I = J \cdot 2 \cdot r \cdot \pi \cdot l \qquad \text{bzw.} \qquad J = \frac{I}{2 \cdot r \cdot \pi \cdot l} \qquad \text{und mit} \qquad J = \gamma \cdot E$$

$$I = \gamma \cdot E \cdot 2 \cdot r \cdot \pi \cdot l \qquad \text{bzw.} \qquad E = \frac{I}{2 \cdot r \cdot \pi \cdot l \cdot \gamma}$$

Aus der elektrischen Feldstärke kann nun die Spannung und daraus mit Hilfe des ohmschen Gesetzes der Widerstand des schwach leitenden Mediums ermittelt werden. Die Länge der Feldlinie, über die integriert werden muss, ist der Radienabschnitt vom Innen- zum Außen-zylinder.

$$U = \int_{r_i}^{r_a} E \cdot dr = \int_{r_i}^{r_a} \frac{I}{2 \cdot \pi \cdot l \cdot \gamma} \cdot \frac{1}{r} \cdot dr = \frac{I}{2 \cdot \pi \cdot l \cdot \gamma} \cdot [\ln r]_{r_i}^{r_a} = \frac{I}{2 \cdot \pi \cdot l \cdot \gamma} \cdot (\ln r_a - \ln r_i)$$

$$= \frac{I}{2 \cdot \pi \cdot l \cdot \gamma} \cdot \ln \frac{r_a}{r_i}$$

$$R = \frac{U}{I} = \frac{1}{2 \cdot \pi \cdot l \cdot \gamma} \cdot \ln \frac{r_a}{r_i}$$

Auf diese Weise kann z. B. der Isolationswiderstand einer Koaxialleitung berechnet werden.

Aufgabe 4.2

Abb. 4.8 zeigt einen Erder in Form einer Halbkugel mit einem Radius $r_E = 1,8$ m für einen Hochspannungsmast. Ein Erder ist ein Leiter, der in die Erde eingebettet ist und mit ihr groß-flächig in Verbindung steht. Durch ihn sollen Menschen in einem Fehlerfall vor unzulässig hohen Spannungen geschützt werden. Der Halbkugelleiter des benachbarten Mastes ist so weit entfernt, dass sein Einfluss zu vernachlässigen ist. Das Erdreich wird als homogen be-trachtet und hat eine Leitfähigkeit von $\gamma_E = 10^{-2}$ S/m. Der in das Erdreich abfließende Kurz-schlussstrom beträgt 20 A (hier wird mit einem Gleichstrom anstatt des in der Praxis auftre-tenden Wechselstromes gerechnet). Es soll ermittelt werden, welche Potenzialdifferenz ein Mensch überbrückt, wenn er bei einer Schrittweite von 1 m mit einem Fuß direkt am Rand des Erders und mit dem anderen radial nach außen steht.

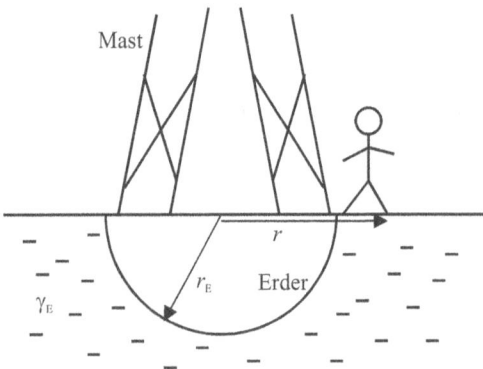

Abb. 4.8: Halbkugelförmiger Erder einer Hochspannungsleitung

4.3 Elektrostatisches Feld

4.3.1 Merkmale des elektrostatischen Feldes

> Ein von ruhenden elektrischen Ladungen hervorgerufenes elektrisches Feld wird **elektrostatisches Feld** genannt, es kann nur in einem **Nichtleiter** vorliegen.

Folgendes Gedankenexperiment soll die Zusammenhänge näher erläutern. In Abb. 4.9 sind zwei ebene Metallplatten, die man auch **Elektroden** nennt, in einem geringen Abstand zueinander planparallel angeordnet. Zwischen den Platten befindet sich ein schwach leitfähiges Medium. Die Anordnung ist an eine Konstantspannungsquelle angeschlossen, es stellen sich die in Abb. 4.9 eingezeichneten Feldlinien für die Stromdichte bzw. die elektrische Feldstärke und Äquipotenziallinien ein.

Macht man nun das Medium zwischen den Elektroden immer schwächer leitfähig, bis schließlich $\gamma = 0$ geworden ist, so wird auch das elektrische Strömungsfeld und die Stromdichte null. Die elektrische Feldstärke und die Äquipotenziallinien bzw. -flächen bleiben davon jedoch unberührt. In den Gleichungen 4.1 bis 4.4 kommt auch nicht die Leitfähigkeit vor. Der Isolator, der sich nun zwischen den Elektroden befindet, wird als **Dielektrikum** bezeichnet.

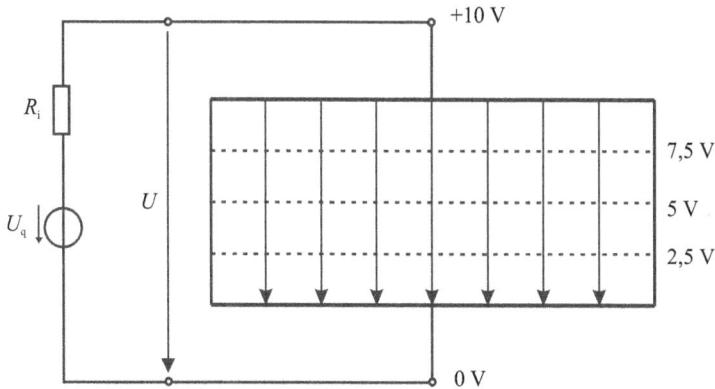

Abb. 4.9: Feldbild zwischen zwei planparallel angeordneten Platten

Schließt man die in Abb. 4.9 gezeigte Anordnung mit einem Nichtleiter zwischen den Elektroden an eine Konstantspannungsquelle an, dann fließt für eine kurze Zeit ein Strom, durch den von der Metallplatte, die mit dem Pluspol der Quelle verbunden ist, Elektronen abgezogen und zur gegenüberliegenden Platte transportiert werden. Dieser Vorgang ist abgeschlossen, sobald die Potenzialdifferenz an den Platten gleich der Quellenspannung ist; es werden keine weiteren Ladungen bewegt, somit fließt auch kein Strom mehr und der Spannungsabfall in dem Innenwiderstand der Quelle ist null. Nun liegt ein elektrostatisches Feld vor. Auf der Elektrode am Pluspol herrscht Elektronenmangel, dort befinden sich somit positive Ladungen, auf der Elektrode am Minuspol herrscht Elektronenüberschuss, es befinden sich dort negative Ladungen. Der Betrag der beiden Ladungen ist gleich. Man sagt, die Anordnung trägt die Ladung Q, obgleich beide Elektroden unterschiedlich geladen sind. Trennt man die Anordnung von Abb. 4.9, nachdem sie vollständig geladen ist, von der Spannungsquelle, so bleibt das elektrische Feld unverändert erhalten, da die Ladungen nicht über das Dielektrikum abfließen können. Erst nach Verbindung der beiden Elektroden tritt ein Ladungsausgleich ein und das elektrische Feld bricht zusammen. Da sich zwischen den Elektroden gleichermaßen wie in dem Raum um sie herum ein Nichtleiter befindet, stellt sich insgesamt das in Abb. 4.10 gezeigte Feldbild ein.

Die Feldlinien beginnen dabei auf den positiven und enden auf den negativen Ladungen. Zwischen den Elektroden erhält man bei kleinem Elektrodenabstand näherungsweise ein homogenes Feld, im Außenraum ist es dagegen nichtlinear. Das Feld im Außenraum ist jedoch auch bedeutend schwächer als zwischen den Platten. Für die meisten praktischen Anwendungen genügt die Betrachtung des Feldes im Dielektrikum zwischen den beiden Elektroden, das Außenfeld wird vernachlässigt. Der Verlauf der Feldlinien zwischen den Platten und im Außenraum ist in Abb. 4.10 dargestellt.

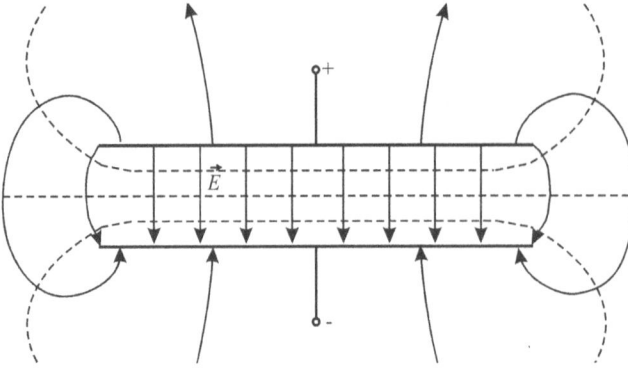

Abb. 4.10: Feldbild zweier planparallel angeordneten Platten in einem Nichtleiter

In einem elektrostatischen Feld lassen sich drei besondere Wirkungen beobachten:

-   Kraftwirkungen auf frei bewegliche Ladungen, die in das Feld gebracht werden.
-   Ladungstrennung (Influenz) in Leitern, die in das Feld eingebracht werden.
-   Polarisationswirkungen auf Isolierstoffe.

Kraftwirkung

Bringt man einen elektrisch geladenen Prüfkörper mit der Ladung Q_P in das elektrische Feld, so ruft die dort herrschende Feldstärke $\vec{E}$ eine Kraft $\vec{F}$ auf die Ladung Q_P hervor. Die Richtung der Kraft ist vom Vorzeichen der Ladung abhängig. Bei einer positiven Ladung wirkt die Kraft in Richtung der Feldstärke, bei einer negativen entgegengesetzt. Der Betrag der Kraft ist dabei dem Betrag der Feldstärke und dem Betrag der Ladung auf dem Prüfkörper proportional, $F \sim Q_P$ und $F \sim E$. Wird durch die Kraft der Prüfkörper längs einer elektrischen Feldlinie um die Strecke dl bewegt, so leistet das Feld die Arbeit $dW = F \cdot dl$, der die elektrische Energie $dW = dU \cdot Q_P$ (Formel 2.8) entspricht. Dabei ist dU die längs der Strecke dl verbrauchte Spannung, die auch durch die Feldstärke und die Wegstrecke ausgedrückt werden kann, $dU = E \cdot dl$. Daraus folgt:

$$dU \cdot Q_P = E \cdot dl \cdot Q_P = F \cdot dl \qquad F = E \cdot Q_P \text{ , bzw. in vektorieller Schreibweise}$$

$$\vec{F} = \vec{E} \cdot Q_P \qquad \text{(Coulombkraft)} \tag{4.9}$$

Man nennt die Kraft im elektrostatischen Feld die **Coulombkraft**. Auf die Kraftwirkung wird in Abschn. 4.6.2 nochmals näher eingegangen.

Influenzwirkung

Bringt man in das Dielektrikum eines elektrostatischen Feldes einen elektrischen Leiter, ohne die Elektroden dabei zu berühren, so wirken auf die freien Ladungsträger im Leiter Kräfte, durch die die Ladungen längs der Feldlinien verschoben werden. Die Elektronen fließen somit entgegen der Feldrichtung und verursachen auf der Leiteroberfläche, die der positiv geladenen Elektrode gegenüberliegt, einen Elektronenüberschuss und auf der anderen Seite des Leiters einen Elektronenmangel. Im Leiter fließt demnach kurzfristig ein Strom in Richtung des elektrischen Feldes, durch dieses Strömungsfeld vollzieht sich die Ladungstrennung, die man **Influenz** nennt.

Die influenzierten Ladungen rufen im Leiter ein zweites elektrisches Feld hervor, das so genannte **Influenzfeld**, das dem von außen wirkenden elektrischen Feld und dem kurzzeitig wirkenden Strömungsfeld entgegengerichtet ist. Mit der Größe der influenzierten Ladungen wächst dieses Feld so lange an, bis es sich mit dem Außenfeld gerade aufhebt. Das elektrische Feld im Inneren des Leiters bricht somit sehr rasch zusammen und da nun kein Feld mehr im Leiter vorliegt, werden auch keine weiteren Ladungen getrennt. Wenn im Inneren keine Feldstärke mehr herrscht, dann haben auch alle Punkte im Inneren und auf der Leiteroberfläche gleiches Potenzial.

> Die ganze Leiteroberfläche ist eine einzige Niveaufläche, auf der die Feldlinien des im Dielektrikum noch vorhandenen Feldes münden bzw. entspringen. Dadurch ergibt sich eine Feldverzerrung und eine Verkürzung der Feldlinien. Der Raum im Inneren des Leiters ist feldfrei.

Die gleiche Erscheinung tritt bei hohlen Leitern auf und auch bei genügend feinmaschigen, gitterförmigen Hohlkörpern (Faradayscher Käfig). Man kann durch Ausnutzung dieser Erscheinung Räume gegen die Einwirkung elektrischer Felder abschirmen.

Zur Messung der im Leiter influenzierten Ladungsmenge bringt man in ein homogenes elektrostatisches Feld, nach der Trennung von der Quelle, senkrecht zu den Feldlinien eine sehr dünne Metalldoppelscheibe (maxwellsche Doppelscheibe), durch die das Feld weder wesentlich verzerrt noch die Feldlinien wesentlich verkürzt werden. Die beiden Platten werden anschließend im Feld voneinander getrennt, ohne dabei eine der Elektroden zu berühren, und aus dem Feld herausgezogen. Die influenzierten Ladungen können nicht abfließen und bleiben erhalten. Verbindet man die beiden Platten nun über ein ballistisches Galvanometer miteinander, so tritt ein Ladungsausgleich und damit ein Stromstoß auf, dessen Größe ein direktes Maß für die Ladungsmenge ist. Dabei stellt man fest, dass die influenzierte Ladung Q_i sowohl der Feldstärke des elektrostatischen Feldes, als auch der in das Feld eingebrachten Plattenfläche A_i proportional ist, d. h. $Q_i \sim E$ und $Q_i \sim A_i$. Auf dieses Ergebnis und eine weitere Abhängigkeit der influenzierten Ladung, nämlich vom Material des Dielektrikums, wird nochmals in Abschn. 4.3.3 eingegangen.

In Abb. 4.11 ist das Feld vor Einbringen der maxwellschen Doppelplatten im ungetrennten Zustand, nach dem Einbringen und nach dem Trennvorgang im elektrischen Feld schematisch gezeigt.

Die Spannung zwischen den beiden Elektroden und das elektrische Feld im Dielektrikum sind nach dem Vorgang unverändert, der Vorgang kann beliebig oft wiederholt werden, d. h. es wird dem Feld keine Energie entzogen. Da aber bei der Entladung der beiden Doppelscheiben außerhalb des Feldes sehr wohl elektrische Energie umgewandelt wird, muss diese vorher den Platten zugeführt worden sein. Dies erfolgte in Form mechanischer Arbeit, die beim Trennen der Platten im Innern des Feldes und beim Herausziehen aufgewendet wurde.

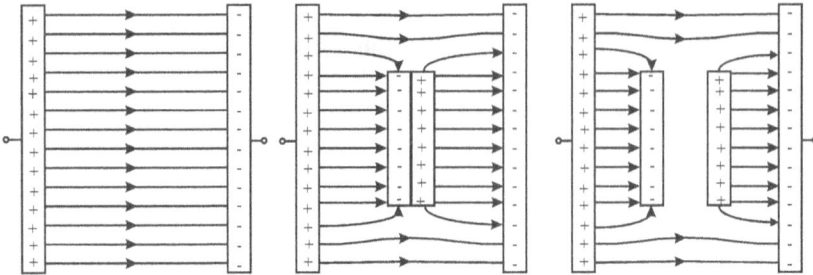

Abb. 4.11: Influenzwirkung bei einem metallischen Leiter im elektrostatischen Feld

Polarisationswirkung

Bringt man einen Nichtleiter in ein elektrisches Feld, so kommt es zu einer reversiblen Verschiebung der Ladungsträger innerhalb der Moleküle. Dabei treten zwei Arten der Polarisation auf. Es gibt Moleküle, die aufgrund ihrer chemischen Bindung eine dauerhafte Ladungsträgerverschiebung in ihrer Struktur aufweisen. Diese polaren Stoffe nennt man **Dipole**, sie sind normalerweise ungeordnet. Sind sie aber innerhalb des Nichtleiters, z. B. bei Gasen und Flüssigkeiten, frei beweglich, so richten sich diese Dipole unter der Einwirkung eines äußeren elektrischen Feldes nach dessen Richtung so aus, dass die Schwerpunkte der positiven Ladung sich in Feldrichtung und die der negativen entgegengesetzt dazu ausrichten. Diese Art der Polarisation nennt man **Orientierungspolarisation**.

Bei unpolaren Molekülen werden unter Einwirkung der Feldkräfte die positiven Atomkerne in Feldrichtung und die negativen Elektronenschalen in entgegengesetzter Richtung im atomaren Maßstab verschoben und die Atome durch diese Deformation ebenfalls zu Dipolen. Diese Art nennt man **Verschiebungspolarisation**. Sie tritt in der Regel bei polaren Stoffen zusätzlich zur Orientierungspolarisation auf. Beide Fälle haben zur Folge, dass sich dem äußeren elektrischen Feld ein durch die Ladungsverschiebung verursachtes inneres Feld überlagert. Die Eigenfelder der Dipole wirken entgegengesetzt wie das elektrostatische Feld, dadurch verringert sich die resultierende Feldstärke im Feldraum. Diese Polarisation hat außerdem in einem Wechselfeld, bei dem sich die Polarität des Feldes ständig periodisch ändert, zur Folge, dass sich aufgrund der damit verbundenen periodischen Umorientierung der Nichtleiter erwärmt.

4.3.2 Elektrischer Verschiebungsfluss und elektrische Verschiebungsdichte

Zur quantitativen Beschreibung der Influenz führt man als neue Feldgröße den Verschiebungsfluss Ψ (Psi) ein. Ein elektrostatisches Feld wird durch seine Feldlinien dargestellt, die auf einer positiven Ladung beginnen und auf einer negativen enden. Stellt man sich das Feldlinienbild so stark verfeinert vor, dass auf jeder Elementarladung eine Feldlinie beginnt bzw. endet, so nennt man die Gesamtheit der Feldlinien den elektrischen Verschiebungsfluss. Würde man in die Elektrodenanordnung der Abb. 4.11 eine Metallplatte gleichen Querschnittes wie die Elektroden einbringen, dann würde (bei einem unterstellten homogenen Feldverlauf) in dem Leiter eine gleich große Ladungsmenge, wie sie sich auf den Elektroden befindet, verschoben. Damit bietet sich an, die Größe des elektrischen Verschiebungsflusses mit der Ladung gleichzusetzen. Der von einer positiven Ladung ausgehende oder auf einer negativen Ladung endende elektrische Verschiebungsfluss ist gleich der betreffenden Ladung. Obwohl Ψ betragsmäßig gleich Q ist, besteht zwischen beiden doch ein bedeutender Unterschied. Die Ladung ist an einen Ladungsträger gebunden und somit einem bestimmten Punkt im Raum zugeordnet. Der Verschiebungsfluss dagegen existiert überall im elektrischen Feld.

$$\Psi = Q \qquad \left[\Psi\right] = 1\,\mathrm{A} \cdot \mathrm{s} = 1\,\mathrm{C} \tag{4.10}$$

Der elektrische Verschiebungsfluss hat damit Ähnlichkeit mit der elektrischen Stromstärke im Strömungsfeld, obwohl dort ein wirklicher Fluss stattfindet, und es sich hier nur um einen Feldzustand handelt. Es liegt also nahe, wie im elektrischen Strömungsfeld die Feldgröße auf die Fläche, die sie durchsetzt, zu beziehen. Bei einem homogenen Feldverlauf und einer Fläche, die senkrecht von den Feldlinien durchsetzt wird, ist die elektrische Verschiebungsdichte D definiert als:

$$D = \frac{\Psi}{A} = \frac{Q}{A} \qquad \left[D\right] = 1\,\frac{\mathrm{A} \cdot \mathrm{s}}{\mathrm{m}^2} = 1\,\frac{\mathrm{C}}{\mathrm{m}^2} \tag{4.11}$$

Die Ladung Q ist ein Skalar, die Fläche A dagegen ein Vektor. Wird demnach eine Fläche schräg in ein homogenes, elektrostatisches Feld eingebracht, so trägt nur die Normalkomponente des Verschiebungsflusses zur Verschiebungsdichte bei und Gleichung 4.11 muss vektoriell geschrieben werden. Ist das Feld zudem noch inhomogen oder die Fläche nicht eben, dann ist D die Ableitung des Verschiebungsflusses nach der Fläche.

$$Q = \vec{D} \cdot \vec{A} \quad \text{bzw. im inhomogenen elektrostatischen Feld } D = \frac{\mathrm{d}Q}{\mathrm{d}A} \tag{4.12}$$

Demnach ist der elektrische Verschiebungsfluss:

$$\Psi = Q = \int_A \vec{D} \cdot \mathrm{d}\vec{A} \tag{4.13}$$

Betrachtet man eine geschlossene metallische Fläche in einem elektrostatischen Feld, dann ist diese ja gleichzeitig eine Äquipotenzialfläche, auf der alle Feldlinien senkrecht münden bzw. beginnen, somit muss hier nicht vektoriell gerechnet werden. Die influenzierte Ladung ergibt sich aus dem Hüllflächenintegral (Flächenintegral über die ganze Oberfläche):

$$Q = \oint_A D \cdot \mathrm{d}A$$

Beispiel:
Auf einer Kugel mit dem Radius $r = 4$ cm befindet sich eine Ladung von $Q = 8$ nC. Die Ladung ist gleichmäßig über die Oberfläche verteilt. Wie groß ist die elektrische Verschiebungsdichte auf der Kugeloberfläche?

$$D = \frac{Q}{A} = \frac{Q}{4 \cdot \pi \cdot r^2} = 397{,}9 \cdot 10^{-9} \frac{A \cdot s}{m^2}$$

4.3.3 Zusammenhang zwischen elektrischer Verschiebungsdichte und elektrischer Feldstärke

Es gilt $\Psi = Q$, dazu wurde in Abschn. 4.3.1 gezeigt, dass $Q_i \sim E \cdot A_i$ ist und darauf hingewiesen, dass darüber hinaus noch eine Materialabhängigkeit besteht. Zur Unterscheidung des Verhaltens verschiedener Nichtleiter bezieht man sie alle auf den leeren Raum. Im Vakuum gibt es keine Wechselwirkungen zwischen dem elektrischen Feld und den Molekülen, d. h. keine Polarisation. Der Proportionalitätsfaktor zwischen der influenzierten Ladung und der elektrischen Feldstärke wird **elektrische Feldkonstante**, **absolute Permittivität** oder **Dielektrizitätskonstante des leeren Raumes** ε_0 (Epsilon) genannt.

$$\varepsilon_0 = 8{,}85419 \cdot 10^{-12} \frac{A \cdot s}{V \cdot m} \approx 8{,}854 \cdot 10^{-12} \frac{A \cdot s}{V \cdot m} \qquad (4.14)$$

Für alle anderen Stoffe gilt:

$$\varepsilon = \varepsilon_0 \cdot \varepsilon_r \qquad \varepsilon_r \geq 1 \qquad (4.15)$$

Die dimensionslose **Permittivitätszahl** oder **relative Dielektrizitätskonstante** ε_r kann man durch folgenden Versuch gewinnen. Man lädt zwei gegenüberliegende Elektroden im Vakuum auf und trennt sie dann von der Quelle. Die anliegende Spannung ist U_0 und die sich einstellende Feldstärke $E_0 = U_0/l$. Die Anordnung sei ideal, d. h. es können keine Ladungen abfließen. Bringt man nun einen anderen Nichtleiter zwischen die Elektroden, so sinkt, trotz gleich bleibender Ladung Q_0, die Spannung auf den Wert U und damit sinkt auch die Feldstärke ab. Wird der Nichtleiter wieder entfernt, so steigt die Spannung wieder auf U_0. Das Verhältnis von U_0/U ist ε_r. Es gibt allerdings auch einige Materialien (z. B. Bariumtitanat), bei denen ε_r nicht nur eine Stoffkonstante ist, sondern auch noch von der Größe der Feldstärke abhängt. Man bezeichnet ε als **Permittivität** und wenn sie unabhängig von der Feldstärke ist auch als **Dielektrizitätskonstante**. Es wird darauf hingewiesen, dass ε_r allerdings auch temperaturabhängig ist und deshalb immer für 20 °C angegeben wird. In der Tabelle 4.1 sind die Permittivitätszahlen für einige Stoffe aufgeführt.

Damit kann man die Gleichung für die influenzierte Ladung angeben, wenn die Fläche senkrecht zur Feldrichtung steht:

$$Q_i = \varepsilon \cdot E \cdot A_i \text{ bzw. allgemein } Q_i = \varepsilon \cdot \vec{E} \cdot \vec{A_i} \qquad (4.16)$$

Der Quotient Q_i/A_i ist aber die Verschiebungsdichte, damit geht die Gleichung über in eine Form, die den Zusammenhang zwischen der Verschiebungsdichte und Feldstärke beschreibt:

$$D = \varepsilon \cdot E \text{ bzw. allgemein } \vec{D} = \varepsilon \cdot \vec{E} \tag{4.17}$$

Der Vektor der elektrischen Verschiebungsdichte hat in jedem Punkt des Feldes die gleiche Richtung wie der Vektor der elektrischen Feldstärke.

Tab. 4.1: Permittivitätszahlen für verschiedene Stoffe bei 20 °C

Stoff	ε_r
Aluminiumoxid (Al_2O_3)	10
Bariumtitanat	> 1000
Glas	5 bis 16,5
Glimmer und Hartpapier	5 bis 8
Luft (bei 1 Torr, 0 °C)	1,0006 ≈ 1
Papier, ölgetränkt	3,9 bis 4,3
Polyäthylen (PE) und Polypropylen (PP)	2.3
Polystyrol (PS)	2,5
Polytetrafluoräthylen (PTFE)	2,1
Polyvinylchlorid (PVC)	3 bis 4
Porzellan	6
Schwefelhexafluorid (SF_6)	1
Tantaloxid (Ta_2O_5)	25
Transformatoröl	2,2 bis 2,5
Wasser, destilliert	80,8

Beispiel:
Zwei parallelebene, kreisförmige Metallplatten mit einem Durchmesser von 20 cm sind im Abstand von 1 mm angeordnet und liegen an einer Spannungsquelle mit $U_q = 100$ V. Zwischen den Platten befindet sich als Dielektrikum einmal Luft und anschließend Glimmer mit $\varepsilon_r = 6$. Wie groß sind die elektrische Feldstärke und die Ladung auf den Metallplatten?

$$E = \frac{U_q}{l} = 100 \frac{kV}{m}$$

$$Q_L = \varepsilon_0 \cdot \varepsilon_{r_L} \cdot E \cdot A = \varepsilon_0 \cdot \varepsilon_{r_L} \cdot E \cdot r^2 \cdot \pi = 27{,}82 \, nC$$

$$Q_G = \varepsilon_0 \cdot \varepsilon_{r_G} \cdot E \cdot A = \varepsilon_0 \cdot \varepsilon_{r_G} \cdot E \cdot r^2 \cdot \pi = 166{,}9 \, nC$$

Beispiel:
Welche Spannung besteht zwischen einem Punkt auf der Oberfläche der Kugel aus dem Beispiel in Abschn. 4.3.2 und einem Punkt im Abstand von 1 cm von der Oberfläche in Luft?

Für eine beliebige Kugeloberfläche mit dem Radius r vom Kugelmittelpunkt aus gilt:

$$D = \frac{Q}{4 \cdot \pi \cdot r^2} \text{ und für die Feldstärke } E = \frac{D}{\varepsilon} = \frac{Q}{4 \cdot \pi \cdot r^2 \cdot \varepsilon_0 \cdot \varepsilon_{r_L}} .$$

Mit der Gleichung 4.4 kann man aus der Feldstärke die Spannung ermitteln. Dabei ist r_1 gleich der Radius der Kugel, d. h. 4 cm, und $r_2 = 5$ cm, nämlich der Radius einer Kugel im Abstand von 1 cm von der Kugeloberfläche.

$$U = \int_{r_1}^{r_2} E \cdot dr = \int_{r_1}^{r_2} \frac{Q}{4 \cdot \pi \cdot \varepsilon_0 \cdot \varepsilon_{r_L}} \cdot \frac{1}{r^2} \cdot dr = \frac{Q}{4 \cdot \pi \cdot \varepsilon_0 \cdot \varepsilon_{r_L}} \cdot \left[-\frac{1}{r} \right]_{r_1}^{r_2} = \frac{Q}{4 \cdot \pi \cdot \varepsilon_0 \cdot \varepsilon_{r_L}} \cdot \left(\frac{1}{r_1} - \frac{1}{r_2} \right)$$

$$= 359,5 \, \text{V}$$

Aufgabe 4.3

Ein Plattenkondensator mit Luft als Dielektrikum wird an eine Spannung von $U = 110$ V gelegt, aufgeladen und dann von der Quelle getrennt. Anschließend ersetzt man das Dielektrikum durch Transformatoröl mit $\varepsilon_r = 2{,}3$. Wie ändert sich dadurch die Spannung?

4.3.4   Überlagerung von Potenzialfeldern

Befinden sich in einem Raum mehrere Ladungen, so kann das Potenzial in jedem Punkt eines linearen Raumes dadurch berechnet werden, dass man die von jeder einzelnen Ladung herrührenden Teilpotenziale ermittelt und addiert. Die Bestimmung des resultierenden Potenzials ist übrigens bedeutend einfacher durchzuführen als die der resultierenden Feldstärke, denn im ersten Fall hat man es mit einem Skalarfeld zu tun, im zweiten dagegen mit einem Vektorfeld, es müssten hier also punktweise Vektoradditionen durchgeführt werden. Die Ermittlung des resultierenden Potenzialfeldes soll an zwei Beispielen gezeigt werden.

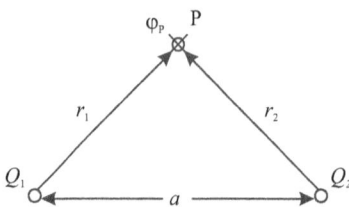

Abb. 4.12: Punkt P im elektrostatischen Feld zweier Punktladungen

In einem Raum existieren zwei Punktladungen mit der Ladung Q_1 und Q_2 im Abstand a. Punktladungen sind kugelförmige Gebilde mit vernachlässigbar kleinem Radius. Als Gegenelektrode stellt man sich eine Außenkugel mit einem Radius vor, der gegen unendlich geht und die das Potenzial $\varphi_a = 0$ hat. Durch den unendlich großen Radius spielt der Abstand der beiden Punktladungen keine Rolle, solange er klein gegenüber unendlich ist. Es wird das

Potenzial in einem Punkt P gesucht, der den Abstand r_1 von der ersten Punktladung und r_2 von der zweiten hat.

Das Potenzial φ_1 des Punktes – herrührend von der Punktladung 1 – mit dem Abstand r_1 von der Punktladung 1 entspricht der Spannung zwischen diesem Punkt und der Außenkugel.

$$\varphi_1 - \varphi_a = \varphi_1 = \int_{r_1}^{\infty} E_1 \cdot dr = \int_{r_1}^{\infty} \frac{Q_1}{4 \cdot \pi \cdot \varepsilon} \cdot \frac{1}{r^2} \cdot dr = \frac{Q_1}{4 \cdot \pi \cdot \varepsilon} \cdot \left[-\frac{1}{r} \right]_{r_1}^{\infty} = \frac{Q_1}{4 \cdot \pi \cdot \varepsilon \cdot r_1}$$

Für φ_2 erhält man ein identisches Ergebnis. Für den Punkt P wird somit:

$$\varphi_P = \varphi_1 + \varphi_2 = \frac{1}{4 \cdot \pi \cdot \varepsilon} \cdot \left(\frac{Q_1}{r_1} + \frac{Q_2}{r_2} \right)$$

Allgemein gilt für einen beliebigen Punkt bei einer Summe von n Punktladungen:

$$\varphi_P = \sum_{i=1}^{n} \varphi_i = \frac{1}{4 \cdot \pi \cdot \varepsilon} \cdot \sum_{i=1}^{n} \frac{Q_i}{r_i} \tag{4.18}$$

Mit Hilfe dieser Gleichung können die Äquipotenzialflächen in der Umgebung zweier Punktladungen ermittelt werden. Dazu wird die Gleichung nach r_1 umgestellt.

$$r_1 = \frac{r_2 \cdot Q_1}{4 \cdot \pi \cdot \varepsilon \cdot \varphi_P \cdot r_2 - Q_2}$$

Man gibt dann ein gewünschtes Potenzial φ_P, für das die Äquipotenzialfläche ermittelt werden soll, vor und der Reihe nach Werte für den Radius r_2 und ermittelt dazu r_1. Der Schnittpunkt beider Radien im Raum ergibt dann den jeweiligen Punkt der Äquipotenzialfläche.

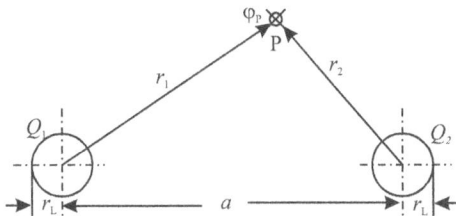

Abb. 4.13: Punkt P im elektrostatischen Feld zweier parallel verlaufender Leiter

Als zweites Beispiel sollen zwei im Abstand a parallel verlaufende Leitungen mit gleichem Leiterradius r_L und der Leiterlänge l betrachtet werden. Der Leiter 1 trägt die positive Ladung Q_1, Leiter 2 die Ladung Q_2, die gleich $-Q_1$ sei. Diese erzeugen jeweils ein parallelebenes, elektrisches Feld in ihrer Umgebung. Beide Leitungen stellt man sich in einem Außenzylinder mit dem Radius $r_a \gg a$ untergebracht vor, der für jede der beiden Leitungen die Gegenelektrode bildet und das Potenzial $\varphi_a = 0$ hat. Durch den gegenüber a sehr großen

Radius des Außenzylinders kann die Entfernung von seiner Oberfläche zu den beiden Leitungen als gleich angesehen werden. Ferner sei der Abstand $a \gg r_L$, so dass sich die Ladungen näherungsweise jeweils gleichmäßig über die Leiteroberflächen verteilen; bei sehr geringem Abstand würden sich, aufgrund der Kräfte im elektrostatischen Feld, die Ladungen an den einander zugewandten Seiten der Leiter häufen.

Die Verschiebungsdichte in einer Hüllfläche für den Leiter 1 im Abstand $r_1 \geq r_L$ von dessen Mittellinie und die Feldstärke in jedem Punkt dieser Fläche sind mit $Q_1 = Q$ und $Q_2 = -Q$:

$$D_1 = \frac{Q}{A} = \frac{Q}{2 \cdot \pi \cdot r_1 \cdot l} \qquad E_1 = \frac{D_1}{\varepsilon} = \frac{Q}{2 \cdot \pi \cdot r_1 \cdot l \cdot \varepsilon}$$

Gleiches gilt für den Leiter 2. Die Spannung zwischen dem Punkt P und dem Außenzylinder ist $U = \varphi_P - \varphi_a = \varphi_P = \varphi_1 + \varphi_2$. Das von der Ladung Q_1 herrührende Potenzial φ_1 im Punkt P in Bezug auf den Außenzylinder ist:

$$\varphi_1 = \int_{r_1}^{r_a} E_1 \cdot dr = \int_{r_1}^{r_a} \frac{Q}{2 \cdot \pi \cdot l \cdot \varepsilon} \cdot \frac{1}{r} \cdot dr = \frac{Q}{2 \cdot \pi \cdot l \cdot \varepsilon} \cdot \left[\ln r\right]_{r_1}^{r_a} = \frac{Q}{2 \cdot \pi \cdot l \cdot \varepsilon} \cdot \ln \frac{r_a}{r_1} \quad \text{und entsprechend}$$

$$\varphi_2 = \frac{-Q}{2 \cdot \pi \cdot l \cdot \varepsilon} \cdot \ln \frac{r_a}{r_2}$$

Damit ergibt sich für das Potenzial φ_P:

$$\varphi_P = \varphi_1 + \varphi_2 = \frac{Q}{2 \cdot \pi \cdot l \cdot \varepsilon} \cdot \left(\ln \frac{r_a}{r_1} - \ln \frac{r_a}{r_2} \right) = \frac{Q}{2 \cdot \pi \cdot l \cdot \varepsilon} \cdot \ln \frac{r_2}{r_1} \qquad (4.19)$$

Insgesamt stellt sich der in Abb. 4.14 gezeigte Verlauf von Äquipotenziallinien ein und daraus ermittelbar der Verlauf des elektrischen Feldes.

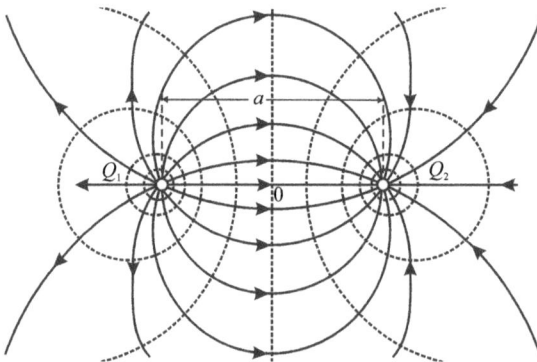

Abb. 4.14: Äquipotenzial- und Feldlinien zweier paralleler Leiter bei $Q_2 = -Q_1$

4.3.5   Durchschlagfeldstärke

In elektrostatischen Feldern tritt die Erscheinung auf, dass bei Überschreiten einer bestimmten Spannung zwischen zwei durch einen Nichtleiter getrennten Elektroden eine leitende Überbrückung eintritt. Bei gegebener Spannung muss also ein Mindestabstand eingehalten werden, um dies zu vermeiden. Tritt diese Überbrückung in einem Feststoff oder einer Flüssigkeit auf, so spricht man von einem **Durchschlag**; feste Isolierkörper werden dadurch in der Regel zerstört. In Gasen spricht man anstatt von einem Durchschlag auch von einem **Überschlag**, nach dessen Beendigung ist die Isolierwirkung wieder gegeben.

Bei Versuchen stellt man fest, dass bei gleichem Abstand zweier Elektroden und gleichem Dielektrikum unterschiedlich hohe Spannungen angelegt werden müssen, um zu einem Durch- bzw. Überschlag zu kommen, wenn die Elektroden z. B. in einem Fall zwei ebene Metallplatten und in einem anderen eine Metallplatte und eine Metallspitze oder zwei Kugeln sind. Die entscheidende Größe ist demnach nicht die Spannung, sondern die an den Elektroden auftretende elektrische Feldstärke.

Man nennt die Feldstärke, bei der in einem Dielektrikum ein Durch- oder Überschlag eintritt, die **Durchschlagfeldstärke** oder **Anfangsfeldstärke** E_d, ein anderer geläufiger Ausdruck dafür ist **Durchschlagfestigkeit**. Die Durchschlagfeldstärke ist von dem Material des Dielektrikums und der Form, dem Abstand und den Abmessungen der Elektroden abhängig. Die Spannung, bei der ein Durch- oder Überschlag eintritt, bezeichnet man mit **Durchschlagspannung** U_d; der dazu notwendige Elektrodenabstand wird als **Schlagweite** bezeichnet. In Abschn. 4.5.4 werden einige Beispiele folgen, bei denen bei bestimmten Anordnungen die maximal zulässige Spannung ermittelt wird, um das Überschreiten der Durchschlagfeldstärke zu vermeiden.

Die Abb. 4.15 zeigt für eine Anordnung aus zwei ebenen Platten in Luft die Durchschlagfeldstärke E_d in Abhängigkeit vom Plattenabstand l.

Ursächlich für die Abnahme der Durchschlagfeldstärke bei Gasen bei größer werdenden Elektrodenabständen ist die so genannte **Stoßionisation**. Von der Kathode aus werden Elektronen freigesetzt, die durch den Luftraum zur Anode wandern. Sie werden dabei umso mehr beschleunigt, je größer die Feldstärke ist. Nach einer freien Wegstrecke, auf der sie kinetische Energie aufnehmen, treffen sie auf neutrale Atome bzw. Moleküle auf. Überschreitet die kinetische Energie des auftreffenden Elektrons einen bestimmten Betrag, so kann es das neutrale Atom ionisieren. Dadurch entstehen weitere freie Elektronen, die ihrerseits wieder andere Atome ionisieren können. Auch die entstandenen (oder bereits vorhandenen) Ionen werden beschleunigt, allerdings ist ihre freie Wegstrecke bis zu einem Auftreffen auf ein anderes Atom bzw. Molekül so kurz, dass dadurch kaum eine Stoßionisation ausgelöst wird. Treffen aber die positiv geladenen Ionen auf der Kathode auf, so können sie wieder ein freies Elektron herauslösen. Ionisiert ein von der Kathode startendes Elektron so viele Ionen, dass diese beim Aufprall auf die Kathode im Mittel wieder ein Elektron freisetzen, so entsteht eine selbstständige Entladung. Je größer der Abstand der Elektroden ist, desto mehr Stoßionisationen sind möglich. Auf die Mechanismen des Durchschlags in Festkörpern wird hier nicht eingegangen.

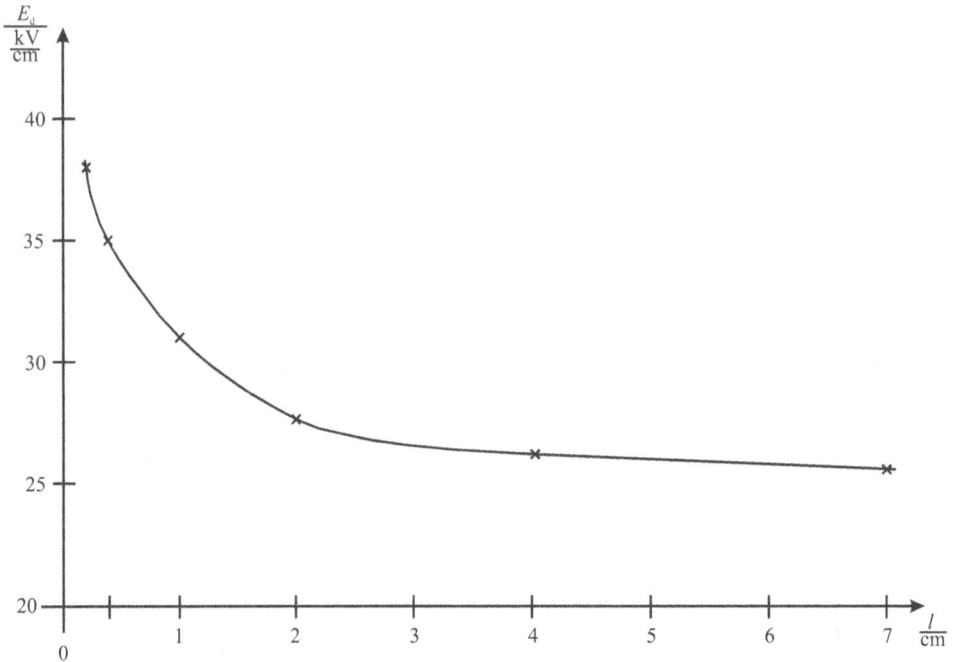

Abb. 4.15: Durchschlagfeldstärke für zwei ebene Platten in Luft in Abhängigkeit des Plattenabstands

Beispiel:
Zwei Metallplatten mit $A = 100$ cm^2 sind im Abstand von 2 mm angeordnet. Als Dielektrikum befindet sich zwischen ihnen eine Glasplatte mit $\varepsilon_r = 10$. Bei einer Ladung von $Q = 44{,}27$ µC schlägt die Glasplatte durch. Wie groß ist die Durchschlagfeldstärke für die Glasplatte und welche Spannung kann angelegt werden, bis die Durchschlagfeldstärke erreicht ist? Welche Spannung kann angelegt werden, wenn sich Luft anstatt Glas zwischen den Platten befindet?

$$E_d = \frac{D}{\varepsilon} = \frac{Q}{\varepsilon_0 \cdot \varepsilon_r \cdot A} = 50\,\frac{\text{MV}}{\text{m}} = 500\,\frac{\text{kV}}{\text{cm}} \qquad U_d = E_d \cdot l = 100\,\text{kV}$$

Bei einem Abstand l von 2 mm ist die Durchschlagfeldstärke E_d bei Luft nach Abb. 4.15 ca. 38 kV/cm. Somit ist $U_d = E_d \cdot l = 7{,}6$ kV.

4.4   Kapazitäten

4.4.1   Definition der Kapazität

Jede beliebige Anordnung von zwei Leitern, die durch einen Nichtleiter voneinander getrennt sind, hat die Eigenschaft elektrische Ladung speichern zu können. Diese Eigenschaft wird durch die **Kapazität** der Anordnung ausgedrückt. Elektrische Bauelemente, die eigens zur Verwirklichung eines bestimmten Kapazitätswertes gebaut werden, nennt man **Kondensatoren**. Ein Kondensator besteht aus zwei durch ein Dielektrikum getrennte Elektroden, die bei Anlegen einer Spannung eine Ladung aufnehmen. Bei konstanter Permittivität ε ist die Verschiebungsdichte der Feldstärke proportional; bei konstantem Elektrodenabstand nimmt die Feldstärke und damit auch die Verschiebungsdichte proportional mit der Spannung zu. Damit nehmen auch der Verschiebungsfluss und die Ladung proportional mit der Spannung zu.

$$D \sim E \quad E \sim U \quad \Psi = Q \sim U$$

> Den Proportionalitätsfaktor zwischen der Ladung Q und der angelegten Spannung U nennt man Kapazität. In der folgenden Gleichung ist dabei Q die Ladung derjenigen Elektrode, von welcher der Zählpfeil für die Spannung U ausgeht. Bei positiver Spannung muss demnach Q positiv und bei negativer Spannung negativ sein.

$$Q = C \cdot U \qquad C = \frac{Q}{U}$$
$$[C] = \frac{[Q]}{[U]} = 1 \frac{\text{A} \cdot \text{s}}{\text{V}} = 1\,\text{S} \cdot \text{s} = 1\,\text{F (Farad)} \tag{4.20}$$

Ist die Spannung positiv, so sind nach Formel 4.20 auf der Elektrode, an welcher der Zählpfeil für U beginnt (vgl. Abb. 4.9), positive Ladungen gespeichert und auf der Elektrode, auf welche die Spitze des Spannungszählpfeils weist, negative Ladungen. Bei negativer Spannung verhält es sich genau umgekehrt.

Die Kapazität eines Kondensators hängt dabei nur von seinen geometrischen Abmessungen und der Permittivitätszahl des Dielektrikums ab. Die Kapazitätswerte technischer Kondensatoren liegen dabei in der Größenordnung von einigen Pikofarad (pF) bis etwa 10 Farad. Bei einem **idealen Kondensator** ist C konstant, d. h. es ergibt sich ein linearer Zusammenhang zwischen Ladung und Spannung, und das Dielektrikum stellt einen idealen Isolator mit $\gamma = 0$ dar. Man bezeichnet ihn auch als idealen kapazitiven Zweipol (Schaltzeichen siehe Abb. 4.21).

4.4.2   Kapazitäten einiger Kondensatoren

Plattenkondensator

Der Abstand l zwischen zwei ebenen Metallplatten ist dabei konstant; ist der Plattenabstand dazu klein und die Fläche A groß, so können die Feldverzerrungen an den Plattenrändern, der so genannte **Randeffekt**, vernachlässigt und ein homogener Feldverlauf angenommen werden. Somit erübrigt sich die vektorielle Rechenweise. Die Plattenflächen sind dabei in der Praxis gleich und A ist die Fläche einer Platte. Sind die Plattenflächen nicht gleich, so kann man bei kleinem Abstand die sich gegenüberliegenden Flächen, d. h. die kleinere der beiden Flächen, einsetzen. Mit $Q = D \cdot A$ und $U = E \cdot l$ sowie $D = \varepsilon \cdot E$ wird:

$$C = \frac{Q}{U} = \frac{D \cdot A}{E \cdot l} = \frac{\varepsilon \cdot E \cdot A}{E \cdot l} = \frac{\varepsilon \cdot A}{l} \tag{4.21}$$

Für einen Plattenkondensator mit einer Plattenfläche von 1 m^2 und dem Plattenabstand 1 mm ergibt sich demnach bei Luft als Dielektrikum eine Kapazität von

$$C = \frac{8{,}854 \cdot 10^{-12} \, \frac{A \cdot s}{V \cdot m} \cdot 1 \cdot 1 \, m^2}{10^{-3} \, m} = 8{,}854 \, nF \, .$$

Bei Luftkondensatoren lassen sich nur relativ kleine Kapazitätswerte bei ziemlich großem Bauvolumen verwirklichen. Sie haben jedoch den Vorteil der sehr guten Isolationswerte von Luft, wodurch sich keine Erwärmung des Dielektrikums durch Leckströme ergibt, und einer nur sehr geringen Temperaturabhängigkeit des Kapazitätswertes. Sie eignen sich deshalb besonders als Messkondensatoren. Am bekanntesten ist die Bauform als Drehkondensator mit einstellbarer Kapazität; dabei werden die Scheiben so zueinander verdreht, dass sich immer nur eine Teil- bis maximal die ganze Fläche gegenübersteht.

Schichtkondensator

Er stellt eine Sonderbauform des Plattenkondensators dar. Es werden dabei mehrere dünne, ebene Metallfolien, die durch einen Isolator getrennt sind, übereinander geschichtet und jeweils jede zweite Schicht miteinander leitend verbunden, wie in Abb. 4.16 gezeigt. Mit Ausnahme der beiden äußeren Metallfolien befinden sich die Ladungen auf beiden Seiten, so dass sich insgesamt eine bessere Flächenausnutzung und damit kleinere Bauform ergibt. Da auch meistens nicht mehr Luft, sondern ein anderes Dielektrikum mit einer größeren Permittivitätszahl verwendet wird, erhält man hier größere Kapazitätswerte. Als Fläche A setzt man nur die ladungstragende Fläche ein.

Mit n = Anzahl der Metallfolien (bzw. Metallplatten bei einigen Sonderbauformen von Luftkondensatoren) erhält man als Kapazität für einen Schichtkondensator:

$$C = (n - 1) \cdot \frac{\varepsilon \cdot A}{l} \tag{4.22}$$

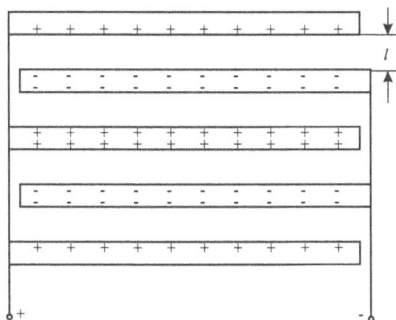

Abb. 4.16: Querschnitt eines Schichtkondensators

Wickelkondensator
Hier werden zwei durch eine dünne Isolierschicht getrennte Metallfolien, wie in Abb. 4.17 gezeigt, aufgewickelt. Auch hier ist mit Ausnahme der äußeren Lage jede Metallfolie auf der Vorder- und Rückseite geladen.

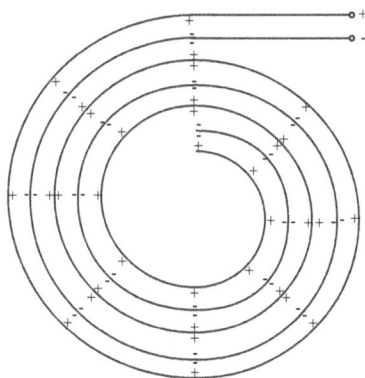

Abb. 4.17: Querschnitt eines Wickelkondensators

Da in der Praxis meist sehr viele Lagen übereinander gewickelt werden, ergibt sich näherungsweise für die Kapazität eines Wickelkondensators:

$$C \approx 2 \cdot \frac{\varepsilon \cdot A}{l} \tag{4.23}$$

Zylinderkondensator
Die Elektroden sind zwei koaxiale Metallzylinder. Ist der Abstand $r_a - r_i$ zwischen beiden Zylindern klein gegenüber der Länge l, so kann der Randeffekt vernachlässigt und über die gesamte Zylinderlänge ein radialhomogenes Feld angenommen werden.

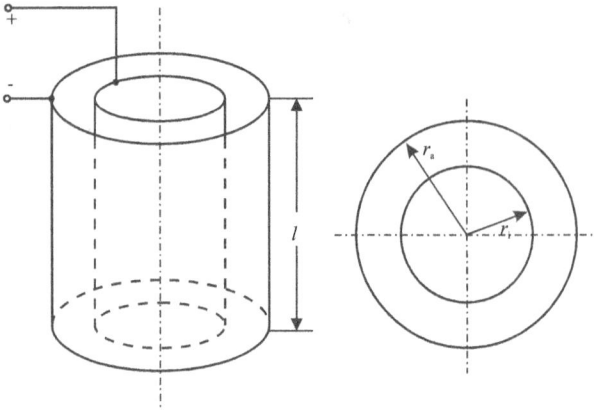

Abb. 4.18: Zylinderkondensator

Die Kapazität kann über die Gleichung 4.21 berechnet werden. Dazu muss die Spannung als Funktion der Ladung ermittelt und dann diese Formel umgestellt werden. Die Verschiebungsdichte in einer koaxialen Hüllfläche mit einem Radius $r_i \le r \le r_a$ und die Feldstärke an jeder Stelle dieser Hüllfläche sind:

$$D = \frac{Q}{A} = \frac{Q}{2 \cdot \pi \cdot r \cdot l} \qquad E = \frac{D}{\varepsilon} = \frac{Q}{2 \cdot \pi \cdot r \cdot l \cdot \varepsilon}$$

Die Feldstärke ist demnach auf dem Innenzylinder mit dem Radius r_i am größten und nimmt nach außen ab. Die Spannung kann somit, wie beim Strömungsfeld, durch Integration über die gesamte Feldlinienlänge ermittelt werden.

$$U = \int_{r_i}^{r_a} E \cdot dr = \int_{r_i}^{r_a} \frac{Q}{2 \cdot \pi \cdot l \cdot \varepsilon} \cdot \frac{1}{r} \cdot dr = \frac{Q}{2 \cdot \pi \cdot l \cdot \varepsilon} \cdot [\ln r]_{r_i}^{r_a} = \frac{Q}{2 \cdot \pi \cdot l \cdot \varepsilon} \cdot \ln \frac{r_a}{r_i}$$

$$C = \frac{Q}{U} = \frac{2 \cdot \pi \cdot l \cdot \varepsilon}{\ln \frac{r_a}{r_i}} \qquad (4.24)$$

Mit dieser Formel kann man auch die Kapazität einer Koaxialleitung berechnen.

Drückt man in der obigen Formel für die Feldstärke die Ladung durch die Spannung aus, so erhält man:

$$E = \frac{Q}{2 \cdot \pi \cdot r \cdot l \cdot \varepsilon} = \frac{U \cdot 2 \cdot \pi \cdot l \cdot \varepsilon}{2 \cdot \pi \cdot r \cdot l \cdot \varepsilon \cdot \ln \frac{r_a}{r_i}} = \frac{U}{r \cdot \ln \frac{r_a}{r_i}} \qquad (4.25)$$

Die Feldstärke nimmt von einem Höchstwert E_{max} an der Oberfläche des Innenzylinders nach außen hin umgekehrt proportional mit dem Radius ab. Der Höchstwert beträgt

$$E_{max} = \frac{U}{r_i \cdot \ln \dfrac{r_a}{r_i}} \; .$$

Er ist für die elektrische Beanspruchung des Dielektrikums maßgeblich und darf den Wert für die Durchschlagfeldstärke nicht überschreiten. Gibt man den Außenradius und die Spannung vor – was bei vielen praktischen Aufgabenstellungen üblich ist – so hängt E_{max} vom Innenradius ab. Ist r_i sehr klein, so ist zwar der Abstand der beiden Elektroden groß, aber es ergibt sich wegen der starken Krümmung am Innenradius eine große Feldstärke. Wird r_i größer, dann nimmt die Dicke des Dielektrikums ab. Bei einem bestimmten optimalen Innenradius wird die Beanspruchung des Isolierstoffes am geringsten. Dies ist dann der Fall, wenn der Nenner in der vorstehenden Gleichung sein Maximum erreicht. Durch Ableiten und Nullsetzen des Nenners erhält man (r_a ist dabei, weil vorgegeben, eine Konstante):

$$r_{i_{opt}} \cdot \frac{r_{i_{opt}}}{r_a} \cdot \left(-\frac{r_a}{r_{i_{opt}}^2} \right) + 1 \cdot \ln \frac{r_a}{r_{i_{opt}}} = -1 + \ln \frac{r_a}{r_{i_{opt}}} = 0 \qquad r_{i_{opt}} = \frac{r_a}{e}$$

Die maximale Feldstärke für diesen optimalen Fall wird dann $E_{max} = e \cdot \dfrac{U}{r_a}$.

4.4.3   Leitungskapazitäten

Doppelleitung ohne Erdeinfluss
Die Doppelleitung entspricht der Leiteranordnung aus Abb. 4.13 in Abschn. 4.3.4. Die Erde mit ihrem Potenzial $\varphi_E = 0$ sei so weit entfernt, dass sie keinen Einfluss auf die beiden parallel verlaufenden Leiter habe. Als Gegenelektrode für jeden der beiden Leiter denkt man sich wieder einen Außenzylinder mit dem Radius $r_a \gg a$. Alle weiteren Voraussetzungen gelten wie in Abschn. 4.3.4. Zur Ermittlung der Kapazität benötigt man wieder $U = f(Q)$, wobei U die Spannung zwischen den beiden Leitern ist. Die Spannung wiederum erhält man aus der Differenz der Potenziale der Leiter. Berechnet man das Potenzial des Leiters 1 und 2, so kann man für φ_{P_1} und φ_{P_2} direkt auf die Gleichungen in Abschn. 4.3.4 zurückgreifen.

Für das Potenzial φ_{P_1} ist der Radius $r_1 = r_L$ und $r_2 = a - r_L$; für φ_{P_2} ist $r_1 = a - r_L$ und $r_2 = r_L$. Damit ergibt sich mit Gleichung 4.19

$$\varphi_{P_1} = \frac{Q}{2 \cdot \pi \cdot l \cdot \varepsilon} \cdot \ln \frac{a - r_L}{r_L} \qquad \varphi_{P_2} = \frac{Q}{2 \cdot \pi \cdot l \cdot \varepsilon} \cdot \ln \frac{r_L}{a - r_L} = -\frac{Q}{2 \cdot \pi \cdot l \cdot \varepsilon} \cdot \ln \frac{a - r_L}{r_L}$$

und daraus die Spannung:

$$U = \varphi_{P_1} - \varphi_{P_2} = \frac{2 \cdot Q}{2 \cdot \pi \cdot l \cdot \varepsilon} \cdot \ln\frac{a - r_L}{r_L} = \frac{Q}{\pi \cdot l \cdot \varepsilon} \cdot \ln\left(\frac{a}{r_L} - 1\right)$$

$$C = \frac{Q}{U} = \frac{\pi \cdot \varepsilon \cdot l}{\ln\left(\dfrac{a}{r_L} - 1\right)} \qquad\qquad (4.26)$$

Anmerkung: Ist die Voraussetzung $a \gg r_L$ nicht mehr erfüllt, dann verteilen sich die Ladungen auch nicht mehr gleichmäßig über die Leiteroberflächen. Ohne Ableitung (die den Rahmen dieses Buches sprengen würde) sei angegeben, in welche Form dann die Gleichung 4.26 übergehen würde:

$$C = \frac{\pi \cdot \varepsilon \cdot l}{\ln\left(\dfrac{a}{2 \cdot r_L} + \sqrt{\left(\dfrac{a}{2 \cdot r_L}\right)^2 - 1}\right)}$$

Einzelleitung mit Erdeinfluss

Bei der Einzelleitung in Abb. 4.19 gelte $h \gg r_L$, dann verteilt sich näherungsweise die Ladung auf der Leitung wieder gleichmäßig über die Leiteroberfläche. Die Erde hat das Potenzial $\varphi_E = 0$. Stellt man sich spiegelsymmetrisch zur Erdoberfläche eine gleich große Ladung entgegengesetzten Vorzeichens vor, dann ergibt sich das gleiche Bild der Äquipotenziallinien wie in Abb. 4.14, denn bei gleich großen Ladungen unterschiedlichen Vorzeichens verläuft die Äquipotenzialfläche mit $\varphi = 0$ genau als ebene Fläche zwischen beiden Leitungen.

Man erhält damit ein identisches Ergebnis wie in Gleichung 4.26. Man muss dabei lediglich den Leiterabstand a durch $2 \cdot h$ ersetzen und bedenken, dass die Spannung zwischen dem Leiter und Erde nur die Hälfte der Spannung zwischen dem Leiter und dem gedachten spiegelsymmetrischen Leiter ist.

$$U = \frac{Q}{2 \cdot \pi \cdot l \cdot \varepsilon} \cdot \ln\left(\frac{2 \cdot h}{r_L} - 1\right) \quad \text{Damit wird:}$$

$$C = \frac{Q}{U} = \frac{2 \cdot \pi \cdot \varepsilon \cdot l}{\ln\left(\dfrac{2 \cdot h}{r_L} - 1\right)} \qquad\qquad (4.27)$$

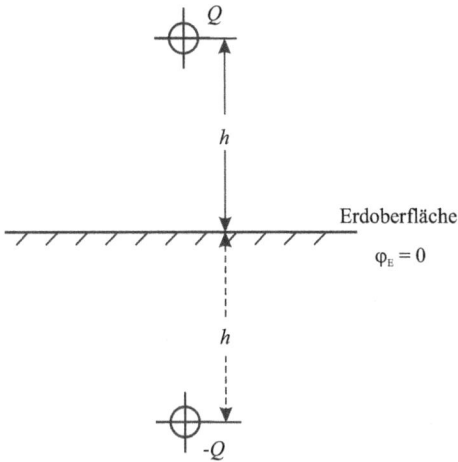

Abb. 4.19: Einzelleitung mit Erdeinfluss

4.4.4   Nichtlineare Kapazität und Temperaturabhängigkeit

Bisher wurde immer ein linearer Zusammenhang zwischen der an einem Kondensator anliegenden Spannung und der gespeicherten Ladung unterstellt, bei vielen technischen Kondensatoren ist jedoch die Kennlinie $Q = \mathrm{f}(U)$ nichtlinear.

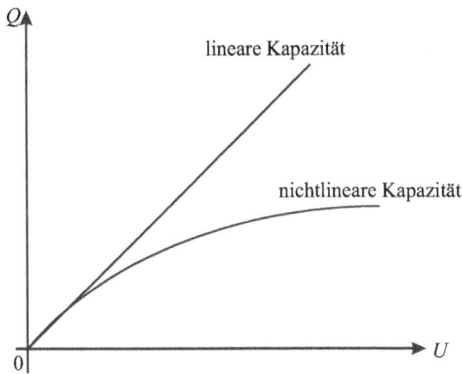

Abb. 4.20: $Q = f(U)$ bei einer linearen und nichtlinearen Kapazität

Für eine lineare Kapazität ist der Kapazitätswert konstant. Für eine nichtlineare Kapazität kann man mit Gleichung 4.20 nur den Kapazitätswert für einen bestimmten Arbeitspunkt angeben, die Kapazität hängt von der jeweils angelegten Spannung ab. Ähnlich wie bei den nichtlinearen Widerständen gibt man hier die **differenzielle Kapazität** C_d an, sie entspricht der Steigung der *Q-U*-Kennlinie in einem bestimmten Arbeitspunkt. Bei einer linearen Kapazität sind die Werte für C und C_d gleich.

$$C_d = \frac{dQ}{dU}$$ (4.28)

Die Temperaturabhängigkeit eines Kondensators wird durch den Temperaturbeiwert α_c beschrieben. Wie bei der Temperaturabhängigkeit des Widerstandes (Abschn. 2.9.4) hat dieser Temperaturbeiwert die Dimension $1\,K^{-1}$. Er liegt für viele Dielektrika in der Praxis größenordnungsmäßig zwischen Werten von 10^{-4} und $-10^{-3}\,K^{-1}$, kann aber insbesondere bei Elektrolytkondensatoren auch größere Werte annehmen und ist dort dazu von der erreichten Temperatur selbst und der angelegten Spannung abhängig, so dass der Zusammenhang meist nur in Kurvenform in den Tabellenbüchern für Bauelemente angegeben wird. Somit hat die folgende Formel mehr theoretischen Wert.

$$C_\vartheta = C_{20} \cdot \left[1 + \alpha_c \cdot (\vartheta - 20\,^\circ C) \right]$$ (4.29)

Wie bei den Widerständen wird dabei die Temperatur in Celsiusgraden eingesetzt, da aber Temperaturdifferenzen in Kelvingraden angegeben werden, ist die Dimension für den Temperaturbeiwert K^{-1}.

4.5   Schaltung von Kondensatoren

In Schaltbildern werden Kondensatoren durch die in Abb. 4.21 gezeigten Symbole dargestellt. Mit wenigen Ausnahmen kann man durch das Schaltsymbol nicht auf die Bauform schließen.

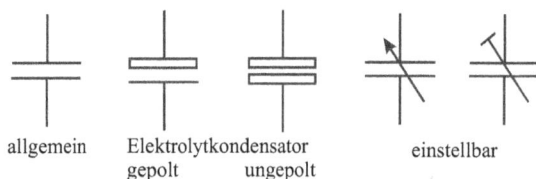

allgemein   Elektrolytkondensator   einstellbar
                   gepolt   ungepolt

Abb. 4.21: Schaltzeichen für Kondensatoren

4.5.1   Parallelschaltung von Kondensatoren

Bei der Parallelschaltung von zwei oder mehreren Kondensatoren liegen alle an der gleichen Spannung; es kann für jeden einzelnen die Ladung mit Gleichung 4.20 bestimmt werden. Fasst man die parallel geschalteten Kondensatoren zu einem Ersatzkondensator mit der **Ersatzkapazität** C_e zusammen, so ist die Gesamtladung gleich der Summe der Einzelladungen.

$$Q = \sum_{i=1}^{n} Q_i \qquad \text{mit n = Anzahl der Teilladungen} \qquad (4.30)$$

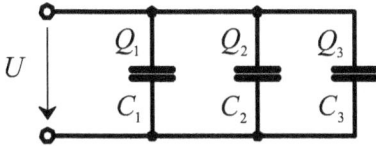

Abb. 4.22: Parallelschaltung von Kondensatoren

Mit Gleichung 4.20 erhält man für die in Abb. 4.22 gezeigte Schaltung:

$$C_e \cdot U = C_1 \cdot U + C_2 \cdot U + C_3 \cdot U \qquad C_e = C_1 + C_2 + C_3 \quad \text{bzw. allgemein}$$

$$C_e = \sum_{i=1}^{n} C_i \qquad \text{mit n = Anzahl der Teilkapazitäten} \qquad (4.31)$$

Die Parallelschaltung wird angewendet, wenn mit einem einzelnen Kondensator aufgrund der Normabstufungen, in denen sie erhältlich sind, oder der Baugröße der gewünschte Kapazitätswert nicht erzielbar ist.

Vergleicht man die Parallelschaltung von Kondensatoren mit der von Widerständen, so verhalten sich die Kapazitäten formal wie die Leitwerte.

4.5.2   Reihenschaltung von Kondensatoren

Bei der in Abb. 4.23 gezeigten Reihenschaltung von Kondensatoren besteht durch die Dielektrika der einzelnen Kondensatoren, von den Anschlussklemmen aus betrachtet, keine leitende Verbindung. Werden also negative Ladungen durch den kurzzeitig fließenden Strom, nach Anschluss einer Spannungsquelle an die zunächst ungeladenen Kondensatoren, auf die untere Elektrode gebracht und dadurch gleichzeitig gleich viele Elektronen der oberen Elektrode entzogen, so muss auf den jeweils gegenüberliegenden Elektroden des Kondensators C_1 und C_3 durch Influenz die gleiche Ladungsmenge verschoben werden. Auf diese Weise entsteht aber auf dem mittleren Kondensator C_2 an der oberen Elektrode ein Elektronenmangel und an der unteren ein Elektronenüberschuss.

Alle drei Kondensatoren tragen demnach die gleiche Ladung Q, bzw. sie haben den gleichen Verschiebungsfluss Ψ.

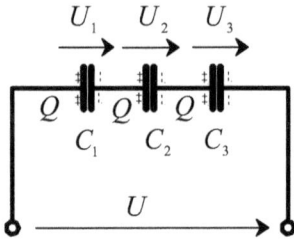

Abb. 4.23: Reihenschaltung von Kondensatoren

Denkt man sich alle drei Kondensatoren durch eine einzige **Ersatzkapazität** C_e vertreten, so gilt:

$$Q = C_e \cdot U = C_1 \cdot U_1 = C_2 \cdot U_2 = C_3 \cdot U_3$$

Nach dem Maschensatz gilt ferner, dass $U = U_1 + U_2 + U_3$ ist, und damit:

$$\frac{Q}{C_e} = \frac{Q}{C_1} + \frac{Q}{C_2} + \frac{Q}{C_3} \qquad \frac{1}{C_e} = \frac{1}{C_1} + \frac{1}{C_2} + \frac{1}{C_3} \quad \text{bzw. allgemein}$$

$$C_e = \frac{1}{\sum\limits_{i=1}^{n} \frac{1}{C_i}} \qquad \text{mit n = Anzahl der Teilkapazitäten} \qquad (4.32)$$

Bei nur zwei Kondensatoren kann man die Gleichung noch umformen.

$$\frac{1}{C_e} = \frac{1}{C_1} + \frac{1}{C_2} = \frac{C_2 + C_1}{C_1 \cdot C_2} \qquad \text{oder} \qquad \frac{1}{C_1} = \frac{1}{C_e} - \frac{1}{C_2} = \frac{C_2 - C_e}{C_e \cdot C_2}$$

$$C_e = \frac{C_1 \cdot C_2}{C_1 + C_2} \qquad \text{oder} \qquad C_1 = \frac{C_e \cdot C_2}{C_2 - C_e} \qquad (4.33)$$

Aus der Gleichung $C_e \cdot U = C_1 \cdot U_1 = C_2 \cdot U_2 = C_3 \cdot U_3$ kann man auch noch folgende Beziehung ableiten:

$$\frac{U_1}{U_2} = \frac{C_2}{C_1} \qquad \frac{U}{U_1} = \frac{C_1}{C_e} \qquad \text{usw.} \qquad (4.34)$$

> Bei der Reihenschaltung von Kondensatoren verhalten sich die Spannungen zueinander umgekehrt wie die Kapazitäten, an denen sie abfallen.

Beispiel:

Zwei Luftkondensatoren gleicher Kapazität, d. h. $C_1 = C_2 = C$, sind in Reihe geschaltet und liegen an der Spannung U, an jedem der beiden fällt demnach $U_1 = U_2 = U/2$ ab. Da ε_r von Luft praktisch 1 ist, wird hier $\varepsilon_1 = \varepsilon_2 = \varepsilon_0$ gesetzt. Auf welchen Wert ändern sich die beiden Spannungen, wenn in den Kondensator C_2 ein den ganzen Innenraum ausfüllendes Dielektrikum mit $\varepsilon_r > 1$ eingebracht wird?

Durch das Einbringen des Dielektrikums ändert sich die Kapazität C_2 vom Wert C auf $\varepsilon_r \cdot C$. Ursprünglich war $C_e = \dfrac{C \cdot C}{C + C} = \dfrac{C}{2}$ und wird nun $C_e = \dfrac{C \cdot \varepsilon_r \cdot C}{C + \varepsilon_r \cdot C} = \dfrac{\varepsilon_r \cdot C}{1 + \varepsilon_r}$, d. h. C_e wird größer, als es vorher war, und damit steigt auch die gespeicherte Ladung. Es gilt:

$$U = \frac{Q}{C_e} \qquad U_1 = \frac{Q}{C_1} \qquad U_2 = \frac{Q}{C_2} \qquad \text{Damit wird:}$$

$$U_1 = \frac{Q}{C_1} = \frac{U \cdot C_e}{C} = U \cdot \frac{\varepsilon_r \cdot C}{C \cdot (1 + \varepsilon_r)} = U \cdot \frac{\varepsilon_r}{1 + \varepsilon_r} \qquad \text{bzw.} \qquad \Delta U_1 = \frac{U}{2} - \frac{U \cdot \varepsilon_r}{1 + \varepsilon_r} = \frac{U}{2} \cdot \frac{1 - \varepsilon_r}{1 + \varepsilon_r}$$

$$U_2 = U - U_1 = U \cdot \left(1 - \frac{\varepsilon_r}{1 + \varepsilon_r}\right) = U \cdot \frac{1}{1 + \varepsilon_r} \qquad \text{bzw.} \qquad \Delta U_2 = \frac{U}{2} - \frac{U}{1 + \varepsilon_r} = \frac{U}{2} \cdot \frac{\varepsilon_r - 1}{1 + \varepsilon_r}$$

Beispiel:

Ein Plattenkondensator mit der Fläche $A = 100 \text{ cm}^2$, dem Plattenabstand $l = 10$ mm und Luft als Dielektrikum wird auf $U = 1$ kV aufgeladen und dann von der Quelle getrennt. Trotz des großen Plattenabstandes soll ein homogener Feldverlauf zwischen den Elektroden unterstellt werden. Nun werden zwei sich berührende Metallplatten mit einer Dicke d von je 2 mm und einer Fläche von ebenfalls 100 cm^2 in die Mitte zwischen die Elektroden geschoben.

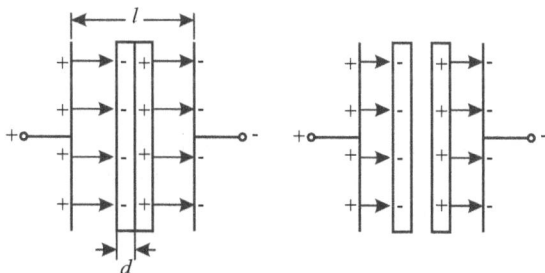

Abb. 4.24: Zwei Leiterplatten vor und nach dem Trennen in einem homogen elektrostatischen Feld

Vor dem Einbringen der Platten in das Feld betrugen:

$$U = 1 \text{kV} \qquad C = \frac{\varepsilon_0 \cdot \varepsilon_r \cdot A}{l} = 8{,}85 \text{ pF} \qquad Q = U \cdot C = 8{,}85 \text{ nC} \qquad E = \frac{U}{l} = 100 \frac{\text{kV}}{\text{m}}$$

Die Ladung auf den Elektroden ändert sich durch das Einbringen der Platten nicht. Durch Influenz werden gleich viele Ladungen wie auf den Elektroden in den Metallplatten verschoben. Dadurch entsteht innerhalb der Metallplatten ein elektrisches Feld gleicher Stärke aber entgegengesetzter Richtung wie zwischen den Elektroden, so dass sich im Inneren der Metallplatten die beiden Felder aufheben und ein feldfreier Raum entsteht. Die Länge der Feldlinien wird dadurch von ursprünglich 10 mm auf zweimal 3 mm verkürzt. Die ganze Anordnung kann auch als Reihenschaltung von zwei Plattenkondensatoren mit einem Plattenabstand von je 3 mm aufgefasst werden; der linke Teil werde mit C_1 und der rechte mit C_2 bezeichnet. Es ergeben sich nun folgende Verhältnisse:

$$C_1 = C_2 = 29{,}51\,\text{pF} \qquad U_1 = U_2 = \frac{Q}{C_1} = 300\,\text{V} \qquad U = U_1 + U_2 = 600\,\text{V} \qquad \text{oder}$$

$$C_e = \frac{C_1 \cdot C_2}{C_1 + C_2} = 14{,}76\,\text{pF} \qquad U = \frac{Q}{C_e} = 600\,\text{V} \qquad E = \frac{600\,\text{V}}{6\,\text{mm}} = 100\,\frac{\text{kV}}{\text{m}}$$

Man sieht, dass sich die Feldstärke nicht verändert hat, dies wird auch so bleiben, wenn nun die beiden Platten im Feld getrennt werden. Nimmt man an, dass z. B. die beiden Platten bis auf 1 mm Abstand an die beiden Elektroden herangeführt werden, so bleibt der Raum zwischen den beiden Platten weiter feldfrei, und es würde sich an dem ganzen Zustand auch nichts ändern, wenn man die beiden Metallplatten durch einen Leiter verbinden würde. C_1 und C_2 sind jetzt auf 88,5 pF angewachsen und dadurch U_1 und U_2 auf 100 V abgesunken, die Feldstärke ist aber weiter 100 kV/m geblieben und wird somit die Durchschlagfeldstärke nie erreichen. Solange Q konstant bleibt, ändert sich auch E nicht.

$$E = \frac{D}{\varepsilon} = \frac{Q}{A \cdot \varepsilon}$$

Völlig anders verhält sich die Anordnung jedoch, wenn die Elektroden vor dem Einbringen der Metallplatten nicht von der Quelle getrennt werden, wie im nächsten Beispiel gezeigt wird.

Beispiel:
Die Anordnung ist identisch wie im vorhergehenden Beispiel, auch die Durchführung der einzelnen Maßnahmen geschieht wie dort, nur bleiben die Elektroden nun ständig mit der Spannungsquelle verbunden und damit auch U konstant auf 1 kV. Es ergeben sich nach dem Einbringen der beiden sich berührenden Platten die gleichen Werte für C_1, C_2 und C_e wie vorher, da aber U konstant bleibt, steigt die Ladung nun an auf:

$$Q = \frac{U_q}{2} \cdot \frac{\varepsilon \cdot A}{\dfrac{l - 2 \cdot d}{2}} = U_q \cdot \frac{\varepsilon \cdot A}{l - 2 \cdot d} = 14{,}76\,\text{nC} \qquad \text{bzw.} \qquad Q = U_q \cdot C_e = 14{,}76\,\text{nC}$$

Es fließt also nicht nur kurzfristig ein Strom in den beiden Platten, um die Ladungen zu trennen, sondern auch nochmals kurzfristig ein Strom im Außenkreis, um die Ladung auf den Elektroden zu erhöhen. Die Spannung verteilt sich hälftig auf die beiden Teilkapazitäten, die Feldstärke steigt auf 166,7 kV/m an.

Trennt man nun die Metallplatten im Feld und führt sie näher an die Elektroden, so nehmen dadurch die beiden Teilkapazitäten zu und somit muss auch die Ladung an den Elektroden und durch Influenz an den ihnen gegenüberliegenden Plattenseiten steigen. Nunmehr können aber die durch Influenz verschobenen Ladungen nicht mehr von der jeweils zweiten Platte abgezogen werden, da ja keine leitende Verbindung mehr besteht, vielmehr entsteht auf der rechten Seite der linken Platte ein Elektronenmangel ($Q_{2rechts}$ in Abb. 4.25) um den Betrag, der durch die Annäherung zusätzlich verschoben wird. Ebenso entsteht im gleichen Maß ein Elektronenüberschuss an der linken Seite der rechten Metallplatte (Q_{3links} in Abb. 4.25). Dadurch baut sich zwischen den Metallplatten plötzlich ein elektrisches Feld in gleicher Richtung aber geringerer Stärke wie das Außenfeld auf, und somit fällt auch eine Spannung ab. Da die beiden sich zugewandten Seiten der Metallplatten im Inneren des Feldes ebenfalls eine Ladung tragen und an einer Spannung liegen, stellen sie auch eine Kapazität dar und bilden einen Dipol für die Außenelektroden. Das Innere der Metallplatten ist aber nach wie vor feldfrei, andernfalls würden so lange Ladungsträger transportiert, bis Feldfreiheit herrscht. Somit sind die Oberflächen der Metallplatten Äquipotenzialflächen. Die Anordnung stellt eine Reihenschaltung von drei Kondensatoren mit ungleicher Ladung dar.

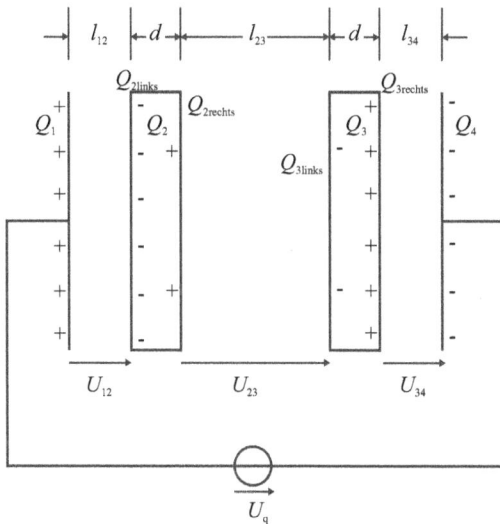

Abb. 4.25: Ladungs- und Spannungsverteilung auf den Metallplatten nach Trennung im elektrostatischen Feld

Die Gesamtladung $Q_2 = Q_{2links} + Q_{2rechts}$ der linken und $Q_3 = Q_{3links} + Q_{3rechts}$ der rechten Platte nach der Trennung im Feld ist ebenso groß wie vor der Trennung, da keine Ladungen abfließen können, also $-14{,}76$ nC auf der linken und $+14{,}76$ nC auf der rechten Platte. Außerdem trägt die linke Platte auf ihrer linken Seite betragsmäßig die gleiche Ladung wie die linke Elektrode, Gleiches gilt für die rechte Seite. Es genügt allerdings die Betrachtung einer Seite, da die Anordnung symmetrisch ist. Somit lautet die Ladungs- und Spannungsbilanz:

$Q_{2\text{links}} = -Q_1$ und $Q_{2\text{links}} + Q_{2\text{rechts}} = Q_2$ daraus $-Q_1 + Q_{2\text{rechts}} = Q_2$

$U_q = U_{12} + U_{23} + U_{34}$ und $U_{12} = U_{34}$ daraus $U_q = 2 \cdot U_{12} + U_{23}$

Weiter gilt nach Gleichung 4.20:

$Q_1 = C_{12} \cdot U_{12}$ und $Q_{2\text{rechts}} = C_{23} \cdot U_{23}$

Setzt man die letzten drei Beziehungen in die Gleichung $-Q_1 + Q_{2\text{rechts}} = Q_2$ ein, so erhält man:

$$-C_{12} \cdot U_{12} + C_{23} \cdot \left(U_q - 2 \cdot U_{12}\right) = Q_2 \qquad U_{12} = \frac{C_{23} \cdot U_q - Q_2}{C_{12} + 2 \cdot C_{23}}$$

Die Ladung Q_2 entspricht, wie erwähnt, der ursprünglichen Ladung vor der Trennung, also:

$$Q_2 = -Q = -\frac{U_q}{2} \cdot \frac{\varepsilon \cdot A}{\dfrac{l - 2 \cdot d}{2}} = -U_q \cdot \frac{\varepsilon \cdot A}{l - 2 \cdot d}$$

Setzt man weiter für $C_{12} = \dfrac{\varepsilon \cdot A}{l_{12}}$, $C_{23} = \dfrac{\varepsilon \cdot A}{l_{23}}$ und $l_{23} = l - l_{12} - l_{34} - 2 \cdot d = l - 2 \cdot l_{12} - 2 \cdot d$

ein, so erhält man endlich:

$$U_{12} = U_q \cdot \frac{\dfrac{\varepsilon \cdot A}{l_{23}} + \dfrac{\varepsilon \cdot A}{l - 2 \cdot d}}{\dfrac{\varepsilon \cdot A}{l_{12}} + \dfrac{2 \cdot \varepsilon \cdot A}{l_{23}}} = U_q \cdot \frac{\dfrac{1}{l_{23}} + \dfrac{1}{l - 2 \cdot d}}{\dfrac{1}{l_{12}} + \dfrac{2}{l_{23}}} = U_q \cdot \frac{2 \cdot (l - l_{12} - 2 \cdot d) \cdot l_{12}}{(l - 2 \cdot d)^2}$$

Bringt man die beiden Platten wieder bis auf einen Abstand von 1 mm an die Außenelektroden, dann ist $U_{12} = U_{34} = 277{,}8$ V und $U_{23} = U_q - (U_{12} + U_{34}) = 444{,}4$ V. Die Feldstärken sind jetzt $E_{12} = E_{34} = 277{,}8$ kV/m und $E_{23} = 111{,}1$ kV/m. Die Ladungen Q_1 und $Q_{2\text{rechtes}}$ betragen:

$$Q_1 = C_{12} \cdot U_{12} = \frac{\varepsilon \cdot A}{l_{12}} \cdot U_q \cdot \frac{2 \cdot (l - l_{12} - 2 \cdot d) \cdot l_{12}}{(l - 2 \cdot d)^2} = 24{,}6 \, \text{nC}$$

$Q_{2\text{rechts}} = C_{23} \cdot U_{23} = 9{,}84 \, \text{nC}$ bzw. $Q_{2\text{rechts}} = Q_1 - Q_2 = 9{,}84 \, \text{nC}$

Die Ersatzkapazität kann nicht mehr mit Gleichung 4.32 ermittelt werden, da diese nur bei einer Reihenschaltung mit gleicher Ladung auf allen Teilkapazitäten gilt. Die Ersatzkapazität ist $C_e = Q_1 / U_q = 24{,}6$ pF und somit wesentlich größer, als sich aus Gleichung 4.32 ergeben würde. Nach außen erscheint es demnach so, als sei hier $\varepsilon_r > 1$.

4.5.3   Gemischte Schaltung von Kondensatoren

Liegt nur eine einfache Kombination von Reihen- und Parallelschaltungen vor, so geht man wie in Abschn. 3.2.3 vor und fasst nacheinander die in Reihe geschalteten Kondensatoren und die parallel geschalteten zusammen, bis letztlich nur noch eine einfache Reihen- oder Parallelschaltung übrig bleibt.

Beispiel:
Bei beiden in Abb. 4.26 gezeigten Schaltungen haben alle drei Kondensatoren eine Kapazität von jeweils 1 µF. Zu bestimmen ist jeweils die Ersatzkapazität.

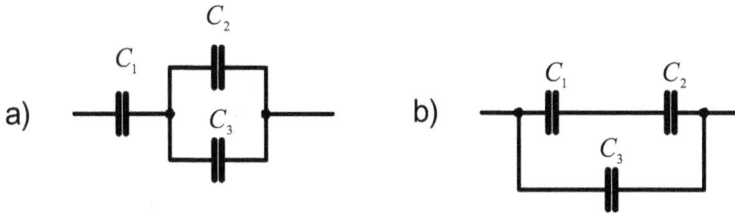

Abb. 4.26: Kombination von Reihen- und Parallelschaltung bei Kondensatoren

Für die Schaltung a) ergibt sich:

$$C_{e2,3} = C_2 + C_3 = 2\,\mu F \qquad C_e = \frac{C_1 \cdot C_{e2,3}}{C_1 + C_{e2,3}} = 0,667\,\mu F$$

Für die Schaltung b) ergibt sich:

$$C_{e1,2} = \frac{C_1 \cdot C_2}{C_1 + C_2} = \frac{C_1}{2} = 0,5\,\mu F \qquad C_e = C_{e1,2} + C_3 = 1,5\,\mu F$$

Bei einer Sternschaltung von Kondensatoren kann man eine Umwandlung in eine äquivalente Dreieckschaltung vornehmen und umgekehrt. Dabei sind die Gleichungen aus Abschn. 3.2.4 anwendbar, **allerdings ist dabei zu berücksichtigen, dass sich Kapazitäten formal wie Leitwerte verhalten.**

Beispiel:
Es soll die Dreieckschaltung in Abb. 4.27 zunächst in eine äquivalente Sternschaltung und anschließend wieder in die Dreieckschaltung umgewandelt werden, wobei sich natürlich wieder die Ursprungswerte ergeben müssen. Alle drei Kondensatoren der Dreieckschaltung haben eine Kapazität von 1 µF.

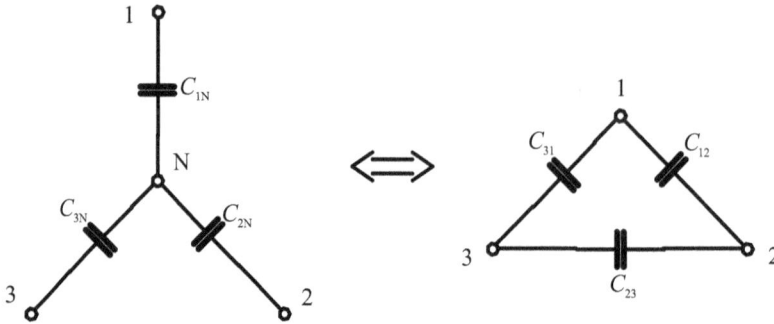

Abb. 4.27: Stern-Dreieckumwandlung von Kondensatorenschaltungen

Da hier alle Kondensatoren gleich groß sind, muss nur die Umwandlung für einen erfolgen, die anderen sind dann ebenfalls gleich groß. Nach Gleichung 3.8 ergibt sich:

$$\frac{1}{C_{1N}} = \frac{\dfrac{1}{C_{12}} \cdot \dfrac{1}{C_{31}}}{\dfrac{1}{C_{12}} + \dfrac{1}{C_{23}} + \dfrac{1}{C_{31}}} = 333{,}3 \cdot 10^3 \, \text{F}^{-1} \qquad C_{1N} = 3 \, \mu\text{F} = C_{2N} = C_{3N}$$

Bei der Rückumwandlung verwendet man vorteilhaft die Gleichung 3.10, da sie bereits für Leitwerte angegeben ist.

$$C_{12} = \frac{C_{1N} \cdot C_{2N}}{C_{1N} + C_{2N} + C_{3N}} = 1 \, \mu\text{F} = C_{23} = C_{31}$$

Man kann aus diesem Beispiel sehen, dass bei Drehstromschaltungen (z. B. zur Blindleistungskompensation) vorteilhaft immer Dreieckschaltungen angewendet werden, da hier nur um ein Drittel kleinere Kapazitätswerte erforderlich sind, allerdings liegen diese Kapazitäten dann an einer höheren Spannung als bei einer Sternschaltung. Drehstromschaltungen werden erst in Band 2 behandelt.

Aufgabe 4.4

Gegeben ist folgende Schaltung mit sechs Kondensatoren. Es handelt sich dabei um Plattenkondensatoren mit Luft als Dielektrikum. Alle haben eine Fläche von 100 cm², der Plattenabstand beträgt bei C_1, C_2 und C_3 1 mm und bei den anderen drei Kondensatoren 2 mm. Gesucht ist C_e der Schaltung. Wie groß ist U_1 bei $U = 24$ V? Welchen Wert nimmt U_1 an, wenn man das Dielektrikum bei C_4, C_5 und C_6 durch Glimmer mit $\varepsilon_r = 7{,}2$ ersetzt?

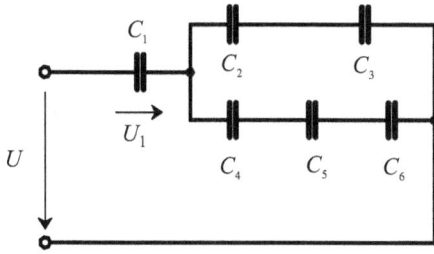

Abb. 4.28: Gemischte Kondensatorschaltung

4.5.4 Geschichtete Dielektrika

In der Praxis treten häufig Schichtungen von Nichtleitern in Form von Isolierungen auf. Dies entspricht in Analogie beim elektrischen Strömungsfeld der Quer- oder Längsschichtung von Leitern in Abschn. 4.2.2. Hier soll auch der Fall einer ebenen Schrägschichtung betrachtet werden.

Querschichtung
In diesem Fall verlaufen die Trennflächen zwischen den Dielektrika parallel zu den Elektroden. Abb. 4.29 zeigt einen Plattenkondensator, bei dem drei Dielektrika mit unterschiedlichem ε_r zwischen den Elektroden angeordnet sind.

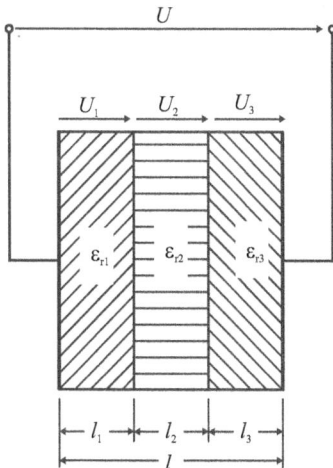

Abb. 4.29: Querschichtung der Dielektrika

Es wird ein homogener Feldverlauf zwischen den Elektroden angenommen. Die Trennflächen der drei Nichtleiter sind Niveauflächen der Größe A, die vom Vektor der elektrischen
Verschiebungsdichte senkrecht durchsetzt werden. Der elektrische Verschiebungsfluss ist bei
dem gezeigten Plattenkondensator in beiden Trennflächen und auch innerhalb der Nichtleiter
gleich groß und somit auch die Verschiebungsdichte. Denkt man sich an den beiden Trennflächen zwischen den Nichtleitern 1 und 2 sowie 2 und 3 dünne Metallfolien, so ändert sich
weder etwas am Feldverlauf, noch an Q oder D. Die ganze Anordnung wirkt also wie die
Reihenschaltung von drei Kondensatoren mit den Plattenabständen l_1, l_2 und l_3.

$$C = \frac{1}{\sum\limits_{i=1}^{n} \frac{l_i}{\varepsilon_0 \cdot \varepsilon_{r_i} \cdot A}}$$

Weiter gilt: $E_1 = \frac{D}{\varepsilon_1}$ $\qquad$ $E_2 = \frac{D}{\varepsilon_2}$ $\qquad$ $E_3 = \frac{D}{\varepsilon_3}$

Dividiert man zwei dieser Gleichungen durcheinander, so erhält man:

$$\frac{E_1}{E_2} = \frac{\varepsilon_2}{\varepsilon_1} = \frac{\varepsilon_{r_2}}{\varepsilon_{r_1}} \qquad \frac{E_1}{E_3} = \frac{\varepsilon_3}{\varepsilon_1} = \frac{\varepsilon_{r_3}}{\varepsilon_{r_1}} \qquad \frac{E_2}{E_3} = \frac{\varepsilon_3}{\varepsilon_2} = \frac{\varepsilon_{r_3}}{\varepsilon_{r_2}} \qquad \text{usw.} \qquad (4.35)$$

Daraus ergibt sich eine wichtige Folgerung. Da Luft bei Isolierstoffen mit $\varepsilon_r = 1$ den kleinsten Wert für die Permittivitätszahl aufweist, fällt bei einer Querschichtung in Luft die größte
Feldstärke an. Dazu weist aber Luft gegenüber anderen festen und flüssigen Isolierstoffen die
geringste Durchschlagfeldstärke auf. Es besteht somit die Gefahr eines Überschlags im Luftteil, wodurch dann auch die übrigen Schichten höheren Spannungen und Feldstärken ausgesetzt sind und evtl. ebenfalls durchschlagen. Selbst wenn dies nicht geschieht, kann durch
einen ständigen Überschlag oder Lichtbogen im Luftteil eine Zerstörung auch der anderen
Dielektrika erfolgen. Isolierungen müssen also nach den vorhandenen Luftschichten bemes-
sen werden. Zum Beispiel müssen bei der Herstellung von Hochspannungsisolierungen auch
kleine Lufteinschlüsse sorgfältig vermieden werden.

Oft interessiert nicht das Verhältnis der Feldstärken zueinander, sondern die Aufteilung der
Spannung auf die quergeschichteten Nichtleiter. Dazu wird eine Anordnung wie in Abb. 4.29
betrachtet, allerdings nur mit zwei Dielektrika. Es gilt:

$$U = U_1 + U_2 \qquad \frac{E_1}{E_2} = \frac{\varepsilon_{r_2}}{\varepsilon_{r_1}} \qquad \text{Somit wird:}$$

$$\frac{\frac{U_1}{l_1}}{\frac{U_2}{l_2}} = \frac{\varepsilon_{r_2}}{\varepsilon_{r_1}} \qquad U_1 = l_1 \cdot \frac{U_2}{l_2} \cdot \frac{\varepsilon_{r_2}}{\varepsilon_{r_1}} = (U - U_1) \cdot \frac{l_1}{l_2} \cdot \frac{\varepsilon_{r_2}}{\varepsilon_{r_1}}$$

$$U_1 = U \cdot \frac{\dfrac{l_1 \cdot \varepsilon_{r_2}}{l_2 \cdot \varepsilon_{r_1}}}{1 + \dfrac{l_1 \cdot \varepsilon_{r_2}}{l_2 \cdot \varepsilon_{r_1}}} \qquad U_2 = U \cdot \frac{1}{1 + \dfrac{l_1 \cdot \varepsilon_{r_2}}{l_2 \cdot \varepsilon_{r_1}}} \qquad\qquad (4.36)$$

Längsschichtung

Wie Abb. 4.30 zeigt, handelt es sich hier praktisch um die Parallelschaltung zweier Kondensatoren mit den Flächen A_1 und A_2 mit unterschiedlichen Dielektrika. Da für beide Teilkapazitäten die Spannung und der Plattenabstand gleich sind, ist auch die Feldstärke gleich.

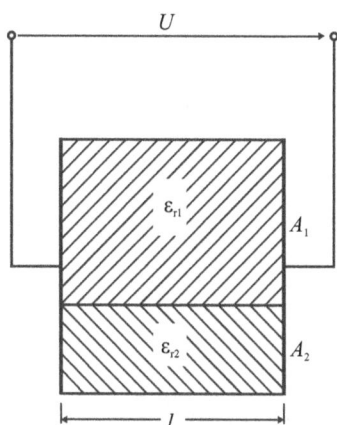

Abb. 4.30: Längsschichtung der Dielektrika

$$E = \frac{U}{l} = \frac{D_1}{\varepsilon_1} = \frac{D_2}{\varepsilon_2} \qquad \text{bzw.} \qquad \frac{D_1}{D_2} = \frac{\varepsilon_1}{\varepsilon_2} = \frac{\varepsilon_{r_1}}{\varepsilon_{r_2}} \qquad\qquad (4.37)$$

Beispiel:

In einen Plattenkondensator mit Luft als Dielektrikum und quadratischen Elektroden der Kantenlänge $a = 20$ cm und einem Plattenabstand von $l_L = 4$ mm wird eine 2 mm (l_G) dicke Glasplatte gleicher Fläche wie die Elektroden mit $\varepsilon_r = 6$ so in den Luftraum eingeschoben, dass die Glasplatte bündig an der unteren Elektrode anliegt. Es soll die Abhängigkeit der Kapazität von der Weglänge s der Glasplatte zwischen den Elektroden ermittelt werden.

In Abb. 4.31 ist das Ersatzschaltbild der Anordnung gezeigt. Parallel zu der Teilkapazität C_{L1}, in der nur Luft als Dielektrikum vorhanden ist, liegt die Reihenschaltung aus einem Luftkondensator C_{L2} und einem Kondensator C_G mit Glas als Dielektrikum. Befindet sich die

Glasplatte vollständig zwischen den Elektroden, dann ist $C_{L1} = 0$, ist sie vollständig herausgenommen, dann ist sowohl C_G als auch C_{L2} null, da für beide $A_G = A_{L2} = 0$ ist.

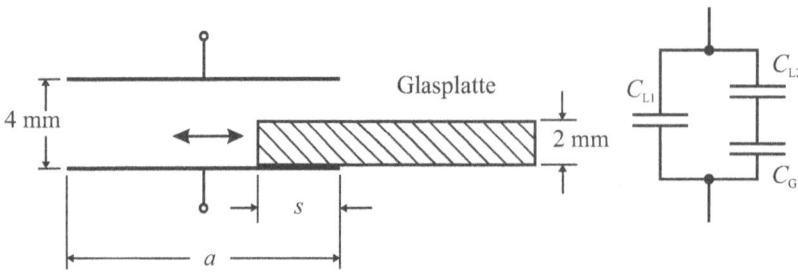

Abb. 4.31: Bewegliche Glasplatte in einem Luftkondensator mit Ersatzschaltbild der Anordnung

$$C_e = C_{L1} + \frac{1}{\dfrac{1}{C_{L2}} + \dfrac{1}{C_G}} = \frac{\varepsilon_0 \cdot a \cdot (a - s)}{l_L} + \frac{1}{\dfrac{l_L - l_G}{\varepsilon_0 \cdot a \cdot s} + \dfrac{l_G}{\varepsilon_0 \cdot \varepsilon_r \cdot a \cdot s}}$$

$$= \frac{\varepsilon_0 \cdot a^2 - \varepsilon_0 \cdot a \cdot s}{l_L} + \frac{1}{\dfrac{(l_L - l_G) \cdot \varepsilon_r + l_G}{\varepsilon_0 \cdot \varepsilon_r \cdot a \cdot s}} = \frac{\varepsilon_0 \cdot a^2}{l_L} + s \cdot \left(\frac{\varepsilon_0 \cdot \varepsilon_r \cdot a}{(l_L - l_G) \cdot \varepsilon_r + l_G} - \frac{\varepsilon_0 \cdot a}{l_L} \right)$$

$$= 88{,}54\,\text{pF} + s \cdot 316{,}2 \cdot 10^{-12} \frac{\text{A} \cdot \text{s}}{\text{V} \cdot \text{m}}$$

Es soll noch ermittelt werden, welche Spannung an dem Kondensator anliegen darf, ohne die Durchschlagfeldstärke zu überschreiten. Die Durchschlagfeldstärke liegt für Luft bei 2 mm Abstand bei 38 kV/cm.

Wenn die Durchschlagfeldstärke bei Luft erreicht ist, dann ist die Feldstärke im Glas:

$$E_G = E_{d_L} \cdot \frac{\varepsilon_{r_L}}{\varepsilon_{r_G}} = 6{,}33 \frac{\text{kV}}{\text{cm}}$$

$$U_G = E_G \cdot l_G = 1{,}27\,\text{kV} \qquad U_L = E_{d_L} \cdot l_L = 7{,}6\,\text{kV} \qquad U = U_G + U_L = 8{,}87\,\text{kV}$$

Beispiel:
Ein Metallrohr der Länge $l_R = 1$ m und mit einem Radius $r_R = 10$ mm ist mit einer $d = 30\,\mu\text{m}$ dicken Isolierschicht mit $\varepsilon_r = 3$ überzogen und wird zur Füllstandsüberwachung in ein hohes Metallfass mit einem Radius von $r_F = 1$ m getaucht, das mit einer leitfähigen Flüssigkeit gefüllt ist. Wie groß ist die Kapazität der Anordnung, wenn das Metallrohr 20 cm in die Flüssigkeit eintaucht?

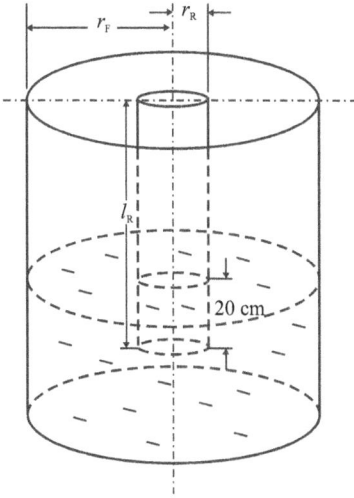

Abb. 4.32: Anordnung zur Füllstandsüberwachung

Hier bildet für den eingetauchten Teil des Metallrohres die leitfähige Flüssigkeit die Gegen-elektrode. Zunächst soll nur für den eingetauchten Teil die Kapazität ermittelt werden. Mit Gleichung 4.24 ist:

$$C = \frac{2 \cdot \pi \cdot l \cdot \varepsilon_0 \cdot \varepsilon_r}{\ln \dfrac{r_R + d}{r_R}} = 11{,}14\,\text{nF}$$

Dazu liegt noch parallel die Reihenschaltung aus zwei Zylinderkondensatoren mit einer Län-ge von 80 cm und beim ersten mit der Isolierschicht als Dielektrikum, also dem Außenradius 10,03 mm und beim zweiten mit dem Innenradius 10,03 mm und dem Außenradius 1 m und Luft als Dielektrikum. Für den ersten ergibt sich eine Kapazität von $C = 44{,}57$ nF und für den zweiten $C = 9{,}67$ pF, somit ergibt sich die Ersatzkapazität aus beiden zu $C_e = 9{,}67$ pF. D. h. dieser Wert ist gegenüber den 11,14 nF so gering, dass er vernachlässigt werden kann.

Diese Anordnung würde zwar in der Praxis zur Messung der Kapazität z. B. in eine Brücke verschaltet und diese nur mit einer sehr kleinen Wechselspannung beaufschlagt; aus Übungs-zwecken soll aber die Spannung ermittelt werden, die höchstens angelegt werden darf, damit die Durchschlagfeldstärke der Isolierschicht von $E_d = 70$ kV/cm nicht überschritten wird.

Die größte Feldstärke tritt am Innenradius auf. Stellt man Gleichung 4.25 nach U um, so erhält man:

$$U = E_d \cdot r_R \cdot \ln \frac{r_R + d}{r_R} = 210\,\text{V}$$

Aufgabe 4.5

Ein Zylinderkondensator soll zur Messung des Flüssigkeitsstandes h für eine nicht leitfähige Flüssigkeit mit $\varepsilon_r = 2$ eingesetzt werden. Er besteht aus einem metallischen Innen- und Außenzylinder mit $r_1 = 4$ cm und $r_3 = 4{,}5$ cm. Der Innenzylinder ist dazu noch mit einer Kunststoffschicht mit $\varepsilon_r = 5$ überzogen, der Radius der Kunststoffschicht ist $r_2 = 4{,}1$ cm. Die Zylinderlänge ist $l = 60$ cm.

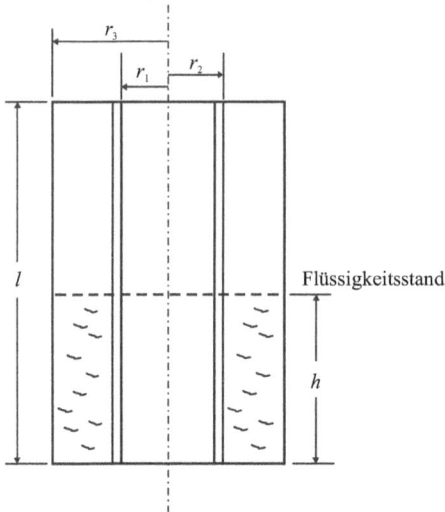

Abb. 4.33: Zylinderkondensator zur Füllstandsmessung (nicht maßstäblich)

Wie groß ist die Kapazität des Zylinderkondensators ohne Flüssigkeit? Es soll für den Fall, dass die nicht leitende Flüssigkeit in dem Zylinderkondensator hochsteigt, eine Formel für $C = f(h)$ hergeleitet werden. Wie sieht der zeitliche Verlauf der Kapazität aus, wenn die Flüssigkeit mit einer konstanten Geschwindigkeit von $v = 6$ cm/s im Zylinder hochsteigt?

Aufgabe 4.6

Gegeben ist ein Plattenkondensator nach Abb. 4.29, allerdings nur mit zwei Dielektrika. Die Fläche der Platten ist $A = 0{,}2$ m^2, der Plattenabstand ist $l = 2$ mm und die Dicke der beiden Dielektrika ist $l_1 = l_2 = 1$ mm. Die Permittivitätszahlen sind für das erste Dielektrikum 1 und für das zweite 9. Es ist die Kapazität der Anordnung zu bestimmen. Welche Feldstärken in den beiden Dielektrika stellen sich ein, wenn der Kondensator an eine Spannung $U = 1$ kV gelegt wird? Nun sollen die Dicken der beiden Dielektrika variiert werden, l bleibt 2 mm. Welchen Abstand l_1 darf man nicht unterschreiten, wenn aus Sicherheitsgründen bei $U = 1$ kV die Feldstärke im Dielektrikum 1 den Wert von 27 kV/cm nicht überschreiten soll? Zuletzt wird der Kondensator bei den eingangs genannten Abmessungen $l_1 = l_2 = 1$ mm von der Quelle getrennt und das Dielektrikum 2 aus der Anordnung gezogen; welche Feldstärke stellt sich jetzt ein?

Schrägschichtung

Verläuft die Trennlinie zwischen zwei Isolierstoffen unterschiedlicher Permittivität schräg zu den Feldlinien der elektrischen Feldstärke oder Verschiebungsflussdichte, so kann man die Feldvektoren in eine Normalkomponente (mit dem Index n gekennzeichnet) zerlegen, die senkrecht zur Trennfläche verläuft, und eine Tangentialkomponente (mit dem Index t gekennzeichnet), die parallel zur Trennfläche liegt. Für die Normalkomponenten gelten dann die Regeln der Querschichtung und für die Tangentialkomponenten die der Längsschichtung.

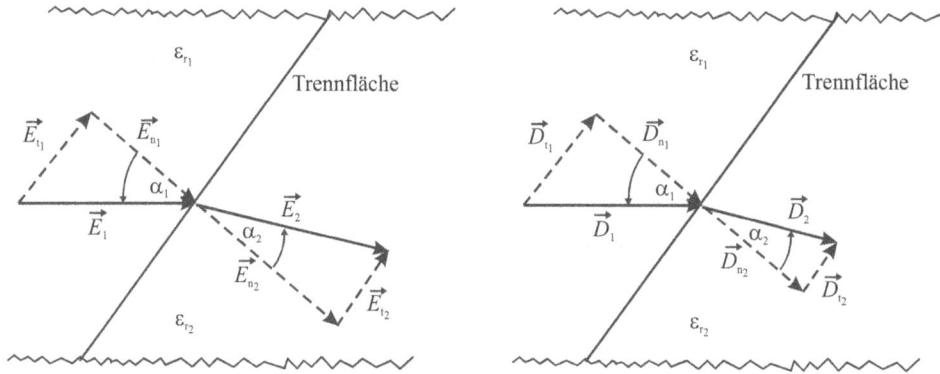

Abb. 4.34: Feldgrößen bei Schrägschichtung der Dielektrika

Es gelten die Beziehungen:

$$D_{n_1} = D_{n_2} \qquad \frac{E_{n_1}}{E_{n_2}} = \frac{\varepsilon_{r_2}}{\varepsilon_{r_1}}$$

$$E_{t_1} = E_{t_2} \qquad \frac{D_{t_1}}{D_{t_2}} = \frac{\varepsilon_{r_1}}{\varepsilon_{r_2}}$$

$$(4.38)$$

Mit den Brechungswinkeln α_1 und α_2 zwischen den Feldstärken bzw. Verschiebungsflussdichten und ihren zugehörigen Normalkomponenten im Nichtleiter 1 und 2 ist:

$$\tan \alpha_1 = \frac{D_{t_1}}{D_{n_1}} \qquad \tan \alpha_2 = \frac{D_{t_2}}{D_{n_2}}$$

Dividiert man beide Gleichungen durcheinander und berücksichtigt, dass die Normalkomponenten gleich sind, so wird:

$$\frac{D_{t_1}}{D_{t_2}} = \frac{\tan \alpha_1}{\tan \alpha_2} = \frac{\varepsilon_{r_1}}{\varepsilon_{r_2}}$$

$$(4.39)$$

4.6   Energie und Kräfte im elektrostatischen Feld

4.6.1   Energie im elektrostatischen Feld

Wird ein ungeladener Kondensator an eine Spannungsquelle mit konstanter Quellenspannung U angeschlossen, so wachsen die Ladung Q und Verschiebungsdichte D vom Anfangswert null auf einen gleich bleibenden Endwert an. Es müssen während des Aufladevorgangs, durch den kurzzeitig fließenden Strom, Ladungsträger transportiert werden. Ein sprunghafter Anstieg ist nicht möglich, denn das würde bedeuten, dass in unendlich kurzer Zeit Ladungsträger von der einen Elektrode abgezogen und der anderen zugeführt werden. Dies würde einen unendlich großen Strom bedingen. Der Lade- und Entladevorgang selbst wird in Abschn. 4.7 behandelt. Durch den Anstieg der Ladung steigt auch die Spannung U_C am Kondensator bis auf den Wert U an; dann wird der Strom zu null, und es fällt am Innenwiderstand der Quelle und dem Widerstand der Zuleitung keine Spannung mehr ab. Da sich der Strom I und die Spannung U_C zeitlich ändern, werden sie durch einen Kleinbuchstaben ausgedrückt, er stellt den Augenblickswert der elektrischen Größen dar. Während der Zeit $\mathrm{d}t$ der Aufladung ist nach den Gleichungen 2.3 und 4.20:

$$\mathrm{d}Q = i \cdot \mathrm{d}t = C \cdot \mathrm{d}u_C$$

Dabei nimmt der Kondensator während der Zeit $\mathrm{d}t$ die Energie $\mathrm{d}W$ auf (Gleichung 2.8).

$$\mathrm{d}W = u_C \cdot \mathrm{d}Q = u_C \cdot i \cdot \mathrm{d}t = u_C \cdot C \cdot \mathrm{d}u_C$$

Die gesamte aufgenommene Energie während des Aufladevorgangs erhält man dann durch Integration, Integrationsgrenzen sind der Anfangs- und Endwert der Spannung. Nimmt man das Dielektrikum als vollkommenen Nichtleiter an, so wird in ihm keine Energie in Stromwärme umgewandelt. Verrichtet das elektrische Feld während des Aufladevorgangs auch keine Arbeit durch Polarisation oder durch die Bewegung elektrisch geladener Körper zwischen den Elektroden, dann wird die aufgenommene Energie aus der Quelle restlos in elektrische Feldenergie umgewandelt und im elektrostatischen Feld gespeichert. Die hier genannten Idealisierungen sind für einmalige Ladevorgänge zulässig. Allerdings muss die Quelle den doppelten Betrag der letztlich im Feld gespeicherten Energie liefern, da beim Ladevorgang unvermeidliche Verluste in der Zuleitung entstehen, wie noch in Abschn. 4.7.1 gezeigt wird. Die von der Quelle an die Kapazität gelieferte Energie W entspricht der im elektrostatischen Feld gespeicherten Energie W_{el}. Daneben muss die Quelle auch die Energie liefern, die in den Widerständen in Wärme umgesetzt wird.

$$W = \int_0^U C \cdot u_C \cdot \mathrm{d}u_C = C \cdot \left[\frac{u_C{}^2}{2} \right]_0^U = \frac{C \cdot U^2}{2} = W_{\mathrm{el}} \qquad (4.40)$$

Ist die Spannung, auf die der Kondensator aufgeladen wird, zeitlich nicht konstant, so ist die zu einem bestimmten Zeitpunkt im elektrischen Feld gespeicherte Energie nur von C und dem Quadrat des Augenblickswertes der Spannung abhängig.

Bei der Entladung des Kondensators gibt das verschwindende elektrische Feld seine Energie als elektrische Strömungsenergie wieder ab.

Beispiel:
Die gespeicherte elektrische Energie eines Kondensators mit $C = 100\ \mu\mathrm{F}$, der auf eine Spannung von $U = 1\ \mathrm{kV}$ aufgeladen wurde, ist $W_{el} = 50\ \mathrm{W \cdot s}$. Die gespeicherte Energie ist also ziemlich klein, sie kann aber innerhalb sehr kurzer Zeit gespeichert und auch wieder abgegeben werden.

Beispiel:
Ein Kondensator mit $C_1 = 20\ \mu\mathrm{F}$ wird auf 110 V aufgeladen und dann von der Quelle getrennt. Somit ist eine elektrische Energie $W_{el} = 121\ \mathrm{mW \cdot s}$ in ihm gespeichert. Verbindet man den Kondensator nun mit einem zweiten ungeladenen Kondensator mit $C_2 = 12\ \mu\mathrm{F}$, dann fließt kurzfristig ein Strom, da ein Ladungsaustausch stattfindet. Nach dem Abklingen des Umladevorgangs befindet sich auf der Parallelschaltung der beiden Kondensatoren zusammen die gleiche Ladung, die vorher auf C_1 war, denn es können durch den Umladevorgang keine Ladungen abgeflossen sein, wenn man bei beiden Kondensatoren ein ideales Dielektrikum unterstellt. Die Ladung war $Q_1 = C_1 \cdot U = 2,2\ \mathrm{mC}$, sie verteilt sich nun auf beide Kapazitäten. Die insgesamt gespeicherte Energie ist nun:

$$C_e = C_1 + C_2 = 32\ \mu\mathrm{F} \qquad U = \frac{Q_1}{C_e} = 68{,}75\ \mathrm{V} \qquad W_{el} = \frac{C_e \cdot U^2}{2} = 75{,}63\ \mathrm{mW \cdot s}$$

Es ist also nur mehr ein Teil der ursprünglich gespeicherten elektrischen Energie vorhanden, und es erhebt sich die Frage, wo der andere Teil von 45,37 mJ geblieben ist (bei $C_2 = C_1$ wäre nur mehr die Hälfte der ursprünglichen elektrischen Energie vorhanden). Durch die Umladung floss ein Strom. Geschah die Verbindung der beiden Kondensatoren über einen Widerstand, so wurde in ihm elektrische Energie in Wärmeenergie umgesetzt. Bei einer sehr niederohmigen Verbindung erfolgte die Umladung in sehr kurzer Zeit. Dadurch wurde an die Umgebung Energie in Form einer elektromagnetischen Welle abgegeben (siehe Band 2).

4.6.2 Kräfte im elektrostatischen Feld

Bereits in Abschn. 4.3.1 wurde mit Gleichung 4.9 die auf eine Punktladung in einem elektrostatischen Feld wirkende Kraft $\vec{F} = \vec{E} \cdot Q_P$ hergeleitet.

Es wirkt aber auch eine Kraft zwischen den mit gleich großen Ladungen verschiedenen Vorzeichen aufgeladenen Elektroden, durch die sie einander angenähert werden, soweit sie beweglich sind. Zur Bestimmung der Größe dieser Kraft wird ein Gedankenexperiment durchgeführt. Dabei ist ein ideales Dielektrikum angenommen, so dass keine Ladungen über dieses abfließen. Ein Plattenkondensator wird auf eine Spannung aufgeladen und dann von der Quelle getrennt. Die dabei gespeicherte Energie ist $W = \frac{1}{2} \cdot C \cdot U^2$. Nun wird verfolgt, wie sich die elektrische Energie bei einer gedachten Annäherung der Elektroden ändert. Da die

Richtung der Kraft aus physikalischen Versuchen bekannt ist, wird hier nicht vektoriell gerechnet. Ebenso sei ein homogener Feldverlauf angenommen.

Ladungen gleichen Vorzeichens stoßen einander ab, Ladungen unterschiedlichen Vorzeichens ziehen einander an.

Durch die Kraft sollen sich die Elektroden um eine kleine Wegstrecke $ds = - dl$ annähern, d. h. der Plattenabstand l nimmt ab. Dabei wird mechanische Arbeit verrichtet:

$$dW_{mech} = F \cdot ds$$

Da aber der Kondensator von der Quelle getrennt ist, kann die Energie nur dem elektrostatischen Feld entzogen worden sein. Die elektrische Energie nimmt also ab, und durch die Abstandsverringerung nimmt die Kapazität zu. Die Beträge der Kapazitätszunahme und Energieabnahme sind:

$$\frac{\partial C}{\partial s} \cdot ds \text{ (Kapazitätszunahme)} \qquad dW_{el} = \frac{1}{2} \cdot U^2 \cdot \frac{\partial C}{\partial s} \cdot ds \text{ (Energieabnahme)}$$

Setzt man dW_{mech} und dW_{el} gleich, dann ist:

$$F = \frac{1}{2} \cdot U^2 \cdot \frac{\partial C}{\partial s} = -\frac{1}{2} \cdot U^2 \cdot \frac{\partial C}{\partial l}$$

Man muss also die Kapazität partiell nach dem Plattenabstand ableiten.

$$F = -\frac{1}{2} \cdot U^2 \cdot \left(-\frac{\varepsilon \cdot A}{l^2} \right) = \frac{U^2 \cdot \varepsilon \cdot A}{2 \cdot l^2} \qquad \text{Mit} \quad E = \frac{U}{l} \quad \text{wird dann :}$$

$$F = \frac{\varepsilon \cdot A \cdot U^2}{2 \cdot l^2} = \frac{\varepsilon \cdot A \cdot E^2}{2} \qquad \text{(Coulombkraft)} \qquad (4.41)$$

Die Kraftwirkung zwischen zwei Punktladungen lässt sich ebenfalls aus Gleichung 4.9 herleiten. Dabei kann die Feldstärke, herrührend von der Punktladung Q_1 und wirksam am Ort der Punktladung Q_2, durch die Gleichungen 4.17 und 4.11 ausgedrückt werden.

$$E_1 = \frac{D_1}{\varepsilon} = \frac{Q_1}{\varepsilon \cdot A}$$

Ist die Punktladung Q_2 im Abstand r von Q_1 entfernt, so ist A die Kugeloberfläche mit dem Radius r, an jedem Punkt dieser Kugeloberfläche herrscht dann die Feldstärke E_1. Die Kugeloberfläche ist $A = 4 \cdot \pi \cdot r^2$. Somit wird:

$$F = E_1 \cdot Q_2 = \frac{Q_1 \cdot Q_2}{4 \cdot \pi \cdot \varepsilon \cdot r^2} \qquad \text{(Coulombsches Gesetz)} \qquad (4.42)$$

Beispiel:
Ein Plattenkondensator mit der Fläche $A = 50\,\text{cm}^2$ und einem Plattenabstand $l = 0,5\,\text{mm}$ liegt an einer Spannungsquelle mit $U = 110\,\text{V}$. Wie groß ist die auf die Platten wirkende Kraft, wenn sich einmal Luft und dann Polystrol als Dielektrikum zwischen den Platten befindet?

$$F_{\text{Luft}} = \frac{\varepsilon \cdot A \cdot U^2}{2 \cdot l^2} = 1,07\,\text{mN} \qquad F_{\text{Polystrol}} = 2,68\,\text{mN}$$

4.7 Schaltvorgänge im Gleichstromkreis

Bisher wurden immer nur die Zustände im stationären Endzustand bei Schaltungen mit Kondensatoren betrachtet, d. h. wenn sich die elektrischen Größen zeitlich nicht mehr ändern. Es wurde aber mehrfach auf die Vorgänge beim Laden, Entladen oder Umladen von Kondensatoren hingewiesen, die nun hier für einfache Schaltungen näher betrachtet werden. Auf die Schaltvorgänge bei mehreren oder unterschiedlichen Energiespeichern wird in Band 2 näher eingegangen. Da sich der Strom und die Spannungen am Widerstand und Kondensator zeitlich ändern, werden sie durch einen Kleinbuchstaben gekennzeichnet.

4.7.1 Ladevorgang bei einer Kapazität

In Abb. 4.35 liegt ein ohmscher Widerstand in Reihe zu einem als ideal angesehenen Kondensator. Der ohmsche Widerstand kann dabei auch die Zusammenfassung des Leitungswiderstandes und des Innenwiderstandes der Quelle darstellen oder bei einer idealen Quelle und als widerstandslos angenommenen Zuleitungen als Zweipol zugeschaltet sein.

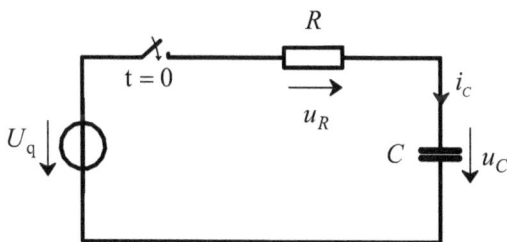

Abb. 4.35: Ladevorgang bei einer Reihenschaltung aus R und C

Der Kondensator ist vor dem Einschalten zum Zeitpunkt $t = 0$ ungeladen, d. h. $u_C = 0$. Da im elektrischen Feld Energie gespeichert wird, ist zum Aufbau des Feldes mit endlichen Stromstärken Zeit erforderlich. Durch den Transport einer Ladung auf den Kondensator muss in dem Stromkreis ein Strom fließen, der in dem Widerstand einen Spannungsabfall hervorruft. Dieser Spannungsabfall kann höchstens bis zum Betrag der Quellenspannung anwachsen, somit ist die Stromstärke und damit die Geschwindigkeit des Feldaufbaus begrenzt.

> An einer Kapazität kann sich die Spannung niemals sprunghaft ändern, der Strom dagegen schon.

Wird der Schalter geschlossen, so fließen der negativen Elektrode des Kondensators Elektronen zu, die von der positiven Elektrode abgezogen werden. Der Strom vermehrt die Ladung auf dem Kondensator nach Gleichung 2.3 in dem Zeitintervall dt um den Betrag $dQ = i_C \cdot dt$. Dadurch wächst innerhalb des Zeitintervalls die Spannung nach Gleichung 4.20 um den Betrag $du_C = dQ/C$ an. Somit ist:

$$i_C = \frac{dQ}{dt} = C \cdot \frac{du_C}{dt} \qquad\qquad (4.43)$$

Dieser Strom tritt an der einen Elektrode in den Kondensator ein und verlässt ihn an der anderen wieder, er fließt scheinbar durch den Nichtleiter hindurch. Man kann sich den Strom innerhalb des Nichtleiters als einen Verschiebungsstrom vorstellen, obwohl natürlich im Nichtleiter kein Ladungstransport stattfindet.

Stellt man für die Schaltung in Abb. 4.35 die Maschengleichung auf, so erhält man:

$$U_q = u_C + i_C \cdot R = u_C + R \cdot C \cdot \frac{du_C}{dt}$$

Die größte Ladungszunahme tritt deshalb unmittelbar nach dem Einschalten auf. Für den Schaltaugenblick, zu dem u_C noch null ist, gilt, da dann $i_C = U_q/R$ ist:

$$du_C = \frac{U_q \cdot dt}{R \cdot C}$$

Der Spannungsanstieg im Schaltaugenblick erfolgt demnach umso rascher, je kleiner das Produkt aus Widerstand und Kapazität ist. Man bezeichnet dieses Produkt, da es die Dimension der Zeit hat, als **Zeitkonstante**.

$$\tau = R \cdot C \qquad\qquad (4.44)$$

Den Verlauf der Spannung u_C für $t \geq 0$ erhält man aus der Maschengleichung durch Lösung der linearen inhomogenen Differenzialgleichung 1. Ordnung:

$$\tau \cdot \frac{du_C}{dt} + u_C = U_q$$

Da die so genannte Störfunktion U_q hier eine Konstante ist und den stationären Endzustand für u_C angibt – d. h. wenn $u_C = U_q$ geworden ist, ist der Ladevorgang abgeschlossen und u_C ändert sich nicht weiter – könnte die Differenzialgleichung durch Trennung der Variablen gelöst werden. Hier soll nach einem einfachen Schema zur Lösung inhomogener Differenzialgleichungen vorgegangen werden, das bei etwas komplexeren Schaltungen meist rascher zum Ziel führt und auch bei einer sich zeitlich ändernden Quellenspannung anwendbar ist.

Lösungsschema:
1. Lösen der homogenen Differenzialgleichung; dies entspricht der Wirkung des Schaltvorganges und liefert den nach einiger Zeit abklingenden oder „flüchtigen" Anteil.
2. Suchen der partikulären Lösung; diese entspricht dem stationären Endzustand, der mit den bekannten Regeln der Elektrotechnik leicht ermittelbar ist.
3. Überlagerung der beiden Lösungen.
4. Bestimmung der Integrationskonstanten aus den Anfangsbedingungen.

Nach diesem Schema wird also zunächst die homogene Differenzialgleichung durch Trennung der Variablen und anschließender Integration gelöst, man erhält so die Wirkung des Schaltvorganges bzw. den „flüchtigen" Anteil $u_{C_{fl}}$:

$$\tau \cdot \frac{du_C}{dt} + u_C = 0 \qquad \frac{du_C}{u_C} = -\frac{dt}{\tau} \qquad \int \frac{1}{u_C} \cdot du_C = -\int \frac{1}{\tau} \cdot dt \qquad \ln u_C + K_1 = -\frac{t}{\tau} + K_2$$

Fasst man die beiden unbekannten Integrationskonstanten K_1 und K_2 zu einer einzigen K_3 zusammen und benennt anschließend e^{K_3} als K_4, dann wird:

$$\ln u_C = -\frac{t}{\tau} + K_3 \qquad e^{\ln u_C} = u_C = e^{-\frac{t}{\tau} + K_3} = e^{-\frac{t}{\tau}} \cdot e^{K_3} = K_4 \cdot e^{-\frac{t}{\tau}} = u_{C_{fl}}$$

Im 2. Schritt sucht man den stationären Endzustand $u_{C_{st}}$ für u_C. Sobald u_C den Wert U_q angenommen hat, herrscht zwischen der Quelle und dem Kondensator Spannungsgleichgewicht und der Strom i_C wird null. Da nun keine weiteren Ladungen mehr auf den Kondensator transportiert werden, ist der Ladevorgang abgeschlossen und u_C bleibt konstant.

$$u_{C_{st}} = U_q$$

Im 3. Schritt werden beide Lösungen überlagert:

$$u_C = u_{C_{fl}} + u_{C_{st}} = K_4 \cdot e^{-\frac{t}{\tau}} + U_q$$

Der Kondensator war ursprünglich ungeladen. Da sich die Spannung nie sprunghaft ändern kann, muss sie zum Schaltzeitpunkt so groß sein wie vor dem Schalten. Demnach lautet die Anfangsbedingung, dass für $t = 0$ auch $u_C = 0$ sein muss. Setzt man in der obigen Gleichung t zu null, so erhält man daraus die Integrationskonstante:

$$u_{C_{(t=0)}} = 0 = K_4 \cdot e^{-0} + U_q = K_4 \cdot 1 + U_q \qquad K_4 = -U_q$$

Somit ergibt sich als Lösung für $t \geq 0$:

$$u_C = U_q - U_q \cdot e^{-\frac{t}{\tau}} = U_q \cdot \left(1 - e^{-\frac{t}{\tau}}\right) \tag{4.45}$$

Für den Strom i_C folgt für $t \geq 0$ daraus:

$$i_C = C \cdot \frac{du_C}{dt} = C \cdot \frac{d\left(U_q - U_q \cdot e^{-\frac{t}{\tau}}\right)}{dt} = C \cdot (-U_q) \cdot \left(-\frac{1}{\tau}\right) \cdot e^{-\frac{t}{\tau}} = \frac{C \cdot U_q}{R \cdot C} \cdot e^{-\frac{t}{\tau}}$$

$$i_C = \frac{U_q}{R} \cdot e^{-\frac{t}{\tau}} \tag{4.46}$$

Im Moment des Einschaltens wird der Strom nur durch den Widerstand R begrenzt, die Schaltung verhält sich so, als ob der Kondensator überbrückt wäre. Eine ungeladene Kapazität verhält sich für den Einschaltaugenblick wie ein Kurzschluss.

Je nach Genauigkeit einer Messung kann man in der Praxis davon ausgehen, dass ein Ladevorgang nach einer Zeit von $5 \cdot \tau$ bis $8 \cdot \tau$ abgeschlossen ist und der Strom i_C und die Spannung u_C ihren stationären Endzustand erreicht haben.

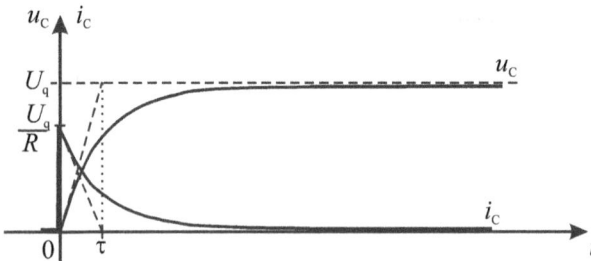

Abb. 4. 36: Verlauf von u_C und i_C beim Einschaltvorgang

Für die Spannung u_R ergibt sich für $t \geq 0$:

$$u_R = i_C \cdot R = U_q \cdot e^{-\frac{t}{\tau}}$$

Ist der Kondensator vor Beginn des Schaltvorganges bereits auf eine Spannung $u_C = U_A$ aufgeladen, dann erfolgen die ersten drei Schritte der Lösung der Differenzialgleichung wie oben angegeben, es ergibt sich lediglich eine andere Integrationskonstante.

$$u_{C_{(t=0)}} = U_A = K_4 \cdot 1 + U_q \qquad K_4 = U_A - U_q$$

$$u_C = U_q + \left(U_A - U_q\right) \cdot e^{-\frac{t}{\tau}}$$

$$i_C = C \cdot \frac{du_C}{dt} = -\frac{U_A - U_q}{R} \cdot e^{-\frac{t}{\tau}}$$

$$(4.47)$$

Ist $U_A < U_q$, dann erfolgt ein Ladevorgang, ist dagegen $U_A > U_q$, dann handelt es sich um einen Entladevorgang. Beide Fälle sind in Abb. 4.37 dargestellt.

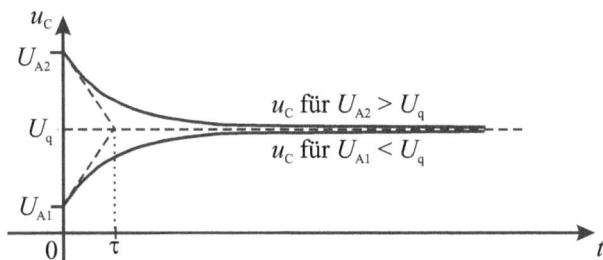

Abb. 4.37: Verlauf von u_C eines vorgeladenen Kondensators beim Einschalten

Beim Ladevorgang wurde von der Quelle die Energie geliefert:

$$W_Q = \int_0^\infty U_q \cdot i_C \cdot dt = U_q \cdot \int_0^\infty \frac{U_q}{R} \cdot e^{-\frac{t}{\tau}} \cdot dt = \frac{U_q^{\,2}}{R}\left[-\tau \cdot e^{-\frac{t}{\tau}}\right]_0^\infty = \frac{U_q^{\,2}}{R} \cdot R \cdot C = U_q^{\,2} \cdot C$$

Nach Abschn. 4.6.1 Gleichung 4.40 ist jedoch die im elektrischen Feld gespeicherte Energie W_{el} nur halb so groß. Die Hälfte der insgesamt aufgewendeten Energie geht also beim Ladevorgang verloren. Sie wird in Form von Wärmeenergie im Widerstand umgesetzt oder bei niederohmigen Widerständen zum Teil in Form einer elektromagnetischen Welle abgestrahlt.

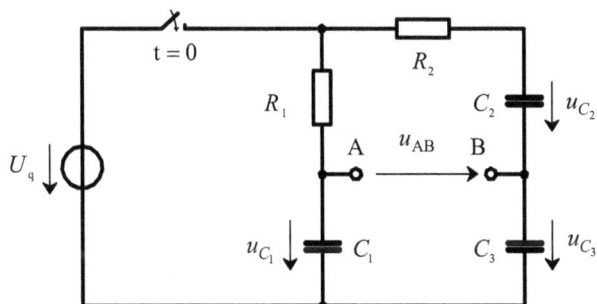

Abb. 4.38: Beispiel eines Einschaltvorgangs

Beispiel:

In der in Abb. 4.38 gezeigten Schaltung mit $U_q = 100\,\text{V}$, $R_1 = 2\,\text{k}\Omega$, $R_2 = 200\,\Omega$, $C_1 = 1\,\mu\text{F}$ und $C_2 = 6\,\mu\text{F}$ wird durch den Ladevorgang auf alle drei Kondensatoren zusammen eine Ladung $Q = 250\,\mu\text{C}$ gebracht. Wie groß muss demnach der Kondensator C_3 sein und welche Spannungen stellen sich nach Abklingen des Einschaltvorgangs an den Kondensatoren ein? Gesucht ist ebenfalls der zeitliche Verlauf der Spannung u_{AB}.

Der Kondensator C_1 wird auf $u_{C_1} = U_q = 100\,\text{V}$ aufgeladen. Somit ist $Q_1 = C_1 \cdot u_{C_1} = 100\,\mu\text{C}$ und $Q_{2,3} = Q - Q_1 = 150\,\mu\text{C}$. Damit kann $C_{e2,3}$ ermittelt werden und daraus dann C_3. Die Reihenschaltung aus C_2 und C_3 wird dabei auf die Spannung U_q aufgeladen.

$$C_{e2,3} = \frac{Q_{2,3}}{U_q} = 1{,}5\,\mu\text{F} \qquad C_3 = \frac{C_{e2,3} \cdot C_2}{C_2 - C_{e2,3}} = 2\,\mu\text{F}$$

Bei der Reihenschaltung tragen C_2 und C_3 die gleiche Ladung $Q_{2,3}$.

$$u_{C_1} = 100\,\text{V} \qquad u_{C_2} = \frac{Q_{2,3}}{C_2} = 25\,\text{V} \qquad u_{C_3} = \frac{Q_{2,3}}{C_3} = 75\,\text{V}$$

Aus der unteren Masche erhält man $u_{AB} = u_{C_1} - u_{C_3}$, man muss also die zeitlichen Verläufe von u_{C_1} und u_{C_3} bestimmen. Dabei gilt für C_2 und C_3 die gleiche Zeitkonstante wie für die Ersatzkapazität aus beiden.

$$u_{C_1} = 100\,\text{V} \cdot \left(1 - e^{-\frac{t}{\tau_1}}\right) \qquad \text{mit} \qquad \tau_1 = R_1 \cdot C_1 = 2\,\text{ms}$$

$$u_{C_3} = 75\,\text{V} \cdot \left(1 - e^{-\frac{t}{\tau_3}}\right) \qquad \text{mit} \qquad \tau_3 = R_2 \cdot C_{e2,3} = 0{,}3\,\text{ms}$$

Trägt man die Verläufe in ein Zeitdiagramm ein, so kann u_{AB} durch graphische Subtraktion ermittelt werden.

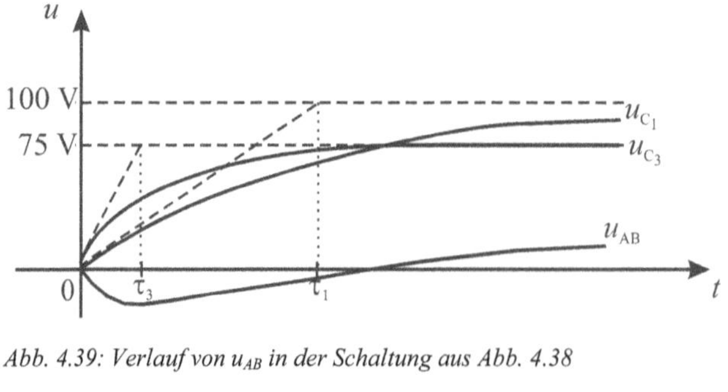

Abb. 4.39: Verlauf von u_{AB} in der Schaltung aus Abb. 4.38

Aufgabe 4.7
Der Zylinderkondensator der Aufgabe 4.5 sei an eine Spannungsquelle mit $U_q = 1$ kV angeschlossen und bereits voll aufgeladen, bevor die Flüssigkeit in die Anordnung einläuft. Was
geschieht, wenn nun die Flüssigkeit, wie in Aufgabe 4.5, mit einer konstanten Geschwindigkeit von $v = 6$ m/s zwischen den Zylinderelektroden hochsteigt?

4.7.2 Entladevorgang bei einer Kapazität

Bei der Entladung wird das Zählpfeilsystem am Kondensator beibehalten, obwohl natürlich
klar ist, dass der Strom in die andere Richtung fließen wird. Wird der Zählpfeil für i_C in die
tatsächliche Richtung des Stromes eingetragen, so muss berücksichtigt werden, dass dann die
Gleichung 4.43 ihr Vorzeichen ändert.

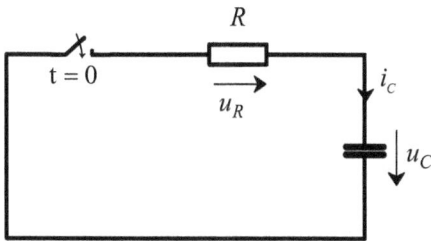

Abb. 4.40: Entladevorgang bei einer Reihenschaltung aus R und C

Vor dem Schließen des Schalters ist der Kondensator auf die Spannung $u_C = U_A$ aufgeladen.
Die Lösung der homogenen Differenzialgleichung, die sich aus der Maschengleichung ergibt, erfolgte bereits in Abschn. 4.7.1, hier erhält man lediglich eine andere Integrationskonstante. Damit ergeben sich Spannung und Strom für $t \geq 0$.

$$\tau \cdot \frac{du_C}{dt} + u_C = 0 \quad u_C = K_4 \cdot e^{-\frac{t}{\tau}} \quad u_{C(t=0)} = U_A = K_4 \cdot 1 \quad K_4 = U_A$$

$$u_C = U_A \cdot e^{-\frac{t}{\tau}}$$

$$i_C = C \cdot \frac{du_C}{dt} = -\frac{U_A}{R} \cdot e^{-\frac{t}{\tau}} \tag{4.48}$$

Der Strom i_C fließt demnach entgegengesetzt zur Richtung des Zählpfeils.

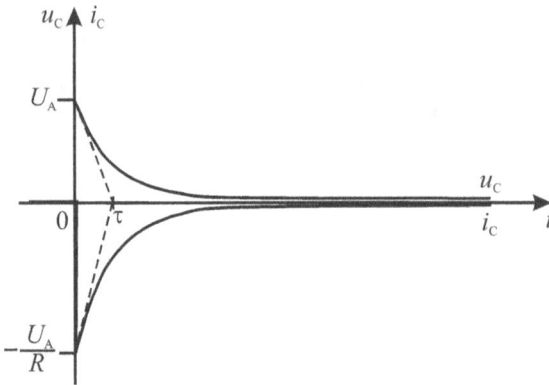

Abb. 4.41: Verlauf von u_C und i_C beim Entladevorgang

Beispiel:
Ein Koaxialkabel mit einer Länge von 10 km hat den Innenleiterradius $r_i = 10,8$ mm und die Isolierung einen Außenradius $r_a = 33,2$ mm. Daran schließt sich der Außenleiter an (vgl. Abb. 4.7 oder 4.18). Die Isolation zwischen Innen- und Außenleiter hat eine Permittivitätszahl $\varepsilon_r = 2,1$ und einen spezifischen Widerstand $\rho = 1,25 \cdot 10^{19}$ $\Omega \cdot$mm^2/m. Daraus lassen sich die Kapazität und der Isolationswiderstand des Kabels mit Hilfe der Widerstandsformel aus Abschn. 4.2.3 und Formel 4.24 berechnen.

$$C = \frac{2 \cdot \pi \cdot l \cdot \varepsilon_0 \cdot \varepsilon_r}{\ln \frac{r_a}{r_i}} = 1,04\,\mu F \qquad R = \frac{1}{2 \cdot \pi \cdot l \cdot \gamma} \cdot \ln \frac{r_a}{r_i} = \frac{\rho}{2 \cdot \pi \cdot l} \cdot \ln \frac{r_a}{r_i} = 223,4\,M\Omega$$

Dieses Kabel liegt an einer Gleichspannung von $U_q = 45$ kV. Wird das Kabel von der Spannungsquelle getrennt, so entlädt es sich über seinen Isolationswiderstand. Wie lange dauert es nach dem Abschalten, bis die Spannung am Kabel auf $u_C = 80$ V abgesunken ist?

$$u_C = U_q \cdot e^{-\frac{t}{R \cdot C}} \qquad t = -R \cdot C \cdot \ln \frac{u_C}{U_q} = 1471\,s$$

Um die Spannung sofort nach dem Abschalten zu verringern, wird mit dem Abschalten der Quelle dem Kabel ein Kondensator mit $C_p = 460$ µF parallel geschaltet (Abb. 4.42). Auf welchen Wert sinkt nun die Spannung U durch das Parallelschalten? (Diese Umladung erfolgt nach Abschn. 4.7.3 ebenfalls nach einer e-Funktion, allerdings wegen des kleinen Widerstands R_p sehr schnell.)

Die Ladung auf dem Koaxialkabel ist $Q = C \cdot U_q = 46,8$ mC. Diese Ladung verteilt sich nun auf beide Kapazitäten. Die Ersatzkapazität ist $C_e = C + C_p = 461$ µF. $U = Q/C_e = 101,5$ V.

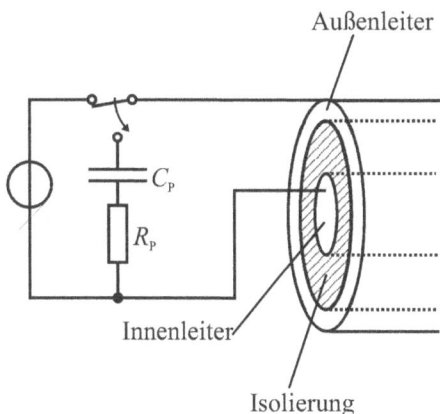

Abb. 4.42: Parallelschalten einer Kapazität zu dem Koaxialkabel mit dem Abschalten von der Quelle

Zuletzt soll noch die maximale Feldstärke, der das Kabel ausgesetzt ist, ermittelt werden. Die maximale Feldstärke tritt an der Oberfläche des Innenleiters auf. Damit erhält man mit Formel 4.25:

$$E = \frac{Q}{2 \cdot \pi \cdot r_i \cdot l \cdot \varepsilon_0 \cdot \varepsilon_r} = \frac{C \cdot U_q}{2 \cdot \pi \cdot r_i \cdot l \cdot \varepsilon_0 \cdot \varepsilon_r} = 3,71 \frac{MV}{m}$$

Aufgabe 4.8

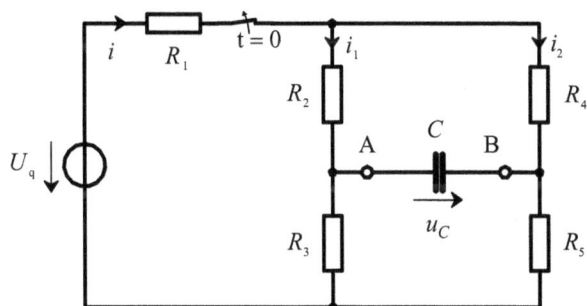

Abb. 4.43: Schaltung zu Aufgabe 4.8

$U_q = 100\,V$, $R_1 = 50\,\Omega$, $R_2 = R_5 = 10\,\Omega$, $R_3 = R_4 = 90\,\Omega$, $C = 10\,\mu F$. Der Schalter ist zunächst geschlossen. Wie groß ist u_C? Welchen zeitlichen Verlauf nimmt u_C beim Öffnen des Schalters zum Zeitpunkt $t = 0$? Mit welcher Zeitkonstante würde sich C wieder aufladen, wenn nach vollständiger Entladung der Schalter wieder geschlossen wird?

Aufgabe 4.9

In dem in Abb. 4.44 gezeigten Netzwerk mit $U_q = 24\,\text{V}$, $R_1 = 2\,\text{k}\Omega$, $R_2 = 4\,\text{k}\Omega$, $C_1 = 2\,\mu\text{F}$ und $C_2 = 3\,\mu\text{F}$ schaltet der Schalter in einem Takt von 10 ms jeweils unendlich schnell zwischen den beiden Schalterstellungen hin und her. Das erste Schaltspiel beginnt bei $t = 0$ mit dem Aufladen der vorher ungeladenen Kondensatoren C_1 und C_2. Bevor diese auf die Quellenspannung aufgeladen werden konnten, beginnt bereits der erste Entladevorgang, und ehe dieser abgeschlossen ist bereits ein neuer Aufladevorgang usw. Es soll der zeitliche Verlauf von u_C in einem Zeitbereich von $t = 0$ bis $t = 140$ ms angegeben werden.

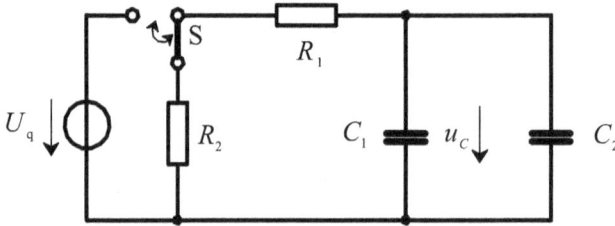

Abb.4.44: Schaltung zu Aufgabe 4.9

4.7.3   Umladung bei Kapazitäten

Aus energetischer Sicht wurde die Umladung in Abschn. 4.6.1 behandelt, hier wird der zeitliche Verlauf der Spannungen und des Stromes betrachtet.

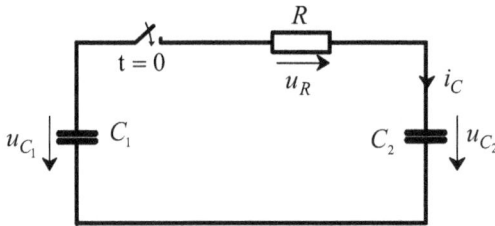

Abb. 4.45: Umladung bei zwei Kondensatoren

Der Kondensator C_1 ist auf die Spannung $u_{C_1} = U_A$ aufgeladen, der Kondensator C_2 ist ungeladen. Nach dem Schließen des Schalters fließt ein Teil der Ladungen von C_1 ab auf C_2, bis beide Spannungen an den Kondensatoren gleich sind; $u_{C_1} = u_{C_2} = U_E$. Damit ist der Umladevorgang abgeschlossen. Die Spannung U_E wird aus der vorhandenen Ladung berechnet.

$$Q = Q_1 = U_A \cdot C_1 \qquad U_E = \frac{Q}{C_1 + C_2} = U_A \cdot \frac{C_1}{C_1 + C_2}$$

Stellt man die Maschengleichung für die Schaltung auf, so erhält man:

$$i_C \cdot R + u_{C_2} - u_{C_1} = 0 \qquad \text{mit} \qquad i_C = C_2 \cdot \frac{du_{C_2}}{dt} = -C_1 \cdot \frac{du_{C_1}}{dt}$$

Das Minuszeichen bei dem zweiten Ausdruck für i_C rührt daher, dass die Zählpfeile für Strom und Spannung bei C_1 miteinander ein Erzeugerzählpfeilsystem bilden. Es ist auch formal verständlich, denn wenn der Strom tatsächlich in Richtung des Zählpfeils fließt, dann nimmt die Spannung an C_1 ab, d. h. die Ableitung wird negativ, und durch das Minuszeichen der Strom positiv. Für eine kurze Zeit wirkt C_1 als Quelle, bis C_2 so weit aufgeladen ist, dass die Spannungen an beiden Kondensatoren gleich sind.

Von den beiden unbekannten Spannungen ist zunächst u_{C_1} gesucht, dann muss in der Maschengleichung u_{C_2} durch u_{C_1} ausgedrückt werden.

$$du_{C_2} = \frac{1}{C_2} \cdot i_C \cdot dt \qquad u_{C_2} = \frac{1}{C_2} \cdot \int i_C \cdot dt = \frac{1}{C_2} \int -C_1 \cdot \frac{du_{C_1}}{dt} \cdot dt = -\frac{C_1}{C_2} \cdot u_{C_1} + K$$

Damit geht die Maschengleichung über in die Form:

$$-R \cdot C_1 \cdot \frac{du_{C_1}}{dt} - \frac{C_1}{C_2} \cdot u_{C_1} + K - u_{C_1} = 0 \qquad R \cdot C_1 \cdot \frac{du_{C_1}}{dt} + \frac{C_1}{C_2} \cdot u_{C_1} + u_{C_1} = K$$

$$R \cdot C_1 \cdot \frac{du_{C_1}}{dt} + u_{C_1} \cdot \left(\frac{C_1}{C_2} + 1 \right) = K \qquad R \cdot C_1 \cdot \frac{du_{C_1}}{dt} + u_{C_1} \cdot \frac{C_1 + C_2}{C_2} = K$$

$$R \cdot \frac{C_1 \cdot C_2}{C_1 + C_2} \cdot \frac{du_{C_1}}{dt} + u_{C_1} = K \cdot \frac{C_2}{C_1 + C_2}$$

Diese inhomogene Differenzialgleichung wird wieder nach dem in Abschn. 4.7.1 angegebenen Schema für $t \geq 0$ gelöst.

Die Lösung der homogenen Differenzialgleichung liefert wieder den flüchtigen Anteil.

$$u_{C_{1\text{fl}}} = K \cdot e^{-\frac{t}{\tau}} \qquad \text{mit} \qquad \tau = R \cdot \frac{C_1 \cdot C_2}{C_1 + C_2}$$

Der stationäre Endzustand wurde bereits weiter vorn ermittelt.

$$u_{C_{1\text{st}}} = U_E = U_A \cdot \frac{C_1}{C_1 + C_2}$$

Nach der Überlagerung der beiden Spannungsanteile kann man die Integrationskonstante bestimmen.

$$u_{C_1} = u_{C_{1\text{fl}}} + u_{C_{1\text{st}}} = K \cdot e^{-\frac{t}{\tau}} + U_A \cdot \frac{C_1}{C_1 + C_2}$$

$$u_{C_{1(t=0)}} = U_A = K \cdot 1 + U_A \cdot \frac{C_1}{C_1 + C_2}$$

$$K = U_A \cdot \left(1 - \frac{C_1}{C_1 + C_2}\right) = U_A \cdot \frac{C_1 + C_2 - C_1}{C_1 + C_2} = U_A \cdot \frac{C_2}{C_1 + C_2}$$

Damit erhält man den Verlauf von u_{C_1} für $t \geq 0$:

$$u_{C_1} = U_A \cdot \frac{C_1}{C_1 + C_2} + U_A \cdot \frac{C_2}{C_1 + C_2} \cdot e^{-\frac{t}{\tau}} \quad \text{mit} \quad \tau = R \cdot \frac{C_1 \cdot C_2}{C_1 + C_2}$$

Nun kann i_C und u_{C_2} für $t \geq 0$ bestimmt werden.

$$i_C = -C_1 \cdot \frac{du_{C_1}}{dt} = -C_1 \cdot U_A \cdot \frac{C_2}{C_1 + C_2} \cdot \left(-\frac{1}{R \cdot \dfrac{C_1 \cdot C_2}{C_1 + C_2}}\right) \cdot e^{-\frac{t}{\tau}} = \frac{U_A}{R} \cdot e^{-\frac{t}{\tau}}$$

$$u_{C_2} = -\frac{C_1}{C_2} \cdot u_{C_1} + K$$

Die Integrationskonstante ist wieder aus der Anfangsbedingung zu ermitteln.

$$u_{C_{2(t=0)}} = 0 = -U_A \cdot \frac{C_1^2}{C_2 \cdot (C_1 + C_2)} - U_A \cdot \frac{C_1}{C_1 + C_2} \cdot 1 + K \qquad K = U_A \cdot \frac{C_1^2 + C_1 \cdot C_2}{C_2 \cdot (C_1 + C_2)}$$

$$u_{C_2} = -\frac{C_1}{C_2} \cdot \left(U_A \cdot \frac{C_1}{C_1 + C_2} + U_A \cdot \frac{C_2}{C_1 + C_2} \cdot e^{-\frac{t}{\tau}}\right) + U_A \cdot \frac{C_1^2 + C_1 \cdot C_2}{C_2 \cdot (C_1 + C_2)}$$

$$= U_A \cdot \frac{C_1}{C_1 + C_2} \cdot \left(1 - e^{-\frac{t}{\tau}}\right)$$

Man sieht den immensen Aufwand zur formalen Lösung einer Aufgabe mit nur zwei gleichartigen Speicherelementen. Dabei ist hier noch die Zeitkonstante für beide Kondensatoren gleich. Wären diese auch noch verschieden, so kann sich der Aufwand noch steigern, wenn man nicht, wie in Band 2 gezeigt, andere Lösungsmethoden einschlägt.

Bei dieser Aufgabe wäre die Lösung durch Überlegung auch einfacher zu finden. Man muss dazu nur die Anfangswerte und die stationären Endzustände ermitteln. Der Strom und beide

Spannungen verändern sich dann ausgehend von ihrem Wert bei $t = 0$ nach einer e-Funktion zum stationären Endwert. Es gilt also nur noch die Zeitkonstante zu bestimmen. Für den Stromfluss liegen alle passiven Schaltelemente in Reihe, deshalb ist die Zeitkonstante das Produkt aus dem Widerstand und der Ersatzkapazität der Reihenschaltung aus C_1 und C_2. Ob aus der Überlegung oder der formalen Lösung ergibt sich der in Abb. 4.46 gezeigte Zeitverlauf der Spannungen und des Stromes.

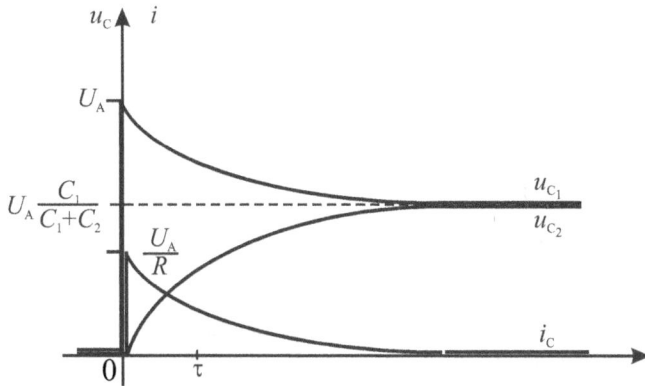

Abb. 4.46: Zeitlicher Verlauf der Spannungen und des Stromes bei der Umladung

Zuletzt soll noch die bei der Umladung im Widerstand R in Wärmeenergie umgewandelte elektrische Energie bestimmt werden.

$$W_R = \int_0^\infty R \cdot i_C{}^2 \cdot dt = R \cdot \frac{U_A{}^2}{R^2} \cdot \int_0^\infty e^{-\frac{2 \cdot t}{\tau}} \cdot dt = \frac{U_A{}^2}{R} \cdot \left(-\frac{\tau}{2}\right) \cdot \left[e^{-\frac{2 \cdot t}{\tau}}\right]_0^\infty = \frac{U_A{}^2 \cdot R \cdot \frac{C_1 \cdot C_2}{C_1 + C_2}}{2 \cdot R}$$

$$= \frac{U_A{}^2}{2} \cdot \frac{C_1 \cdot C_2}{C_1 + C_2}$$

Der Energieverlust ist demnach unabhängig von der Größe des Widerstandes. Ist R klein, so springt der Strom im Schaltaugenblick auf einen hohen Wert, klingt jedoch rasch ab; ist R groß, so wird der Strom im Schaltaugenblick nicht so hoch, dafür ist die Zeitkonstante größer.

Beispiel:
Im Zusammenhang mit dem Umladen von Kondensatoren soll noch auf eine wichtige Eigenschaft hingewiesen werden. Hier kommt es nicht auf den zeitlichen Verlauf der Variablen an, sondern auf die stationären Endwerte der Spannungen. Zwei Kondensatoren mit $C_1 = 1\ \mu F$ und $C_2 = 9\ \mu F$ werden zunächst parallel geschaltet und an einer Spannungsquelle mit $U_q = 200\ V$ aufgeladen. Danach werden sie von der Quelle getrennt und so miteinander verbunden, dass der Minuspol von C_1 am Pluspol von C_2 liegt.

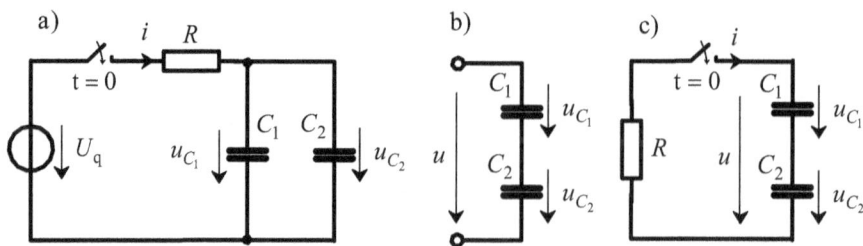

Abb. 4.47: Lade-, Umpolungs- und Entladevorgang bei zwei Kondensatoren

Da bei diesem Vorgang keine Ladungen abfließen können, bleiben die Ladungen, Spannungen und gespeicherten Energien auf den Kondensatoren erhalten:

$$Q_1 = C_1 \cdot u_1 = 200\,\mu C \qquad Q_2 = C_2 \cdot u_2 = 1800\,\mu C$$

$$W_{el_1} = \frac{C_1 \cdot u_1^{\,2}}{2} = 20\,mJ \qquad W_{el_2} = \frac{C_2 \cdot u_2^{\,2}}{2} = 180\,mJ \qquad u = u_1 + u_2 = 400\,V$$

Werden die nun in Reihe liegenden Kondensatoren über einen Widerstand entladen, so wird so lange ein Strom fließen, bis die Spannung u null geworden ist. Fasst man C_1 und C_2 zu einer Ersatzkapazität zusammen, so hat diese einen Wert von $C_e = 0{,}9\,\mu F$. Wäre diese Ersatzkapazität auf 400 V aufgeladen, so würde sie eine Ladung von $Q = C_e \cdot U = 360\,\mu C$ tragen. Bei einer Entladung von C_e würden somit 360 μC von der oberen Elektrode von C_e zur unteren fließen, was einen negativen Strom i zur Folge hat.

Auf beiden Kondensatoren hat sich demnach die ursprüngliche Ladung um 360 μC vermindert. Auf C_1 befindet sich nunmehr eine Ladung von $Q_1 = -160\,\mu C$ und auf C_2 eine Ladung von $Q_2 = 1440\,\mu C$. Die Spannungen sind nach dem Entladevorgang $u_1 = Q_1/C_1 = -160\,V$ und $u_2 = Q_2/C_2 = 160\,V$, d. h. die Gesamtspannung ist zwar null, aber beide Kondensatoren sind noch auf eine Spannung aufgeladen. Die Tatsache, dass in einem Stromkreis mit Kondensatoren nach einer Entladung kein Strom mehr fließt, bedeutet nicht zwangsläufig, dass die Kondensatoren auch entladen sind. Nach der Entladung über den Widerstand sind auf den Kondensatoren noch die elektrischen Energien $W_{el_1} = 12{,}8\,mJ$ und $W_{el_2} = 115{,}2\,mJ$ gespeichert, 72 mJ wurden im Widerstand R in thermische Energie umgewandelt. Hier ist die vorher abgeleitete Formel für W_R nicht anwendbar, da beide Kondensatoren eine Vorladung trugen.

5   Stationäres magnetisches Feld

5.1   Grundbegriffe

Der Feldbegriff wurde in Abschn. 4.1 ausführlich behandelt und wird deshalb hier als bekannt vorausgesetzt. In Abschn. 4.6.2 wurde erläutert, dass auf zwei ruhende Ladungen gleichen Vorzeichens, die im Abstand r angeordnet sind, eine abstoßende Kraft ausgeübt wird.
Bewegen sich aber beide Ladungen mit gleicher Geschwindigkeit in die gleiche Richtung, so
wird auf sie eine anziehende Kraft ausgeübt. Es muss demnach neben dem elektrischen Feld
ein weiteres existieren, das die anziehende Kraft ausübt. Es ist dies das magnetische Feld.

Man unterscheidet drei Erscheinungsformen des magnetischen Feldes:

- das magnetische Erdfeld
- Magnetfelder in der Umgebung stromdurchflossener Leiter oder bewegter Ladungen
- Magnetfelder in der Umgebung von Dauermagneten

Auch das Erdmagnetfeld und das Feld von Dauermagneten beruhen auf der Bewegung von
Ladungsträgern, nämlich der Ausbildung von gerichteten Kreisströmen im mikrokosmischen
Bereich. Darauf wird bei der Erklärung des Ferromagnetismus näher eingegangen.

Die Wirkung des magnetischen Feldes äußert sich in einer

- Kraftwirkung auf stromdurchflossene Leiter oder bewegte Ladungen,
- Kraftwirkung auf ferromagnetische Stoffe und
- Induktionswirkung, d. h. der Erzeugung eines Stromes in einem Leiterkreis

Wie das elektrische wird auch das magnetische Feld durch Feldlinien veranschaulicht. Das
magnetische Feld ist im ganzen Raum und nicht nur längs gezeichneter Feldlinien wirksam.
Die Dichte der Feldlinien ist wieder ein Maß für die Stärke des Magnetfeldes. Den Verlauf
der Feldlinien kann man mit Hilfe von Eisenfeilspänen oder einer Kompassnadel feststellen,
allerdings ist die Richtung der Feldlinien nur mit letzterer Methode zu ermitteln. Eine Magnetnadel dreht sich so, dass sie in Richtung einer Tangente an dem jeweiligen Punkt der
Feldlinie zeigt. Das auf sie ausgeübte Drehmoment ist ein Maß für die Stärke des Magnetfeldes. In Abb. 5.1 ist der Feldverlauf für einige Magnete und Leiteranordnungen gezeigt. Ein
Kreuz in einem Leiter symbolisiert dabei einen in die Zeichenebene fließenden Strom, ein
Punkt einen aus der Zeichenebene herausfließenden Strom.

Als Richtungssinn des magnetischen Feldes wurde die Richtung der Feldlinien vom magnetischen Nordpol eines Dauermagneten durch den Luftzwischenraum zum magnetischen Südpol definiert, d. h. im Inneren des Dauermagneten vom Südpol zum Nordpol. Der magnetische Nordpol einer Kompassnadel weist somit in die positive Richtung eines Magnetfeldes. Das magnetische Feld ist ein **Vektorfeld**.

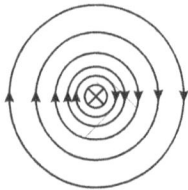

Feldlinienbild eines stromdurchflossenen unendlich
langen geraden Leiters

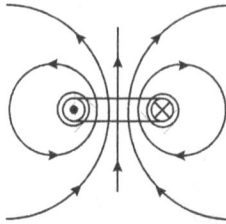

Feldlinienbild einer stromdurchflossenen Leiterschleife
(Windung)

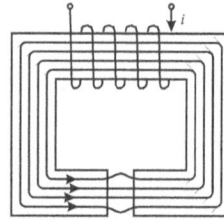

Feldlinienbild eines Eisenkerns
mit Luftspalt

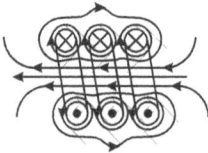

Feldlinienbild von drei
stromdurchflossenen Windungen

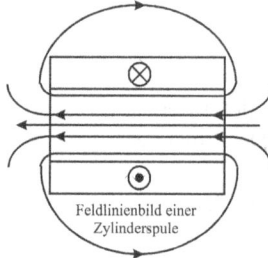

Feldlinienbild einer
Zylinderspule

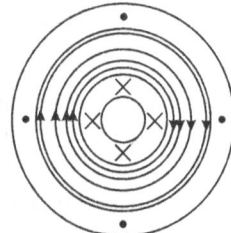

Feldlinienbild einer
Ringspule

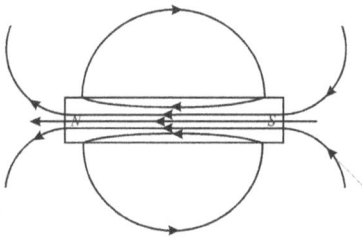

Feldlinienbild eines
Stabmagneten

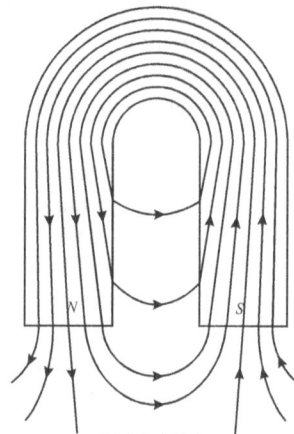

Feldlinienbild eines
Hufeisenmagneten

Abb. 5.1: Feldlinienbilder einiger Dauermagnete und Leiteranordnungen

Der Richtungssinn eines magnetischen Feldes um einen stromdurchflossenen Leiter kehrt sich um, wenn die Stromrichtung umgekehrt wird. Stromlaufsinn und Richtungssinn des Magnetfeldes sind einander rechtsschraubig zugeordnet.

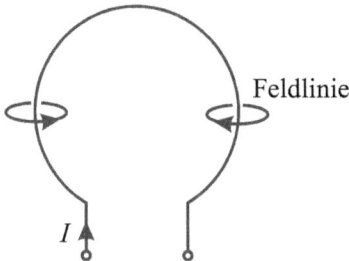

Abb. 5.2: Zuordnung des Richtungssinnes des Magnetfeldes zur Stromrichtung nach der Rechtsschraubenregel

Wie die Abbildungen 5.1 und 5.2 zeigen, ist der Feldverlauf inhomogen, dies ist schon allein aus der Tatsache begründet, dass ein **Wirbelfeld** vorliegt. Wirbelfelder bilden in sich geschlossene Feldlinien aus. Wie später gezeigt wird, kann bei technischen Anwendungen trotzdem oft von einem näherungsweise homogenen Feld ausgegangen werden, da nur bestimmte Raumgebiete interessieren, innerhalb derer das Feld an allen Stellen gleich stark ist und in derselben Richtung wirkt.

5.1.1 Elektrische Durchflutung

Für das Zustandekommen eines magnetischen Feldes ist immer ein Ladungstransport, d. h. das Fließen eines elektrischen Stromes, notwendig. Deshalb wird als Ursache des Magnetfeldes zunächst die **elektrische Durchflutung** Θ (Theta) eingeführt. Sie kann in Analogie zum elektrischen Strömungsfeld als „magnetische Quellenspannung" aufgefasst werden.

Betrachtet man eine Fläche (Abb. 5.3), die von einer elektrischen Strömung durchsetzt wird, so ist die Summe aller Ströme unter Berücksichtigung der Zählpfeile für die Ströme und des gewählten Umlaufsinnes gleich der Durchflutung. Ströme, deren Zählpfeil rechtsschraubig zum Umlaufsinn sind, werden positiv gezählt, bei linksschraubiger Zuordnung negativ. Sind alle Leiter hintereinander geschaltet und werden somit vom gleichen Strom durchflossen, so bilden sie eine Spule mit N Windungen, dadurch vereinfacht sich der Ausdruck für die elektrische Durchflutung.

$$\Theta = \sum_{i=1}^{n} I_i \qquad \text{bzw.} \qquad \Theta = N \cdot I$$
$$[\Theta] = [I] = 1\,\text{A}$$

(5.1)

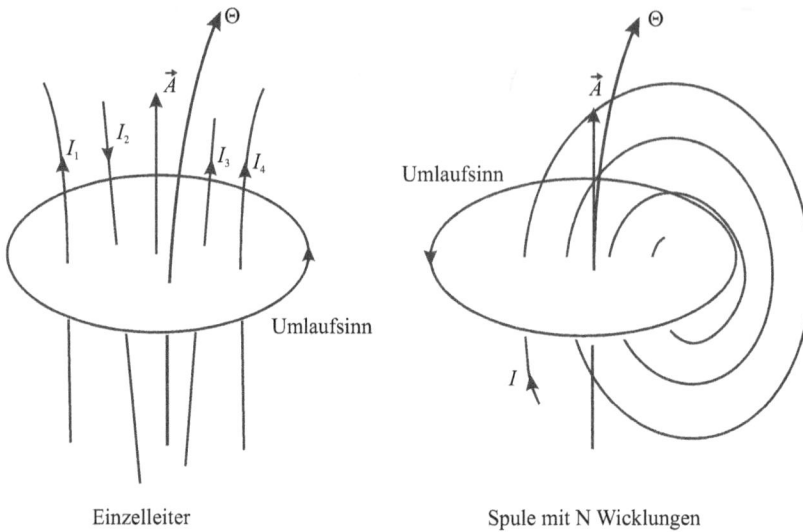

Abb.: 5.3: Elektrische Durchflutung einer Fläche

Die elektrische Durchflutung ist wie die Stromstärke eine skalare Größe, ihr muss aber ein Richtungssinn in Form eines Zählpfeiles zugewiesen werden.

Für die Abb. 5.3 ist die Durchflutung für die Einzelleiter $\Theta = I_1 - I_2 + I_3 + I_4$ und für die Spule $\Theta = 4 \cdot I$. Man kann also mit kleinen Strömen und einer großen **Windungszahl** N ein gleich starkes Magnetfeld erzeugen wie mit wenig Windungen und großen Strömen.

Bei einer nicht leitergebundenen elektrischen Strömung oder einer Strömung innerhalb eines Leiters geht Gleichung 5.1 nach Gleichung 4.8 über in die Form:

$$\Theta = \int_A \vec{J} \cdot d\vec{A} \qquad\qquad\qquad (5.2)$$

5.1.2   Magnetische Feldstärke

Die magnetische Feldstärke H ist eine formale Feldgröße, die nicht direkt messtechnisch erfassbar ist, sich für die Berechnung magnetischer Felder in unterschiedlichen Materialien aber als sehr nützlich erweist.

Zu ihrer Herleitung soll das folgende Experiment helfen. Innerhalb einer Querschnittsfläche der in Abb. 5.1 gezeigten Ringspule herrscht näherungsweise ein homogenes Feld, wenn der mittlere Spulendurchmesser d_m groß gegenüber dem Wicklungsdurchmesser d_W ist; die Richtung des magnetischen Feldes ist jedoch immer tangential zur Feldlinie, so dass der Feldverlauf über die ganze Ringspule betrachtet inhomogen ist. Bringt man in die Ringspule eine Magnetnadel und ändert nacheinander nur jeweils entweder die Stromstärke I, die Windungszahl N oder den Spulendurchmesser d_m und damit die Länge $l = \pi \cdot d_m$ der Feldlinien, so ist das auf die Magnetnadel ausgeübte Drehmoment $M \sim I$, $M \sim N$ und $M \sim 1/l$. Eine weitere Abhängigkeit des Drehmomentes, nämlich vom Material im Feldraum, bleibt hier unberücksichtigt; insbesondere bei einem ferromagnetischen Stoff, anstelle von Luft, würde sich bei sonst gleich bleibenden Einflussfaktoren ein wesentlich größeres Drehmoment ergeben. Als Ergebnis erhält man somit:

$$M \sim \frac{I \cdot N}{l} = \frac{\Theta}{l}$$

Diesen Ausdruck Θ / l bezeichnet man als **magnetische Feldstärke** H.

$$H = \frac{I \cdot N}{l} = \frac{\Theta}{l}$$
$$[H] = \frac{[\Theta]}{[l]} = 1 \frac{A}{m}$$

(5.3)

Diese Gleichung ist hier in skalarer Form dargestellt. Allerdings ist die Länge ein Vektor; da die Durchflutung ein Skalar ist, muss auch die magnetische Feldstärke ein Vektor sein. In einem homogenen Feld, wenn also längs einer Feldlinie die Feldstärke immer konstant ist, kann mit Gleichung 5.2 gerechnet werden. Ist das Feld inhomogen, so gilt:

$$\Theta = \oint_A \vec{H} \cdot d\vec{l}$$

(5.4)

Das hier verwendete Integralsymbol bedeutet, dass der Integrationsweg längs eines in sich geschlossenen Weges verläuft und dadurch eine Hüllfläche A umschließt. Gleichung 5.4 beschreibt einen der wichtigsten Zusammenhänge zwischen dem elektrischen Strömungsfeld und dem damit zwangsläufig auftretenden magnetischen Feld. Danach ist in einer Fläche, die von einer geschlossenen Feldlinie der Länge l umrandet wird, die magnetische Feldstärke längs dieser Feldlinie gleich der Summe aller Ströme – d. h. der elektrischen Durchflutung – die von der Feldlinie umfasst werden. Man nennt dies das **Durchflutungsgesetz**. Gibt man die Durchflutung als die Gesamtheit der eine Fläche durchsetzenden Ströme durch Gleichung 4.8 an, so erhält man die **1. maxwellsche Gleichung** in Integralform, welche die Grundlage für die Beschreibung elektrodynamischer Vorgänge bildet, wie z. B. der im Band 2, Abschn. 8.1 behandelten elektromagnetischen Wellen, dort wird auch noch die Verschiebungsstromdichte berücksichtigt.

$$\int_A \vec{J} \cdot d\vec{A} = \oint_A \vec{H} \cdot d\vec{l}$$

(5.5)

Für einen Einzelleiter sind die Zusammenhänge des Durchflutungsgesetzes in Abb. 5.4 nochmals dargestellt.

Erfolgt die Integration nach Gleichung 5.4 längs einer Feldlinie, die sich kreisförmig um den Leiter ausbildet, so ist in jedem Punkt der Vektor des Längenstückes $d\vec{l}$ und der Feldstärke $\vec{H}$ tangential zur Feldlinie und damit der Winkel α zwischen beiden Vektoren null, es kann also auf die vektorielle Schreibweise verzichtet werden. Bewegt man sich auf einem beliebigen Integrationsweg, wie er in Abb. 5.4 gestrichelt eingetragen ist, so muss für jedes Weg-element – längs dessen die Feldstärke als konstant angesehen werden kann – das Skalarpro-dukt $\vec{H} \cdot d\vec{l} = H \cdot dl \cdot \cos\alpha$ gebildet werden. Das Ergebnis ist aber das gleiche wie im ersten Fall. Es ist also einsichtig, dass als Integrationsweg möglichst der Weg entlang einer Feldli-nie gewählt wird. Formal lösbar ist Gleichung 5.4 nur, wenn H als Funktion von l bekannt ist.

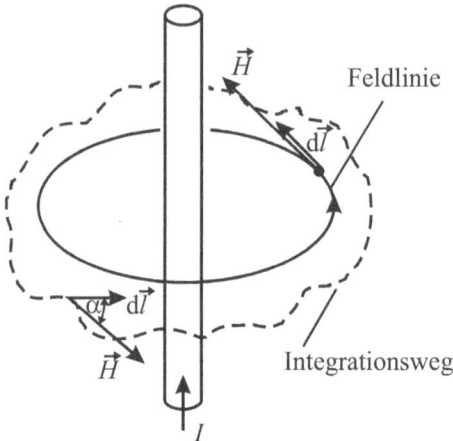

Abb. 5.4: Durchflutungsgesetz für einen Einzelleiter

Gleichung 5.4 hat formal Ähnlichkeit mit Gleichung 4.4. In Analogie zur elektrischen Span-nung nennt man deshalb den Ausdruck $\oint \vec{H} \cdot d\vec{l}$ auch **magnetische Umlaufspannung** $\overset{o}{V}$, da der Integrationsweg über einen geschlossenen Umlauf erfolgt.

5.1.3   Magnetische Spannung

In technischen Anordnungen verlaufen die Feldlinien sehr oft in unterschiedlichen Materia-lien, z. B. in Eisen und in einem Luftspalt. In solchen Fällen ist von Interesse, welcher Durchflutungsanteil für die jeweiligen Teilstücke anfällt. Wie später noch gezeigt wird, ist der Durchflutungsanteil für Luftstrecken oder andere Strecken aus nichtferromagnetischen Stoffen oft so groß, dass dagegen der Anteil in den ferromagnetischen Strecken vernachläs-sigt werden kann.

Man hat deshalb die **magnetische Spannung** V eingeführt, die in Analogie zum elektrischen Strömungsfeld als Spannungsabfall aufgefasst werden kann. Sie ist definiert als:

$$V_{12} = \int_1^2 \vec{H} \cdot d\vec{l} \quad \text{bzw. für homogene Felder} \quad V_{12} = \vec{H} \cdot \vec{l}_{12}$$

(5.6)

$$[V] = 1\,\text{A}$$

Verläuft die Wegstrecke l_{12} vom Punkt 1 zum Punkt 2 dazu längs einer Feldlinie, so kann auf die vektorielle Schreibweise verzichtet werden, da beide Vektoren in jedem Punkt die gleiche Richtung haben. Die magnetische Spannung ist ein Skalar, ihr muss aber ein Richtungssinn in Form eines Zählpfeils zugewiesen werden. Bildet l_{12} einen in sich geschlossenen Weg, so nennt man V die **magnetische Umlaufspannung** (vgl. Abschn. 5.1.2). Sie ist gleich der Durchflutung Θ.

$$\overset{o}{V} = \Theta$$

Unterteilt man eine Feldlinie in mehrere Teilstrecken l_1 bis l_n, so kann das Durchflutungsgesetz auch in der folgenden Form angegeben werden, soweit innerhalb der Teilstrecken H konstant ist:

$$\Theta = \sum_{i=1}^{n} V_i = \sum_{i=1}^{n} H_i \cdot l_i \quad \text{mit n = Anzahl der Teilstrecken}$$

(5.7)

5.1.4 Magnetischer Widerstand und Leitwert

In den vorhergehenden Kapiteln wurde mehrfach darauf hingewiesen, dass unterschiedliche Materialien, die von einem Magnetfeld durchsetzt werden, auch unterschiedliche Durchflutungsanteile verbrauchen. Sie setzten also dem magnetischen Feld offenbar einen unterschiedlichen „Widerstand" entgegen. In Analogie zum elektrischen Strömungsfeld liegt es deshalb nahe, einen **magnetischen Widerstand** R_m bzw. **magnetischen Leitwert** Λ (Lambda) zu definieren. Wie beim ohmschen Widerstand hängt der magnetische Widerstand von den geometrischen Abmessungen des Feldraumes, d. h. der Länge l und dem Querschnitt A, und dem Material im Feld ab.

$$R_m = \frac{l}{\mu \cdot A}$$

(5.8)

Dabei ist μ (My) die **Permeabilität**. Sie setzt sich aus einer Konstanten, der **magnetischen Feldkonstanten** des leeren Raumes μ_0, und einer dimensionslosen Materialkonstanten, der **Permeabilitätszahl** oder **relativen Permeabilität** μ_r, zusammen. Die magnetische Feldkonstante μ_0 ist dabei mit der elektrischen Feldkonstante ε_0 und der Lichtgeschwindigkeit c folgendermaßen verbunden:

$$c^2 = \frac{1}{\varepsilon_0 \cdot \mu_0}$$

$$\mu = \mu_0 \cdot \mu_r \quad \text{mit} \quad \mu_0 = 4 \cdot \pi \cdot 10^{-7} \frac{V \cdot s}{A \cdot m} = 1{,}257 \cdot 10^{-6} \frac{V \cdot s}{A \cdot m} \qquad (5.9)$$

Für alle nichtferromagnetischen Stoffe kann für viele praktische Anwendungen in der Elektrotechnik $\mu_r \approx 1$ gesetzt werden. Es wird noch in Abschn. 5.4.1 kurz darauf eingegangen, dass für paramagnetische Stoffe geringfügig $\mu_r > 1$ und für diamagnetische $\mu_r < 1$ ist.

Der Kehrwert des magnetischen Widerstandes ist der magnetische Leitwert.

$$\Lambda = \frac{1}{R_m} = \frac{\mu \cdot A}{l}$$

$$[\Lambda] = 1 \frac{V \cdot s \cdot m^2}{A \cdot m \cdot m} = 1 \frac{V \cdot s}{A} = 1\,\Omega \cdot s = 1\,H \quad \text{(Henry)} \qquad (5.10)$$

$$[R_m] = \left[\frac{1}{\Lambda} \right] = 1\,H^{-1}$$

5.1.5 Magnetischer Fluss und magnetische Flussdichte

In Abb. 5.1 wurde der Verlauf der magnetischen Feldlinien für einige Beispiele gezeigt. Die Gesamtheit dieser Feldlinien, die als Folge einer elektrischen Durchflutung auftreten, nennt man **magnetischen Fluss** Φ (Phi). Der magnetische Fluss und die elektrische Durchflutung sind messtechnisch erfassbare Größen. Für die meisten in der Technik vorkommenden Materialien kann die Proportionalität zwischen Φ und Θ experimentell ermittelt werden. Den vom Magnetfeld erfüllten Raum nennt man sinngemäß **magnetischen Kreis**. Die räumliche Größe dieses Raumes und die Materialien im Raum sind ebenfalls für die Größe des magnetischen Flusses maßgebend. Da bereits bei der Durchflutung, der magnetischen Spannung und dem magnetischen Widerstand die Analogien zum elektrischen Strömungsfeld gezogen wurden, kann dies auch hier geschehen. Der Fluss Φ ist der elektrischen Stromstärke I vergleichbar. Deshalb ergänzt man in Anlehnung an das ohmsche Gesetz die Proportionalität $\Phi \sim \Theta$ durch die Gleichung:

$$\Phi = \Lambda \cdot \Theta = \frac{\Theta}{R_m}$$

$$[\Phi] = [\Lambda] \cdot [\Theta] = 1\,\frac{V \cdot s}{A} \cdot A = 1\ V \cdot s = 1\ Wb\ \ \text{(Weber)} \qquad (5.11)$$

Der magnetische Fluss Φ ist ein Skalar, hat jedoch eine durch die Rechtsschraubenregel festgelegte Richtung.

Die **magnetische Flussdichte** B hätte als erste magnetische Größe aus der Kraftwirkung des magnetischen Feldes abgeleitet und definiert werden können; die Kraftwirkung wird allerdings in diesem Buch erst in Abschn. 6.7 behandelt, da zu ihrer Ableitung erst noch die magnetische Energie behandelt werden muss. Die magnetische Flussdichte ist das Analogon zur elektrischen Stromdichte.

$$B = \frac{d\Phi}{dA} \qquad \text{bzw.} \qquad \Phi = \int_A \vec{B} \cdot d\vec{A}$$

$$[B] = 1 \frac{V \cdot s}{m^2} = 1 \frac{Wb}{m^2} = 1\,T \quad (\text{Tesla}) \tag{5.12}$$

Bei vielen technischen Anwendungen kann man davon ausgehen, dass der magnetische Fluss die interessierende Fläche senkrecht durchsetzt, in diesen Fällen kann auf die vektorielle Schreibweise verzichtet werden. Ist zudem das Feld homogen, so geht Gleichung 5.12 über in die Form:

$$B = \frac{\Phi}{A} \tag{5.13}$$

Ersetzt man in dieser Gleichung Φ durch Gleichung 5.11 und darin A durch Gleichung 5.10, so wird:

$$B = \frac{\Lambda \cdot \Theta}{A} = \frac{\mu \cdot A \cdot \Theta}{l \cdot A} = \frac{\mu \cdot \Theta}{l}$$

Der Ausdruck Θ / l entspricht aber der magnetischen Feldstärke. Damit wird:

$$B = \mu \cdot H = \mu_0 \cdot \mu_r \cdot H \quad \text{bzw.} \quad \vec{B} = \mu \cdot \vec{H} \tag{5.14}$$

Diese Gleichung ist zwar allgemein gültig, allerdings muss darauf hingewiesen werden, dass für ferromagnetische Stoffe μ_r keine Konstante ist, sondern selbst eine Funktion von H. Aus diesem Grund ist Gleichung 5.14 nur für nichtferromagnetische Stoffe praktisch anwendbar, bei ferromagnetischen Stoffen wird allgemein der Zusammenhang zwischen B und H in Form so genannter Magnetisierungskurven angegeben (vgl. Abschn. 5.4.1, Abb. 5.25). Die Vektoren der Flussdichte und Feldstärke haben demnach in jedem Raumpunkt die gleiche Richtung und unterscheiden sich nur durch den Faktor der Permeabilität.

5.1.6 Analogie zwischen den elektrischen Feldern und dem magnetischen Feld

In den vorhergehenden Kapiteln wurde wiederholt auf die Ähnlichkeiten zwischen den einzelnen Feldern hingewiesen. Die Zusammenhänge sollen nochmals zusammengefasst und in Abb. 5.5 übersichtlich dargestellt werden.

$$U = \frac{I}{G} = I \cdot R$$
$I \xrightarrow{\hspace{3cm}} U$

$$U = \frac{Q}{C}$$
$Q \xrightarrow{\hspace{3cm}} U$

$$\Theta = \frac{\Phi}{\Lambda}$$
$\Phi \xrightarrow{\hspace{3cm}} \Theta$

$I = J \cdot A$ $\quad$ $E = \frac{U}{l}$ $\quad$ $Q = D \cdot A$ $\quad$ $E = \frac{U}{l}$ $\quad$ $\Phi = B \cdot A$ $\quad$ $H = \frac{\Theta}{l}$

$J \xleftarrow{\hspace{3cm}} E$
$$J = \gamma \cdot E$$

$D \xleftarrow{\hspace{3cm}} E$
$$D = \varepsilon \cdot E$$

$B \xleftarrow{\hspace{3cm}} H$
$$B = \mu \cdot H$$

$$U = \int \vec{E} \cdot d\vec{l}$$

$$U = \int \vec{E} \cdot d\vec{l}$$

$$\Theta = \oint \vec{H} \cdot d\vec{l}$$

Elektrisches Strömungsfeld $\qquad$ Elektrostatisches Feld $\qquad$ Magnetisches Feld

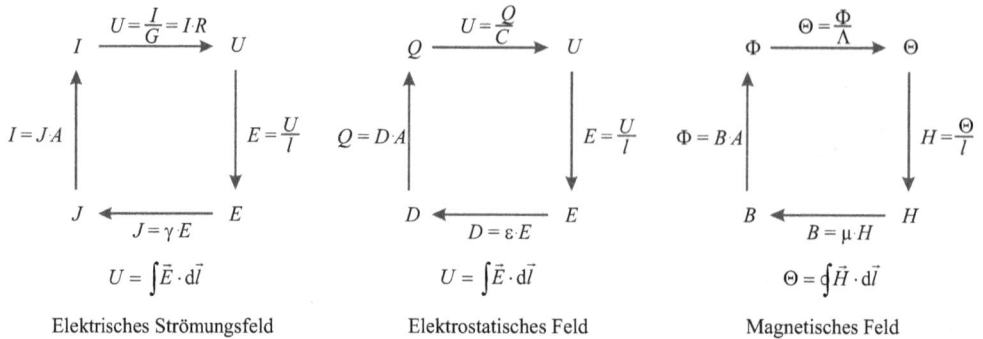

Abb. 5.5: Gegenüberstellung der Zusammenhänge der Größen im elektrischen Strömungsfeld, elektrostatischen Feld und magnetischen Feld

5.1.7 Magnetische Ersatzschaltbilder

Wenn zwischen dem magnetischen Feld und dem elektrischen Strömungsfeld so ausgeprägte Ähnlichkeiten bestehen, liegt es nahe, auch die Verfahren zur Berechnung elektrischer Netzwerke auf magnetische Kreise anzuwenden, insbesondere den Knoten- und Maschensatz. In den noch folgenden Kapiteln zur Berechnung magnetischer Kreise wird darauf immer wieder eingegangen. Als ein Beispiel sei hier ein einfacher unverzweigter magnetischer Kreis aus einem Eisenring mit einem Luftspalt gezeigt. Auf dem Eisenring ist eine Wicklung mit N Windungen aufgebracht, die von einem Strom I durchflossen wird. Die elektrische Durchflutung ist demnach $\Theta = I \cdot N$.

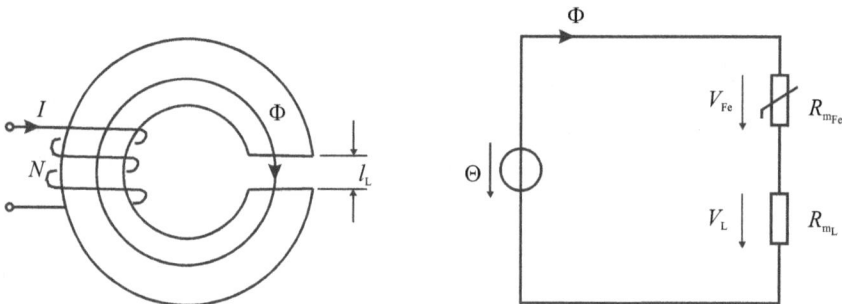

Abb. 5.6: Magnetisches Ersatzschaltbild eines einfachen unverzweigten Magnetkreises

In Abb. 5.6 ist eine Feldlinie des sich aufgrund der Durchflutung ergebenden Magnetfeldes eingetragen. Der magnetische Widerstand für das Feld setzt sich somit aus einer Reihenschaltung für das magnetische Feld im Eisen und im Luftspalt zusammen. Der magnetische Widerstand für Eisen ist dabei nichtlinear, weil hier $\mu_r = f(H)$ ist (vgl. Abschn. 5.4.1), dagegen ist der magnetische Widerstand für Luft linear. Der magnetische Fluss und die magnetischen Spannungen sind nach den Gleichungen 5.11, 5.7 und 5.6:

$$\Phi = \frac{N \cdot I}{R_{m_{Fe}} + R_{m_L}} \qquad V_{Fe} = \Phi \cdot R_{m_{Fe}} = H_{Fe} \cdot l_{Fe} \qquad V_L = \Phi \cdot R_{m_L} = H_L \cdot l_L$$

Dabei sind H_{Fe} und H_L die magnetischen Feldstärken im Eisen- und Luftteil und l_{Fe} sowie l_L die Feldlinienlängen im Eisen- und Luftweg.

Weiter gilt nach dem Maschensatz:

$$\Theta = V_{Fe} + V_L = \Phi \cdot R_{m_{Fe}} + \Phi \cdot R_{m_L} = \Phi \cdot \left(R_{m_{Fe}} + R_{m_L} \right)$$

Man könnte nun die beiden magnetischen Widerstände auch zu einem Ersatzwiderstand zusammenfassen:

$$R_{m_e} = R_{m_{Fe}} + R_{m_L} \qquad \Theta = \Phi \cdot R_{m_e}$$

Entsprechend würden sich bei einer Parallelschaltung von magnetischen Widerständen die magnetischen Leitwerte addieren und auch alle anderen Gesetzmäßigkeiten des elektrischen Strömungsfeldes wären sinngemäß übertragbar. Wäre bei dem vorliegenden magnetischen Kreis z. B. der magnetische Widerstand des Luftspalts sehr groß gegenüber dem des Eisens, so könnte Letzterer näherungsweise gegenüber dem des Luftspalts vernachlässigt werden. Bei der Parallelschaltung könnte dagegen ein sehr großer magnetischer Widerstand gegenüber einem sehr kleinen näherungsweise vernachlässigt werden.

5.2 Berechnung magnetischer Felder in nichtferromagnetischen Stoffen

In diesem Abschnitt sollen für einige Leiteranordnungen, die in der Praxis häufig vorkommen, die magnetischen Feldstärken und exemplarisch für einen geraden, unendlich langen Leiter der magnetische Fluss berechnet werden. Bei nichtferromagnetischen Stoffen ist $\mu_r \approx 1$ und somit $\mu \approx \mu_0$.

5.2.1 Feld eines geraden, langen Leiters mit kreisförmigem Querschnitt

Mit Hilfe der in Abschn. 5.1 erläuterten Methoden kann man feststellen, dass sich die Feldlinien als konzentrische Kreise um den Leiter ausbilden und die Stärke des Magnetfeldes mit der Entfernung vom Leiter abnimmt, es entsteht ein parallelebenes magnetisches Feld. Ist der Leiter sehr lang, so können die Feldverzerrungen am Anfang und Ende des Leiters vernachlässigt werden, theoretisch müsste man von einem unendlich langen Leiter ausgehen.

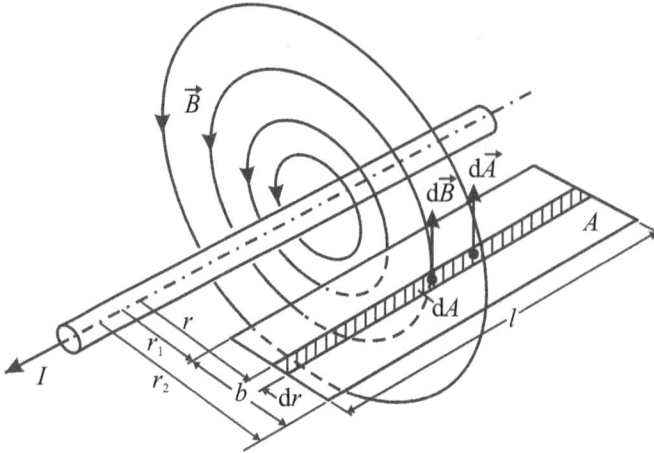

Abb. 5.7: Magnetisches Feld um einen geraden, langen Leiter mit kreisförmigem Querschnitt

Zunächst soll die magnetische Feldstärke H_a außerhalb des Leiters bestimmt werden, d. h. $r \geq r_L$. Alle Feldlinien außerhalb des Leiters bilden Flächen, die vom gesamten Strom I durchflossen werden. Mit Gleichung 5.4 kann die Feldstärke ermittelt werden. Wählt man als Integrationsweg zur Bildung der magnetischen Umlaufspannung dabei eine Feldlinie mit dem Radius r, so kann auf die vektorielle Schreibweise verzichtet werden, da in jedem Punkt die Feldstärke und das Längenelement die gleiche Richtung haben. Außerdem ist die Feldstärke längs der Feldlinie überall gleich groß und kann somit als Konstante vor das Integral gezogen werden. Es verbleibt also nur die Summe der Längenelemente, die dem Umfang eines Kreises mit dem Radius r entsprechen.

$$\Theta = I = \oint_A \vec{H}_a \cdot d\vec{l} = \oint_A H_a \cdot dl = H_a \cdot \oint_A dl = H_a \cdot 2 \cdot \pi \cdot r$$

$$H_a = \frac{I}{2 \cdot \pi \cdot r} \qquad\qquad\qquad (5.15)$$

Möchte man den magnetischen Fluss durch die in Abb. 5.7 gezeigte Fläche A bestimmen, die in einer Ebene zur Mittellinie des Leiters liegt, so ist die Feldstärke in der Fläche inhomogen, da sie mit wachsendem Abstand von der Leitermittellinie abnimmt. Dagegen sind die Feldstärke und Flussdichte längs der Leiterachse in dem Flächenstreifen $dA = l \cdot dr$ konstant, zudem haben der Flussdichtevektor und Flächenvektor in jedem Punkt der Fläche die gleiche Richtung. Somit ergibt sich der magnetische Fluss durch die Fläche $A = b \cdot l$ zu:

$$\Phi = \int_{r_1}^{r_2} \vec{B} \cdot d\vec{A} = \int_{r_1}^{r_2} B \cdot dA = \int_{r_1}^{r_2} \mu_0 \cdot H_a \cdot dA = \int_{r_1}^{r_2} \frac{\mu_0 \cdot I}{2 \cdot \pi \cdot r} \cdot l \cdot dr = \frac{\mu_0 \cdot I \cdot l}{2 \cdot \pi} \cdot \int_{r_1}^{r_2} \frac{1}{r} \cdot dr$$

$$= \frac{\mu_0 \cdot I \cdot l}{2 \cdot \pi} \cdot \left[\ln r\right]_{r_1}^{r_2} = \frac{\mu_0 \cdot I \cdot l}{2 \cdot \pi} \cdot \left(\ln r_2 - \ln r_1\right) = \frac{\mu_0 \cdot I \cdot l}{2 \cdot \pi} \cdot \ln \frac{r_2}{r_1}$$

Nun werden die Feldstärke H_i im Leiterinneren und der Fluss durch eine Fläche der Länge l, die von der Leitermittellinie bis zum Leiteraußenradius r_L reicht, bestimmt. Im Leiterinneren verteilt sich der Strom gleichmäßig über den gesamten Querschnitt, somit ist die Stromdichte konstant. Auch im Leiterinneren besteht ein Magnetfeld mit kreisförmigen Feldlinien um die Leitermittellinie. Die von einer Feldlinie umschlossene Durchflutung ist aber nicht mehr der ganze Strom, sondern sie nimmt mit kleiner werdenden Radien immer mehr ab; die Durchflutung ist also eine Funktion des Radius. Man muss folglich die Durchflutung bzw. den Strom als Funktion des Radius ermitteln und in Gleichung 5.4 einsetzen.

$$J = \frac{I}{A} = \frac{I}{\pi \cdot r_L^2} \qquad I(r) = J \cdot A(r) = \frac{I}{\pi \cdot r_L^2} \cdot \pi \cdot r^2 = I \cdot \frac{r^2}{r_L^2}$$

$$\Theta(r) = I(r) = I \cdot \frac{r^2}{r_L^2} = \oint_A \overrightarrow{H_i} \cdot d\vec{l} = H_i \cdot 2 \cdot \pi \cdot r$$

$$H_i = I \cdot \frac{r}{2 \cdot \pi \cdot r_L^2} \tag{5.16}$$

$$\Phi = \int_0^{r_L} \vec{B} \cdot d\vec{A} = \int_0^{r_L} \mu_0 \cdot H_i \cdot dA = \int_0^{r_L} \frac{\mu_0 \cdot I \cdot r}{2 \cdot \pi \cdot r_L^2} \cdot l \cdot dr = \frac{\mu_0 \cdot I \cdot l}{2 \cdot \pi \cdot r_L^2} \cdot \left[\frac{r^2}{2} \right]_0^{r_L} = \frac{\mu_0 \cdot I \cdot l}{4 \cdot \pi}$$

In Abb. 5.8 ist der Verlauf der magnetischen Feldstärke und magnetischen Flussdichte inner- und außerhalb des Leiters als Funktion der Entfernung von der Leitermittellinie für den Fall aufgetragen, dass der Strom aus der Zeichenebene herausfließt.

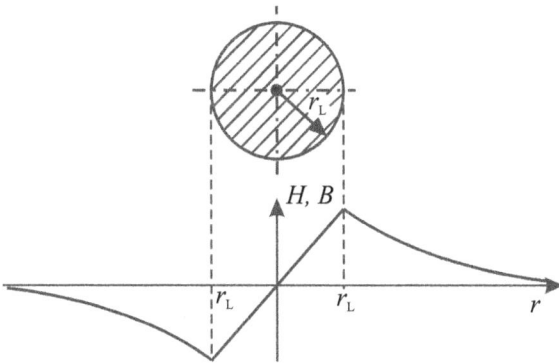

Abb. 5.8: Verlauf der Feldgrößen bei einem geraden, langen Leiter als Funktion der Entfernung von der Leitermit-tellinie

5.2.2   Feld eines geraden, langen Hohlleiters

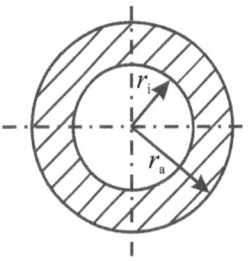

Abb. 5.9: Querschnitt eines geraden, langen Hohlleiters

Für jeden Radius $r > r_a$ verhält sich der Feldverlauf wie bei dem Vollleiter von Abschn. 5.2.1. Für Radien $r < r_i$ wird für jeden Integrationsweg kein Strom und damit keine Durchflutung umschlungen, somit ist die elektrische Feldstärke dort null. Zu ermitteln ist demnach nur die Feldstärke im Leiterinneren für $r_i \leq r \leq r_a$.

Auch hier bilden die Feldlinien konzentrische Kreise um die Leitermittellinie; wählt man als Integrationsweg eine Feldlinie, so ist die Feldstärke längs des Weges konstant und die Vektoren der Feldstärke und Wegelemente haben in jedem Punkt die gleiche Richtung. Allerdings umschlingt eine Feldlinie – mit Ausnahme für $r = r_a$ – nicht den gesamten Strom, sondern nur einen Teil davon, die Durchflutung ist also wieder eine Funktion des Radius. Dagegen verteilt sich der Strom gleichmäßig über den Querschnitt, die Stromdichte ist somit konstant.

$$J = \frac{I}{A} = \frac{I}{\pi \cdot \left(r_a^2 - r_i^2\right)} \qquad I(r) = J \cdot A(r) = \frac{I}{\pi \cdot \left(r_a^2 - r_i^2\right)} \cdot \pi \cdot \left(r^2 - r_i^2\right) = I \cdot \frac{r^2 - r_i^2}{r_a^2 - r_i^2}$$

$$\Theta(r) = I(r) = I \cdot \frac{r^2 - r_i^2}{r_a^2 - r_i^2} = \oint_A \overline{H_i} \cdot \mathrm{d}\overline{l} = H_i \cdot 2 \cdot \pi \cdot r$$

$$H_i = \frac{I}{2 \cdot \pi \cdot r} \cdot \frac{r^2 - r_i^2}{r_a^2 - r_i^2} \qquad\qquad\qquad\qquad (5.17)$$

In Abb. 5.10 ist der Verlauf der magnetischen Feldstärke und magnetischen Flussdichte inner- und außerhalb des Leiters als Funktion der Entfernung von der Leitermittellinie für den Fall aufgetragen, dass der Strom in die Zeichenebene hineinfließt.

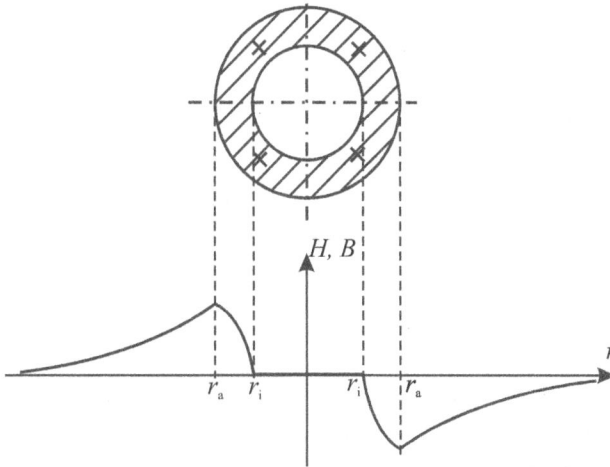

Abb. 5.10: Verlauf der Feldgrößen bei einem geraden, langen Hohlleiter als Funktion der Entfernung von der Leitermittellinie

5.2.3   Feld einer langen Zylinderspule

Im Inneren einer langgestreckten Zylinderspule (Abb. 5.11), deren Spulenlänge $l_i > 10 \cdot d_i$ ist, kann man näherungsweise von einem homogenen Feldverlauf ausgehen, wobei man vernachlässigt, dass ein Teil der Feldlinien gar nicht den gesamten Feldraum durchsetzt, sondern sich bereits vorher schließt. Da sich im Inneren der Spule ein nichtferromagnetischer Stoff befindet und auch das Leitermaterial der Spule nichtferromagnetisch ist, wird hier wie auch im nächsten Kapitel bei der Ringspule die Hälfte der Wicklung zum Durchmesser für den Feldraum, z. B. zur Berechnung des magnetischen Widerstandes (vgl. Aufgabe 5.2), hinzugenommen. Zur Bestimmung der magnetischen Umlaufspannung für eine Feldlinie, die nicht allein durch das Spuleninnere geht, erhält man nämlich immer noch eine Teildurchflutung, somit ergibt sich ein besseres Näherungsergebnis als bei alleiniger Berücksichtigung des Spuleninneren als Querschnittsfläche für das Feld. Dies darf jedoch nicht bei ferromagnetischen Stoffen im Inneren der Spule erfolgen, da der magnetische Widerstand von Eisen wesentlich kleiner ist als für das Leitermaterial (in der Regel Kupfer) und somit fast der ganze magnetische Fluss nur im Eisenteil verläuft.

Bildet man die Umlaufspannung für eine Feldlinie, die den gesamten Feldraum durchsetzt, so kann man die Durchflutung in zwei magnetische Teilspannungen für den Innen- und Außenraum der Spule aufspalten.

$$\Theta = N \cdot I = \oint_A \vec{H} \cdot \mathrm{d}\vec{l} = \int \vec{H_i} \cdot \mathrm{d}\vec{l_i} + \int \vec{H_a} \cdot \mathrm{d}\vec{l_a}$$

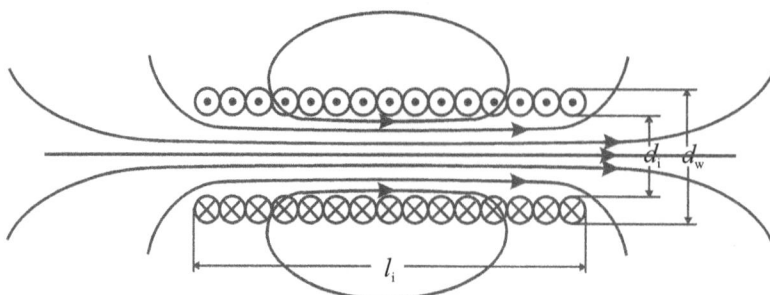

Abb. 5.11: Feldlinienverlauf in einer langen Zylinderspule

Wie bereits erwähnt, soll für den Innenraum näherungsweise ein homogenes magnetisches Feld angenommen werden. Die magnetische Feldstärke H_i ist demnach konstant und ihr Vektor weist in jedem Punkt in die gleiche Richtung wie das Längenelement, damit lässt sich das erste Integral leicht lösen. Dagegen ist der Feldverlauf im Außenraum stark inhomogen, und eine Lösung des zweiten Integrals wäre somit elementar nicht möglich. Der Abstand der Feldlinien ist jedoch ein Maß für die Feldstärke. Man sieht, dass die Feldstärke im Außenraum viel kleiner als im Innenraum ist, $H_i \gg H_a$. In einer weiteren Näherung kann man damit das Ergebnis für die magnetische Spannung im Außenraum vernachlässigen und erhält:

$$\Theta = N \cdot I \approx \int H_i \cdot \mathrm{d}l_i = H_i \cdot \int \mathrm{d}l_i = H_i \cdot l_i$$

$$H_i \approx \frac{\Theta}{l_i} = \frac{N \cdot I}{l_i} \qquad\qquad\qquad\qquad (5.18)$$

Die Näherung ist umso genauer, je größer das Verhältnis von l_i / d_i wird, und ist für die Spulenmitte wesentlich besser als für die beiden Spulenenden.

5.2.4   Feld einer Ringspule

Biegt man eine lange Zylinderspule so, dass Spulenanfang und -ende zusammenstoßen, so erhält man eine in Abb. 5.12 gezeigte Ringspule. Technisch werden Ringspulen allerdings sofort in Ringform gewickelt und erfordern somit einen höheren Fertigungsaufwand. Es gibt auch Ringspulen mit quadratischem Wicklungsquerschnitt, in Abb. 5.12 ist sowohl ein kreisförmiger wie rechteckiger Querschnitt gezeigt.

Zur Fläche des Querschnittes für den Feldraum (vgl. Aufgabe 5.1) nimmt man wieder die Hälfte der Wicklung mit dazu, wenn der Spulenkern, auf den die Spule aufgewickelt ist, nichtferromagnetisch ist.

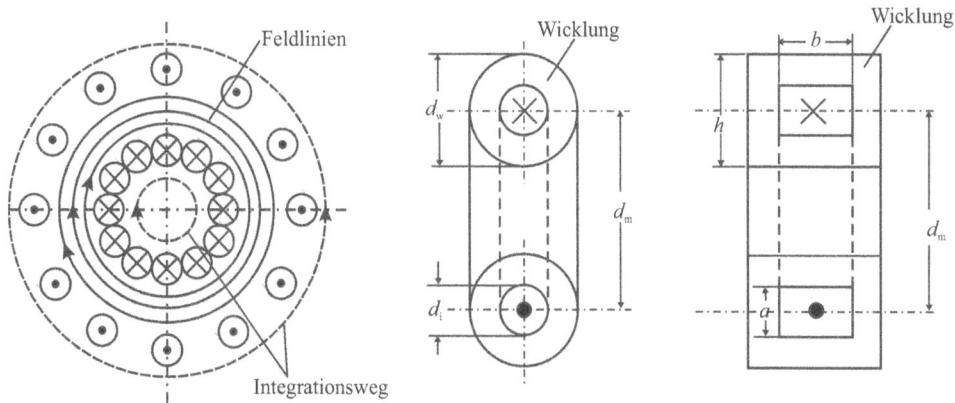

Abb. 5.12: Feldlinienverlauf in einer Ringspule

Untersucht man den Feldverlauf mit Hilfe einer Magnetnadel, so ergeben sich wieder konzentrische Kreise für die Feldlinien im Inneren der Ringspule. Wählt man als Integrationsweg zur Bestimmung der magnetischen Umlaufspannung einen der in Abb. 5.12 gestrichelt eingetragenen Wege, so umfasst man bei der Feldlinie mit dem größten Radius gleich viele Windungen, bei denen der Strom in die Fläche hineinfließt, wie solche, bei denen der Strom aus der Fläche herausfließt. Die Durchflutung ist demnach null und somit auch die elektrische Feldstärke. Im anderen Fall umrandet der Integrationsweg eine Fläche, die von keiner einzigen Windung durchdrungen wird. Auch hier ist die Durchflutung und damit die Feldstärke null. Theoretisch liegt bei einer Ringspule außerhalb der Spulenfläche kein Feld vor, man sagt, die Spule hat keine Streuung. Deshalb werden Ringspulen in der Praxis meist dann eingesetzt, wenn die Streuung gering gehalten werden soll. Auf die Streuung wird aber erst später eingegangen.

Wählt man zur Bestimmung der magnetischen Umlaufspannung als Integrationsweg dagegen eine Feldlinie im Inneren der Ringspule, so tritt durch die vom Integrationsweg umrandete Fläche die Durchflutung $\Theta = N \cdot I$ hindurch.

$$\Theta = N \cdot I = \oint_A \overline{H_i} \cdot \mathrm{d}\vec{l} = H_i \cdot \oint_A \mathrm{d}l = H_i \cdot 2 \cdot \pi \cdot r$$

$$H_i = \frac{N \cdot I}{2 \cdot \pi \cdot r} \approx \frac{N \cdot I}{\pi \cdot d_m} \quad \text{(Näherung für } d_m \gg d_W) \tag{5.19}$$

Die magnetische Feldstärke nimmt nach außen hin ab. Ist der Durchmesser der Wicklung d_W und damit auch des Spulenkörpers d_i aber sehr klein gegenüber dem mittleren Durchmesser der Spule d_m und ist die Spule eng gewickelt, so kann man die Feldstärke im Inneren als näherungsweise konstant ansehen und die in Gleichung 5.19 angegebene Näherung benützen.

5.2.5 Feld einer geraden, langen Koaxialleitung

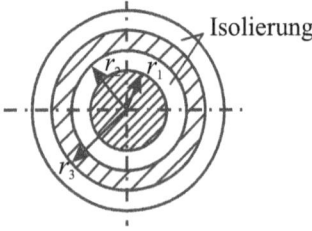

5.13: Querschnitt einer Koaxialleitung

Bei einer Koaxialleitung sind in der Regel die Querschnitte für die Hinleitung im Inneren des Leiters und die Rückleitung in der Ummantelung gleich, in diesem Fall ist auch die Stromdichte in der Hin- und Rückleitung gleich. Aufgrund der Zylindersymmetrie bilden sich hier im Leiterinneren der Hin- und Rückleitung und der Isolation dazwischen Feldlinien in Form konzentrischer Kreise um die Leitermittellinie aus.

Wählt man als Integrationsweg eine Feldlinie mit $0 \leq r \leq r_1$, so muss sich für die elektrische Feldstärke das gleiche Ergebnis wie im Inneren des geraden, langen Leiters aus Abschn. 5.2.1 einstellen. Für einen Integrationsweg mit $r_1 < r < r_2$ ist das Ergebnis identisch mit dem für den geraden langen Leiter außerhalb des Leiters. Für jeden Integrationsweg im Außenraum um die Koaxialleitung mit $r > r_3$ umfasst man mit dem Integrationsweg die ganze Hin- und Rückleitung; die Durchflutung ist demnach wie die magnetische Feldstärke null. Da Koaxialkabel außerhalb des Leiters kein Magnetfeld aufweisen, beeinflussen sich auch unmittelbar benachbarte Kabel nicht gegenseitig, deshalb werden auch Koaxialkabel dort eingesetzt, wo durch die gegenseitige Beeinflussung Schwierigkeiten auftreten könnten. Es verbleibt somit nur die Ermittlung der Feldstärke für den Bereich $r_2 \leq r \leq r_3$.

Bei einem Integrationsweg in diesem Bereich umfasst man immer den gesamten Strom I_i auf der Hinleitung (Innenleiter), aber nur einen Teil des Stromes I_a auf der Rückleitung (Außenleiter). Der Strom im Innenleiter ist $I_i = I$ und damit konstant, dagegen ist I_a eine Funktion des Radius. Die Stromdichte im Außenleiter ist:

$$J_a = \frac{I}{A} = \frac{I}{\pi \cdot \left(r_3^2 - r_2^2\right)} \qquad I_a(r) = J \cdot A(r) = \frac{I}{\pi \cdot \left(r_3^2 - r_2^2\right)} \cdot \pi \cdot \left(r^2 - r_2^2\right) = I \cdot \frac{\left(r^2 - r_2^2\right)}{\left(r_3^2 - r_2^2\right)}$$

$$\Theta = I_i - I_a(r) = I - I \cdot \frac{\left(r^2 - r_2^2\right)}{\left(r_3^2 - r_2^2\right)} = I \cdot \frac{r_3^2 - r^2}{r_3^2 - r_2^2}$$

$$H_a = \frac{I}{2 \cdot \pi \cdot r} \cdot \frac{r_3^2 - r^2}{r_3^2 - r_2^2} \qquad\qquad\qquad (5.20)$$

Fließt der Strom auf dem Innenleiter in die Zeichenebene hinein und auf dem Rückleiter aus der Zeichenebene heraus, so ergibt sich der Feldverlauf nach Abb. 5.14.

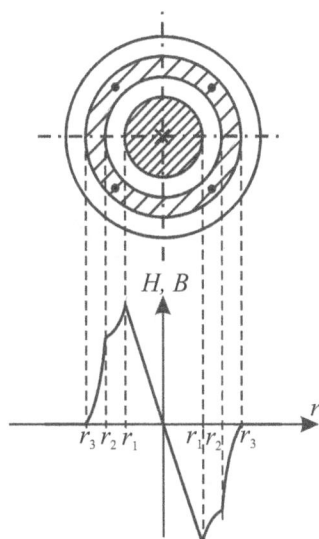

Abb. 5.14: Feldverlauf in einer geraden, langen Koaxialleitung

Aufgabe 5.1
Eine Ringspule mit einem kreisförmigen Wicklungsquerschnitt nach Abb. 5.12, die auf einen Porzellanring aufgewickelt ist, hat die Maße $d_m = 15$ cm und $d_i = 2$ cm. Sie ist einlagig mit einem Kupferdraht von 0,6 mm Durchmesser bewickelt. Es ist der magnetische Leitwert für die Ringspule zu berechnen. Wie viele Windungen müssen aufgebracht werden, damit bei einem Strom von 1 A sich ein magnetischer Fluss $\Phi = 0,6 \cdot 10^{-6}$ Wb einstellt?

Aufgabe 5.2
Eine lange Zylinderspule (vgl. Abb. 5.11) mit einer Länge $l_i = 20$ cm und einem Innen-durchmesser $d_i = 1,8$ cm ist einlagig mit einer Wicklung aus Kupferdraht von 0,8 mm Durchmesser und einer Windungszahl $N = 230$ bewickelt. Die Stromstärke beträgt 1 A. Es soll die magnetische Feldstärke, magnetische Flussdichte und der magnetische Fluss im Spuleninneren berechnet werden.

5.2.6   Gesetz von Biot-Savart

Für die bisherigen einfachen Leiteranordnungen konnte die Ermittlung der magnetischen Feldstärke in einem bestimmten Punkt über das Durchflutungsgesetz erfolgen. Für beliebig geformte Leiter oder bewegte Punktladungen Q im Raum ist das Durchflutungsgesetz allerdings nicht mehr elementar auswertbar. In solchen Fällen hilft die Anwendung des Gesetzes von **Biot-Savart** weiter, das aus dem Durchflutungsgesetz hergeleitet wird. Auf die sehr aufwändige Herleitung wird im Rahmen dieses Buches verzichtet. Das Gesetz wird in den beiden Formen für bewegte Punktladungen im Raum und stromführende Leiter nur angegeben und die Anwendung anhand des Beispiels einer quadratischen Leiterschleife gezeigt.

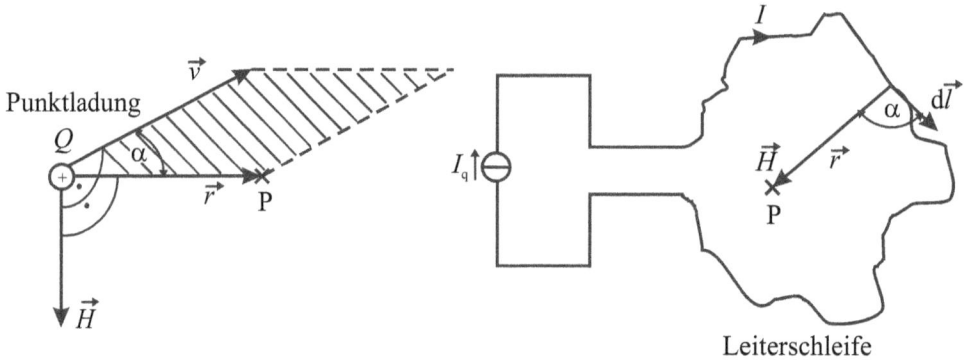

Abb. 5.15: Magnetfeld einer bewegten Punktladung und einer beliebigen Leiterschleife

$$\vec{H} = \frac{Q}{4 \cdot \pi \cdot r^3} \cdot (\vec{v} \times \vec{r})$$

$$\vec{H} = \frac{I}{4 \cdot \pi} \cdot \int_l \frac{d\vec{l} \times \vec{r}}{r^3}$$

(Gesetz von Biot-Savart)   (5.21)

Dabei sind Q die Punktladung (diese kann positiv wie in Abb. 5.15 oder negativ sein), $\vec{v}$ der Geschwindigkeitsvektor der Punktladung, $\vec{r}$ der Längenvektor von Q bzw. dem Wegelement $d\vec{l}$ zum Punkt P, α der Winkel zwischen den Vektoren $\vec{v}$ und $\vec{r}$ bzw. $d\vec{l}$ und $\vec{r}$ sowie $\vec{H}$ der Vektor der magnetischen Feldstärke. Das Vektorprodukt $\vec{v} \times \vec{r}$ bzw. $d\vec{l} \times \vec{r}$ ergibt einen neuen Vektor mit dem Betrag $v \cdot r \cdot \sin \alpha$ bzw. $dl \cdot r \cdot \sin \alpha$, er entspricht der in Abb. 5.15 schraffiert gezeichneten Fläche. Die Richtung des Vektorproduktes und damit auch die Richtung des Vektors der magnetischen Feldstärke steht senkrecht auf dieser Fläche und ist rechtsschraubig einer Drehung des zuerst genannten Vektors im Vektorprodukt auf dem kürzesten Weg in den zweitgenannten zugeordnet. Aus diesem Grunde ist bei einem Vektorprodukt die Reihenfolge der Faktoren maßgebend. In der Leiterschleife der Abb. 5.15 wirkt die magnetische Feldstärke demnach in die Zeichenebene hinein. Das Kreuz in Abb. 5.15 bezeichnet also gleichzeitig die Lage des Punktes P als auch die Richtung der magnetischen Feldstärke. Wäre die Punktladung Q in Abb. 5.15 negativ, so würde sich das Vorzeichen für die Feldstärke umdrehen und diese somit in die entgegengesetzte Richtung wirken.

Beispiel:

Das Gesetz von Biot-Savart soll anhand der quadratischen Leiterschleife von Abb. 5.16 erläutert werden. Es ist die magnetische Feldstärke im Punkt P in der Mitte der Leiterschleife gesucht, wenn $a = 10$ cm und $I_q = 1$ A ist; die Wirkung der Zuleitung zu der Leiterschleife soll dabei vernachlässigt werden.

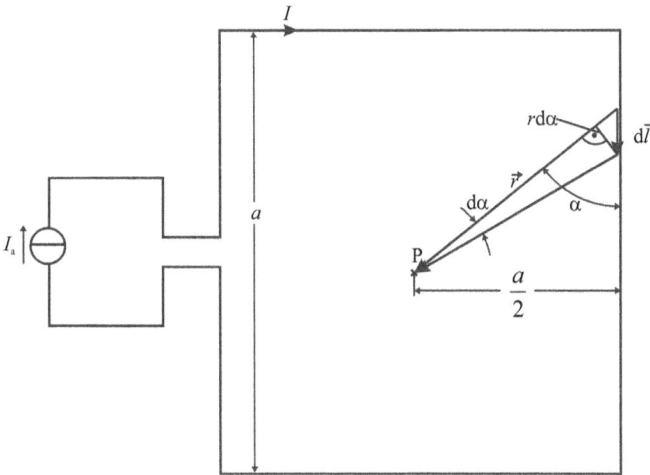

Abb. 5.16: Bestimmung der magnetischen Feldstärke im Mittelpunkt einer quadratischen Leiterschleife

Da hier eine Symmetrie vorliegt, wird nur die Feldstärke von einer der vier Seiten der Leiterschleife ermittelt und das Ergebnis mit vier multipliziert. Die Berechnung erfolgt auch nicht vektoriell, da sowohl nach der Rechtsschraubenregel als auch nach dem Gesetz von Biot-Savart ersichtlich ist, dass die magnetische Feldstärke in die Zeichenebene hinein gerichtet ist. Betrachtet man nur den rechten Teil der Leiterschleife und die von ihm hervorgerufene Feldstärke H_1, so wird:

$$H_1 = \frac{I}{4 \cdot \pi} \cdot \int_l \frac{dl \cdot r \cdot \sin \alpha}{r^3} = \frac{I}{4 \cdot \pi} \cdot \int_l \frac{1}{r^2} \cdot \sin \alpha \cdot dl$$

Beim Durchlaufen des Integrationsweges l ändern sich r und α. Man muss deshalb versuchen, r und dl durch α bzw. $d\alpha$ auszudrücken. Aus Abb. 5.16 erhält man die Beziehungen:

$$\sin \alpha = \frac{\frac{a}{2}}{r} \quad \text{bzw.} \quad r = \frac{a}{2 \cdot \sin \alpha} \quad \text{und} \quad \sin \alpha = \frac{r \cdot d\alpha}{dl} \quad \text{bzw.} \quad dl = \frac{r \cdot d\alpha}{\sin \alpha} = \frac{a \cdot d\alpha}{2 \cdot \sin^2 \alpha}$$

Dabei kann der Winkel α zwischen folgenden beiden Werten liegen: Befindet man sich ganz oben beim rechten Leiterteil, so ist $\alpha = 45°$, befindet man sich ganz unten, dann ist $\alpha = 135°$. Setzt man diese Ausdrücke für r und dl in die vorherige Gleichung ein und integriert über die Grenzen des Winkels α, so erhält man:

$$H_1 = \frac{I}{4 \cdot \pi} \cdot \int\limits_{\alpha_1}^{\alpha_2} \frac{2 \cdot \sin \alpha}{a} \cdot d\alpha = \frac{I}{2 \cdot \pi \cdot a} \cdot \int\limits_{\alpha_1}^{\alpha_2} \sin \alpha \cdot d\alpha = \frac{I}{2 \cdot \pi \cdot a} \cdot \left[-\cos \alpha\right]_{\alpha_1}^{\alpha_2}$$

$$= \frac{I}{2 \cdot \pi \cdot a} \cdot (\cos \alpha_1 - \cos \alpha_2) = 2{,}25 \frac{\mathrm{A}}{\mathrm{m}}$$

Die gesamte Feldstärke im Punkt P ist demnach viermal so groß, d. h. $H = 9 \dfrac{\mathrm{A}}{\mathrm{m}}$.

5.3   Überlagerung magnetischer Felder

Das hier beschriebene Überlagerungsverfahren ist nur für lineare Räume anwendbar, d. h. in Räumen, in denen die Permeabilität konstant ist. In der Regel ist dies nur in nichtferromagnetischen Stoffen gegeben, da dort $\mu_r \approx 1$ und somit $\mu \approx \mu_0$ ist.

Das Überlagerungsverfahren wird insbesondere bei der Bestimmung des resultierenden magnetischen Feldes angewendet, das von mehreren stromdurchflossenen Leitern hervorgerufen wird, oder dem resultierenden Feld, wenn sich ein stromdurchflossener Leiter in einem magnetischen Feld, z B. dem eines Dauermagneten, befindet. Dazu bestimmt man die Felder aller Einzelleiter und addiert in jedem Raumpunkt die Feldvektoren der Einzelleiter bzw. die Feldvektoren der Einzelleiter und des Magnetfelds, um den resultierenden Feldvektor zu erhalten.

Um das Verfahren zu erläutern, werden zwei parallel verlaufende, gerade, lange Einzelleiter mit kreisförmigem Querschnitt betrachtet (Abb. 5.17).

Im Leiter 1 fließt der Strom in die Zeichenebene hinein, seine rechtsschraubig zugeordneten Feldlinien verlaufen deshalb im Uhrzeigersinn. Der Betrag der Feldstärke H_1 im Punkt P, die vom Strom I_1 herrührt, kann mit Hilfe der Gleichung 5.15 ermittelt werden. Die Richtung ergibt sich dadurch, dass H_1 tangential zur Feldlinie verlaufen bzw. einen rechten Winkel mit dem Radius r_1 bilden muss, der den Abstand des Punktes P von der Leitermittellinie des Leiters 1 angibt. In gleicher Weise kann der Betrag der Feldstärke H_2, herrührend vom Strom I_2, bestimmt werden, wobei I_2 aus der Zeichenebene herausfließt und dadurch die Feldlinie gegen den Uhrzeigersinn verläuft. Verbindet man die Leitermittelpunkte durch eine Linie miteinander, so schließen der Radius r_1 mit dieser den Winkel α und der Radius r_2 den Winkel β ein. Durch die graphische Addition der beiden Vektoren $\overrightarrow{H_1}$ und $\overrightarrow{H_2}$ kann der Vektor der resultierenden Feldstärke $\overrightarrow{H_{\mathrm{res}}}$ ermittelt werden. Eine Vektoraddition wäre recht aufwändig. Es empfiehlt sich daher eher, Betrag und Winkel der resultierenden Feldstärke getrennt zu berechnen. Dazu zerlegt man die beiden Feldstärkevektoren mit Hilfe der trigonometrischen Beziehungen jeweils in ihre horizontalen und vertikalen Komponenten, ermittelt daraus die horizontale und vertikale Komponente der resultierenden Feldstärke und letztlich den Betrag und Winkel der resultierenden Feldstärke.

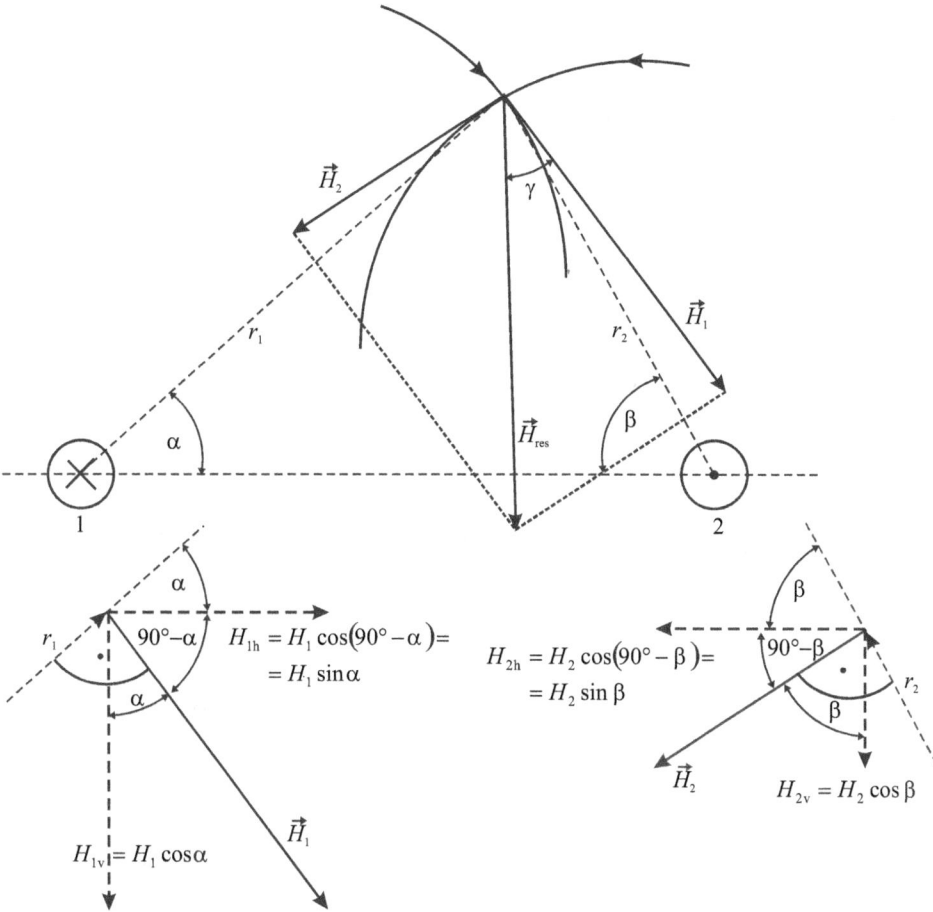

Abb.5.17: Überlagerung der magnetischen Felder von zwei Einzelleitern

Für die Komponenten der Feldstärken in Abb. 5.17 ergibt sich:

$$H_{1h} = H_1 \cdot \cos(90° - \alpha) = H_1 \cdot \sin\alpha \qquad H_{1v} = H_1 \cdot \cos\alpha$$
$$H_{2h} = H_2 \cdot \cos(90° - \beta) = H_2 \cdot \sin\beta \qquad H_{2v} = H_2 \cdot \cos\beta$$

$H_{resh} = H_{1h} - H_{2h}$ (Subtraktion, da H_{1h} und H_{2h} entgegengesetzt gerichtet sind. Ist $H_{2h} > H_{1h}$, so wird H_{resh} negativ und weist somit in Richtung von H_{2h}.)

$H_{resv} = H_{2v} + H_{1v}$ (Addition, da H_{2v} und H_{1v} gleich gerichtet sind.)

$$H_{res} = \sqrt{H_{resv}^{\;2} + H_{resh}^{\;2}} \qquad \gamma = \arctan\frac{H_2}{H_1}$$

Auf diese Weise kann das gesamte Feld zweier Einzelleiter ermittelt werden. In den Abb. 5.18 und 5.19 ist dies dargestellt für die Fälle, dass der Strom in den Leitern entgegengesetzte bzw. gleiche Richtung hat. Die von den Einzelleitern herrührenden Feldlinien sind dünn gezeichnet, die resultierenden Felder dicker.

In Abb. 5.18 und 5.19 wird zudem angenommen, dass die Beträge der Ströme in den beiden Leitern gleich groß sind.

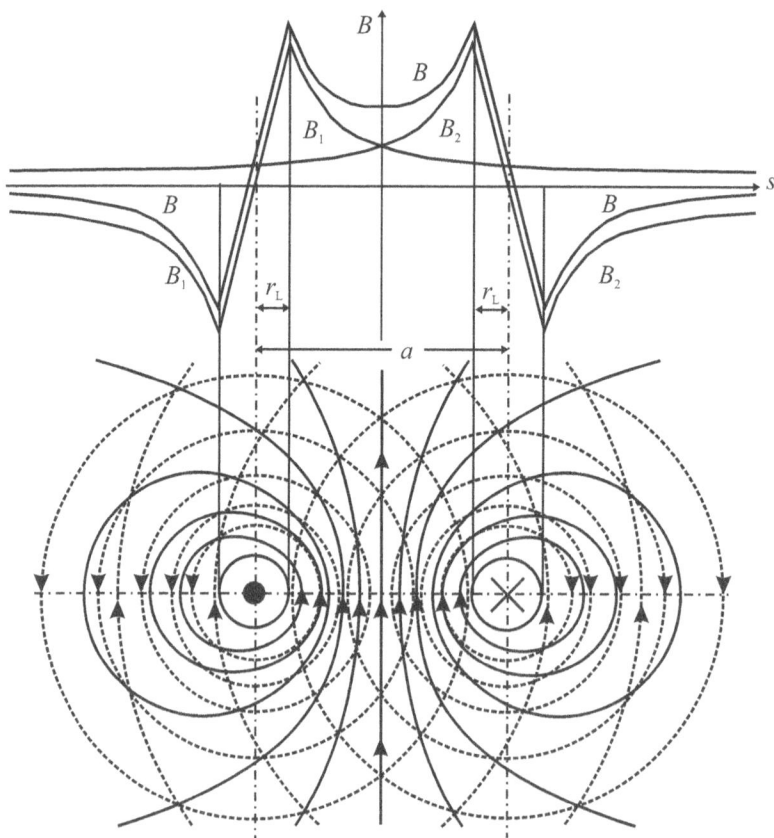

Abb. 5.18: Magnetisches Feld zweier gerader, paralleler Leiter mit entgegengesetztem Stromlaufsinn

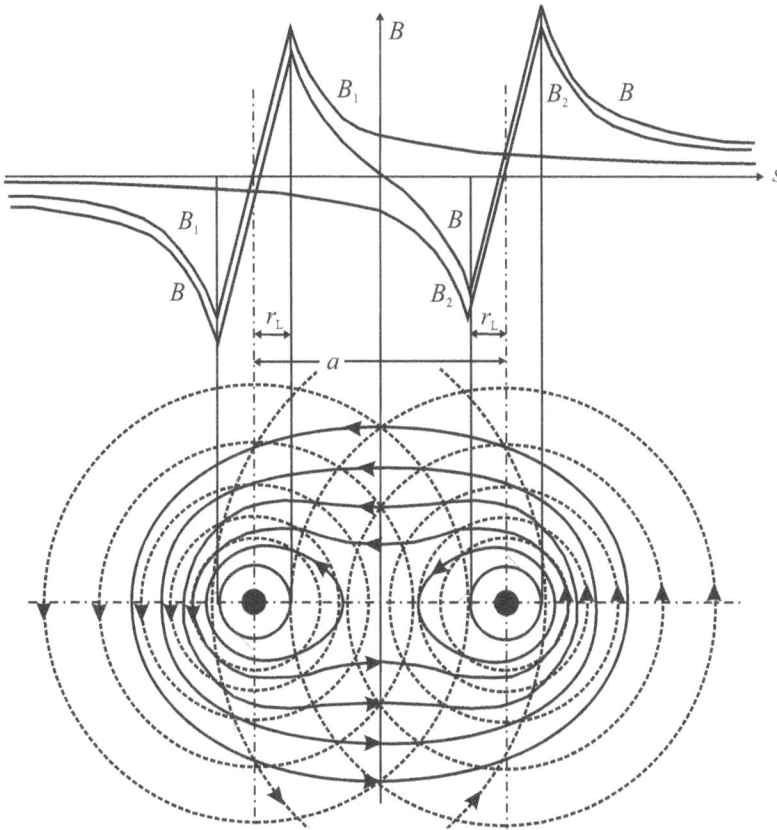

Abb. 5.19: Magnetisches Feld zweier gerader, paralleler Leiter mit gleichem Stromlaufsinn

Beispiel:
Es soll für die Anordnung der drei Leiter in Abb. 5.20 der Betrag der magnetischen Feldstärke in der Mitte zwischen den Leitern 1 und 2 ermittelt werden, wenn $I_1 = I_3 = 400$ A und $I_2 = 800$ A ist. Die Richtung der Ströme ist in Abb. 5.20 angegeben. Der Abstand zwischen den Leitern beträgt 1 m.

Die Radien zu dem interessierenden Punkt zwischen den Leitern 1 und 2 betragen:

$$r_1 = r_2 = 0,5\,\text{m} \qquad r_3 = 1\,\text{m} \cdot \cos 30° = 0,866\,\text{m}$$

Somit ergeben sich mit Hilfe der Formel 5.15 die Beträge der drei magnetischen Feldstärken, jeweils herrührend von I_1, I_2 bzw. I_3, und daraus der Betrag der resultierenden Feldstärke:

$$H_1 = 127,4 \frac{\text{A}}{\text{m}} \qquad H_2 = 254,6 \frac{\text{A}}{\text{m}} \qquad H_3 = 73,5 \frac{\text{A}}{\text{m}} \qquad H_\text{res} = \sqrt{\left(H_1 + H_2\right)^2 + H_3{}^2} = 389 \frac{\text{A}}{\text{m}}$$

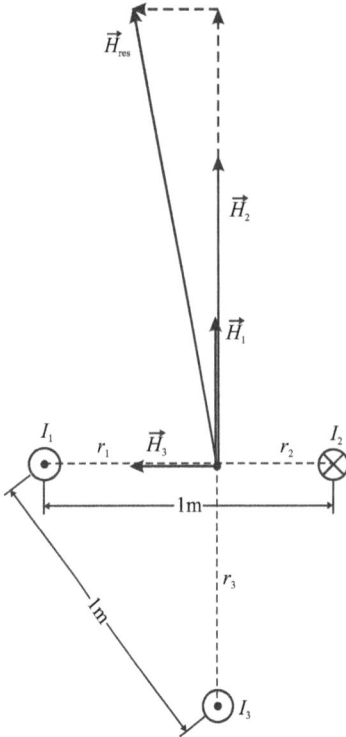

Abb. 5.20: Ermittlung der resultierenden Feldstärke bei einer Dreileiteranordnung

Aufgabe 5.3

Drei gerade, lange Leiter verlaufen, wie in Abb. 5.21 gezeigt, zueinander parallel. Die Strö-me sind $I_1 = I_2 = I_3 = 150$ A. Es soll der Betrag der magnetischen Feldstärke im Punkt P auf graphischem Weg bestimmt werden. Welche Lage müsste eine kleine Spule im Punkt P einnehmen, damit darin die maximal mögliche magnetische Flussdichte auftritt?

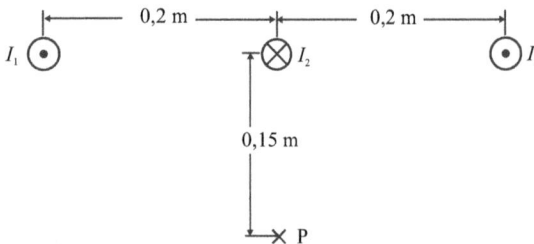

Abb. 5.21: Leiteranordnung zu Aufgabe 5.3

5.4 Berechnung magnetischer Felder in ferromagnetischen Stoffen

5.4.1 Verhalten der Materie im magnetischen Feld

Bei der bisherigen Betrachtung wurde bei den nichtferromagnetischen Stoffen immer eine Permeabilitätszahl $\mu_r = 1$ unterstellt. Dies ist für technische Anwendungen zulässig, auch wenn solche Stoffe bei genauer Betrachtung entweder eine Permeabilitätszahl aufweisen, die geringfügig größer oder kleiner als eins ist. Die komplizierten Vorgänge innerhalb der Atome sollen hier nur vereinfacht dargestellt werden.

Diamagnetismus

Die Atomkerne werden von den Elektronen auf verschiedenen Bahnen umkreist; durch diesen Ladungstransport werden kleine Magnetfelder erzeugt. Außerdem rotieren die Elektronen um ihre eigene Achse (Elektronenspin), wodurch ebenfalls Magnetfelder entstehen. Im Atom eines diamagnetischen Stoffes sind die Elektronen derart paarweise zugeordnet, dass sich die durch den Elektronenspin und die Bahnkurven ergebenden Magnetfelder gegenseitig aufheben. Wird ein solcher Stoff in ein äußeres Magnetfeld gebracht, so werden dadurch in den Atomen zusätzliche Kreisströme induziert, die nach der Lenzschen Regel – welche erst in Abschn. 6.1.3 behandelt wird – so gerichtet sind, dass sie mit ihrem Magnetfeld der vom Außenfeld verursachten Flussänderung entgegenwirken. Es bedarf keiner Energiezufuhr, um die Elektronenbewegung in einem Atom aufrecht zu erhalten, deshalb bleiben auch die induzierten Kreisströme so lange wirksam, wie sich der Stoff im magnetischen Außenfeld befindet, und werden erst wieder null, wenn der Stoff aus dem Magnetfeld entfernt wird. Durch die induzierten Kreisströme kommt es bei gleicher magnetischer Feldstärke H zu einer Verringerung der magnetischen Flussdichte B im diamagnetischen Stoff, d. h. μ_r muss kleiner als eins sein. Zum Beispiel ist bei 20 °C die Permeabilitätszahl für Wismut $\mu_r = 0{,}999843$ und für Kupfer $\mu_r = 0{,}99999$. Bei einer Änderung des von außen wirkenden Magnetfelds werden bei allen Stoffen in jedem Aggregatzustand zusätzliche Kreisströme induziert. Der Diamagnetismus wird aber bei einigen Stoffen durch ein paramagnetisches oder ferromagnetisches Verhalten überlagert.

Paramagnetismus

Bei paramagnetischen Stoffen besteht keine paarweise Zuordnung von Elektronen, so dass sich die durch Elektronenspin und die kreisenden Elektronen ergebenden Magnetfelder nicht aufheben. Jedes solches Atom kann daher als ein Elementarmagnet angesehen werden. Allerdings sind die Atome völlig regellos geordnet, so dass nach außen kein magnetisches Feld wirksam wird. Durch ein von außen wirkendes Magnetfeld werden die Elementarmagnete in Richtung des Außenfeldes ausgerichtet und verstärken dieses geringfügig. Zum Beispiel ist für flüssigen Sauerstoff bei ca. − 183 °C $\mu_r = 1{,}0036$ und für Sauerstoff bei 20 °C ist $\mu_r = 1{,}000002$.

Für messtechnische Aufgaben oder die Sensorik kann der Para- oder Diamagnetismus durchaus eine wichtige Rolle spielen, für die Berechnung magnetischer Kreise im Rahmen dieses Buches wird aber für alle nichtferromagnetischen Stoffe weiterhin mit $\mu_r = 1$ gerechnet.

Ferromagnetismus

Es gibt eine weitere Gruppe von Stoffen, bei denen eine sehr große Verstärkung eines von außen wirkenden Magnetfeldes auftritt, man nennt solche Stoffe ferromagnetisch. Es können dabei Permeabilitätszahlen μ_r bis maximal ca. 300000 erreicht werden, d. h. bei gleicher magnetischer Feldstärke ergibt sich bei einem solchen Stoff eine 300000-mal größere magnetische Flussdichte als in einem nichtferromagnetischen Stoff. Ferromagnetismus ist an eine bestimmte Kristallgitterstruktur gebunden und tritt deshalb nicht in Flüssigkeiten oder Gasen auf. Ferromagnetische Stoffe sind Eisen, Eisenlegierungen mit Ausnahme des austenitischen Chromnickelstahles, Nickel, Kobalt, Legierungen aus Platin und Chrom sowie die so genannten Heuslerschen Legierungen aus Kupfer, Mangan und Aluminium. Die ferromagnetischen Eigenschaften sind allerdings auch temperaturabhängig und bei der so genannten **Curietemperatur** verschwindet der Ferromagnetismus restlos, und es wirkt dann nur mehr der Paramagnetismus. Die Curietemperatur für Nickel beträgt 358 °C, für Eisen 770 °C und für Kobalt 1120 °C. Bringt man einen ferromagnetischen Stoff in ein äußeres Magnetfeld, so ergibt sich eine geringfügige Änderung seiner geometrischen Abmessungen, diese Erscheinung nennt man **Magnetostriktion.**

In einem ferromagnetischen Stoff entstehen bei der Erstarrung einer Schmelze ohne äußere Einwirkung kleine Raumgebiete in der Größenordnung von 0,001 bis 0,1 mm^3, so genannte **weißsche Bezirke**, in denen alle Elementarmagnete bereits in eine gemeinsame Richtung ausgerichtet sind. Die Ausrichtung der weißschen Bezirke untereinander ist aber regellos, so dass sich im Mittel die Felder gegenseitig aufheben und nach außen kein magnetisches Feld feststellbar ist. Bringt man den Stoff in ein äußeres Magnetfeld veränderlicher Stärke und erhöht nach und nach die magnetische Feldstärke, so treten mehrere Effekte ein. Zunächst verschieben sich die Trennwände der weißschen Bezirke zu Gunsten derer, bei denen die Ausrichtung des Magnetfeldes näherungsweise mit dem äußeren Feld übereinstimmt. Dieser Vorgang ist reversibel, d. h. bei Abschaltung des äußeren Feldes gehen die Grenzen der weißschen Bezirke in die Ausgangslage zurück. Wird die magnetische Feldstärke des äußeren Feldes weiter erhöht, so treten irreversible Wandverschiebungen auf und es verschwinden weißsche Bezirke völlig, während andere größer werden. In diesem Bereich steigt die magnetische Flussdichte sehr stark an. Schaltet man jetzt das äußere Magnetfeld ab, so bleiben die näherungsweise mit dem äußeren Feld übereinstimmenden weißschen Bezirke erhalten, man hat einen Dauermagneten vor sich. Bei einer noch weiteren Erhöhung der Feldstärke klappen die verbliebenen weißschen Bezirke nach und nach mit ihren Magnetfeldrichtungen in die Richtung des äußeren Feldes, man nennt dies den **Sättigungsbereich.** Sind alle Bezirke in die Richtung des äußeren Feldes gedreht und wird die Feldstärke noch weiter erhöht, so steigt die Kurve $B = f(H)$ praktisch nur mehr mit μ_0 an. Abb. 5.22 zeigt $B = f(H)$ für einen ferromagnetischen Stoff, der zum ersten Mal magnetisiert wurde, dementsprechend nennt man diesen Funktionszusammenhang **Neukurve.**

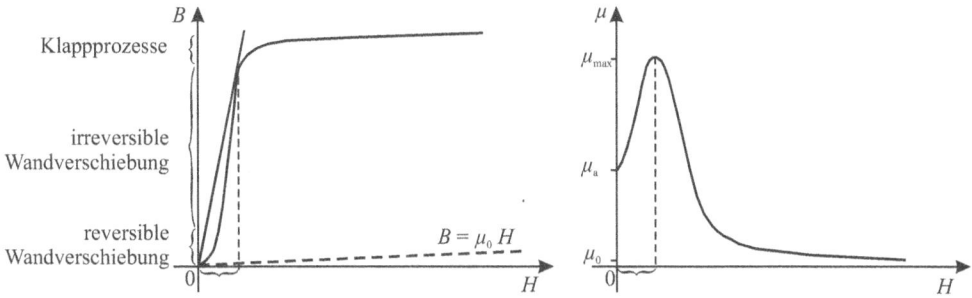

Abb. 5.22: Magnetische Flussdichte und Permeabilität als Funktion der magnetischen Feldstärke

Die Permeabilität bei $H = 0$ nennt man **Anfangspermeabilität** μ_a, die maximale Permeabilität μ_{max} liegt bei der Feldstärke vor, bei der $B = f(H)$ die stärkste Steigung aufweist. Man erhält den Punkt, indem man eine durch den Nullpunkt gehende Tangente an $B = f(H)$ legt.

Durch die irreversiblen Wandverschiebungen geht die magnetische Flussdichte eines ferromagnetischen Stoffes nach Abschaltung des äußeren Magnetfeldes nicht mehr auf null zurück. Die verbleibende Flussdichte bezeichnet man als **Remanenzflussdichte** B_r. Bei einigen Anwendungen wie z. B. die Herstellung von Dauermagneten oder bei Schalt- und Speicherelementen ist die Remanenz sehr erwünscht, bei Magnetstoffen, die ständig ummagnetisiert werden müssen, ist sie dagegen unerwünscht. Um den Stoff wieder unmagnetisch zu machen, d. h. eine statistische Orientierung und Verteilung der weißschen Bezirke herzustellen, bei denen nach außen keine magnetische Wirkung feststellbar ist, muss dem Stoff von außen Energie in Form von Wärme, mechanischer Erschütterung oder eines Magnetfeldes bestimmter Stärke in entgegengesetzter Richtung zugeführt werden.

Das Auf- und Entmagnetisieren eines ferromagnetischen Stoffes soll am Beispiel des Eisenkerns einer Ringspule gezeigt werden, dabei tritt eine **Hysterese** in Erscheinung.

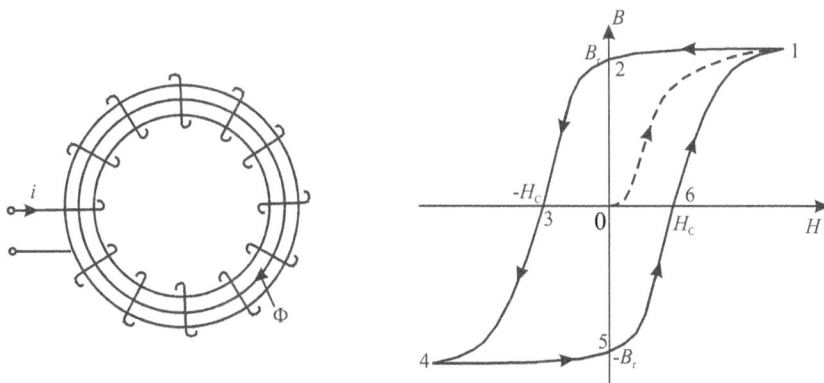

Abb. 5.23: Aufnahme der Hystereseschleife des Eisenkerns einer Ringspule

Wird der Kern zum ersten Mal magnetisiert und der Strom i vom Wert null bis zu einem Maximalwert erhöht, bei dem der Kern voll in die Sättigung gerät, so steigt H proportional mit i an und B steigt entlang der gestrichelten Neukurve vom Punkt 0 bis 1. Wird jetzt der Strom abgeschaltet und geht somit H auf den Wert null zurück, so fällt B vom Punkt 1 entlang der **Hystereseschleife** auf die Remanenzflussdichte B_r im Punkt 2. Fließt nun der Strom in entgegengesetzter Richtung durch die Spule und wird er so lange erhöht bis die **Koerzitivfeldstärke** – H_c erreicht ist, so geht B weiter entlang der Hystereseschleife vom Punkt 2 zum Punkt 3 und wird null. Erst bei einer weiteren Erhöhung von H in negativer Richtung steigt auch B in negativer Richtung von 3 nach 4. Schaltet man erneut den Strom ab (oder geht er betragsmäßig zurück), so fällt B auf die Remanenzflussdichte – B_r in Punkt 5. Um die Flussdichte zu null zu machen, muss der Strom wieder umgepolt und so groß gemacht werden, dass die magnetische Feldstärke den Wert der Koerzitivfeldstärke H_c bei Punkt 6 erreicht. Bei einer weiteren Erhöhung von H steigt B entlang der Hystereseschleife bis Punkt 1. Legt man einen Wechselstrom an die Ringspule, so durchläuft die magnetische Flussdichte ständig die Hystereseschleife in der angegebenen Richtung. Einen vollständigen Durchlauf der Kurve $B = f(H)$ nennt man **Hystereseschleife**.

Wie noch in Abschn. 6.6.3 gezeigt wird, ist die von der Hystereseschleife eingeschlossene Fläche ein direktes Maß für die Verluste, die bei der Ummagnetisierung entstehen. Bei Eisenkernen, die ständig ummagnetisiert werden, wie z. B. in einem Transformator, soll deshalb die Koerzitivfeldstärke möglichst klein sein; Materialien, die diese Eigenschaft erfüllen, bezeichnet man als **magnetisch weich**. Für Dauermagnete dagegen werden Werkstoffe mit einer möglichst hohen Koerzitivfeldstärke eingesetzt, solche Materialien nennt man **magnetisch hart**.

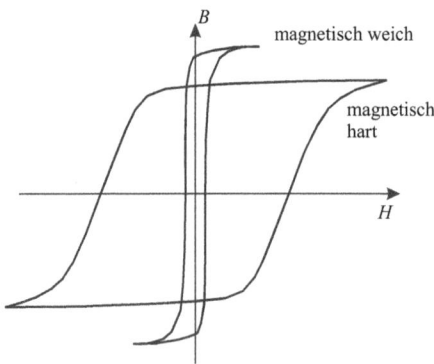

Abb. 5.24: Hystereseschleifen für magnetisch harte und weiche Werkstoffe

Der **nichtlineare** Zusammenhang $B = f(H)$ wird in aller Regel in Form einer so genannten **Magnetisierungskurve** oder Kommutierungskurve angegeben, die nur unwesentlich von der Neukurve abweicht. Man erhält die Magnetisierungskurve, indem man einen Magnetwerkstoff mit Hilfe eines Wechselstroms unterschiedlich großer Scheitelwerte und damit unterschiedlichen Höchstwerten für H ständig ummagnetisiert und die jeweiligen Hystereseschleifen aufnimmt. Verbindet man die Umkehrpunkte (Punkte 1 und 4 in Abb. 5.23) der verschiedenen Hystereseschleifen miteinander, so erhält man die Magnetisierungskurve. In Abb. 5.25 sind für einige wichtige Werkstoffe die Magnetisierungskurven angegeben.

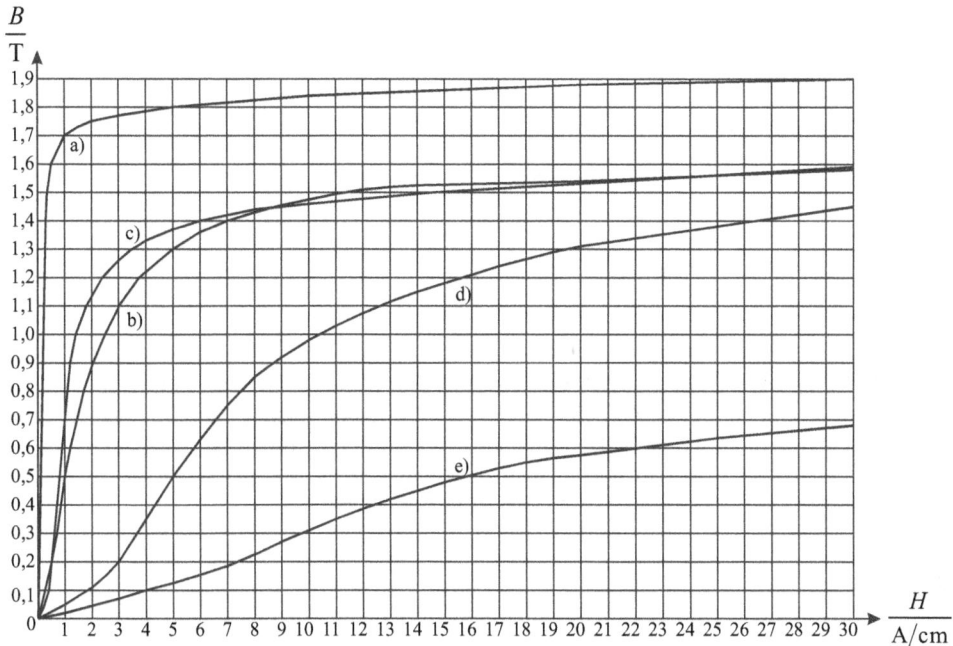

Abb. 5.25: Magnetisierungskurven für a) kornorientiertes Blech mit Magnetisierung in Walzrichtung, b) Elektroblech V 360-50 B, c) Elektroblech V 400-50 A, d) Walzstahl, e) Grauguss

5.4.2 Feldgrößen an Materialübergängen

Längsschichtung

In Abb. 5.26 ist ein typisches Beispiel für eine Längsschichtung gezeigt. In der Praxis werden Magnetkreise meist nicht aus Vollmaterial, sondern aus dünnen Blechen hergestellt, die gegeneinander isoliert sind. Die Isolierschicht (z. B. Lack oder Papier) ist nichtferromagnetisch. Eine Begründung für diese Maßnahme wird in Abschn. 6.5 gegeben. Im magnetischen Ersatzschaltbild stellt dies eine Parallelschaltung der beiden magnetischen Widerstände für den Eisen- und den Isolationsweg dar, wobei der magnetische Widerstand für Eisen sehr klein gegenüber dem für die Isolation ist. Dementsprechend wird der magnetische Fluss hauptsächlich durch das Eisen gehen. In Abb. 5.26 ist eine Feldlinie des magnetischen Flusses eingezeichnet. Feldlinien, die weiter außen verlaufen, haben eine größere Länge; solche, die weiter innen verlaufen, eine kürzere Länge. Man verwendet deshalb üblicherweise in allen Berechnungen die **mittlere Feldlinienlänge**, die sich aus den geometrischen Abmessungen des Eisenkerns ergibt.

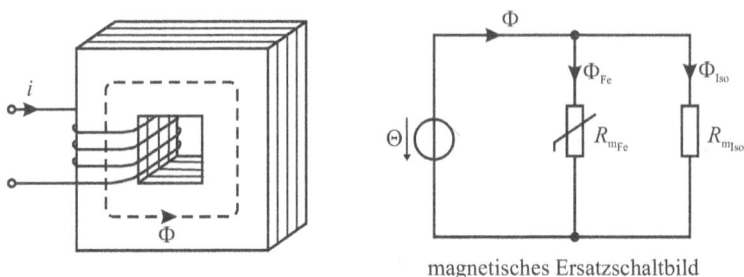

magnetisches Ersatzschaltbild

Abb. 5.26: Längsschichtung zweier Materialien in einem Magnetkreis mit magnetischem Ersatzschaltbild

Beide Materialien haben somit die gleiche Länge l für eine Feldlinie, und das magnetische Feld wird für beide von der gleichen elektrischen Durchflutung Θ erregt. Somit ist nach der Gleichung $\Theta = H \cdot l$ für beide auch die magnetische Feldstärke gleich. Für alle magnetischen Größen, die parallel zur Trennfläche zwischen Eisen und Isolation verlaufen (man nennt sie tangential verlaufende Größen), gilt somit, wenn der Index 1 für den ersten Stoff und der Index 2 für den zweiten steht:

$$H_{t_1} = H_{t_2} \qquad \frac{B_{t_1}}{\mu_1} = \frac{B_{t_2}}{\mu_2}$$

$$\frac{B_{t_1}}{B_{t_2}} = \frac{\mu_1}{\mu_2} = \frac{\mu_{r_1}}{\mu_{r_2}} \tag{5.22}$$

Querschichtung
In Abb. 5.27 ist ein typisches Beispiel für eine Querschichtung gezeigt. In einem magnetischen Kreis befindet sich senkrecht zur Flussrichtung ein Luftspalt.

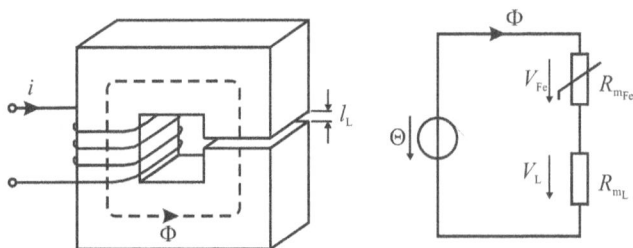

Abb. 5.27: Querschichtung zweier Materialien in einem Magnetkreis mit magnetischem Ersatzschaltbild

Beide Stoffe werden vom gleichen magnetischen Fluss Φ durchsetzt. Bei einer kleinen Luft-spaltlänge l_L kann man den Querschnitt des Luftspalts dem des Eisens gleichsetzen, und es ergeben sich somit auch gleiche magnetische Flussdichten. Für alle magnetischen Größen, die senkrecht auf der Trennfläche zwischen Eisen und Luft stehen (man nennt sie normal verlaufende Größen), gilt somit, wenn wieder der Index 1 für den ersten Stoff und der Index 2 für den zweiten steht:

$$B_{n_1} = B_{n_2} \qquad \mu_1 \cdot H_{n_1} = \mu_2 \cdot H_{n_2}$$

$$\frac{H_{n_1}}{H_{n_2}} = \frac{\mu_2}{\mu_1} = \frac{\mu_{r_2}}{\mu_{r_1}} \tag{5.23}$$

Schrägschichtung

Verläuft ein magnetisches Feld wie in Abb. 5.28 schräg zu einer ebenen Trennfläche zwischen zwei Materialien mit unterschiedlichen Permeabilitäten, so kann man den Vektor der magnetischen Flussdichte im Stoff 1 in eine Tangential- und Normalkomponente zerlegen. Die Normalkomponente setzt sich wie bei der Querschichtung in gleicher Stärke im Stoff 2 fort; die Tangentialkomponente im Stoff 2 verhält sich zu der im Stoff 1 wie das Verhältnis der beiden Permeabilitäten (vgl. Gleichung 5.22).

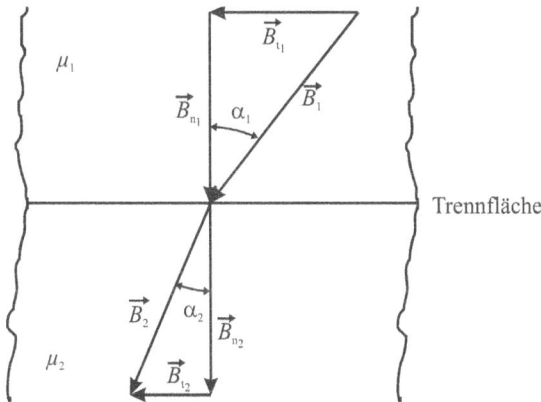

Abb. 5.28: Ebene Schrägschichtung zweier Materialien in einem Magnetkreis

Den Winkel zwischen einer Flussdichte und ihrer Normalkomponente nennt man Bre-chungswinkel. Dividiert man die Gleichung für den Stoff 1 und 2 durcheinander und berück-sichtigt, dass $B_{n_1} = B_{n_2}$ ist, so erhält man das so genannte Brechungsgesetz.

$$\tan \alpha_1 = \frac{B_{t_1}}{B_{n_1}} \qquad \tan \alpha_2 = \frac{B_{t_2}}{B_{n_2}}$$

$$\frac{\tan \alpha_1}{\tan \alpha_2} = \frac{B_{t_1}}{B_{t_2}} = \frac{\mu_1}{\mu_2} = \frac{\mu_{r_1}}{\mu_{r_2}} \qquad\qquad (5.24)$$

Als Folge davon kann man für die Praxis annehmen, dass an der Trennfläche von Eisen mit $\mu_r \gg 1$ und Luft die Feldlinien der Flussdichte senkrecht von der Trennfläche in den Luftraum weisen, da der Tangentialanteil sehr klein wird.

5.4.3   Magnetische Streuung

In der Regel kann nur ein Teil des insgesamt erzeugten magnetischen Flusses für den beabsichtigten Zweck nutzbringend verwendet werden. In Abb. 5.29 ist der Nutzfluss Φ_N der Flussanteil durch die beiden Luftspalte und den Anker. Ein anderer Teil geht durch den Luftzwischenraum außerhalb des Ankers und durch nicht zum magnetischen Kreis gehörende eiserne Konstruktionsteile, wie z. B. Befestigungswinkel. Man nennt diesen Teil den Streufluss Φ_σ. Das magnetische Feld verteilt sich im magnetischen Kreis und der umgebenden Luft so, dass der gesamte magnetische Widerstand möglichst klein wird. In Abb. 5.29 ist auch das magnetische Ersatzschaltbild angegeben. Die beiden parallel geschalteten Feldteile verbrauchen dabei dieselbe magnetische Spannung.

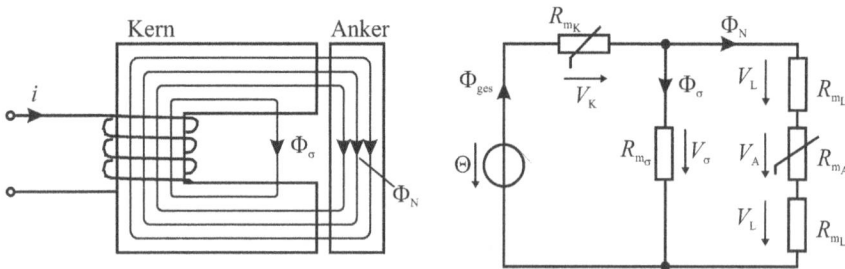

Abb. 5.29: Nutz- und Streufeld eines magnetischen Kreises

Als **Streufaktor** σ (sigma) wird das Verhältnis des Streuflusses zum Gesamtfluss definiert.

$$\sigma = \frac{\Phi_\sigma}{\Phi_{ges}} = \frac{\Phi_{ges} - \Phi_N}{\Phi_{ges}} = 1 - \frac{\Phi_N}{\Phi_{ges}} \qquad\qquad (5.25)$$

Eine einfache Berechnung des Streufaktors ist meist nicht möglich. Für praktische Berechnungen magnetischer Kreise werden meist Schätz- oder Erfahrungswerte für die Streufaktoren angesetzt, die im Allgemeinen im Bereich von etwa 0,1 bis 0,3 liegen. Dabei tritt die Streuung erst dann wesentlich in Erscheinung, wenn sich Luftspalte im magnetischen Kreis befinden oder wenn das Eisen sich im Sättigungsbereich befindet. In Abschn. 5.4.5 wird noch eine andere Definition für den Streufaktor eingeführt.

Bei größeren Luftspalten tritt der Effekt auf, dass das Feld an den Rändern stark inhomogen und dadurch auch der Querschnitt des Feldes im Luftspalt größer als der Querschnitt der ferromagnetischen Pole wird. Das Feld verteilt sich immer so, dass der magnetische Widerstand möglichst klein wird, und dies ist bei einem größeren Querschnitt der Fall. Dadurch ist auch die magnetische Flussdichte im Luftspalt kleiner als in den Polen. Dieser Vorgang wird auch manchmal als Streuung bezeichnet. Da die Berechnung inhomogener Felder äußerst aufwändig ist, wird diese **Aufweitung** des Luftspalts durch einen Faktor k_L berücksichtigt, der die prozentuale Zunahme der Fläche gegenüber der Polfläche angibt. $A_L = (1+k_L) \cdot A_{Pol}$, d. h. $k_L = 0{,}1$ würde bedeuten, dass man für den gesamten Luftspaltraum als Näherung mit einem homogenen Feldverlauf bei einer um 10 % größeren Fläche als der Polfläche rechnet.

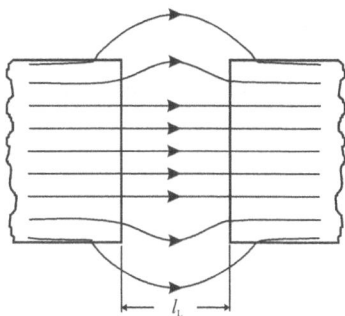

Abb. 5.30: Aufweitung des magnetischen Feldes an einem Luftspalt

5.4.4 Berechnung unverzweigter und verzweigter magnetischer Kreise

Es empfiehlt sich grundsätzlich, bei der Berechnung magnetischer Kreise zunächst ein magnetisches Ersatzschaltbild anzugeben, weil sich dadurch die Zusammenhänge übersichtlicher darstellen. Zur Berechnung wird dann der Kreis in einzelne Abschnitte unterteilt, die jeweils aus dem gleichen Stoff bestehen, konstanten Querschnitt besitzen und innerhalb derer näherungsweise ein homogener Feldverlauf angenommen werden kann.

> Wegen der oft ungenauen Abschätzung der Weglängen und Querschnitte in den einzelnen Feldabschnitten und der ebenfalls nur durch Erfahrungswerte berücksichtigten Streuung, muss bei der Berechnung magnetischer Kreise u. U. mit manchmal erheblichen Abweichungen gegenüber den tatsächlichen Werten gerechnet werden.

In diesem Kapitel werden anhand mehrerer Beispiele die Lösungswege erläutert.

Für die Längen der Feldlinien bzw. Feldlinienabschnitte werden immer die mittleren Längen eingesetzt, sie können aus den geometrischen Abmessungen der Materialien für den magnetischen Kreis abgelesen werden.

Dabei kommt hier noch ein Faktor zum Tragen, der kurz erläutert werden muss. Viele Eisenkerne sind nicht aus Vollmaterial, sondern aus einzelnen, voneinander isolierten Blechen, hergestellt. Dies entspricht einer Parallelschaltung von jeweils kleinen magnetischen Widerständen des ferromagnetischen Stoffes und der dagegen sehr großen des nichtferromagnetischen Isolationsmaterials (vgl. Abschn. 5.4.2). Diesen sehr großen Anteil des magnetischen Widerstandes kann man näherungsweise vernachlässigen, man tut also so, als ob der magnetische Fluss nur im ferromagnetischen Teil vorhanden sei. Als Gesamtfläche für den Fluss kann man demnach nicht mehr die Gesamtfläche des Kerns, sondern nur noch den vom ferromagnetischen Material ausgefüllten Anteil ansetzen. Dies berücksichtigt man durch den **Füllfaktor** k_F. Zum Beispiel ist bei einem Füllfaktor $k_F = 0,9$ nur 90 % des geometrischen Kernquerschnitts ferromagnetisches Material. Einige häufig vorkommende Eisen- und Ferritkerne sind in Abb. 5.31 dargestellt.

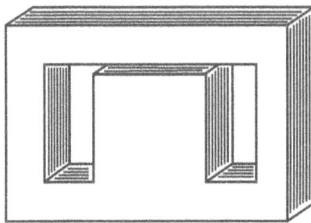
M-Schnitt
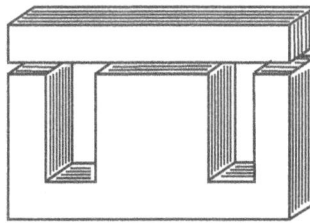
EI-Schnitt
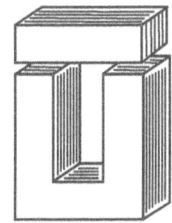
UI-Schnitt

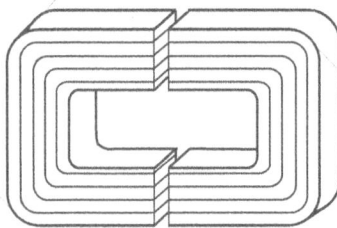
Schnittbandkern

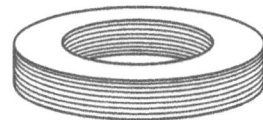
Ringkern

Ferritkern

Abb. 5.31: Häufig vorkommende Formen von Magnetkernen

Man kann in der Praxis bei der Berechnung magnetischer Kreise zwischen vier Problemstellungen unterscheiden:

Magnetischer Kreis ohne Luftspalt
Erste Problemstellung:

Gegeben sind die geometrischen Abmessungen des Magnetkreises, die Magnetisierungskurven für die verschieden ferromagnetischen Materialien im Kreis und der magnetische Fluss oder die magnetische Flussdichte. Gesucht ist die notwendige elektrische Durchflutung, um den gegebenen Fluss bzw. die gegebene Flussdichte zu erhalten.

Man löst solche Aufgaben, indem man aus den Magnetisierungskurven für die Werte von B die zugehörigen Werte für die Feldstärke H abliest, mit den bekannten Längen die magnetischen Spannungen V und aus deren Summe die Durchflutung Θ berechnet.

Beispiel:
Welche Durchflutung ist erforderlich, um in dem Teil aus Elektroblech des Eisenrings nach Abb. 5.32 (die Skizze ist nicht maßstäblich) eine magnetische Flussdichte von $B_1 = 1{,}3$ T zu erzielen? Die obere Ringhälfte besteht aus Elektroblech V 360-50 B mit einem Füllfaktor $k_F = 0{,}9$ und die untere Hälfte aus Walzstahl Vollmaterial; alle Maße sind in mm angegeben. Die Streuung sei vernachlässigbar, ebenso der Luftspalt, der sich in Wirklichkeit jedoch zwangsläufig an den Übergangsstellen der beiden Werkstoffe durch kleine Unebenheiten einstellt.

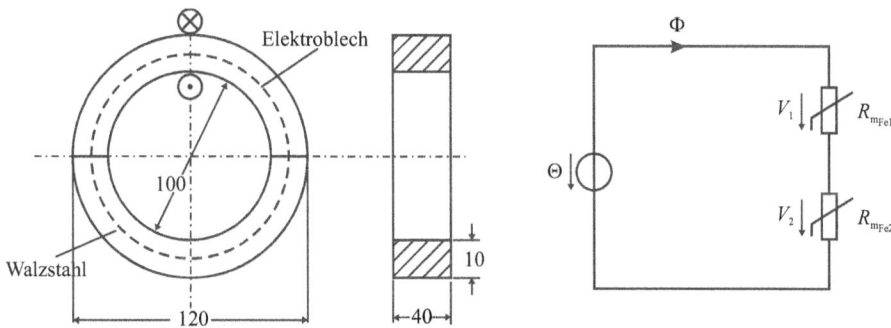

Abb. 5.32: Unverzweigter magnetischer Kreis ohne Luftspalt

Die Länge der gestrichelt gezeichneten mittleren Feldlinie beträgt $l_m = d_m \cdot \pi = 345{,}6$ mm, davon entfällt je die Hälfte auf den Magnetwerkstoff 1 und 2. Der Querschnitt A_2 für den Teil aus Walzstahl und A_1 für den Teil aus Elektroblech beträgt $A_2 = 40$ mm $\cdot$ 10 mm $= 400$ mm^2 und $A_1 = k_F \cdot A_2 = 360$ mm^2.

Die Flussdichte im Walzstahl ist geringer als im Elektroblech, da eine größere Fläche zur Verfügung steht:

$$\Phi = B_1 \cdot A_1 = 468 \cdot 10^{-6}\,\text{Wb} \qquad B_2 = \frac{\Phi}{A_2} = 1{,}17\,\text{T}$$

Aus der Magnetisierungskurve Abb. 5.25 wird abgelesen: $H_1 = 5\,\dfrac{\text{A}}{\text{cm}}$ und $H_2 = 14{,}7\,\dfrac{\text{A}}{\text{cm}}$.

Somit ergeben sich die magnetischen Spannungen und die elektrische Durchflutung:

$$V_1 = H_1 \cdot l_1 = 86{,}4\,\text{A} \qquad V_2 = H_2 \cdot l_2 = 254\,\text{A} \qquad \Theta = V_1 + V_2 = 340{,}4\,\text{A}$$

Zweite Problemstellung:

Gegeben sind wiederum die geometrischen Abmessungen, die Magnetisierungskurven und dazu die elektrische Durchflutung. Gesucht ist der sich einstellende magnetische Fluss bzw. die Flussdichte.

Eine einfache Lösung ist hier nur möglich, wenn sich nur ein Material im Feldraum befindet. Der Lösungsweg ist dann die Umkehrung des Vorgehens bei der ersten Problemstellung. Andernfalls ist die Lösung wegen des nichtlinearen Zusammenhanges von B und H nur mit Hilfe von Iterations- oder Interpolationsverfahren möglich, wodurch die Problemstellung wieder auf die erste zurückgeführt wird. Man gibt in diesen Fällen unterschiedliche magnetische Flüsse oder Flussdichten vor, ermittelt die dazu erforderliche Durchflutung und nähert sich so schrittweise der Lösung oder geht auf eine graphische Lösung über, wie sie für die vierte Problemstellung an einem Beispiel gezeigt wird. Je besser man bereits im ersten Iterationsschritt das richtige Ergebnis erraten hat, umso rascher kommt man zum Ziel, d. h. hier hilft praktische Erfahrung weiter. Ein Beispiel wird nur für den Fall mit nur einem Material im Feldraum vorgeführt, da er auch in der Praxis häufig auftaucht.

Beispiel:
Gegeben ist ein Ringkern der gleichen geometrischen Abmessungen wie im vorhergehenden Beispiel, es gelten auch die gleichen Vernachlässigungen. Der Ringkern besteht aber nur aus Walzstahl Vollmaterial. Auf dem Ringkern ist eine Wicklung mit $N = 100$ Windungen aufgebracht, durch die ein Strom $I = 2$ A fließt. Welche magnetische Flussdichte und welcher Fluss stellen sich ein?

Die elektrische Durchflutung ist $\Theta = N \cdot I = 200$ A. Daraus gewinnt man die elektrische Feldstärke, da die Länge der mittleren Feldlinie bekannt ist.

$$H = \frac{\Theta}{l} = 5{,}79\,\frac{\text{A}}{\text{cm}}$$

Mit diesem Wert geht man in die Magnetisierungskurve und liest den zugehörigen Wert für die magnetische Flussdichte ab. Mit der erzielbaren Ablesegenauigkeit ergibt sich $B = 0{,}62$ T und $\Phi = B \cdot A = 248\,\mu\text{Wb}$.

Magnetischer Kreis mit Luftspalt quer zur Flussrichtung
Dritte Problemstellung:

Gegeben und gesucht sind die gleichen Daten und Größen wie bei der ersten Problemstellung, auch der Lösungsweg ist identisch. Für den Luftraum wird dabei H aus der Beziehung nach Gleichung 5.14 berechnet.

Beispiel:
Es sollen die gleichen Angaben wie im Beispiel zur ersten Problemstellung gelten; aber an den beiden Trennflächen der Materialien wird zusätzlich jeweils ein Kunststoffplättchen mit einer Dicke von 0,5 mm eingefügt. Die Länge der Feldlinien im Eisenteil bleiben demnach gleich und man kann die beiden Luftspalte rechnerisch zu einem mit der doppelten Länge zusammenfassen. Im Ersatzschaltbild Abb. 5.32 würde so ein weiterer, allerdings linearer, magnetischer Widerstand in Reihe geschaltet. In dem Teil des Ringkernes aus Elektroblech soll wieder eine magnetische Flussdichte von 1,3 T herrschen. Welche Durchflutung ist erforderlich?

Zur besseren Übersicht empfiehlt es sich eine Tabelle anzulegen, sobald mehr als zwei Materialien und vor allem unterschiedliche Querschnitte in einem Magnetkreis vorkommen. Für die beiden Luftspalte, bzw. den zusammengefassten Luftspalt wird als Luftspaltfläche die geometrische Fläche eingesetzt, die Aufweitung kann bei der relativ kleinen Luftspaltlänge vernachlässigt werden.

Feldteil	A	Φ	B	H	l	V
	$[m^2]$	$[Wb]$	$[T]$	$[A/cm]$	$[cm]$	$[A]$
Elektroblech	$360 \cdot 10^{-6}$	$468 \cdot 10^{-6}$	1,3	5	17,28	86,4
Walzstahl	$400 \cdot 10^{-6}$	$468 \cdot 10^{-6}$	1,17	14,7	17,28	254
Luftspalt	$400 \cdot 10^{-6}$	$468 \cdot 10^{-6}$	1,17	$9,31 \cdot 10^3$	0,1	931

$$\Theta = \sum V \approx 1271 A$$

In die Tabelle können zunächst die Werte für die Querschnitte und Längen eingetragen werden, außerdem für die Flussdichte im Elektroblech. Aus diesem Wert wird der magnetische Fluss berechnet. Da keine Streuung unterstellt wird, ist er in allen Teilen des unverzweigten Kreises gleich. Daraus berechnet man die Flussdichte im Walzstahl und Luftspalt. Aus der Magnetisierungskurve werden dann die Feldstärken für die ferromagnetischen Teile abgelesen und für den Luftteil berechnet. Man sieht, dass trotz der kleinen Luftspalte bei gleicher Flussdichte eine wesentlich höhere Durchflutung notwendig ist als in dem Beispiel ohne Luftspalt.

Als Ergebnis aus dem Beispiel sieht man, dass man in magnetischen Kreisen, in die nicht absichtlich ein Luftspalt eingebracht wird, Luftspalte an Trennflächen ferromagnetischer Stoffe sorgfältig vermieden bzw. klein gehalten werden sollen, um nicht hohe Durchflutungswerte aufbringen zu müssen. Ist der Luftspalt länger als ein Hundertstel des Eisenweges, so kann man den gesamten Eiseneinfluss gegenüber dem Luftspalt näherungsweise vernachlässigen, man tut also so, als fiele die gesamte Durchflutung ausschließlich am Luftspalt ab.

Aufgabe 5.4

Gegeben ist der in Abb. 5.33 gezeigte Kern mit Anker aus Elektroblech V 360-50 B, alle Maße sind in mm angeben. Der Streufaktor ist $\sigma = 0,1$ und der Füllfaktor ist $k_F = 0,9$. Welcher Strom muss durch die Spule mit $N = 600$ Windungen fließen, damit sich im Anker eine magnetische Flussdichte von 1 T einstellt?

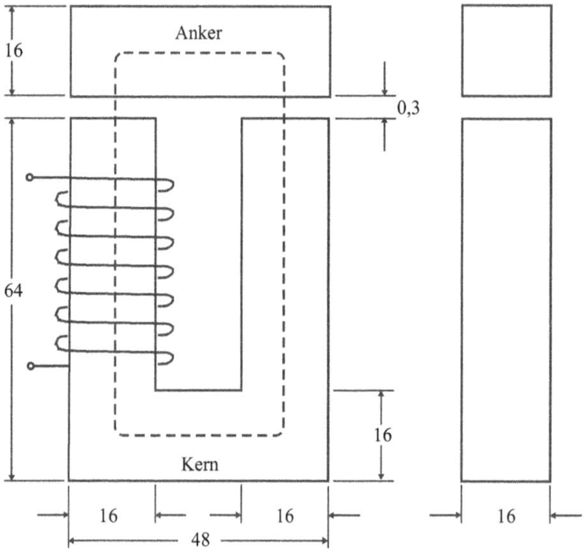

Abb. 5.33: Magnetkern mit Anker für Aufgabe 5.4

Aufgabe 5.5

In Abb. 5.34 ist ein Kern gezeigt, bei dem die Polflächen des Eisens in der Nähe des Luftspalts vergrößert sind. Im dünneren Teil ist die geometrische Querschnittsfläche $A_1 = 40$ cm^2, im dickeren Teil $A_2 = A_L = 50$ cm^2. Rechnerisch behandelt man die beiden Eisenabschnitte, als hätten sie überall den gleichen Querschnitt, man ignoriert den allmählichen Flächenzuwachs; die zugehörigen Eisenlängen wurden gemittelt zu $l_1 = 45$ cm und $l_2 = 5$ cm, die Luftspaltlänge ist $l_L = 2,5$ mm. Der Kern besteht aus Elektroblech V 400-50 A mit einem Füllfaktor von 0,9, die Streuung sei vernachlässigbar. Welche Stromstärke ist erforderlich, damit sich im Luftspalt eine magnetische Flussdichte von 1 T einstellt?

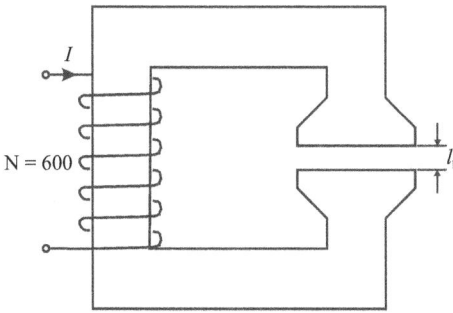

Abb. 5.34: Eisenkern für Aufgabe 5.5

Vierte Problemstellung:

Gegeben und gesucht sind die gleichen Daten und Größen wie bei der zweiten Problemstellung. Befinden sich dabei mehrere unterschiedliche ferromagnetische Stoffe in dem Magnetkreis, so ist die Lösung wieder nur mit Hilfe von Iterations- und Interpolationsverfahren möglich. Die Lösung der Aufgabe wird also wieder auf die dritte Problemstellung zurückgeführt. Auch für diesen Fall wird ein Beispiel vorgeführt. Da in der Praxis sich aber sehr häufig nur ein ferromagnetischer Stoff im Magnetkreis befindet, soll für diesen Fall noch ein anderes Verfahren erläutert werden, das meist rascher zum Ziel führt. In Analogie zur Netzwerkberechnung bei nichtlinearen Widerständen mit Hilfe der Zweipoltheorie fasst man den linearen magnetischen Widerstand des Luftspalts mit der elektrischen Durchflutung zu einer „linearen Ersatzquelle" zusammen und trägt deren Kennlinie in die nichtlineare Magnetisierungskurve ein. Der Schnittpunkt beider Kennlinien markiert dann den sich einstellenden Arbeitspunkt.

Zunächst sei dieses Verfahren für den Fall vorgestellt, dass der Querschnitt im Eisen und im Luftspalt gleich ist, es liegt also ein Massivkern vor.

Für den linearen Teil muss man zur Bestimmung der Kennlinie die „Kurzschlussflussdichte" B_k und die „Leerlauffeldstärke" H_0 ermitteln. Denkt man sich den magnetischen Widerstand des Eisens aus dem magnetischen Kreis in Abb. 5.35 herausgetrennt und den linken Teil an den Klemmen kurzgeschlossen, so wirkt die gesamte Durchflutung nur über den kurzen Weg des Luftspalts. Denkt man sich dagegen zwischen den Klemmen einen unendlich großen magnetischen Widerstand über die ursprüngliche Feldlinienlänge des Eisens, so wird Φ null und die gesamte Durchflutung fällt an dem unendlich großen magnetischen Widerstand ab. Beide Vorstellungen sind natürlich rein theoretisch, ein in sich geschlossener magnetischer Kreis lässt sich in Wirklichkeit nicht so auftrennen bzw. kurzschließen. Aus der obigen Kennlinie kann auch nur die Feldstärke für das Eisen, nicht für den Luftspalt abgelesen werden.

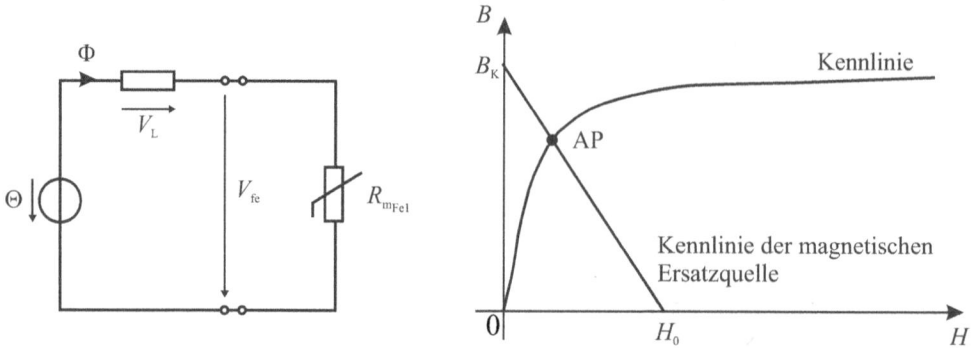

Abb. 5.35: Bestimmung der magnetischen Flussdichte mit Hilfe der Zweipoltheorie

$$B_{\mathrm{k}} = \frac{\Phi_{\mathrm{k}}}{A} = \frac{\Lambda_{\mathrm{L}} \cdot \Theta}{A} = \frac{\mu_0 \cdot A \cdot \Theta}{l_{\mathrm{L}} \cdot A} = \frac{\mu_0 \cdot N \cdot I}{l_{\mathrm{L}}}$$

$$H_0 = \frac{\Theta}{l_{\mathrm{Fe}}} = \frac{N \cdot I}{l_{\mathrm{Fe}}} \tag{5.26}$$

Bei unterschiedlichen Flächen für das Eisen und den Luftspalt infolge eines Füllfaktors ist die obige Formel nicht anwendbar, da die Flussdichte im Eisen und im Luftspalt nicht gleich ist, dagegen ist der magnetische Fluss in beiden gleich. Man muss also die B-Achse durch eine Φ-Achse ersetzen und den „Kurzschlussfluss" ermitteln. Die Φ-Achse erhält man, indem man einfach alle Werte der Flussdichte in der Magnetisierungskurve mit dem Eisenquerschnitt multipliziert, d. h. die Achse umbeschriftet. Die H-Achse bleibt erhalten. Φ_{k} erhält man aus Gleichung 5.26:

$$\Phi_{\mathrm{k}} = B_{\mathrm{k}} \cdot A_{\mathrm{L}} = \frac{\mu_0 \cdot A_{\mathrm{L}} \cdot N \cdot I}{l_{\mathrm{L}}} \tag{5.27}$$

Oft möchte man auch sofort die Durchflutungsanteile für Eisen und Luft aus der graphischen Darstellung ablesen, dann ersetzt man auch noch die H-Achse durch die magnetischen Spannungen V, indem man alle H-Werte mit der Eisenlänge multipliziert. Für den linearen Teil trägt man dann nicht H_0, sondern $V_0 = \Theta_0 = \Theta$ an. Zum Ablesen der Durchflutungsanteile für jeden beliebigen Fluss Φ verschiebt man die Kennlinie der „magnetischen Ersatzspannungsquelle" in den Nullpunkt. Diese verschobene Kennlinie nennt man **Scherungsgerade**. Mit ihrer Hilfe kann man auch leicht die resultierende Kennlinie $\Phi = \mathrm{f}(\Theta)$ für den gesamten magnetischen Kreis aus dem ferromagnetischen Teil und dem Luftspalt konstruieren, wie es in Abb. 5.36 gezeigt ist. Ändert sich der Luftspalt, so ändert sich auch die Steigung der Scherungsgeraden. Man erkennt dabei die linearisierende Wirkung des Luftspalts. Darauf wird noch in Kapitel 6 und beim Übertrager in Band 2 näher eingegangen.

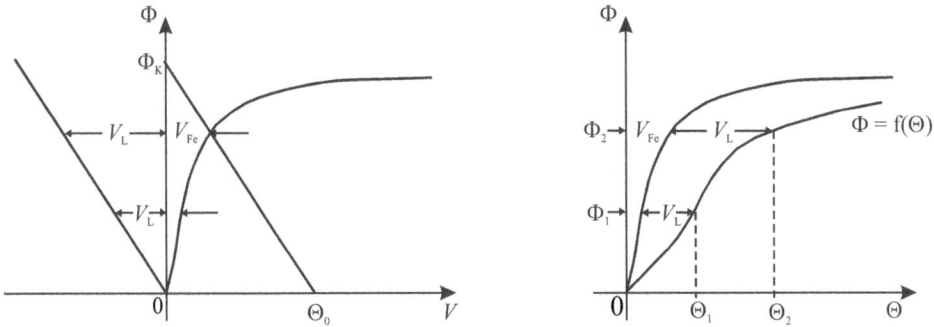

Abb. 5.36: Scherungsgerade und resultierende Kennlinie $\Phi = f(\Theta)$ eines magnetischen Kreises

Beispiel:
Gegeben ist der magnetische Kreis aus Abb. 5.33 der Aufgabe 5.4. Jetzt jedoch sei der Luftspalt rechts und links auf je 0,15 mm reduziert, die Wicklung auf beide Schenkel des U-Teils gleichmäßig verteilt (rechnerisch spielt es keine Rolle, wo die Wicklung sitzt) und die Streuung sei vernachlässigbar. Welche Flussdichte stellt sich im Luftspalt ein, wenn die Durchflutung 300 A ist? Gesucht ist außerdem die resultierende Kennlinie $\Phi = f(\Theta)$. Wie groß müsste der Luftspalt gemacht werden, damit sich im Luftspalt eine Flussdichte von 0,8 T einstellt?

Weil unterschiedliche Querschnitte für den reinen Eisenanteil im Magnetkreis und den Luftspalt vorliegen, muss die Magnetisierungskurve in Abb. 5.25 umgerechnet werden. Die B-Achse wird in eine Φ-Achse umgewandelt, die Bezifferung ergibt sich, indem man alle Werte von B mit der Eisenfläche A_{Fe} multipliziert. Zum Beispiel wird der Wert von $B = 1$ T ersetzt durch $\Phi = 230\ \mu Wb$. Ebenso wird wegen der zweiten Fragestellung sofort die H-Achse in eine V-Achse umgewandelt, für den ersten Teil der Aufgabe wäre dies allerdings noch nicht notwendig. Die neue Bezifferung ergibt sich, indem man alle Werte von H mit der gesamten Eisenlänge $l_{Kern} + l_{Anker} = 19,2$ cm multipliziert, z. B. wird der Wert von $H = 1$ A / cm ersetzt durch $V = 19,2$ A usw.

$$\Phi_k = \frac{\mu_0 \cdot A_L \cdot \Theta}{l_L} = 322\ \mu Wb \qquad V_0 = \Theta_0 = \Theta = 300\ A$$

Aus Abb. 5.37 liest man für den Arbeitspunkt AP den sich einstellenden magnetischen Fluss von $\Phi = 260\ \mu Wb$ ab. Damit ergibt sich im Luftspalt eine Flussdichte $B_L = \Phi/A_L = 1,02$ T. Die resultierende Kennlinie erhält man, indem man für mehrere Flusswerte die magnetischen Spannungen V_L und V_{Fe} addiert.

Durch den sich ändernden Luftspalt bleibt $V_0 = \Theta$ unberührt, es ändert sich dagegen Φ_k. Der Wert von Φ_k ist nicht bekannt, aber der Arbeitspunkt. Eine Flussdichte $B_L = 0,8$ T bedeutet einen Fluss von $\Phi_L = B_L \cdot A_L = 204,8\ \mu Wb \approx 205\ \mu Wb$. Legt man eine Gerade durch V_0 – bzw. durch H_0, wenn die H-Achse nicht umgewandelt wurde – und den Arbeitspunkt (in Abb. 5.37 gestrichelt eingezeichnet), so erhält man mit dem Schnittpunkt dieser Geraden und der Φ-Achse den neuen Wert von Φ_k und daraus l_L. Es ergibt sich $\Phi_k = 235\ \mu Wb$.

$$l_{\text{L}} = \frac{\mu_0 \cdot A_{\text{L}} \cdot \Theta}{\Phi_{\text{k}}} = 0,411\,\text{mm}$$

Da sich l_{L} auf beide Luftspalte verteilt, ergibt sich ein Luftspalt von 0,205 mm bzw. ca. 0,2 mm auf beiden Seiten. Wie noch in Abschn. 6 gezeigt wird, ist auf diesem Weg der Luftspalt für einen Magnetkreis zu bestimmen, wenn eine bestimmte Induktivität eingestellt werden soll.

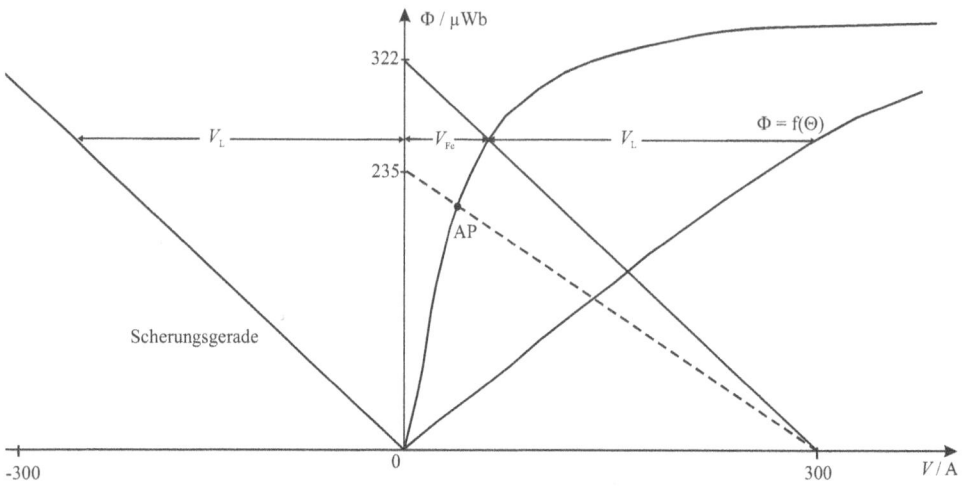

Abb. 5.37: Bestimmung des Arbeitspunktes und der resultierenden Kennlinie

Beispiel:
In diesem zweiten Beispiel soll ein Lösungsweg für den Fall gezeigt werden, dass unterschiedliche ferromagnetische Stoffe vorkommen, die auch noch verschiedene Querschnitte haben. Dazu wird der magnetische Kreis aus dem Beispiel zur dritten Problemstellung Abb. 5.32 mit zusätzlich zwei Luftspalten von je 0.5 mm Luftspaltlänge herangezogen. Welche Flussdichte stellt sich im Luftspalt bei einer Durchflutung von 800 A und 1600 A ein?

Man gibt dabei verschiedene magnetische Flüsse vor und rechnet mit der Tabelle aus dem Beispiel zur dritten Problemstellung jeweils die notwendige Durchflutung aus und trägt die Ergebnisse (zusammen mit dem bereits im Beispiel zur 3. Problemstellung ermittelten Ergebnis) in einer Kennlinie auf.

Es ergeben sich für folgende Flüsse nach dem bekannten Schema die Durchflutungen:

$\Phi = 250\,\mu\text{Wb} \quad \Rightarrow \quad \Theta \approx 623\,\text{A}$ $\qquad\qquad \Phi = 400\,\mu\text{Wb} \quad \Rightarrow \quad \Theta \approx 1028\,\text{A}$

$\Phi = 300\,\mu\text{Wb} \quad \Rightarrow \quad \Theta \approx 749\,\text{A}$ $\qquad\qquad \Phi = 500\,\mu\text{Wb} \quad \Rightarrow \quad \Theta \approx 1416\,\text{A}$

$\Phi = 360\,\mu\text{Wb} \quad \Rightarrow \quad \Theta \approx 909\,\text{A}$ $\qquad\qquad \Phi = 550\,\mu\text{Wb} \quad \Rightarrow \quad \Theta \approx 1750\,\text{A}$

Aus der Kennlinie liest man für $\Theta = 800$ A einen Wert von $\Phi = 315\ \mu$Wb ab, somit ist die Flussdichte im Luftspalt $B_\mathrm{L} = \Phi / A_\mathrm{L} = 0{,}79$ T. Für $\Theta = 1600$ A ist der abgelesene Wert für $\Phi = 530\ \mu$Wb und damit $B_\mathrm{L} = 1{,}33$ T. Auch für jeden anderen Wert von Θ könnte der zugehörige Durchflutungswert sofort abgelesen werden. Man sieht auch bei dieser Kennlinie den stark linearisierenden Einfluss des Luftspalts.

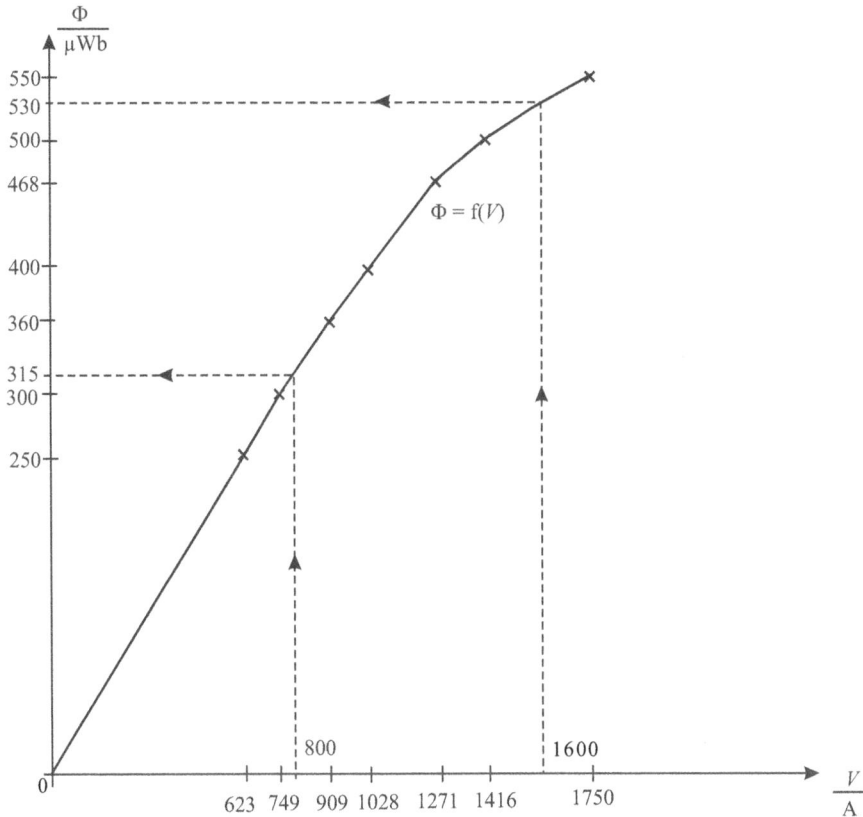

Abb. 5.38: Φ-V-Kennlinie

Aufgabe 5.6

Ein Eisenring aus Walzstahl mit einer mittleren Eisenlänge $l_\mathrm{Fe} = 40$ cm und einem Querschnitt $A_\mathrm{Fe} = 400\ \mathrm{mm}^2$ hat einen Luftspalt mit einer Länge $l_\mathrm{L} = 0{,}6$ mm. Die Luftspaltfläche kann wegen der kleinen Luftspaltlänge gleich der Eisenfläche gesetzt werden, die Streuung ist vernachlässigbar. Welche Flussdichte stellt sich im Luftspalt ein, wenn der Ring mit einer Wicklung mit $N = 1000$ Windungen bewickelt ist, durch die ein Strom $I = 0{,}8$ A fließt? Das Ergebnis soll durch eine Rückrechnung mit der ermittelten Flussdichte auf die notwendige Durchflutung kontrolliert werden.

Bisher wurden ausschließlich **unverzweigte** magnetische Kreise behandelt und berechnet. Typische **verzweigte** Magnetkreise ergeben sich beim Einsatz der in Abb. 5.31 gezeigten M- und EI-Schnitte. Bei beiden werden die Wicklungen auf dem Mittelschenkel aufgebracht, der gegenüber den Außenschenkeln den doppelten Querschnitt aufweist. Wegen der Symmetrie verteilt sich der magnetische Fluss im Mittelschenkel hälftig auf die beiden Außenschenkel, die Flussdichte ist überall gleich groß. Bei der Berechnung solcher symmetrischer Kreise genügt es, dass man sich die Anordnung in der Mitte durchgeschnitten vorstellt und nur mit einer der beiden Hälften rechnet; zu bedenken ist nur, dass darin nur die Hälfte des Flusses auftritt, jedoch die volle Durchflutung wirksam ist; beide Kernhälften liegen parallel zueinander. Dies soll an zwei Beispielen gezeigt werden.

Beispiel:
Gegeben ist der EI-Kern in Abb. 5.39, alle Maßangaben sind in mm.

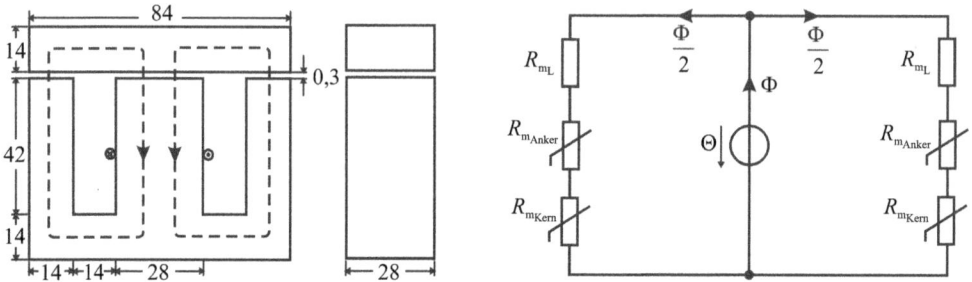

Abb. 5.39: EI-Kern mit magnetischem Ersatzschaltbild

Das Material für den Kern bzw. das E-Teil sei Elektroblech V 360-50 B, der Füllfaktor $k_F = 0,9$. Der Anker bzw. das I-Teil besteht aus Walzstahl Vollmaterial (dies ist hier nur aus Übungszwecken so gewählt, in der Praxis besteht er aus dem gleichen Material wie der Kern). Die Streuung sei vernachlässigbar. Welche Durchflutung muss aufgebracht werden, damit sich im Luftspalt eine Flussdichte $B_L = 1,1\,\text{T}$ einstellt?

Zunächst werden die Querschnitte und Längen für eine der Hälften ermittelt:

$$A_L = A_{\text{Anker}} = 14\,\text{mm} \cdot 28\,\text{mm} = 3,92 \cdot 10^{-4}\,\text{m}^2 \qquad A_{\text{Kern}} = k_F \cdot A_L = 3,53 \cdot 10^{-4}\,\text{m}^2$$

$$l_{\text{Kern}} = (7 + 14 + 7 + 42 + 7 + 42 + 7)\,\text{mm} = 12,6\,\text{cm} \qquad l_{\text{Anker}} = (7 + 28 + 7)\,\text{mm} = 4,2\,\text{cm}$$

Die beiden Luftspalte werden rechnerisch zu einem mit der doppelten Länge zusammengefasst. Da die Flussdichte vorgegeben ist, kann der Fluss berechnet werden, $\Phi_L = B_L \cdot A_L = 431,2\,\mu\text{Wb}$. Dies ist der Fluss in der einen Hälfte, der sich nicht mehr verteilt. Würde eine Streuung unterstellt, so wäre dies der Fluss im Luftspalt und Anker, der Fluss im nun noch übrig gebliebenen U-Teil (die Hälfte des E-Teils) müsste entsprechend höher sein.

Die Flussdichte im Kern kann aus dem Fluss berechnet und die Feldstärken für die beiden Eisenteile aus der Magnetisierungskurve abgelesen werden, H_L ist zu berechnen.

$$B_{\text{Kern}} = \frac{\Phi}{A_{\text{Kern}}} = 1,22 \, \text{T} \qquad H_L = \frac{B_L}{\mu_0} = 875,4 \cdot 10^3 \, \frac{\text{A}}{\text{m}} = 8754 \, \frac{\text{A}}{\text{cm}}$$

Damit ergibt sich die folgende Tabelle und als Summe der magnetischen Spannungen eine Gesamtdurchflutung von $\Theta = 629 \, \text{A}$.

Feldteil	A [m²]	Φ [Wb]	B [T]	H [A/cm]	l [cm]	V [A]
Kern	$3,53 \cdot 10^{-4}$	$4,31 \cdot 10^{-4}$	1,22	4	12,6	50,4
Anker	$3,92 \cdot 10^{-4}$	$4,31 \cdot 10^{-4}$	1,1	12,7	4,2	53,3
Luftspalt	$3,92 \cdot 10^{-4}$	$4,31 \cdot 10^{-4}$	1,1	8754	0,06	525,2

$$\Theta = \sum V = 628,9 \, \text{A} \approx 629 \, \text{A}$$

Beispiel:
Gegeben ist der M-Kern in Abb. 5.40 mit einer Schichthöhe von 29 mm, alle Maßangaben sind wieder in mm. Das Kernmaterial ist Elektroblech V 360-50 B mit einem Füllfaktor $k_F = 0,9$. Die Streuung ist vernachlässigbar. Welche Flussdichten stellen sich bei einer Durchflutung von 500 A im Luftspalt und Eisen ein?

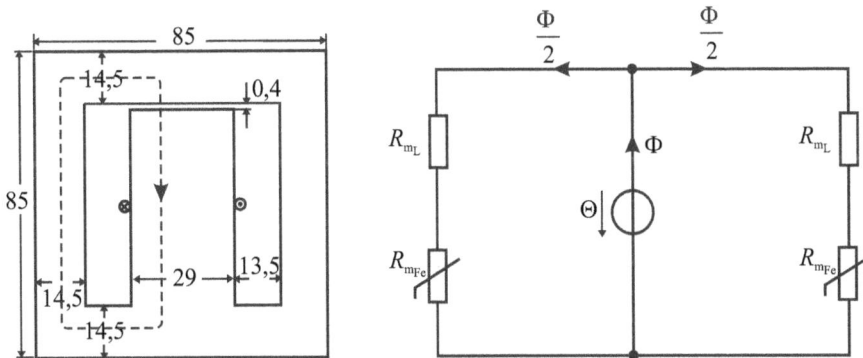

Abb. 5.40: M-Kern mit magnetischem Ersatzschaltbild

Die Querschnitte und die Eisenlänge für eine der beiden Hälften des M-Kerns sind:

$$A_L = 14,5 \, \text{mm} \cdot 29 \, \text{mm} = 420,5 \cdot 10^{-6} \, \text{m}^2 \qquad A_{Fe} = k_F \cdot A_L = 378,5 \cdot 10^{-6} \, \text{m}^2$$

$$l_{Fe} = (2 \cdot 28 + 2 \cdot 70,5 - 0,4)\,\text{mm} = 196,6\,\text{mm}$$

Da die Querschnitte für den Luftspalt und das Eisen verschieden sind, muss die B-Achse in eine Φ-Achse umgerechnet werden; dazu wird die B-Achse umbeschriftet, indem jeder B-Wert mit A_{Fe} multipliziert wird. Zum Beispiel steht dann bei $B = 1\,\text{T}$ der Wert $\Phi = 378,5\,\mu\text{Wb}$ usw. Die H-Achse muss nicht in eine V-Achse umgerechnet werden. Mit den Formeln 5.26 und 5.27 erhält man $\Phi_k = 661\,\mu\text{Wb}$ und $H_0 = 25,4\,\text{A/cm}$. Trägt man die Kennlinie der „magnetischen Ersatzquelle" in die Magnetisierungskurve der Abb. 5.25 mit der umgewandelten B-Achse ein, so erhält man den sich einstellenden Arbeitspunkt als Schnittpunkt dieser Kennlinie mit der Magnetisierungskurve bei $\Phi = 511\,\mu\text{Wb}$ (dies entspricht $B = 1,35\,\text{T}$). Daraus ergibt sich $B_{Fe} = \Phi / A_{Fe} = 1,35\,\text{T}$ und $B_L = \Phi / A_L = 1,21\,\text{T}$.

Es gibt in der Praxis auch verzweigte Magnetkreise, bei denen nicht mehr die Flussdichte in allen Teilen gleich ist. Dazu soll ebenfalls ein Beispiel durchgerechnet werden.

Beispiel:
Es ist der Magnetkern aus Elektroblech V 360-50 B mit einem Füllfaktor $k_F = 0,9$ in Abb. 5.41 gegeben. Der reine Eisenquerschnitt $A_{Fe} = 10,8\,\text{cm}^2$ ist in allen Teilen gleich, der Luftspaltquerschnitt ist somit $A_L = 12\,\text{cm}^2$. Die mittleren Eisenlängen für die beiden Außenschenkel 1 und 2 bis zum Mittelschenkel 3 sind $l_1 = l_2 = 36\,\text{cm}$ und für den Mittelschenkel (abzüglich des Luftspalts) $l_3 = 11,9\,\text{cm}$; die Luftspaltlänge l_L ist 1 mm. Der Mittelschenkel stellt dabei eine bewusst eingebaute Streuung dar.

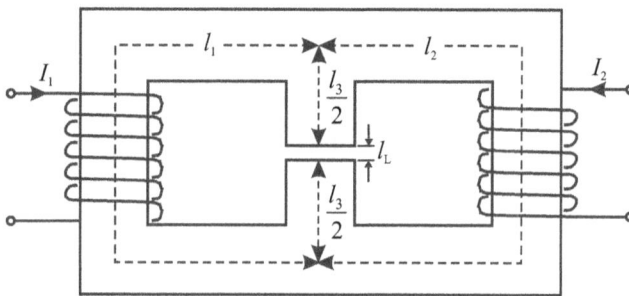

Abb. 5.41: Magnetkern mit eingebauter Streuung

Zunächst sei die Durchflutung Θ_2 null. Welche Durchflutung Θ_1 muss im Schenkel 1 aufgebracht werden, damit sich im Luftspalt eine Flussdichte $B_L = 0,2\,\text{T}$ einstellt?

Für diesen Fall ergibt sich folgendes magnetische Ersatzschaltbild:

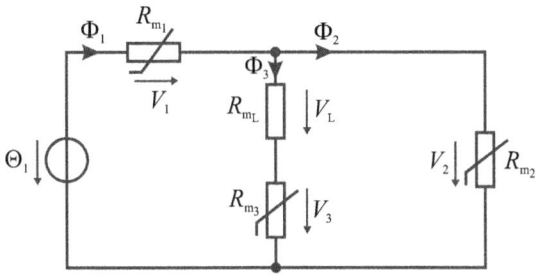

Abb. 5.42: Magnetisches Ersatzschaltbild bei $\Theta_2 = 0$

Wie aus dem magnetischen Ersatzschaltbild ersichtlich, gelten die Beziehungen:

$$V_2 = V_L + V_3 \qquad \Theta_1 = V_1 + V_L + V_3 = V_1 + V_2 \qquad \Phi_1 = \Phi_2 + \Phi_3$$

Zunächst können V_L und V_3 aus der Angabe der Flussdichte ermittelt werden und daraus dann V_2 und B_2. Mit den Flussdichten lassen sich die Flüsse berechnen und damit V_1.

$$V_L = H_L \cdot l_L = \frac{B_L}{\mu_0} \cdot l_L = 159\,\text{A}$$

$$\Phi_3 = B_L \cdot A_L = 240\,\mu\text{Wb} \qquad B_3 = \frac{\Phi_3}{A_{Fe}} = 0,22\,\text{T}$$

Aus der Magnetisierungskurve Abb. 5.25 liest man dazu ab:

$$H_3 \approx 0,5\,\frac{\text{A}}{\text{cm}} \qquad V_3 = H_3 \cdot l_3 = 6\,\text{A} \qquad V_2 = V_L + V_3 = 165\,\text{A} \qquad H_2 = \frac{V_2}{l_2} = 4,6\,\frac{\text{A}}{\text{cm}}$$

Mit diesem Wert geht man erneut in die Magnetisierungskurve und erhält:

$$B_2 = 1,28\,\text{T} \qquad \Phi_2 = B_2 \cdot A_{Fe} = 1382\,\mu\text{Wb} \qquad \Phi_1 = \Phi_2 + \Phi_3 = 1541\,\mu\text{Wb} \qquad B_1 = \frac{\Phi_1}{A_{Fe}} = 1,43\,\text{T}$$

Daraus ergibt sich aus der Magnetisierungskurve:

$$H_1 = 8\,\frac{\text{A}}{\text{cm}} \qquad V_1 = H_1 \cdot l_1 = 288\,\text{A} \qquad \Theta_1 = V_1 + V_2 = 453\,\text{A}$$

In einem zweiten Schritt soll nun berechnet werden, wie groß die Durchflutungen Θ_1 und Θ_2 gemacht werden müssen, wenn der Fluss im Schenkel 1 den Wert aus der vorherigen Berechnung beibehalten soll (d. h. $\Phi_1 = 1541\,\mu\text{Wb}$) und Φ_2 null werden soll.

Dazu ergibt sich folgendes magnetische Ersatzschaltbild:

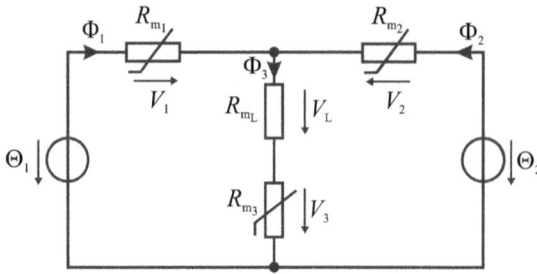

Abb. 5.43: Magnetisches Ersatzschaltbild bei zwei wirksamen Durchflutungen

Hierbei ist zu berücksichtigen, dass die Wicklung auf dem Schenkel 2 bei der angegebenen Stromrichtung einen Fluss erzeugt, der dem Fluss von der Spule auf Schenkel 1 entgegenwirkt. Ist $\Phi_2 = 0$, so ist auch $V_2 = 0$ und $\Phi_1 = \Phi_3$ sowie $\Theta_2 = V_L + V_3$.

$$B_1 = B_3 = \frac{\Phi_1}{A_{Fe}} = 1{,}43\,\mathrm{T} \qquad B_L = \frac{\Phi_1}{A_L} = 1{,}284\,\mathrm{T} \qquad V_L = H_L \cdot l_L = \frac{B_L}{\mu_0} \cdot l_L = 1022\,\mathrm{A}$$

Zu B_1 und B_3 liest man aus der Magnetisierungskurve ab:

$$H_1 = H_3 = 8\,\frac{\mathrm{A}}{\mathrm{cm}} \qquad V_3 = H_3 \cdot l_3 = 95\,\mathrm{A} \qquad \Theta_2 = V_L + V_3 = 1117\,\mathrm{A}$$

$$V_1 = H_1 \cdot l_1 = 288\,\mathrm{A} \qquad \Theta_1 = V_1 + V_L + V_3 = 1405\,\mathrm{A}$$

Dieses Beispiel verdeutlicht nochmals, dass durch Erstellen der magnetischen Ersatzschaltbilder für magnetische Kreise sich der Lösungsweg leichter erschließt, da sie mit den gleichen Methoden wie elektrische Netzwerke berechnet werden.

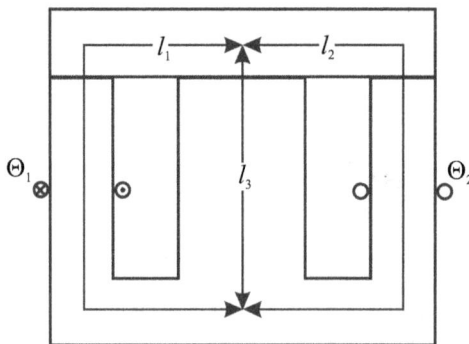

Abb. 5.44: Magnetkreis für Aufgabe 5.7

Aufgabe 5.7
Für den magnetischen Kreis in Abb. 5.44 sind die Eisenquerschnitte und Eisenlängen $A_1 = A_2 = 350$ mm^2, $A_3 = 700$ mm^2, $l_1 = l_2 = 126$ mm, $l_3 = 56$ mm. Das Kernmaterial ist Elektroblech V 360-50 B. Es soll sich im Mittelschenkel (l_3) eine Flussdichte $B_3 = 1,4$ T einstellen. Wie groß muss die Durchflutung Θ_2 gemacht werden, und in welche Richtung muss sie wirken (d. h. es muss die Stromrichtung der Wicklung 2 eingezeichnet werden), wenn die Durchflutung $\Theta_1 = 200$ A ist?

5.4.5 Dauermagnetkreis

Dauermagnete haben keine äußere elektrische Durchflutung, d. h. $\oint \vec{H} \cdot d\vec{l} = 0$. Der Dauermagnetkreis besteht aus dem eigentlichen Dauermagneten aus hartmagnetischem Werkstoff und Polstücken aus weichmagnetischem Werkstoff, die dem Magnetkreis die gewünschte Form geben, da hartmagnetische Werkstoffe meist sehr spröde sind und sich daher schlecht verarbeiten lassen. In Abb. 5.45 ist ein Dauermagnetkreis mit seinem magnetischen Ersatzschaltbild gezeigt. In dem Ersatzschaltbild, wie auch in den Gleichungen für den Magnetkreis, werden die magnetischen Widerstände der Polstücke vernachlässigt. Dies ist auch deshalb zulässig, weil die Luftspalte meist relativ groß sind. Wegen des großen Luftspalts ist aber die Streuung nicht mehr vernachlässigbar, vielmehr können recht große Streufaktoren σ auftreten. Es ist jedoch bei Dauermagnetkreisen üblich mit einer anderen Definition als in Abschn. 5.4.3 zu arbeiten. Dort war $\sigma = \Phi_\sigma / \Phi$, hier definiert man $s = \Phi_L / \Phi$! Da der Luftspaltfluss eigentlich der Nutzfluss ist, wäre nach Abschn. 5.4.3 $s = 1 - \sigma$. Dies entspräche nach dem noch folgenden Kapitel 6.4.2 einem Kopplungsfaktor, allerdings macht der Begriff „Kopplung" bei einem Dauermagneten keinen Sinn. Leider sind diese sich widersprechenden Definitionen schon lange Praxis, man muss damit leben. Die Streuung wird im magnetischen Ersatzschaltbild durch einen magnetischen Streuwiderstand parallel zu dem des Luftspalts berücksichtigt. Auch die Aufweitung des Luftspalts ist nicht mehr zu vernachlässigen, so dass für den Luftspaltquerschnitt nicht mehr die Polfläche eingesetzt werden kann, sondern nach Abschn. 5.4.3 sich A_L mit dem Aufweitungsfaktor zu $A_L = (1 + k_L) \cdot A_{Pol}$ ergibt. Eine exakte Berechnung des Streufaktors σ oder s und Aufweitungsfaktors k_L ist meist nicht möglich oder zu aufwändig, deshalb werden sie meist abgeschätzt oder mit Hilfe empirischer Formeln berechnet, auf die hier nicht eingegangen werden kann.

Bei der Magnetisierung geht man dabei wie folgt vor. Der Magnetkreis wird zuerst in seiner endgültigen Form zusammengebaut und dann in den Luftspalt ein weichmagnetisches Eisenstück eingeschoben, dessen magnetischer Widerstand ebenfalls vernachlässigbar sein soll. Auf den so geschlossenen Magnetkreis wird eine Wicklung aufgebracht und durch einen kurzzeitigen Strom der Kreis bis zur Sättigung magnetisiert. Nach Abschaltung des Stroms geht die Flussdichte entsprechend der Hysterese (vgl. Abschn. 5.4.1 und Abb. 5.23 und 5.24) auf den Wert der Remanenzflussdichte B_r zurück, H wird null. Entfernt man das Weicheisenstück aus dem Luftspalt, so stellt sich in ihm ein magnetischer Fluss $\Phi_L = s \cdot \Phi_D$ und eine Flussdichte B_L ein.

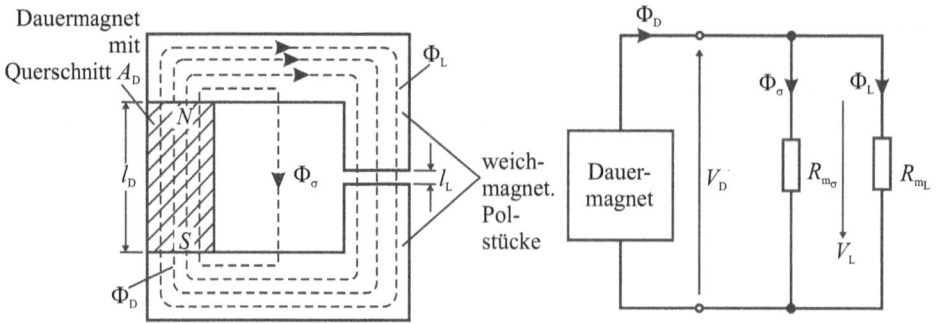

Abb. 5.45: Dauermagnetkreis mit magnetischem Ersatzschaltbild

Der sich einstellende Arbeitspunkt wird auf folgende Weise ermittelt:

Zunächst fasst man die magnetischen Widerstände des Luftspalts und der Streuung zu einem Ersatzwiderstand R_{m_e} zusammen, dabei ist $V_L = -V_D$.

$$R_{m_e} = \frac{V_L}{\Phi_D} = \frac{s \cdot V_L}{\Phi_L} = s \cdot R_{m_L} = \frac{s \cdot l_L}{\mu_0 \cdot A_L} \qquad \Phi_D = R_{m_e} \cdot V_L = \frac{s \cdot l_L}{\mu_0 \cdot A_L} \cdot V_L = -\frac{s \cdot l_L}{\mu_0 \cdot A_L} \cdot V_D$$

Die Gleichung $\Phi_D = f(V_L)$ ist die Geradengleichung des linearen Teils des Dauermagnetkreises. Der Schnittpunkt mit dem nichtlinearen Teil ergibt den Arbeitspunkt (Abb. 5.46). Die Arbeitskennlinie des Dauermagneten entspricht dem zweiten Quadranten der Hystereseschleife, dort wird er bei einer negativen Feldstärke H_D und positiver Flussdichte B_D betrieben. Die Kennlinie des Dauermagneten $\Phi_D = f(V_D)$ bekommt man durch Umrechnung und Umbeschriftung der Hystereseschleife. Man erhält die neue V-Achse, indem man alle Werte der H-Achse mit der Länge des Dauermagneten l_D multipliziert, und die neue Φ-Achse, indem man alle B-Werte mit der Querschnittsfläche des Dauermagneten A_D multipliziert.

In Abb. 5.46 erhält man somit den sich einstellenden Arbeitspunkt AP_1. Es stellt sich eine magnetische Spannung $-V_D = V_L = -V_1$ und ein Fluss $\Phi_D = \Phi_1$ ein. Würde man nun die Länge des Luftspalts verkleinern, indem man ein dünnes weichmagnetisches Eisenstück in den Luftspalt schiebt, so wird die Gerade des linearen Teils steiler, sie ist gestrichelt in Abb. 5.46 eingetragen. Hierdurch wird der Betrag der Feldstärke und damit der magnetischen Spannung verkleinert. Die Magnetisierung erfolgt nach einer partiellen Hystereseschleife, die ebenfalls gestrichelt eingezeichnet ist. Es stellt sich der Arbeitspunkt AP_2 ein mit den Koordinaten $-V_2$ und Φ_2. Hätte man dagegen nach der Aufmagnetisierung den Luftspalt nur auf den kleineren Wert eingestellt, so würde sich AP_3 einstellen. Da $\Phi_3 > \Phi_2$ und $|V_3| > |V_2|$ ist, wird ein Magnetkreis möglichst immer erst nach dem Zusammenbau magnetisiert und auf den gewünschten Luftspalt eingestellt. Würde man den Dauermagneten allein vorher magnetisieren und anschließend mit den Magnetpolen zusammenbauen, so ergäben sich die gleichen kleineren Werte für den Fluss und damit die Flussdichte sowie die magnetische Spannung und damit die Feldstärke.

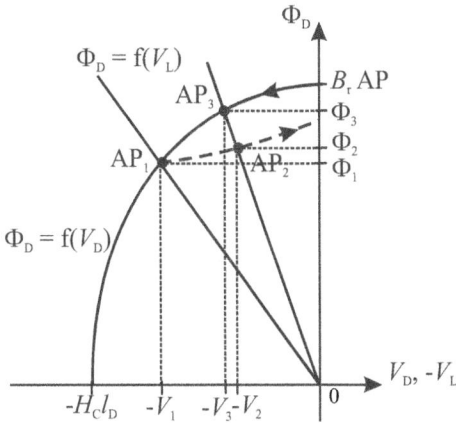

Abb. 5.46: Bestimmung des Arbeitspunktes in einem Dauermagnetkreis mit Luftspalt

In der Praxis sind meist die Abmessungen des Luftspalts und die erforderliche Flussdichte im Luftspalt durch die Aufgabenstellung vorgegeben, ebenso die Hystereseschleife durch die Auswahl des Werkstoffes für den Dauermagneten. Unter der Voraussetzung, dass der Kreis erst nach seinem Zusammenbau aufmagnetisiert wird und die Luftspaltabmessung danach nicht verändert wird, sollen die optimalen Abmessungen des Dauermagneten l_D und A_D bestimmt werden. Das optimale Volumen wird erreicht, wenn die Energiedichte pro Volumeneinheit ein Maximum wird.

Da die Durchflutung null ist, gilt:

$$\oint_A \vec{H} \cdot \mathrm{d}\vec{l} = 0 \quad H_\sigma \cdot l_\sigma = H_L \cdot l_L = -H_D \cdot l_D$$

Aus der Definition für den hier geltenden Streufaktor s und obiger Gleichung kann man zwei Gleichungen für B_L angeben.

$$\Phi_L = B_L \cdot A_L = s \cdot \Phi_D = s \cdot B_D \cdot A_D \qquad \frac{B_L}{\mu_0} \cdot l_L = -H_D \cdot l_D$$

$$B_L = \frac{s \cdot B_D \cdot A_D}{A_L} \qquad B_L = -\frac{\mu_0 \cdot H_D \cdot l_D}{l_L} \qquad\qquad (5.28)$$

Multipliziert man beide Seiten der beiden Gleichungen für B_L miteinander, so erhält man:

$$B_L{}^2 = -\frac{\mu_0 \cdot H_D \cdot l_D \cdot s \cdot B_D \cdot A_D}{l_L \cdot A_L}$$

$$B_L = \sqrt{\frac{\mu_0 \cdot s \cdot l_D \cdot A_D}{l_L \cdot A_L} \cdot B_D \cdot |H_D|} \qquad\qquad (5.29)$$

Da l_L und A_L durch die Aufgabenstellung vorgegeben sind und s durch die Abmessungen festliegt, ist die Flussdichte vom Volumen des Dauermagneten $l_D \cdot A_D$ und dem Produkt von $B_D \cdot |H_D|$ abhängig. Dieses Produkt hat die Dimension einer Energiedichte.

$$[B_D] \cdot [H_D] = 1\frac{V \cdot s}{m^2} \cdot \frac{A}{m} = 1\frac{V \cdot A \cdot s}{m^3} = 1\frac{W \cdot s}{m^3} = 1\frac{J}{m^3}$$

Der optimale Arbeitspunkt wäre demnach dort, wo das Produkt $B_D \cdot |H_D|$ sein Maximum hat, weil sich dann bei gewünschter Flussdichte B_L das geringste Volumen für den Dauermagneten ergibt. In Abb. 5.47 ist gezeigt, wie man dieses Optimum findet. Dabei liegt das Maximum des Produktes näherungsweise bei dem Schnittpunkt der Diagonalen des Rechteckes mit B_r und H_c als Seiten.

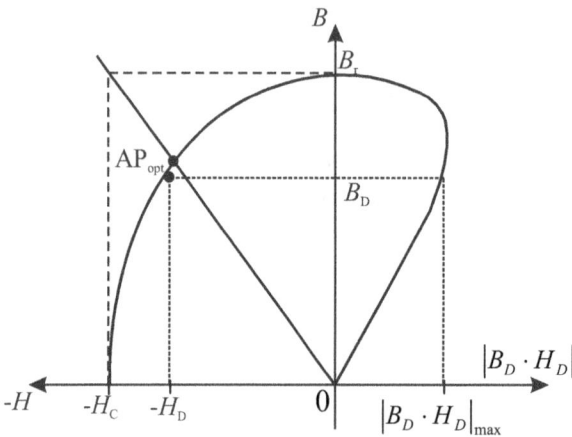

Abb. 5.47: Optimaler Arbeitspunkt für den Betrieb eines Dauermagneten

Man erhält die optimale Länge und Querschnittsfläche des Dauermagneten, wenn man die aus Abb. 5.47 gefundenen optimalen Werte für B_D und H_D bei vorgegebenen Luftspaltabmessungen und bekanntem Streufaktor in die beiden Gleichungen 5.28 einsetzt.

6 Zeitlich veränderliches magnetisches Feld

6.1 Induktionsgesetz

6.1.1 Festlegung der Zählpfeile

Zuerst werden die Zählpfeile für die elektrischen und magnetischen Größen festgelegt. Betrachtet man eine in sich geschlossene Leiterschleife, die von einem sich zeitlich ändernden Magnetfeld durchsetzt wird, so wird darin eine Spannung induziert, die einen Stromfluss zur Folge hat. Die Zählpfeile für den Strom i und die magnetische Flussdichte bzw. den Fluss sind wieder einander rechtsschraubig zugeordnet.

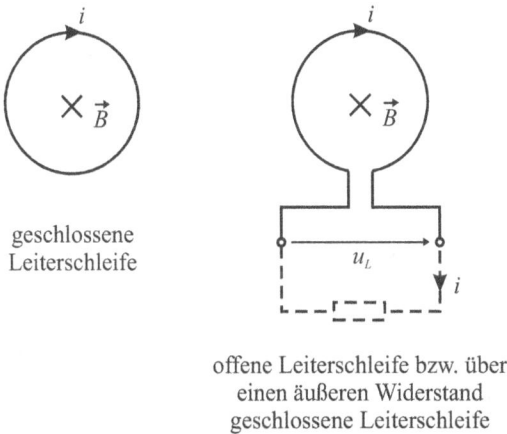

geschlossene
Leiterschleife

offene Leiterschleife bzw. über
einen äußeren Widerstand
geschlossene Leiterschleife

Abb. 6.1: Wahl der Zählpfeile für das Induktionsgesetz

Der Strom und die ihn treibende Spannung kann allerdings in einer geschlossenen Leiterschleife nicht gemessen werden. Ist die Leiterschleife dagegen offen, so entsteht an den Klemmen eine **induktive Spannung** u_L, und es fließt auch ein Strom, wenn die Leiterschleife kurzgeschlossen oder über einen äußeren Widerstand geschlossen wird. Es wird dabei das folgende Zählpfeilsystem gewählt:

Die Zählpfeile der magnetischen Flussdichte und des Stroms sind einander rechtsschraubig zugeordnet. Für die Leiterschleife wählt man die Zählpfeile für die induktive Spannung und den Strom so, dass sich ein Verbraucherzählpfeilsystem ergibt. Das bedeutet
jedoch für den außen angeschlossenen Widerstand, dass die Spannung und der Strom ein
Erzeugerzählpfeilsystem bilden, demnach gilt $u_L = -\,i \cdot R$.

In älterer Fachliteratur wird häufig für die Leiterschleife das Erzeugerzählpfeilsystem gewählt, die Folge davon ist eine Vorzeichenänderung beim Induktionsgesetz.

Wird die gleiche Betrachtung nicht für eine einfache Leiterschleife, sondern für eine Spule
angestellt, so spielt der Wicklungssinn der Spule eine Rolle. In Abb. 6.2 sind die Zählpfeilsysteme für eine rechtssinnig und linkssinnig gewickelte Spule dargestellt.

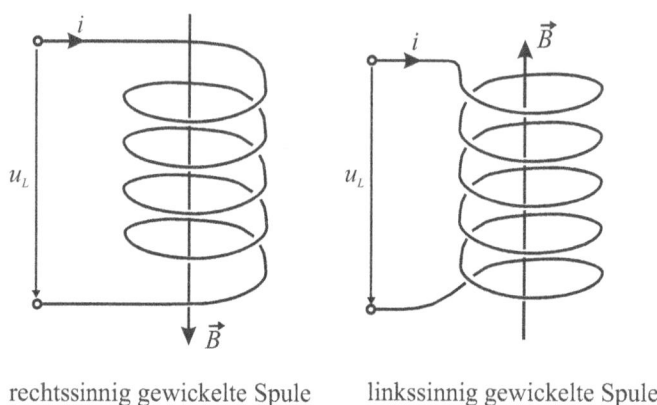

rechtssinnig gewickelte Spule   linkssinnig gewickelte Spule

Abb. 6.2: Wahl der Zählpfeile für eine rechtssinnig und linkssinnig gewickelte Spule

6.1.2   Verkettungsfluss

In Abb. 6.2 sind zwei Spulen dargestellt, bei denen die Flächen aller Windungen einer Spule
gleich groß sind, und die Flächen zueinander parallel liegen. Bringt man eine solche Spule in
ein homogenes magnetisches Feld, so tritt die durch eine Flussänderung hervorgerufene
Wirkung in jeder einzelnen Windung auf und summiert sich somit. Bei unterschiedlicher
Fläche bzw. Lage der einzelnen Windungen oder einem inhomogenen Feldverlauf oder einem Zusammentreffen mehrerer dieser Faktoren wird jede einzelne Windung von einem
anderen Anteil des magnetischen Flusses durchsetzt. Man spricht hier davon, dass jede Windung mit einem anderen Flussanteil **verkettet** ist.

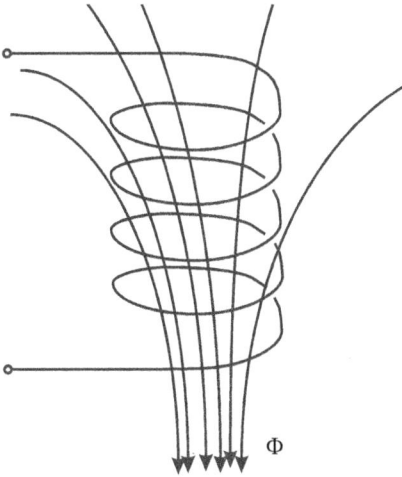

Abb. 6.3: Unterschiedliche Verkettung der Windungen einer Spule mit dem magnetischen Fluss

In Abb. 6.3 ist z. B. die oberste Windung mit nur drei Feldlinien des Flusses verkettet, die unterste dagegen mit sechs. Um hier die Gesamtwirkung einer Flussänderung in einer Spule festzulegen, hat man den **Verkettungsfluss** Ψ (Psi) definiert. N ist dabei die Windungszahl.

$$\Psi = \sum_{i=1}^{N} \Phi_i \hspace{6cm} (6.1)$$

In der Praxis wird bei sehr vielen Spulen der magnetische Fluss in einem Eisenkern geführt. In solchen Fällen kann man näherungsweise davon ausgehen, dass jede Windung mit dem gleichen Fluss verkettet ist. Dann geht Gleichung 6.1 über in die Form:

$$\Psi = N \cdot \Phi \hspace{6cm} (6.2)$$

Da eine genaue Erfassung des Flusses für jede einzelne Windung praktisch nur mit hohem Aufwand zu ermitteln ist, wird später bei den gekoppelten Spulen meist mit Gleichung 6.2 gerechnet und der hier beschriebene Effekt zusammen mit der Streuung in einem empirisch berechneten oder abgeschätzten Streufaktor abgedeckt.

6.1.3   Bewegter Leiter in einem magnetischen Feld

Das Induktionsgesetz soll an dem einfachsten Sonderfall, der allerdings technisch sehr wichtig ist, erklärt werden. Dazu werden folgende Annahmen getroffen: Ein gerader Leiter liegt so in einem homogenen, stationären Magnetfeld, dass alle Feldlinien senkrecht auf ihn auftreffen. Seine aktive Leiterlänge l ist der im Magnetfeld befindliche Teil des Leiters. Der Leiter wird mit konstanter Geschwindigkeit v bewegt, wobei der Geschwindigkeitsvektor $\vec{v}$ senkrecht zu den Feldlinien bzw. dem Vektor der Flussdichte $\vec{B}$ liegt. In diesem Fall entsteht an den Klemmen eine konstante Spannung.

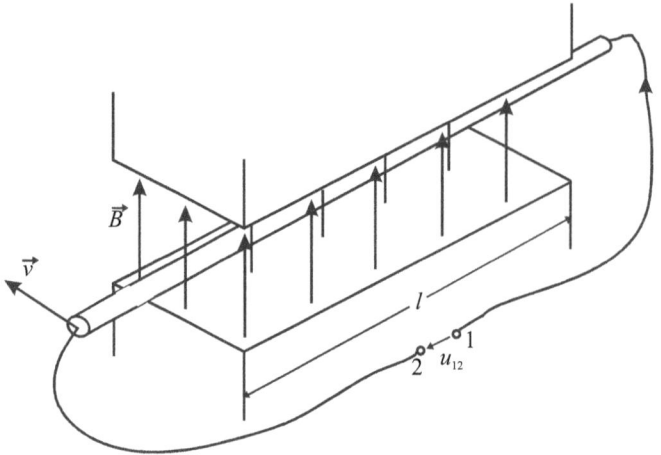

Abb. 6.4: Mit konstanter Geschwindigkeit bewegter gerader Leiter in einem homogenen, stationären Magnetfeld

Die Festlegung der Zählpfeile für u_L und i erfolgt nach Abschn. 6.1.1. Durch das Herausführen der Anschlussdrähte des Leiters, um außerhalb des Feldes die Spannung u_L mit einem Spannungsmesser messen zu können, ist eine Leiterschleife entstanden. Der Stromzählpfeil wird der Richtung der Flussdichte rechtsschraubig zugeordnet und der Spannungszählpfeil dann so gewählt, dass sich für die Leiterschleife ein Verbraucherzählpfeilsystem ergibt.

Führt man den Versuch durch, so misst man an den Klemmen 1 und 2 eine positive, konstante Spannung. Wiederholt man den Versuch bei gleicher Geschwindigkeit und aktiver Leiterlänge, aber veränderter Flussdichte, so stellt man fest, dass $u_L \sim B$ ist; ebenso bei gleichem B und l und variierter Geschwindigkeit, dass $u_L \sim v$ ist. Verändert man zuletzt die aktive Leiterlänge bei gleichbleibender Geschwindigkeit und Flussdichte, so stellt man auch hier Proportionalität zwischen u_L und l fest. Da keine weitere Abhängigkeit von u_L besteht und die Dimension des Produktes aus B, l, und v das Volt ist, erhält man unter den eingangs erwähnten Voraussetzungen folgende Gleichung:

$$u_L = B \cdot l \cdot v \qquad\qquad\qquad (6.3)$$

Um die aktive Leiterlänge zu verändern, musste im vorhergehenden Versuch entweder die Länge des Magnetfeldes verändert oder aber die Leiterlänge verkürzt werden, wobei dann aber die Zuleitung so gelegt sein muss, dass sie selbst nicht zur aktiven Leiterlänge beiträgt, also parallel zum Geschwindigkeitsvektor verläuft. Eine Verlängerung der Leiterlänge ist durch die in Abb. 6.5 gezeigte Maßnahme möglich. Dabei werden zwei oder mehr gerade Leiter in Reihe geschaltet, es ergibt sich somit eine Spule mit N Windungen; von der Spule befinden sich aber nur die geraden Leiter im Magnetfeld. Für diesen Fall geht Gleichung 6.3 über in

$$u_L = N \cdot B \cdot l \cdot v \qquad\qquad\qquad (6.4)$$

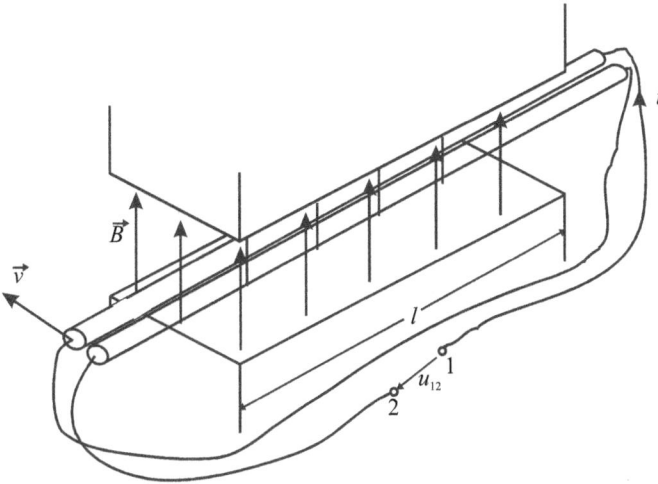

Abb. 6.5: Reihenschaltung zweier gerader Leiter

In den Abbildungen 6.4 und 6.5 sind nur die Zählpfeile für den Strom und die Spannung eingetragen, und es wurde durch den Versuch festgestellt, dass die Spannung bei der angegebenen Richtung der Größen positiv wird. Schließt man an die Klemmen einen Widerstand an und kann somit ein Strom fließen, so wird dieser entgegengesetzt zur Zählpfeilrichtung fließen, d. h. negativ werden, da der Widerstand ein passiver Zweipol ist. Würde man den Leiter in die andere Richtung bewegen oder sich die Richtung des Magnetfeldes umkehren, so würde die Spannung negativ und der Strom positiv. Die **tatsächliche Stromrichtung** kann man mit Hilfe der „**Rechte-Hand-Regel**" bestimmen:

> Hält man die rechte Hand so, dass die Feldlinien bzw. Flussdichtevektoren in die Handfläche eintreten, und zeigt der abgespreizte Daumen in Richtung des Geschwindigkeitsvektors, so weisen die gestreckten Fingerspitzen in Richtung der positiven Stromrichtung.

Ist das Feld weiterhin homogen und wird der gerade Leiter mit konstanter Geschwindigkeit bewegt, aber stehen die Vektoren der drei Größen nicht mehr rechtwinklig aufeinander, dann muss vektoriell gerechnet werden.

$$u_L = \vec{B} \cdot \left(\vec{v} \times \vec{l} \right) \qquad \text{bzw.} \qquad u_L = N \cdot \vec{B} \cdot \left(\vec{v} \times \vec{l} \right) \qquad (6.5)$$

Bezüglich des Vektorproduktes sei auf Abschn. 5.2.6 verwiesen. Wird der Winkel zwischen dem Geschwindigkeits- und Längenvektor mit φ und der Winkel zwischen dem Flussdichtevektor und dem Vektorprodukt mit α bezeichnet, dann ist das Ergebnis von Gleichung 6.5:

$$u_L = \vec{B} \cdot \left(\vec{v} \times \vec{l} \right) = \vec{B} \cdot \overrightarrow{v \cdot l \cdot \sin \varphi} = B \cdot v \cdot l \cdot \sin \varphi \cdot \cos \alpha$$

Hebt man nun noch die Voraussetzung auf, dass das Feld homogen und der Leiter gerade sei, so muss man die Länge in kleinste, gerade Teilstücke zerlegen, längs derer die Flussdichte als konstant angesehen werden kann, und die Teilwirkungen aufaddieren. Somit ergibt sich als allgemeine Formel:

$$u_L = \int_l \vec{B} \cdot \left(\vec{v} \times \mathrm{d}\vec{l} \right) \tag{6.6}$$

Eine Einbeziehung der Windungszahl ist hier nicht sinnvoll, es sei denn, jede Windung hat exakt die gleiche Lage.

Es gibt noch eine andere Möglichkeit die wahre Stromrichtung in einer beliebigen Leiteranordnung festzustellen, nämlich mit der **lenzschen Regel**. Diese sei an dem Beispiel in Abb. 6.6 gezeigt.

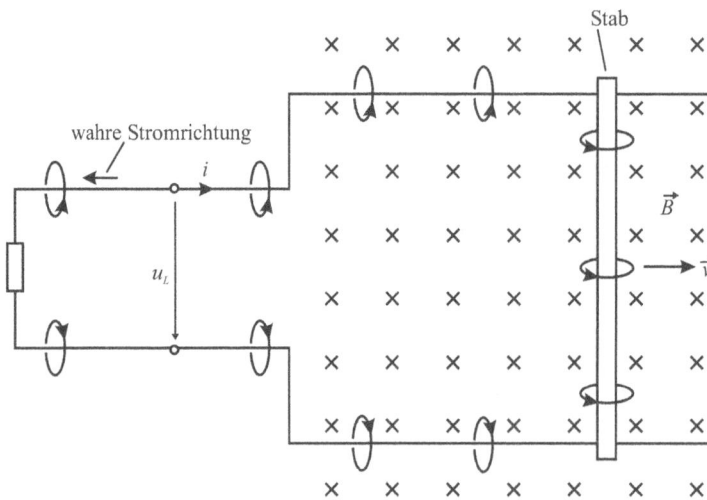

Abb. 6.6: Lenzsche Regel

Eingetragen sind die Zählpfeile für i und u_L. Der Stab auf der rechten Seite sei wie die anderen Leiter blank, so dass sich bei seiner Bewegung in Richtung des Geschwindigkeitsvektors ständig eine leitende Verbindung ergibt. Der Stromzählpfeil ist wieder dem der Flussdichte rechtsschraubig zugeordnet und u_L und i bilden miteinander ein Verbraucherzählpfeilsystem. Durch die Bewegung tritt eine Flusszunahme ein. Die Anordnung entspricht der in Abb. 6.4, wenn man sie von unten betrachtet, demnach ist u_L hier auch positiv. Somit muss der Strom entgegengesetzt zu seiner Zählpfeilrichtung fließen, da der Widerstand ein passiver Zweipol ist. Dieser Strom ruft seinerseits ein Magnetfeld hervor, das rechtsschraubig zur wahren Stromrichtung verläuft. Alles, was außerhalb der Leiterschleife geschieht, hat keinen Einfluss auf die Induktionswirkung. Innerhalb der Leiterschleife verläuft das durch den Strom hervorgerufene Magnetfeld genau entgegengesetzt zu dem homogenen äußeren Feld und verlangsamt dadurch die Flusszunahme, ohne sie aufhalten zu können. Würde der Strom in Richtung des Zählpfeils verlaufen, so würde auch das dadurch hervorgerufene Magnetfeld in

Richtung des äußeren Feldes gehen. Eine kleine Bewegung über eine kurze Strecke würde zum ersten Anstoß eines Stromflusses genügen, der nun seinerseits eine weitere zeitliche Erhöhung des Feldes verursachte und damit den Stromfluss ohne Bewegung des Leiters aufrecht erhielte, das Perpetuum mobile wäre erfunden.

Die **lenzsche Regel** besagt, dass der in einer geschlossenen Leiterschleife induzierte Strom mit dem von ihm erregten magnetischen Feld der Änderung des Spulenflusses entgegenwirkt und diese dadurch verlangsamt. Diese Erscheinung bezeichnet man auch als Trägheit des magnetischen Feldes gegen Änderungen.

6.1.4   Induktionsgesetz in allgemeiner Form

Das in den Gleichungen 6.3 oder 6.4 formulierte Induktionsgesetz für den definierten Sonderfall kann ausgehend von diesen Ergebnissen in einer allgemeineren Form angegeben werden. Das Produkt $l \cdot v$ stellt nämlich eine Flächenänderung pro Zeiteinheit dar.

$$l \cdot v = l \cdot \frac{\mathrm{d}s}{\mathrm{d}t} = \frac{\mathrm{d}(l \cdot s)}{\mathrm{d}t} = \frac{\mathrm{d}A}{\mathrm{d}t} \qquad u_L = B \cdot l \cdot v = B \cdot \frac{\mathrm{d}A}{\mathrm{d}t} = \frac{\mathrm{d}(B \cdot A)}{\mathrm{d}t} = \frac{\mathrm{d}\Phi}{\mathrm{d}t}$$

Somit lautet das Induktionsgesetz für eine Leiterschleife bzw. Spule:

$$u_L = \frac{\mathrm{d}\Phi}{\mathrm{d}t} \qquad \text{bzw.} \qquad u_L = N \cdot \frac{\mathrm{d}\Phi}{\mathrm{d}t} \tag{6.7}$$

Eine zeitliche Flusszunahme hat eine positive Spannung u_L zur Folge. Ersetzt man Φ noch durch die in Gleichung 5.12 angegebene Beziehung, so wird:

$$u_L = \frac{\mathrm{d}}{\mathrm{d}t} \int_A \vec{B} \cdot \mathrm{d}\vec{A} \qquad \text{bzw.} \qquad u_L = N \cdot \frac{\mathrm{d}}{\mathrm{d}t} \int_A \vec{B} \cdot \mathrm{d}\vec{A} \tag{6.8}$$

Weisen der Flussdichte- und Flächenvektor in die gleiche Richtung, dann kann auf die vektorielle Schreibweise verzichtet werden. Es ist unerheblich, ob die Flussänderung durch eine Flächenänderung bei konstanter Flussdichte oder einer Flussdichteänderung bei konstantem Querschnitt entsteht. Im ersten Fall nennt man die induktive Spannung eine **Bewegungsspannung**, im zweiten eine **Transformationsspannung**. Es gibt auch Fälle, wo sich sowohl die Fläche als auch die Flussdichte zeitlich ändern.

Gleichung 6.7 für eine Spule setzt voraus, dass jede Windung der Spule mit dem gleichen magnetischen Fluss verkettet ist. Ist dies nicht der Fall, so muss mit dem Verkettungsfluss Ψ gerechnet werden und Gleichung 6.7 geht über in die Form

$$u_L = \frac{\mathrm{d}\Psi}{\mathrm{d}t} \tag{6.9}$$

Beispiel:

In einer Spule mit $N = 100$ Windungen trete die in Abb. 6.7 gezeigte zeitliche Flussänderung ein. Es ist dazu die innerhalb der Zeitintervalle an den Klemmen entstehende Spannung u_L zu bestimmen, die gleichfalls in Abb. 6.7 eingetragen ist.

Im 4. Zeitintervall folgt dabei der magnetische Fluss der Funktion $\Phi = 10\,\mu\text{Wb} \cdot e^{-\frac{t}{1\,\text{ms}}}$

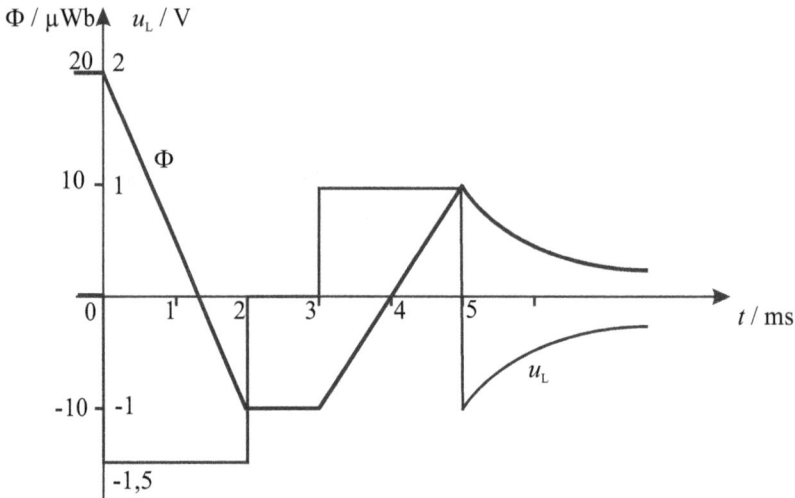

Abb. 6.7: Flussänderung in einer Spule und induzierte Spannung

Im 1. Zeitintervall fällt der magnetische Fluss linear und die Spannung ist:

$$u_L = N \cdot \frac{d\Phi}{dt} = N \cdot \frac{\Delta\Phi}{\Delta t} = 100 \cdot \frac{(20-(-10))\mu\text{Wb}}{0-2\,\text{ms}} = -1{,}5\,\text{V}$$

Im 2. Zeitintervall tritt keine Flussänderung ein, damit ist u_L null.

Im 3. Zeitintervall ergibt sich entsprechend dem 1. Intervall:

$$u_L = N \cdot \frac{\Delta\Phi}{\Delta t} = 100 \cdot \frac{(-10-10)\mu\text{Wb}}{(3-5)\,\text{ms}} = 1\,\text{V}$$

Im 4. Zeitintervall ergibt sich folgender Spannungsverlauf:

$$u_L = N \cdot \frac{d\Phi}{dt} = N \cdot \frac{d\left(10\,\mu\text{Wb} \cdot e^{-\frac{t}{1\,\text{ms}}}\right)}{dt} = 100 \cdot 10\,\mu\text{Wb} \cdot \left(-\frac{1}{1\,\text{ms}}\right) \cdot e^{-\frac{t}{1\,\text{ms}}} = -1\,\text{V} \cdot e^{-\frac{t}{1\,\text{ms}}}$$

6.1.5 Induzierte elektrische Feldstärke und Spannung

In einem Eisenring wird durch die sich zeitlich ändernde elektrische Durchflutung ein Magnetfeld erregt, dessen Fluss linear mit der Zeit ansteigt, d. h. $d\Phi/dt$ ist konstant und positiv. Dieser Vorgang ist natürlich zeitlich begrenzt, da man irgendwann in die Sättigung geraten wird und der Strom in der Erregerspule sich nicht beliebig groß machen lässt. Der Eisenring wird von einem Metallring (Leiterschleife) umschlossen, in dem sich aufgrund der Induktionswirkung ein zeitlich konstanter Strom einstellt. Seine Richtung ist mit Hilfe der lenzschen Regel feststellbar. Hier wird also kein Zählpfeil eingetragen, sondern der Strom mit seiner tatsächlichen Richtung. Der Strom verteilt sich gleichmäßig über die Querschnittsfläche des in sich geschlossenen Metallrings mit dem spezifischen Widerstand ρ und ruft die Stromdichte J hervor. Nach Gleichung 4.6 muss eine elektrische Feldstärke in der gleichen Richtung wie die Stromdichte wirken, man nennt sie die **induzierte elektrische Feldstärke** $\vec{E_i} = \rho \cdot \vec{J}$. Denkt man sich wie beim elektrostatischen Feld, dass ρ gegen unendlich bzw. γ gegen null geht, so würden zwar der Strom i und damit J auch gegen null gehen, die elektrische Feldstärke bliebe dagegen erhalten. Dieses elektrische Feld ist aber im Gegensatz zu den in Abschn. 4 behandelten Quellenfeldern ein **Wirbelfeld**.

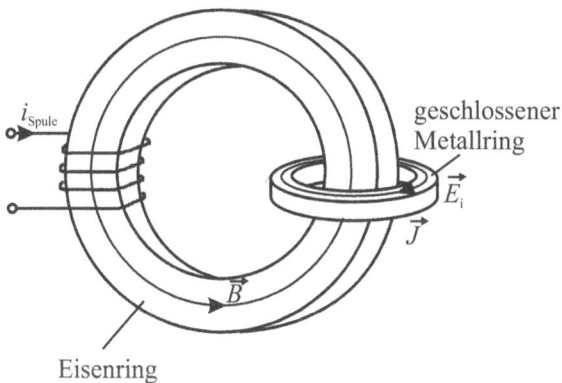

Abb. 6.8: Stromdichte und induzierte elektrische Feldstärke in einem geschlossenen Metallring, der von einem sich zeitlich ändernden magnetischen Fluss durchsetzt wird

> Jeder sich zeitlich ändernde magnetische Fluss erzeugt um sich ein elektrisches Wirbelfeld.

Als Nächstes soll noch der Begriff der **induzierten elektrischen Spannung** erläutert werden; gleichzeitig kann dabei nochmals das Kapitel Zählpfeile vertieft werden. Wenn bei einer Leiterschleife an den Klemmen durch Induktion eine induktive Spannung entsteht, so muss sie wie eine Quelle wirken. Die induktive Spannung entspricht dabei der Klemmenspannung und im Inneren der Leiterschleife muss eine Quellenspannung herrschen, die man **induzierte Spannung** u_i nennt. In Abschn. 2.10 wurde erläutert, dass innerhalb einer Quelle der Strom entgegen der Potenzialdifferenz fließt. Aus diesem Grund legt man den Zählpfeil für die induzierte Spannung so fest, dass er entgegengesetzt zu dem Stromzählpfeil gerichtet ist; dieser ist rechtsschraubig der Flussdichte zugeordnet. Der Zählpfeil für u_L bildet mit dem für i ein Verbraucherzählpfeilsystem. Bei vielen Anwendungen wechselt periodisch eine Flusszunahme mit einer -abnahme, es hat daher oft keinen Sinn, den Zählpfeil gleich so wählen zu wollen, dass er mit der tatsächlichen Größe übereinstimmt. Unabhängig vom Vorzeichen der Flussänderung wählt man die in Abb. 6.9 gezeigte Festlegung für die Zählpfeile.

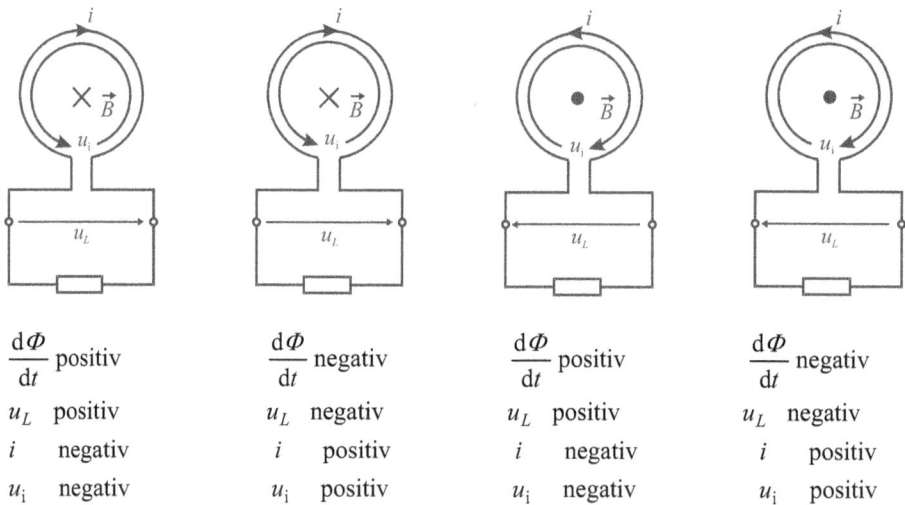

$\dfrac{d\Phi}{dt}$ positiv	$\dfrac{d\Phi}{dt}$ negativ	$\dfrac{d\Phi}{dt}$ positiv	$\dfrac{d\Phi}{dt}$ negativ
u_L positiv	u_L negativ	u_L positiv	u_L negativ
i negativ	i positiv	i negativ	i positiv
u_i negativ	u_i positiv	u_i negativ	u_i positiv

Abb. 6.9: Festlegung der Zählpfeile bei einer Leiterschleife

Für alle vier Fälle wurde in Abb. 6.9 das Vorzeichen für die Größen angegeben, wie sie sich jeweils bei einer Flusszunahme bzw. -abnahme ergeben müssen. In allen vier Fällen ist nach dem Maschensatz $u_L = -u_i$. Die induzierte und induktive Spannung unterscheiden sich nur durch ihr Vorzeichen. Bei Leiterschleifen und Spulen wird im Rahmen dieses Buches ausschließlich die induktive Spannung verwendet; in den Fällen, wo eine Leiterschleife wie zwei verbundene gerade Leiter behandelt wird, weil sich dadurch die Berechnung meist wesentlich vereinfacht (vgl. Abschn. 6.1.6), wird dagegen mit der induzierten Spannung gerechnet. Diese entspricht aber nicht mehr der hier definierten, weil in diesen Fällen nicht mehr vom Zählpfeil des Stromes, sondern der tatsächlichen Stromrichtung ausgegangen wird. Für diese Fälle ist dann $u_i = u_L$, dies wird jedoch nochmals ausführlich beim ersten Beispiel erläutert, um Missverständnisse zu vermeiden.

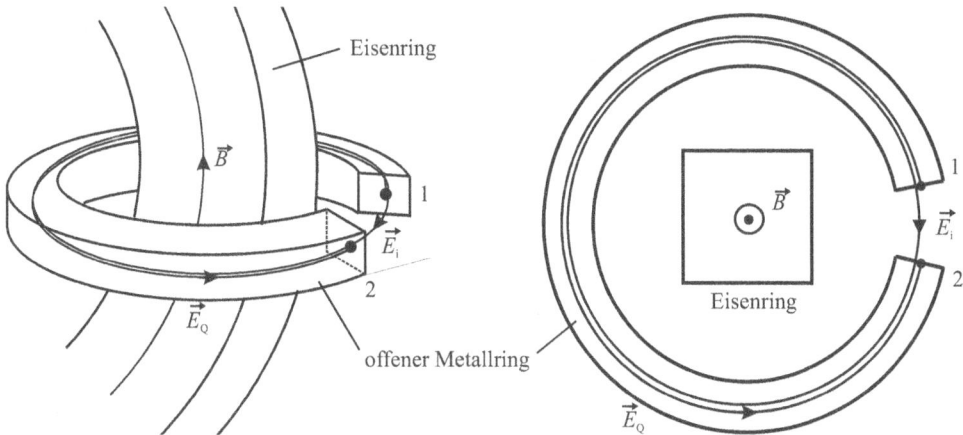

Abb. 6.10: Elektrisches Quellenfeld und induziertes Wirbelfeld in einem aufgetrennten Metallring

Der geschlossene Metallring von Abb. 6.8 soll nun an einer Stelle aufgetrennt werden (siehe Abb. 6.10). Durch die induzierte elektrische Feldstärke werden positive Ladungen an die Trennfläche 1 und negative an 2 verschoben, durch die nun im Inneren des Leiters ein Quellenfeld mit der elektrischen Feldstärke $\overrightarrow{E_Q}$ in entgegengesetzter Richtung zu $\overrightarrow{E_i}$ entsteht, bis beide betragsmäßig gleich groß sind und daraufhin keine weiteren Ladungen mehr verschoben werden. Die gesamte Feldstärke ist $\overrightarrow{E} = \overrightarrow{E_i} + \overrightarrow{E_Q}$. Nach Gleichung 4.4 ist dann die Spannung zwischen den durch die Auftrennung entstandenen Flächen A_1 und A_2, wobei hier nur die induzierte Feldstärke wirkt:

$$u_{12} = u_L = \int_1^2 \overrightarrow{E} \cdot \mathrm{d}\vec{l} = \int_1^2 \overrightarrow{E_i} \cdot \mathrm{d}\vec{l} = \frac{\mathrm{d}\varPhi}{\mathrm{d}t}$$

Wählt man dagegen als Integrationsweg von 1 nach 2 den Weg durch den Metallring, dann ist:

$$\int_1^2 \overrightarrow{E} \cdot \mathrm{d}\vec{l} = \int_1^2 \left(\overrightarrow{E_i} + \overrightarrow{E_Q}\right) \cdot \mathrm{d}\vec{l} = 0$$

Das Ergebnis eines Wegintegrals ist also bei einem Wirbelfeld nicht wie beim Quellenfeld wegunabhängig (vgl. Abschn. 4.1.2), deshalb wählt man hier besser immer ein Ringintegral. Bei diesem ist allerdings der Umlaufsinn wichtig, man wählt ihn rechtssinnig zum Vektor der magnetischen Flussdichte, der durch die Ringfläche geht. Der Umlaufsinn entspricht also dem für einen Stromzählpfeil und verläuft entgegengesetzt zur Richtung der induzierten Feldstärke. Somit würde man bei der Formel für $u_{12} = u_L$ die Integrationsgrenzen umdrehen.

$$\oint \overrightarrow{E} \cdot \mathrm{d}\vec{l} = -u_L = -\frac{\mathrm{d}\varPhi}{\mathrm{d}t}$$

Ersetzt man auch hier Φ wieder durch die Beziehung aus Gleichung 5.12, so erhält man die **2. maxwellsche Gleichung** in Integralform. Damit wird das Induktionsgesetz für die Vektorgrößen des magnetischen und elektrischen Feldes formuliert. Ein zeitlich veränderliches magnetisches Feld ruft in seiner Umgebung ein elektrisches Feld hervor und umgekehrt. Diese Verkopplung der beiden Felder bezeichnet man als elektromagnetisches Feld, das im zweiten Band behandelt wird.

$$\oint \vec{E} \cdot \mathrm{d}\vec{l} = - \int_{A(t)} \frac{\mathrm{d}\vec{B}}{\mathrm{d}t} \cdot \mathrm{d}\vec{A} \tag{6.10}$$

6.1.6   Induktion durch Flächenänderung

Erfolgt die zeitliche Änderung des magnetischen Flusses durch eine Flächenänderung bei gleichbleibender magnetischer Flussdichte, so spricht man von der Erzeugung einer **Bewegungsspannung**. Diese Art der Induktion erfolgt speziell bei Generatoren. Es soll zur Vertiefung die Anwendung des Induktionsgesetzes bei einer Flächenänderung anhand zweier Beispiele vorgeführt werden.

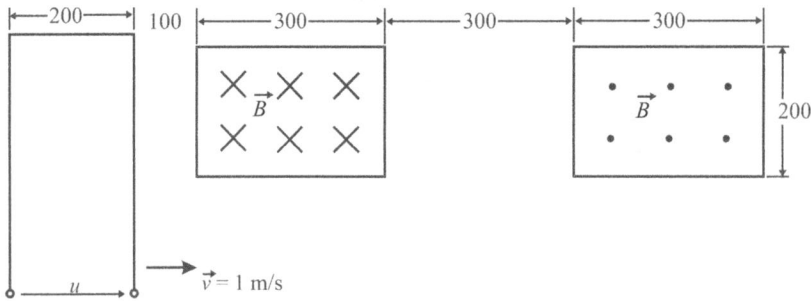

Abb. 6.11: Bewegung einer Leiterschleife durch zwei Magnetfelder

Beispiel:
In Abb. 6.11 wird eine Leiterschleife mit konstanter Geschwindigkeit $v = 1$ m/s durch die Luftspalte zweier Magnetpolpaare bewegt; das Magnetfeld in den Luftspalten wird als homogen angenommen. Die Abbildung zeigt den Zustand zum Zeitpunkt $t = 0$, gesucht ist der Zeitverlauf der Spannung u. Alle Abmessungen sind in mm angegeben. Die Flussdichte in beiden Luftspalten ist $B = 0,4$ T.

Die Lösung soll zunächst so erfolgen, dass man die rechte und linke Seite der Leiterschleife wie zwei Einzelleiter betrachtet. Dies wäre auch dann zulässig, wenn sich der obere Teil der Leiterschleife im Magnetfeld befinden würde, denn er verläuft parallel zum Geschwindigkeitsvektor und somit werden von ihm keine Feldlinien geschnitten, sein Anteil an der aktiven Länge ist null.

Da die Leiterschleife offen ist, fließt in ihr kein Strom. Mit Hilfe der „Rechte-Hand-Regel" kann aber die Richtung des Stromes ermittelt werden, der in jeder der beiden Seiten fließen würde. In entgegengesetzter Richtung wirkt also die induzierte Spannung. Wie bereits im vorhergehenden Abschnitt erklärt, ist dann $u_i = u_L$. Dies sei nochmals anhand der Abb. 6.4 erläutert. Trägt man dort die induzierte Spannung u_i ausgehend vom Stromzählpfeil ein, so würde die Richtung von u_i von vorn nach hinten weisen; der Maschensatz lautet entsprechend, dass $u_i + u_L = 0$, d. h. $u_i = - u_L$ ist. Würde an die Leiterschleife der Abb. 6.4 aber ein Widerstand angeschlossen, so fließt der Strom in entgegengesetzter Richtung zum Stromzählpfeil, wie auch die Anwendung der „Rechte-Hand-Regel" bestätigt. Ausgehend vom tatsächlichen Strom mittels der „Rechte-Hand-Regel" trägt man die Richtung für die induzierte Spannung von hinten nach vorn im Stab an, da ja in einer Quelle der Strom entgegen dem Potenzialgefälle fließt. Nunmehr lautet der Maschensatz $u_L - u_i = 0$, d. h. $u_i = u_L$. Diese Abweichung von der ursprünglichen Definition der induzierten Spannung mag zunächst verwirren, aber man kann nicht eine echte Leiterschleife zuerst für eine Berechnung in zwei Einzelstäbe zerlegen und diese dann jeweils als Leiterschleife wie in Abb. 6.4 betrachten. **Bei allen weiteren Behandlungen einer Leiterschleife wie zwei Einzelleiter wird deshalb bei der Festlegung der Richtung für die induzierte Spannung vom echten Strom ausgegangen!**

Abb. 6.12 zeigt nochmals die Richtungen des echten Stromes (so er fließen kann) und der induzierten Spannungen im rechten und linken Leiter an für den Fall, dass sich die Spule innerhalb des linken Luftspalts befindet und von links nach rechts bewegt wird.

Leiterschleife beim Durchlaufen des linken Luftspaltes von Abb. 6.11

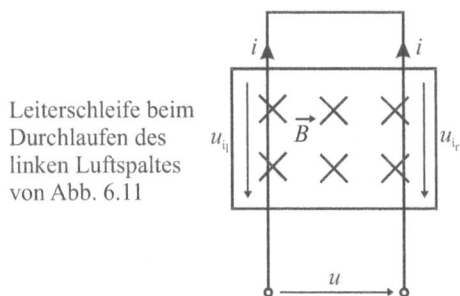

Abb. 6.12: Richtung der Ströme und der induzierten Spannungen in der in Einzelleiter zerlegten Leiterschleife

Für die Leiterschleife gilt nach dem Maschensatz:

$$u_{i_r} - u - u_{i_l} = 0 \qquad \text{d.h.} \qquad u = u_{i_r} - u_{i_l}$$

Ebenso gilt für beide induzierten Spannungen in Abb. 6.12 die Gleichung 6.3:

$$u_{i_r} = u_{i_l} = B \cdot l \cdot v = 80\,\text{mV}$$

Somit kann sehr schnell der gesamte Zeitverlauf der Spannung u angegeben werden:

Im Zeitintervall von $0 \le t < 0,1\,\mathrm{s}$ befindet sich weder der rechte noch der linke Leiter im Magnetfeld, damit sind beide induzierten Spannungen und auch $u = 0$.

In der Zeit von $0,1\,\mathrm{s} \le t < 0,3\,\mathrm{s}$ befindet sich nur der rechte Leiter der Leiterschleife im Magnetfeld, deshalb sind $u_{i_r} = 80\,\mathrm{mV}$ und $u_{i_l} = 0$ und somit $u = 80$ mV.

In dem Moment, wenn auch der linke Teil der Leiterschleife in das Magnetfeld eintritt, wird im rechten und linken Teil eine Spannung von 80 mV induziert und $u = 0$. Dies gilt so lange, bis der rechte Teil der Leiterschleife das Feld zum Zeitpunkt $t = 0,4$ s verlässt.

Im Zeitintervall $0,4\,\mathrm{s} \le t < 0,6\,\mathrm{s}$ befindet sich nur mehr der linke Teil der Leiterschleife im Magnetfeld, dementsprechend sind $u_{i_r} = 0$ und $u_{i_l} = 80\,\mathrm{mV}$, somit $u = -80$ mV.

In der Zeit von $0,6\,\mathrm{s} \le t < 0,7\,\mathrm{s}$ befinden sich der rechte und linke Teil der Leiterschleife außerhalb des Feldes und darum ist $u = 0$.

Tritt der rechte Teil der Leiterschleife in den zweiten Luftspalt ein, so hat man zwei Möglichkeiten: Die Richtung für den Strom kehrt sich um; somit kann man seinen Zählpfeil und auch den Zählpfeil der induzierten Spannung u_{i_r} umdrehen. Sobald auch noch der linke Teil in den Luftspalt gerät, drehen sich auch für ihn die Zählpfeile um. Es gilt nun die Maschengleichung $-u_{i_r} - u - u_{i_l} = 0$ bzw. $u = -u_{i_r} - u_{i_l}$. Es bleibt dann $u_{i_r} = u_{i_l} = B \cdot l \cdot v = 80\,\mathrm{mV}$.

Oder man lässt die Zählpfeile wie sie sind und damit die Maschengleichung, berücksichtigt aber, dass sich durch Umkehrung der Richtung des Feldes im zweiten Luftspalt das Vorzeichen der induzierten Spannungen ändert, d. h. $u_{i_r} = u_{i_l} = -80\,\mathrm{mV}$. Die weitere Erklärung soll unter Beibehaltung der ursprünglichen Zählpfeile erfolgen.

Im Zeitintervall $0,7\,\mathrm{s} \le t < 0,9\,\mathrm{s}$ ist u_{i_r} $-80\,\mathrm{mV}$ und $u_{i_l} = 0$, d. h. $u = -80$ mV.

Tritt auch der linke Teil der Leiterschleife bei $t = 0,9$ s in den zweiten Luftspalt ein, so wird in beiden die gleiche Spannung von -80 mV induziert und $u = 0$.

Verlässt zum Zeitpunkt $t = 1$ s der rechte Teil den Luftspalt, so wird in ihm keine Spannung mehr induziert, sondern nur mehr im linken Teil, bis auch er zum Zeitpunkt $t = 1,2$ s aus dem Magnetfeld austritt. So lange ist $u_{i_l} = -80\,\mathrm{mV}$ und $u = 80$ mV.

Trägt man eine oder mehrere Größen über der Zeit auf, so nennt man diese Darstellung ein **Liniendiagramm**.

Insgesamt ergibt sich somit folgender Zeitverlauf oder das Liniendiagramm der Spannung u:

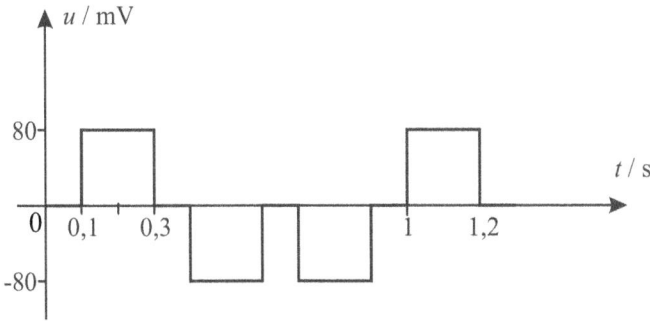

Abb. 6.13: Liniendiagramm der Spannung u für die Leiterschleife aus Abb. 6.11

In Wirklichkeit würden die Spannungsanstiege nicht so steil verlaufen, weil durch die Luftspaltaufweitung bereits vor dem Eintritt in den Luftspalt ein inhomogenes Feld vorliegt, auch die Annahme eines homogenen Feldverlaufs für die Ränder des Luftspalts ist nicht ganz zutreffend. Es geht hier aber nur um die prinzipielle Behandlung des Induktionsgesetzes.

Die Lösung der Aufgabenstellung soll nun noch einmal bei Behandlung als gesamte Leiterschleife wiederholt werden. Für das Durchlaufen des ersten und zweiten Luftspalts gelten nach Abb. 6.9 folgende Zählpfeilsysteme:

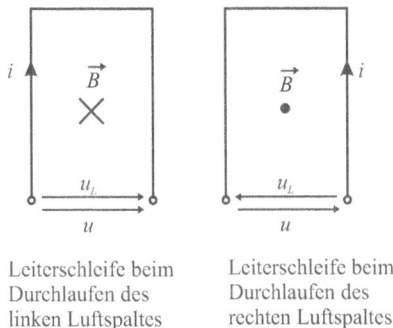

Leiterschleife beim
Durchlaufen des
linken Luftspaltes

Leiterschleife beim
Durchlaufen des
rechten Luftspaltes

Abb. 6.14: Zählpfeile für die Leiterschleife beim Durchlaufen der beiden Luftspalte von Abb. 6.11

Beim Eintreten der Leiterschleife nimmt die Fläche und damit der magnetische Fluss mit der Zeit zu, beim Austreten wird die Fläche und damit der Fluss immer kleiner. Für den Eintritt der Leiterschleife in den linken Luftspalt gilt somit:

$$u = u_L = \frac{\mathrm{d}\Phi}{\mathrm{d}t} = \frac{\mathrm{d}(B \cdot A)}{\mathrm{d}t} = B \cdot \frac{\mathrm{d}A}{\mathrm{d}t} = B \cdot \frac{\mathrm{d}(l \cdot s)}{\mathrm{d}t} = B \cdot l \cdot \frac{\mathrm{d}s}{\mathrm{d}t} = B \cdot l \cdot v = 80\,\mathrm{mV}$$

Dabei ist l die aktive Länge und s die mit der Zeit zunehmende Breite der Leiterschleife im Magnetfeld. Befindet sich die gesamte Leiterschleife im Luftspalt, so wird keine Spannung mehr induziert, da keine Flächenänderung und damit Flussänderung mehr stattfindet.

Für den Austritt der Leiterschleife aus dem linken Luftspalt gilt:

$$u = u_L = B \cdot \frac{\mathrm{d}A}{\mathrm{d}t} = B \cdot l \cdot \frac{\mathrm{d}(0,2\,\mathrm{m} - s)}{\mathrm{d}t} = B \cdot l \cdot (0 - v) = -80\,\mathrm{mV}$$

Nachdem die Leiterschleife den linken Luftspalt ganz verlassen hat, findet in ihr bis zum Wiedereintritt in den rechten Luftspalt keine Flussänderung statt und $u = u_L = 0$. Beim Eintreten der Leiterschleife gilt entsprechend der Zählpfeile nach Abb. 6.14:

$$u = -u_L \qquad u_L = B \cdot l \cdot \frac{\mathrm{d}s}{\mathrm{d}t} = B \cdot l \cdot v = 80\,\mathrm{mV} \qquad u = -80\,\mathrm{mV}$$

Befindet sich die ganze Leiterschleife im rechten Luftspalt, so wird keine Spannung mehr induziert. Verlässt die Leiterschleife den rechten Luftspalt, so ist:

$$u = -u_L \qquad u_L = B \cdot l \cdot \frac{\mathrm{d}(0,2\,\mathrm{m} - s)}{\mathrm{d}t} = B \cdot l \cdot (0 - v) = -80\,\mathrm{mV} \qquad u = 80\,\mathrm{mV}$$

Damit ergibt sich der gleiche zeitliche Verlauf wie beim ersten Lösungsweg.

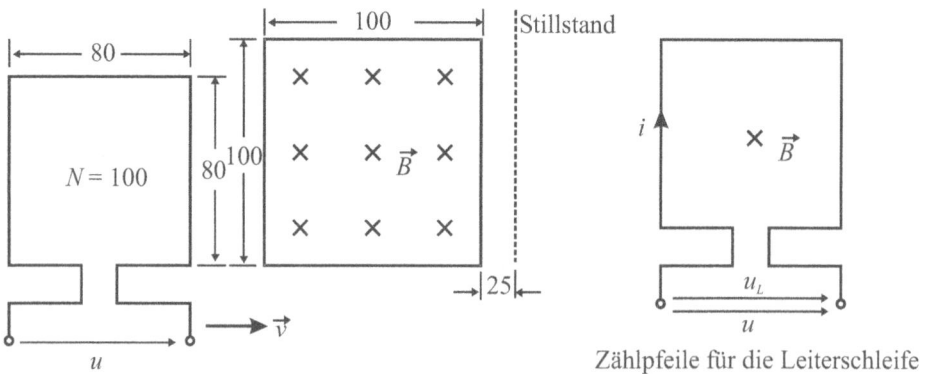

Abb. 6.15: Verzögerte Leiterschleife in einem Magnetfeld

Beispiel:
Eine Leiterschleife mit $N = 100$ Windungen wird durch den Luftspalt zwischen zwei Polen bewegt, die Flussdichte ist 0,5 T und es sei ein homogener Feldverlauf unterstellt. Sie wird mit konstanter Verzögerung a so abgebremst, dass beim Eintritt der Leiterschleife in den Luftspalt (Abb. 6.15) die Geschwindigkeit noch 1 m/s beträgt und sie zum Stillstand kommt, wenn der rechte Teil der Leiterschleife das Magnetfeld um 25 mm verlassen hat. Alle Maße in Abb. 6.15 sind in mm angegeben, dabei soll die Leiterschleife mit ihren Windungen als so dünn angesehen werden, dass alle Windungen praktisch gleichzeitig in das Feld ein- bzw. aus ihm austreten. Es ist der zeitliche Verlauf der Spannung u vom Eintritt in das Magnetfeld bis zum Stillstand gesucht.

Die Beschleunigung bzw. Verzögerung und die Zeitpunkte, bis auch der linke Teil der Leiterschleife in das Magnetfeld eintritt, der rechte Teil das Feld wieder verlässt und die Leiterschleife zum Stillstand kommt, kann man aus den bekannten Formeln der Kinematik für eine gleichmäßig beschleunigte bzw. verzögerte Bewegung ermitteln. Um ein Nachschlagen in einem Physikbuch zu ersparen, sind sie hier kurz zusammengestellt:

Anfangsgeschwindigkeit:
$$v_a = v_t - a \cdot t = \frac{2 \cdot s}{t} - v_t = \sqrt{v_t^2 - 2 \cdot a \cdot s} = \frac{s}{t} - \frac{a \cdot t}{2}$$

Geschwindigkeit zum Zeitpunkt t:
$$v_t = v_a + a \cdot t = \frac{2 \cdot s}{t} - v_a = \sqrt{v_a^2 + 2 \cdot a \cdot s}$$

Zurückgelegter Weg:
$$s = v_a \cdot t + \frac{a \cdot t^2}{2} = \frac{t}{2} \cdot (v_a + v_t) = \frac{v_t^2 - v_a^2}{2 \cdot a}$$

Zeit für Zurücklegen eines Weges:
$$t = \frac{v_t - v_a}{a} = \frac{2 \cdot s}{v_a + v_t} = \frac{\sqrt{v_a^2 + 2 \cdot a \cdot s} - v_a}{a}$$

Beschleunigung:
$$a = \frac{v_t - v_a}{t} = \frac{v_t^2 - v_a^2}{2 \cdot s}$$

$$a = \frac{v_t^2 - v_a^2}{2 \cdot s} = \frac{0 - 1 \frac{m^2}{s^2}}{2 \cdot 0{,}125\,m} = -4 \frac{m}{s^2}$$

Die Zeit t_1, bis auch der linke Teil der Leiterschleife in das Magnetfeld eintritt, ist:

$$t_1 = \frac{\sqrt{v_a^2 + 2 \cdot a \cdot s_1} - v_a}{a} = \frac{\sqrt{\left(1 \frac{m}{s}\right)^2 + 2 \cdot \left(-4 \frac{m}{s^2}\right) \cdot 8 \cdot 10^{-2}\,m} - 1 \frac{m}{s}}{-4 \frac{m}{s^2}} = 100\,ms$$

Die Zeit t_2, bis der rechte Teil das Feld wieder verlässt, ist:

$$t_2 = \frac{\sqrt{v_a^2 + 2 \cdot a \cdot s_2} - v_a}{a} = \frac{\sqrt{\left(1 \frac{m}{s}\right)^2 + 2 \cdot \left(-4 \frac{m}{s^2}\right) \cdot 10 \cdot 10^{-2}\,m} - 1 \frac{m}{s}}{-4 \frac{m}{s^2}} = 138{,}2\,ms$$

Die Zeit t_3 bis zum Stillstand der Leiterschleife ist:

$$t_3 = \frac{2 \cdot s_3}{v_a + v_t} = \frac{2 \cdot 0{,}125\,m}{1 \frac{m}{s} + 0} = 250\,ms$$

Für die Zeit des Eintritts der Leiterschleife in das Magnetfeld, bis sie sich vollständig darin befindet, ist die Spannung:

$$u = u_L = N \cdot B \cdot \frac{\mathrm{d}A}{\mathrm{d}t} = N \cdot B \cdot \frac{\mathrm{d}(l \cdot s)}{\mathrm{d}t} = N \cdot B \cdot \frac{\mathrm{d}\left(l \cdot \left(v_a \cdot t + \dfrac{a \cdot t^2}{2} \right) \right)}{\mathrm{d}t} = N \cdot B \cdot l \cdot \left(v_a + \frac{a}{2} \cdot 2 \cdot t \right)$$

$$= 4\,\mathrm{V} - 16\,\frac{\mathrm{V}}{\mathrm{s}} \cdot t$$

Somit wird für $t = 0$ die Spannung $u = 4$ V und für $t = 100$ ms wird $u = 2{,}4$ V. Der Abfall der Spannung erfolgt linear, da das Ergebnis für u eine Geradengleichung ist. Für die Zeitspanne $100\,\mathrm{ms} < t < 138{,}2\,\mathrm{ms}$ liegt keine Flächenänderung und damit auch keine Flussänderung vor, somit ist u null. Für die Zeit des Austretens der Leiterschleife aus dem Magnetfeld gilt:

$$u = u_L = N \cdot B \cdot l \cdot \frac{\mathrm{d}(l - s)}{\mathrm{d}t} = N \cdot B \cdot l \cdot \frac{\mathrm{d}\left(l - v_a \cdot t - \dfrac{a \cdot t^2}{2} \right)}{\mathrm{d}t}$$

$$= N \cdot B \cdot l \cdot \left(-v_a - \frac{a}{2} \cdot 2 \cdot t \right) = -4\,\mathrm{V} + 16\,\frac{\mathrm{V}}{\mathrm{s}} \cdot t$$

Für $t = 138{,}2$ ms ist die Spannung $u = -1{,}79$ V und für $t = 250$ ms wird $u = 0$.

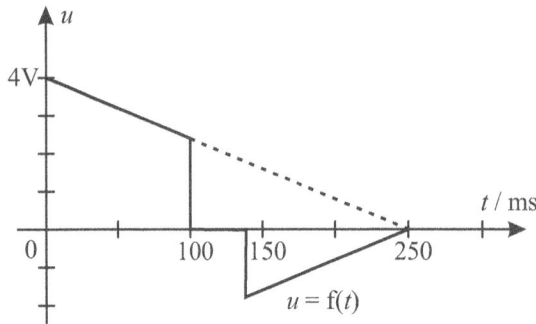

Abb. 6.16: Liniendiagramm bei einer verzögerten Bewegung einer Leiterschleife

Die Lösung hätte aber bei einiger Überlegung auch einfacher gefunden werden können. Die Zeitpunkte t_1 bis t_3 müssen zunächst auch ermittelt werden. Da aber die Geschwindigkeit linear abnimmt, muss auch die Spannung u von ihrem Anfangswert linear bis auf null abnehmen (gestrichelt in Abb. 6.16 eingetragen). Den Anfangswert ermittelt man aus $u = u_{i_r} = N \cdot B \cdot l \cdot v = 4\,\mathrm{V}$.

Man muss nur noch berücksichtigen, dass keine Spannung induziert wird, wenn sich die ganze Leiterschleife im Feld befindet und von dem Moment an, wenn der rechte Teil der

Leiterschleife das Feld verlassen hat, die Spannung u ihr Vorzeichen umdreht, da nun eine Flussabnahme erfolgt; der gestrichelte Zeitverlauf muss ab $t = 138{,}2$ ms nur an der Zeitachse gespiegelt werden.

Aufgabe 6.1
Es soll der zeitliche Verlauf der Spannung u aus Abb. 6.11 ermittelt werden, wenn alle Daten wie im ersten Beispiel dieses Kapitels erhalten bleiben bis auf den Abstand der beiden Magnetpolpaare, diese rücken von dem Abstand von 300 mm auf den Abstand 100 mm zusammen. Die Lösung soll dabei so erfolgen, dass man den rechten und linken Teil der Leiterschleife als Einzelleiter betrachtet. Eine formale Lösung über die Flussänderung wäre sehr aufwändig, da sich ab dem Zeitpunkt, wenn sich der rechte Teil der Leiterschleife bereits im Luftspalt des rechten Polpaares befindet, während der linke Teil sich noch im Luftspalt des ersten Polpaares bewegt, sowohl eine Flächen- als auch Flussdichteänderung ergibt.

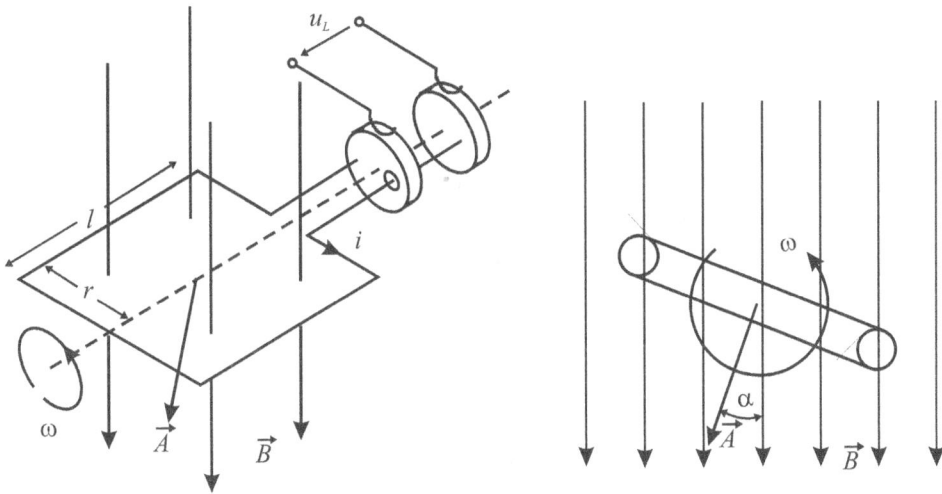

Abb. 6.17: Rotierende Leiterschleife in einem homogenen Magnetfeld

Rotation einer Leiterschleife in einem homogenen, stationären magnetischen Feld
In einem homogenen, stationären Magnetfeld rotiert im mathematisch positiven Sinn, d. h. entgegen dem Uhrzeigersinn, eine Leiterschleife – in Abb. 6.17 mit nur einer Windung gezeichnet – mit konstanter Winkelgeschwindigkeit ω (omega). Die Spannung wird dabei über Schleifringe abgenommen. Die Winkelgeschwindigkeit ist wie folgt definiert:

$$\omega = 2 \cdot \pi \cdot n = \frac{2 \cdot \pi}{T} \qquad T = \frac{1}{n}$$

$$[n] = 1\,\mathrm{s}^{-1} \qquad [T] = 1\,\mathrm{s} \qquad [\omega] = 1\,\mathrm{s}^{-1} \tag{6.11}$$

Dabei ist n die Umdrehungszahl pro Sekunde und T die Zeit für eine Umdrehung, man nennt T die **Periodendauer**.

Der Winkel α zwischen dem Flussdichtevektor und Flächenvektor ist zeitabhängig. Liegt die Leiterschleife so im Magnetfeld, dass zum Zeitpunkt $t = 0$ der Flussdichte- und Flächenvektor in die gleiche Richtung weisen, so ist $\alpha = \omega \cdot t$. Der Betrag der Fläche ist $A = l \cdot 2 \cdot r$. Zu den Zeitpunkten $t = 0$, $t = T/2$ und $t = T$ liegt die Leiterfläche quer zur Flussrichtung, und es tritt der maximale Fluss $\Phi_{\text{max}} = B \cdot A = B \cdot l \cdot 2 \cdot r$ oder der Scheitelwert $\hat{\Phi}$ auf. Bei der Drehung der Leiterschleife nimmt die vom magnetischen Fluss durchsetzte Fläche zunächst ab und ist zum Zeitpunkt $t = T/4$ null, danach nimmt die Fläche wieder zu, um bei $t = 3 \cdot T/4$ wieder null zu werden. Die größte Änderungsgeschwindigkeit der Fläche ist dabei direkt vor und nach den Zeitpunkten, bei denen A null wird. Der Fluss und die induktive Spannung sind bei dieser Rotation:

$$\Phi = \vec{B} \cdot \vec{A} = B \cdot A \cdot \cos \alpha = B \cdot A \cdot \cos \omega \cdot t$$

$$\begin{aligned}
u_L &= N \cdot \frac{\mathrm{d}\Phi}{\mathrm{d}t} = N \cdot B \cdot \frac{\mathrm{d}A}{\mathrm{d}t} = N \cdot B \cdot A \cdot \frac{\mathrm{d}\cos \omega \cdot t}{\mathrm{d}t} \\
&= N \cdot B \cdot A \cdot \omega \cdot \left(-\sin \omega \cdot t\right) = -N \cdot B \cdot A \cdot \omega \cdot \sin \omega \cdot t \\
&= N \cdot B \cdot A \cdot \omega \cdot \cos\left(\omega \cdot t + \frac{\pi}{2}\right) = \hat{u}_L \cdot \cos\left(\omega \cdot t + \frac{\pi}{2}\right)
\end{aligned} \qquad (6.12)$$

Der Ausdruck $N \cdot B \cdot A \cdot \omega$ hat die Dimension 1 V und stellt den Scheitelwert der Spannung u_L dar, der Scheitelwert wird mit $\hat{u}_L$ bezeichnet.

In Abb. 6.18 sind die zeitlichen Verläufe des magnetischen Flusses und der induktiven Spannung aufgetragen.

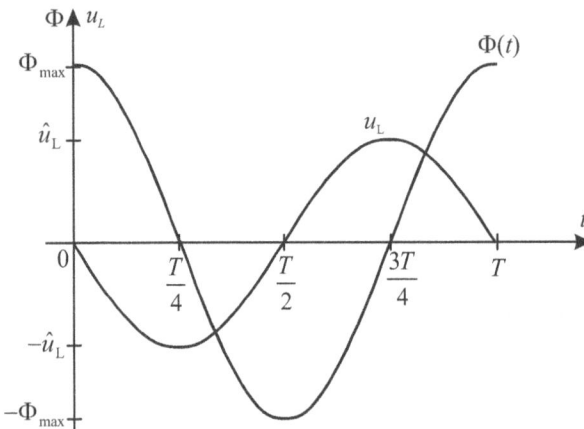

Abb. 6.18: Liniendiagramm des magnetischen Flusses und der induktiven Spannung

6.1.7 Induktion durch Änderung der magnetischen Flussdichte

Erfolgt die zeitliche Änderung des magnetischen Flusses durch eine zeitliche Änderung der magnetischen Flussdichte bei gleichbleibender Fläche, so spricht man von der Erzeugung einer **Transformationsspannung**. Diese Art der Induktion erfolgt speziell bei Transformatoren. Obwohl in diesem Abschnitt und in Abschn. 6.4 die Grundlagen für das Verständnis des Transformators gelegt werden, wird der Transformator selbst erst in Band 2 behandelt, da dazu auch noch die Kenntnisse der komplexen Rechnung notwendig sind.

Betrachtet man einen geschlossenen Eisenkern, wie in Abb. 6.19, so kann man zunächst näherungsweise davon ausgehen, dass sich der magnetische Fluss ausschließlich im Eisenkern ausbreitet, da der magnetische Widerstand des Eisens bedeutend kleiner als der des Luftraumes ist. Maßgeblich ist demnach die konstant bleibende Fläche A_{Fe} des Eisenkerns und nicht die Fläche, die von der Leiterschleife umschlossen wird. Man nennt dabei die Wicklung auf dem Eisenkern, die den sich zeitlich ändernden Fluss hervorruft, die **Primärwicklung** und die Wicklung, in der aufgrund der Flussänderung eine Spannung erzeugt werden soll, die **Sekundärwicklung**; sie besteht in Abb. 6.19 aus einer einzigen Windung bzw. Leiterschleife. Für diesen Fall bzw. für eine Sekundärwicklung mit N_2 Windungen gilt dann:

$$u_{L_2} = A_{\text{Fe}} \cdot \frac{dB}{dt} \qquad \text{bzw.} \qquad u_{L_2} = N_2 \cdot A_{\text{Fe}} \cdot \frac{dB}{dt}$$

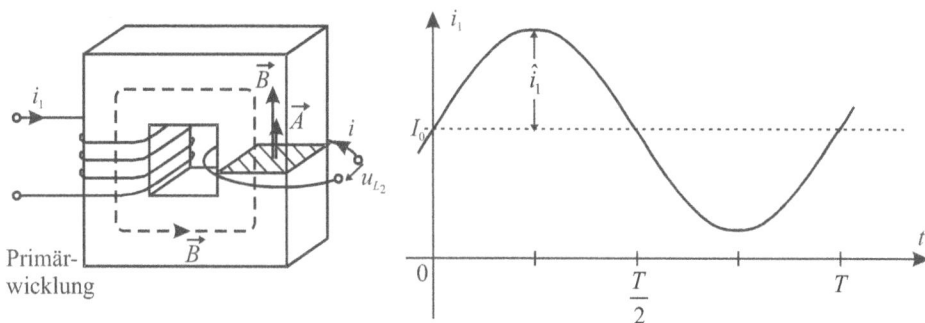

Abb. 6.19: Magnetkreis mit Primär- und Sekundärwicklung

Den Zählpfeil für die Sekundärspannung findet man, indem man mit Hilfe der lenzschen Regel zunächst die Richtung des tatsächlichen Stroms i bei einer Flusszunahme bestimmt, unter Annahme, dass er durch Anschluss eines Widerstands an die offenen Klemmen der Sekundärwicklung fließen kann. Zu diesem tatsächlich fließenden Strom wird der Spannungszählpfeil angetragen, dass sich ein Verbraucherzählpfeilsystem für den angenommen Widerstand an den Klemmen der Sekundärwicklung ergibt. Der Stromzählpfeil wird dann so gewählt, dass sich für die Leiterschleife ein Verbraucherzählpfeilsystem ergibt, er wird also entgegen der tatsächlichen Richtung von i bei einer positiven Spannung u_{L_2} angetragen.

Die Primärwicklung wird von dem Strom $i_1 = I_0 + \hat{i}_1 \cdot \sin \omega \cdot t$ durchflossen, wobei $\hat{i}_1 < I_0$ ist, damit der Strom sich zwar zeitlich ändert, aber immer in die gleiche Richtung fließt, und somit auch die magnetische Flussdichte nicht ihre Richtung umkehrt. Außerdem sei angenommen, dass die Permeabilitätszahl μ_r des Eisens konstant sei, so dass sich nach Gleichung 5.11 ein linearer Zusammenhang zwischen der primärseitigen Durchflutung und dem dadurch erzeugten magnetischen Fluss ergibt.

$$\Phi = \frac{\Theta}{R_m} = \frac{N_1 \cdot i_1 \cdot \mu \cdot A_{Fe}}{l_{Fe}} = \frac{N_1 \cdot \mu \cdot A_{Fe}}{l_{Fe}} \cdot \left(I_0 + \hat{i}_1 \cdot \sin \omega \cdot t\right)$$

$$B = \frac{\Phi}{A_{Fe}} = \frac{N_1 \cdot \mu}{l_{Fe}} \cdot \left(I_0 + \hat{i}_1 \cdot \sin \omega \cdot t\right) = B_0 + \hat{B}_1 \cdot \sin \omega \cdot t$$

Auch der zeitliche Verlauf der magnetischen Flussdichte folgt damit einer Sinusfunktion. Damit ergibt sich folgender Zeitverlauf der induktiven Spannung auf der Sekundärseite für $N_2 = 1$:

$$u_{L_2} = A_{Fe} \cdot \frac{d\left(B_0 + \hat{B}_1 \cdot \sin \omega \cdot t\right)}{dt} = A_{Fe} \cdot \hat{B}_1 \cdot \omega \cdot \cos \omega \cdot t$$

Man sieht hieraus, dass der konstante Anteil B_0 der magnetischen Flussdichte, hervorgerufen vom konstanten Anteil I_0 des Stromes, keinen Beitrag zur induzierten Spannung liefert. Im Gegenteil wird dadurch die Sättigung des Eisens viel früher erreicht, wodurch dann die Annahme einer konstanten Permeabilitätszahl nicht mehr gerechtfertigt ist.

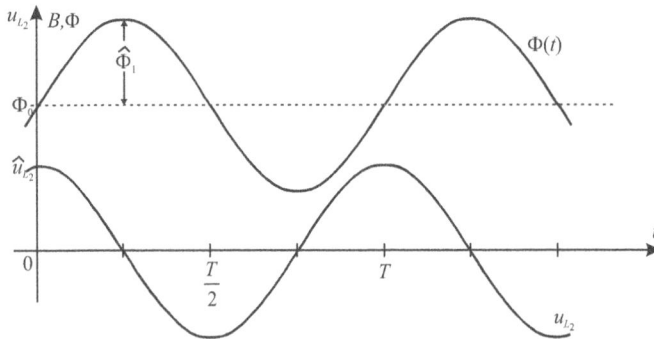

Abb. 6.20: Liniendiagramm für den magnetischen Fluss und die sekundärseitige induktive Spannung

Beispiel:
Es stehen sich, wie in Abb. 6.21 nicht maßstäblich wiedergegeben, zwei gleiche, U-förmige Eisenkerne im Abstand von 4 mm gegenüber. Sie nähern sich mit konstanter Geschwindigkeit $v = 5$ m/s bis auf den Abstand von 1 mm einander an. Der magnetische Widerstand der Eisenkerne soll gegenüber dem der Luftspalte vernachlässigt werden. Ebenso wird die Streu-

ung und die Luftspaltaufweitung vernachlässigt, so dass im Luftspalt ein homogenes Feld unterstellt wird. Die Windungszahlen (es sind nur einige wenige Windungen pro Wicklung eingezeichnet, so dass lediglich die Zählpfeile entsprechend eingetragen werden können) sind $N_1 = N_2 = 400$ und der Primärstrom ist konstant $i_1 = 200$ mA. Es soll der zeitliche Verlauf von u_{L_2} ermittelt werden, er ist ebenfalls in Abb. 6.21 gezeigt.

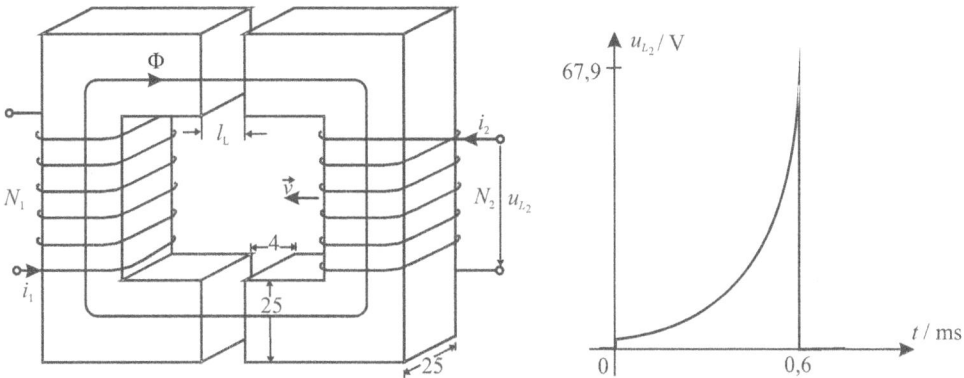

Abb. 6.21: Zwei sich einander annähernde Eisenkerne und das Liniendiagramm der sekundärseitigen Spannung

Zur Festlegung des Zählpfeils für die sekundärseitige Spannung wird der Stromzählpfeil für i_2 rechtsschraubig zum magnetischen Fluss eingetragen und dazu der Spannungszählpfeil, so dass sich für beide ein Verbraucherzählpfeilsystem ergibt. Die Durchflutung ist konstant $\Theta_1 = N_1 \cdot i_1 = 80$ A. Durch die Annäherung der beiden Eisenkerne geht der magnetische Widerstand der beiden Luftspalte zurück, und dadurch steigt der magnetische Fluss an. Die Luftspaltlänge l_L ist eine Zeitfunktion.

Die Zeitdauer der Annäherung beträgt $\Delta t = \dfrac{\Delta s}{v} = 0,6\,\text{ms}$.

$$R_m(t) = \frac{2 \cdot l_L(t)}{\mu_0 \cdot A_L} = \frac{2 \cdot (4\,\text{mm} - v \cdot t)}{\mu_0 \cdot A_L} \qquad \Phi(t) = \frac{\Theta_1}{R_m(t)} = \frac{N_1 \cdot i_1 \cdot \mu_0 \cdot A_L}{2 \cdot (4\,\text{mm} - v \cdot t)}$$

Die induktive Spannung u_{L_2} wird somit:

$$u_{L_2} = N_2 \cdot \frac{d\Phi}{dt} = \frac{N_1 \cdot N_2 \cdot i_1 \cdot \mu_0 \cdot A_L}{2} \cdot \frac{d\left(\dfrac{1}{4\,\text{mm} - v \cdot t}\right)}{dt} = -\frac{N_1 \cdot N_2 \cdot i_1 \cdot \mu_0 \cdot A_L \cdot (-v)}{2 \cdot (4\,\text{mm} - v \cdot t)^2}$$

Für $t = 0$ wird $u_{L_2} = 3,93\,\text{V}$ und für $t = 0,6$ ms wird $u_{L_2} = 62,85$ V .

Der Verlauf der Spannung an der Wicklung 2 ist in Abb. 6.21 gezeigt.

Aufgabe 6.2

In einer Wicklung mit $N_2 = 250$ Windungen wurde der in Abb. 6.22 gezeigte zeitliche Spannungsverlauf gemessen. Der magnetische Fluss zum Zeitpunkt $t = 0$ war null. Welchen Zeitverlauf muss der magnetische Fluss haben?

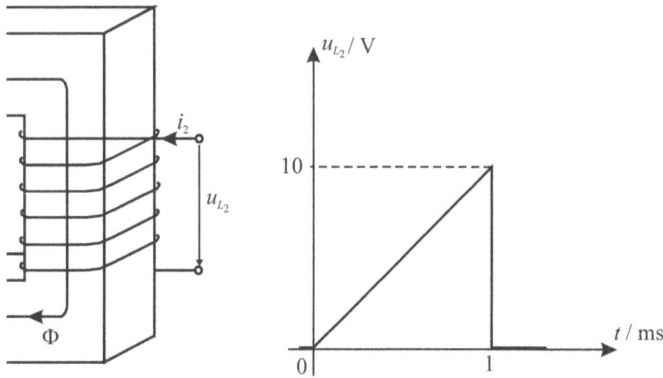

Abb. 6.22: Liniendiagramm der sekundärseitigen Spannung eines Magnetkreises

6.1.8 Induktion durch Flächenänderung und zeitliche Änderung der magnetischen Flussdichte

Es kann der Fall eintreten, dass sich zeitlich gesehen sowohl eine Flächenänderung als auch eine Änderung der magnetischen Flussdichte ergibt. Es soll dies an einem einfachen Beispiel erläutert werden.

Eine Leiterschleife wird mit konstanter Geschwindigkeit durch ein magnetisches Feld bewegt, das längs der y-Richtung homogen ist, längs des Weges s jedoch nach der in Abb. 6.23 gezeigten Funktion zunimmt, z. B. dadurch, dass der Luftspalt längs des Weges kleiner wird. Alle Maßangaben in Abb. 6.23 sind in mm.

Es soll der zeitliche Verlauf der induktiven Spannung vom Eintritt der Leiterschleife in das Magnetfeld bis zum Verlassen desselben ermittelt werden. Wie noch gezeigt wird, ist die Lösung auf formalem Weg über die Flussänderung schwierig, deshalb sei zunächst die einfache Lösung über die Betrachtung der Leiterschleife wie zwei Einzelleiter gewählt. Mit Hilfe der „Rechte-Hand-Regel" kann die Richtung des Stromes ermittelt werden, der in jedem der beiden Einzelleiter fließen würde. In entgegengesetzter Richtung wirkt dann die jeweilige induzierte Spannung.

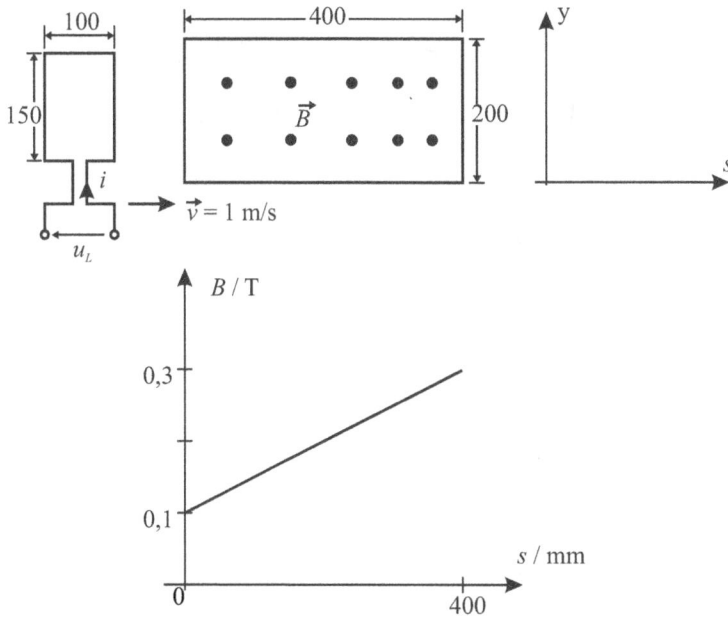

Abb. 6.23: Bewegung einer Leiterschleife durch ein inhomogenes magnetisches Feld

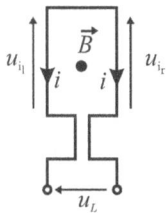

Abb. 6.24: Richtung der Ströme und der induzierten Spannungen in der in Einzelleiter zerlegten Leiterschleife

Für die Leiterschleife ergibt sich dann die Spannung u_L aus den induzierten Spannungen im rechten und linken Einzelleiter zu $u_L = u_{i_r} - u_{i_l}$.

Die magnetische Flussdichte kann als Funktion des Weges oder der Zeit angegeben werden:

$$B(s) = \frac{0,2\,\mathrm{T}}{0,4\,\mathrm{m}} \cdot s + 0,1\,\mathrm{T} \qquad \text{bzw. mit } s = v \cdot t \quad \cdot \quad B(t) = \frac{0,2\,\mathrm{T}}{0,4\,\mathrm{m}} \cdot v \cdot t + 0,1\,\mathrm{T} = 0,5\frac{\mathrm{T}}{\mathrm{s}} \cdot t + 0,1\,\mathrm{T}$$

Im rechten wie im linken Teil der Leiterschleife wird, solange sich der jeweilige Teil im Feld befindet, eine Spannung induziert, die aus dem Produkt $B \cdot l \cdot v$ errechnet wird, wobei aber B linear mit dem Weg oder der Zeit zunimmt. Für den Moment des Eintretens des rechten Leiters in das bzw. direkt vor dem Austreten aus dem Magnetfeld ist:

$$u_{i_r} = B \cdot l \cdot v = 0,1\,\text{T} \cdot 0,15\,\text{m} \cdot 1\frac{\text{m}}{\text{s}} = 15\,\text{mV} \qquad \text{bzw.} \qquad u_{i_r} = 0,3\,\text{T} \cdot 0,15\,\text{m} \cdot 1\frac{\text{m}}{\text{s}} = 45\,\text{mV}$$

Das gleiche Ergebnis erhält man für u_{i_l}, dabei treten alle Werte 0,1 s später auf.

Trägt man die Werte für u_{i_r} und u_{i_l} auf, so kann $u_L = u_{i_r} - u_{i_l}$ graphisch ermittelt werden, wie in Abb. 6.25 gezeigt.

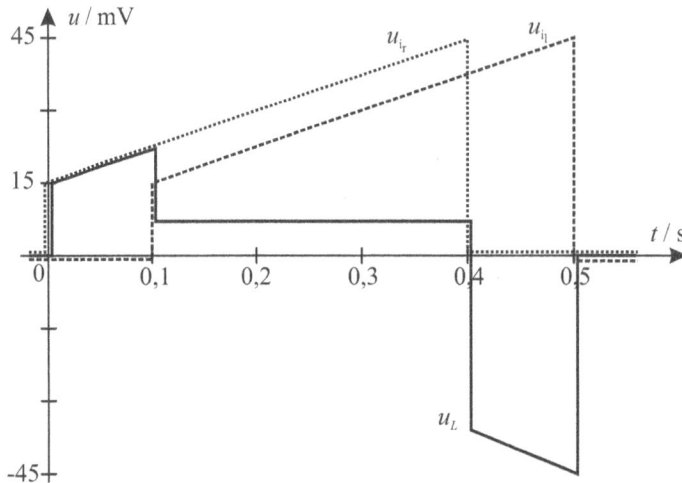

Abb. 6.25: Liniendiagramm für die in den Einzelleitern induzierten Spannungen und u_L

Die formale Lösung über die Flussänderung wird in Einzelschritte zerlegt. Für das Eintreten der Leiterschleife in das Magnetfeld muss $\int_A B \cdot \mathrm{d}A$ bzw. $\int_s B \cdot l \cdot \mathrm{d}s$ gebildet werden:

$$\int_s B \cdot l \cdot \mathrm{d}s = \int\left(0,5\frac{\text{T}}{\text{m}} \cdot s + 0,1\,\text{T}\right) \cdot 0,15\,\text{m} \cdot \mathrm{d}s = \int 75 \cdot 10^{-3}\,\text{T} \cdot s \cdot \mathrm{d}s + \int 15 \cdot 10^{-3}\,\text{T} \cdot \text{m} \cdot \mathrm{d}s$$

$$= 37,5 \cdot 10^{-3}\,\text{T} \cdot s^2 + 15 \cdot 10^{-3}\,\text{T} \cdot \text{m} \cdot s$$

Setzt man für $s = v \cdot t$ ein, dann kann $u_L = \dfrac{\mathrm{d}(B \cdot A)}{\mathrm{d}t}$ für $0 \leq t < 0.1\,\text{s}$ ermittelt werden.

$$u_L = \frac{\mathrm{d}}{\mathrm{d}t}\left(37,5 \cdot 10^{-3}\frac{\text{V}}{\text{s}} \cdot t^2 + 15 \cdot 10^{-3}\,\text{V} \cdot t\right) = 75\frac{\text{mV}}{\text{s}} \cdot t + 15\,\text{mV}$$

Für $0,1\ \text{s} \leq t < 0,4\ \text{s}$, wenn sich die ganze Leiterschleife im Magnetfeld befindet, gilt:

$$u_L = A \cdot \frac{\mathrm{d}B}{\mathrm{d}t} = 15 \cdot 10^{-3}\,\text{m}^2 \cdot \frac{\mathrm{d}}{\mathrm{d}t}\left(0,5\frac{\text{T}}{\text{s}} \cdot t + 0,1\,\text{T}\right) = 15 \cdot 10^{-3}\,\text{m}^2 \cdot 0,5\frac{\text{T}}{\text{s}} = 7,5\,\text{mV}$$

Für $t \geq 0,4\,\mathrm{s}$ liegt eine Flächenabnahme vor. Rechnet man für dieses letzte Zeitintervall, für den der Startpunkt t_0 neu auf null gesetzt wird, also für $0 \leq t < 0,1\,\mathrm{s}$, mit der gleichen Beziehung wie beim Eintreten in das Feld, so muss bedacht werden, dass für diesen neuen Zeitabschnitt B auf den linken Leiter bezogen werden muss, da ja nur er sich mit seiner Länge im Magnetfeld befindet. Zu diesem neuen Startpunkt der Betrachtung ist B für den linken Teil der Leiterschleife 0,25 T, somit lautet die Gleichung für die Flussdichte nun

$$B(s) = 0,5\,\frac{\mathrm{T}}{\mathrm{m}} \cdot s + 0,25\,\mathrm{T}\,.$$

Da eine Flächenabnahme vorliegt, ist:

$$\int_A B \cdot \mathrm{d}A = \int_s B \cdot l \cdot \mathrm{d}s = -\int \left(0,5\,\frac{\mathrm{T}}{\mathrm{m}} \cdot s + 0,25\,\mathrm{T}\right) \cdot 0,15\,\mathrm{m} \cdot \mathrm{d}s = -37,5\,\mathrm{mT} \cdot s^2 - 37,5\,\mathrm{mT} \cdot \mathrm{m} \cdot s$$

Mit $s = v \cdot t$ erhält man für diesen letzten Zeitabschnitt mit dem neuen Nullpunkt für t von $0 \leq t < 0,1\,\mathrm{s}$:

$$u_L = \frac{\mathrm{d}}{\mathrm{d}t}\left(-37,5 \cdot 10^{-3}\,\frac{\mathrm{V}}{\mathrm{s}} \cdot t^2 - 37,5 \cdot 10^{-3}\,\mathrm{V} \cdot t\right) = -75\,\frac{\mathrm{mV}}{\mathrm{s}} \cdot t - 37,5\,\mathrm{mV}$$

Das Ergebnis ist also identisch mit dem auf dem ersten Lösungsweg ermittelten.

6.2 Selbstinduktion

Bisher wurde als Ursache der Spannungserzeugung in einer Leiterschleife oder Spule immer ein von außen wirkendes Magnetfeld angenommen, das sich zeitlich änderte. Eine Spannung wird aber auch dann in einer Leiterschleife oder Spule induziert, wenn sich der darin fließende Strom zeitlich ändert; denn dadurch ändert sich auch der vom Strom hervorgerufene magnetische Fluss zeitlich. Somit tritt neben dem Spannungsabfall als Folge des ohmschen Widerstandes einer Spule auch eine induzierte Spannung als Folge der Stromänderung auf, die man **Selbstinduktionsspannung** u_L nennt.

Die Spule in Abb. 6.26 wird von einem Strom i durchflossen, den eine Spannungsquelle mit einstellbarer Quellenspannung liefert. Vereinfachend sei angenommen, dass alle Windungen der Spule mit dem gesamten magnetischen Fluss verkettet sind, andernfalls müsste man mit dem Verkettungsfluss Ψ arbeiten. Alle ohmschen Widerstände des Stromkreises denkt man sich in R zusammengefasst, die Spule selbst wird demnach als widerstandslos angesehen.

Ändert sich u_q und damit $i(u_q)$ mit der Zeit, so wird ein weiterer Strom $i(u_L)$ auftreten, der auf die Selbstinduktionsspannung u_L zurückzuführen ist. Beide Teilströme zusammen bilden den Gesamtstrom i, der mit Hilfe des Überlagerungsverfahrens (vgl. Abschn. 3.7) ermittelt werden kann, da hier μ_r konstant ist. Dabei wird jeweils nur eine Quelle als wirksam betrachtet und die andere kurzgeschlossen, wobei die Spule eine Quelle darstellt. Für den Fall, dass alleine die Selbstinduktionsspannung der Spule wirksam ist, wird der Zählpfeil für den Strom $i(u_L)$ so eingetragen, wie er bei positiver Spannung u_L wirklich fließt.

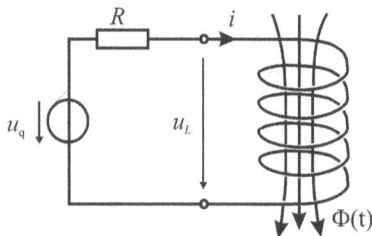

Abb. 6.26: Luftspule an einer Quelle mit zeitlich veränderlicher Quellenspannung

Die beiden Teilströme sind $i(u_q) = \dfrac{u_q}{R}$ und $i(u_L) = \dfrac{u_L}{R}$ mit $u_L = N\dfrac{d\Phi(i)}{dt}$.

Ist allerdings die Annahme, dass alle Windungen der Spule mit dem gleichen Fluss verkettet sind, nicht aufrecht zu erhalten, so ist (vgl. Abschn. 6.1.4)

$$u_L = \frac{d\Psi(i)}{dt}$$

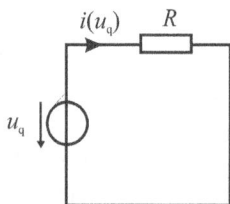

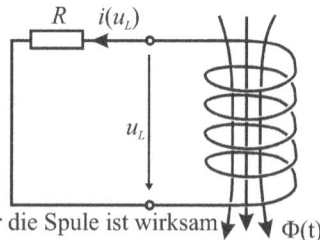

Nur die Spannungsquelle ist wirksam   Nur die Spule ist wirksam

Abb. 6.27: Überlagerungsverfahren für die Schaltung in Abb. 6.26

Somit stellt sich der Gesamtstrom i ein, der den magnetischen Fluss in der Spule erregt:

$$i = i(u_q) - i(u_L) = \frac{u_q}{R} - \frac{N}{R} \cdot \frac{d\Phi(i)}{dt} \qquad (6.13)$$

Nimmt der magnetische Fluss zeitlich gesehen zu, d. h. ist $d\Phi/dt$ positiv, so sind auch u_L und der Strom $i(u_L)$ positiv und er fließt somit in Richtung des in Abb. 6.26 eingetragenen Zählpfeils. Nimmt dagegen der Fluss zeitlich ab, d. h. ist $d\Phi/dt$ negativ, so werden u_L und der Strom $i(u_L)$ negativ und der Strom fließt entgegen der Richtung seines Zählpfeils.

Jede zeitliche Stromänderung ruft eine Selbstinduktionsspannung hervor. Der davon herrührende Stromanteil wirkt der Stromänderung entgegen.

6.2.1   Induktivität

Es ist umständlich die Selbstinduktionsspannung aus der Änderung des magnetischen Flusses zu bestimmen. Man hat deshalb eine Größe, die so genannte **Selbstinduktivität** oder
kurz **Induktivität** L definiert, mit deren Hilfe sich die Selbstinduktionsspannung direkt aus
der Stromänderung berechnen lässt. Bei der Definition der Induktivität sei wieder vorausge-
set zt, dass alle Windungen N einer Spule mit dem gleichen magnetischen Fluss verkettet
sind, andernfalls muss mit dem Verkettungsfluss Ψ gerechnet werden. Die Induktivität hängt
allein von den geometrischen Abmessungen der Spule und der Materialeigenschaft des Feldraumes ab.

Multipliziert man beide Seiten der Gleichung 5.11 mit der Windungszahl, so erhält man

$$N \cdot \Phi = N \cdot \Lambda \cdot \Theta = N \cdot \Lambda \cdot N \cdot I = N^2 \cdot \Lambda \cdot I = \frac{N^2}{R_\mathrm{m}} \cdot I \quad \text{und definiert:}$$

$$L = N^2 \cdot \Lambda = \frac{N^2}{R_\mathrm{m}} = N^2 \cdot \frac{\mu_0 \cdot \mu_\mathrm{r} \cdot A}{l} = \frac{N \cdot \Phi}{I} \qquad \text{bzw.} \qquad L = \frac{\Psi}{I}$$

$$[L] = [\Lambda] = 1 \frac{\mathrm{V} \cdot \mathrm{s}}{\mathrm{A}} = 1\,\mathrm{H}$$

(6.14)

Wird eine Leiteranordnung oder Spule von einem Gleichstrom von 1 A durchflossen und
erzeugt dieser einen Verkettungsfluss von 1 Wb, so hat sie die Induktivität von 1 H.

Ist der Strom zeitlich veränderlich, so kann man die Selbstinduktionsspannung unmittelbar
aus der Stromänderung berechnen, wenn die Induktivität näherungsweise konstant ist. Dies
ist für $\mu_\mathrm{r} \approx 1$ der Fall oder wenn μ_r konstant ist, d. h., wenn die Kennlinie $\Phi = \mathrm{f}(\Theta)$ eine durch
den Nullpunkt gehende Gerade darstellt; andernfalls ist L eine Funktion von i. Wie in
Abschn. 5.4.4 gezeigt wurde, kann durch Einfügen eines Luftspalts die Magnetisierungs-
kennlinie in einem weiten Bereich linearisiert werden (vgl. Abb. 5.36), so dass in diesen
Fällen L als annähernd konstant angesehen werden kann.

$$u_L = N \cdot \frac{\mathrm{d}\Phi}{\mathrm{d}t} = N \cdot \frac{\mathrm{d}\left(\dfrac{L \cdot i}{N}\right)}{\mathrm{d}t} = L \cdot \frac{\mathrm{d}i}{\mathrm{d}t}$$

(6.15)

6.2.2 Berechnung der Induktivität verschiedener Spulen und Leiteranordnungen

In diesem Kapitel wird nur die **äußere Induktivität** L_a berechnet. Wie noch gezeigt wird, hat aber ein Leiter selbst auch eine so genannte **innere Induktivität** L_i. Das Leiterinnere ist nicht mit dem gesamten sich zeitlich ändernden Strom verkettet und daher ist die innere Induktivität nur schwer berechenbar. Ihre Berechnung erfolgt über die im Leiter gespeicherte magnetische Energie (vgl. Abschn. 6.6.1). In vielen Anwendungsfällen kann die innere Induktivität vernachlässigt werden. Ist dies nicht zulässig, so muss die innere Induktivität des Drahtes zu der in diesem Abschnitt berechneten äußeren addiert werden. Aus diesem Grund soll das Ergebnis für die innere Induktivität in Vorgriff des Abschn. 6.6.1, Gleichung 6.46 bereits hier angegeben werden, dabei ist μ die Permeabilität des Leiterwerkstoffes (sie ist meist gleich μ_0) und l_L die Länge des Leiters.

$$L_i = \frac{\mu \cdot l_L}{8 \cdot \pi}$$

Die Berechnung der Induktivität von in der Praxis vorkommenden Leiteranordnungen und Spulen ist meist sehr aufwändig und nur unter idealisierenden Annahmen mit vertretbarem Aufwand möglich. Deshalb sind für häufiger vorkommende Fälle die L-Werte in Tabellenbüchern zusammengefasst. Für einige Anwendungen soll die Berechnung der Induktivität gezeigt werden.

Induktivität einer langen Zylinderspule

Es wird auf die Ausführungen in Abschn. 5.2.3 Bezug genommen, danach kann bei $l_i > 10 \cdot d_i$ das Feld außerhalb der Spule gegenüber dem im Spuleninneren näherungsweise vernachlässigt werden.

$$\oint_A \overrightarrow{H} \cdot \mathrm{d}\overrightarrow{l} \approx H_i \cdot l_i = N \cdot I$$

Die magnetische Flussdichte im Spuleninneren ist entsprechend $B_i = \mu_0 \cdot H_i = \dfrac{\mu_0 \cdot N \cdot I}{l_i}$.

Nimmt man weiter an, dass näherungsweise alle Windungen der Spule mit dem gleichen magnetischen Fluss verkettet sind, so erhält man:

$$N \cdot \Phi = N \cdot B_i \cdot A_i = \frac{\mu_0 \cdot N^2 \cdot I \cdot A_i}{l_i}$$

$$L_a = \frac{N \cdot \Phi}{I} = \frac{\mu_0 \cdot N^2 \cdot A_i}{l_i} = \mu_0 \cdot N^2 \cdot \pi \cdot \frac{r_i^2}{l_i} \qquad (6.16)$$

Die innere Induktivität ist hier so klein, dass sie vernachlässigt werden kann.

Es sei nochmals auf Abschn. 5.2.3 hingewiesen, dass man beim Innenradius r_i für die Innenfläche A_i vorteilhaft die Hälfte der Wicklung hinzunimmt, auch wenn dadurch automatisch der Annahme des gleichen Verkettungsflusses für alle Windungen widersprochen wird.

Für kurze Zylinderspulen gilt Gleichung 6.16 nicht. Hier wird mit Näherungsformeln oder Korrekturfaktoren gerechnet, die man in Datenbüchern finden kann. Hier sei ohne Ableitung eine Formel in Form einer zugeschnittenen Größengleichung angegeben, wie sie für viele kurze Zylinderspulen anwendbar ist. Dabei ist d_i der Innendurchmesser und d_W der Wicklungsdurchmesser der Spule. Setzt man in die folgende Formel l, d_i und d_W in cm ein, so erhält man L in der Dimension nH.

$$L \approx N^2 \cdot \frac{19,5 \cdot (d_i + d_W)^2}{6,5 \cdot d_W - 3,5 \cdot d_i + 9 \cdot l_i}$$

Induktivität einer Ringspule

Nimmt man wie in Abschn. 5.2.4 an, dass der mittlere Durchmesser d_m der Ringspule sehr groß im Verhältnis zum Wicklungsdurchmesser d_W ist, so ist die magnetische Feldstärke im Spuleninneren näherungsweise über den Feldraum konstant. Der magnetische Leitwert ist dann $\Lambda = \mu \cdot A / l = \mu \cdot A / d_m \cdot \pi$. Bei nichtferromagnetischen Stoffen ist $\mu = \mu_0$ und beim Radius für die Fläche ist wieder die Hälfte der Wicklung einzubeziehen, bei einem ferromagnetischen Kern dagegen nur die Eisenfläche.

$$L_a = N^2 \cdot \Lambda = N^2 \cdot \frac{\mu \cdot A}{d_m \cdot \pi} \qquad (6.17)$$

Die innere Induktivität kann wieder vernachlässigt werden. Bei einem Eisenkern ohne Luftspalt ist aber L nur näherungsweise konstant, solange man sich nicht im Sättigungsbereich befindet. Auf die Problematik bei Spulen mit Eisenkern wird im Folgenden eingegangen.

Induktivität bei Spulen mit geschlossenem Eisenkern

> Spulen mit einem ferromagnetischen Kern haben gegenüber solchen mit einem nichtferromagnetischen Kern bei gleichen geometrischen Abmessungen und gleicher Windungszahl eine um mehrere Zehnerpotenzen größere Induktivität; allerdings ist die Induktivität nicht konstant, sondern vom Spulenstrom abhängig.

Bei einem ferromagnetischen Material ist die Permeabilität μ nicht mehr konstant, sondern eine Funktion der magnetischen Feldstärke (vgl. Abb. 5.22). Somit ist auch die Induktivität nicht mehr konstant, der ermittelte Wert gilt nur für die jeweilige Durchflutung. Man kann in Anlehnung an den differenziellen Widerstand hier eine **differenzielle Induktivität** L_d und eine **differenzielle Permeabilität** μ_d definieren.

$$L_d = \frac{d\Psi}{dI} = \frac{d(L \cdot I)}{dI} = L + I \cdot \frac{dL}{dI} \qquad (6.18)$$

Sowohl L als auch L_d sind stromabhängig. (Bemerkung: Hier wird immer dann für den Strom der Großbuchstabe I verwendet, wenn es sich um einen Gleichstrom handelt. Die Induktivität ist eine Eigenschaft einer Leiteranordnung und wird in der Regel über Gleichstromwerte definiert. Sobald aber das Induktionsgesetz angewendet wird, ist der Strom eine Funktion der Zeit und wird deshalb mit i bezeichnet.) Um den Verlauf der Selbstinduktionsspannung bei gegebenem Zeitverlauf des Stromes i zu bestimmen, muss zunächst durch punktweise Berechnung die Kurve $\Psi = f(I)$ ermittelt werden. Erst dann kann u_L berechnet werden aus

$$ u_L = L_d(i) \cdot \frac{di}{dt} \tag{6.19} $$

Eine andere Möglichkeit zur Ermittlung der differenziellen Induktivität besteht darin, dass man die differenzielle Permeabilität bestimmt. Dazu erweitert man den Bruch mit dH und setzt für die Feldstärke die Gleichung 5.3 ein.

$$ L_d = N \cdot \frac{d\Phi}{dI} = N \cdot A \cdot \frac{dB}{dI} = N \cdot A \cdot \frac{dB}{dH} \cdot \frac{dH}{dI} \qquad \frac{dH}{dI} = \frac{d\left(\frac{I \cdot N}{l}\right)}{dI} = \frac{N}{l} \qquad L_d = N^2 \cdot \frac{A}{l} \cdot \frac{dB}{dH} $$

Den Quotienten dB/dH nennt man die differenzielle Permeabilität μ_d, sie stellt die Steilheit der Magnetisierungskurve in einem bestimmten Punkt dar. Damit wird:

$$ L_d = N^2 \cdot \frac{\mu_d \cdot A}{l} \qquad \text{mit} \qquad \mu_d = \frac{dB}{dH} \tag{6.20} $$

Induktivität bei Spulen mit Eisenkern und Luftspalt

In der Praxis wird oft die Forderung nach einer zumindest näherungsweise konstanten Induktivität gestellt. Eine solche kann man dadurch bekommen, dass man in den Eisenkern einen Luftspalt einfügt. Durch die Scherung der Magnetisierungskurve (vgl. Abschn. 5.4.4 und Abb. 5.36) ist in einem weiten Bereich näherungsweise die differenzielle Permeabilität μ_d und damit auch L_d konstant. Im allgemeinen Sprachgebrauch wird bei einer Spule mit Eisenkern und Luftspalt die differenzielle Induktivität einfach als Induktivität bezeichnet. Im Weiteren wird hier ebenso verfahren.

Bei den heute üblichen ferromagnetischen Kernen erreicht man relativ große Werte für μ_r. Ist deshalb die Luftspaltlänge genügend groß, so kann man näherungsweise die magnetische Spannung, die im Eisenweg abfällt, gegenüber der im Luftspalt vernachlässigen und es bestimmt sich die Induktivität allein aus der Windungszahl und dem magnetischen Widerstand des Luftspalts. Diese Näherung ist zulässig, sobald die Luftspaltlänge größer als 1/100stel der Eisenlänge ist.

$$ L = \frac{N^2}{R_m} = \frac{N^2}{R_{m_{Fe}} + R_{m_L}} \approx \frac{N^2}{R_{m_L}} = N^2 \cdot \mu_0 \cdot \frac{A_L}{l_L} \qquad \text{für} \qquad l_L > \frac{l_{Fe}}{100} \tag{6.21} $$

Beispiel:

Es soll die Induktivität der Spule mit Eisenkern aus Aufgabe 5.4, Abb. 5.33 für den ermittelten Arbeitspunkt, d. h. bei einer Durchflutung von $\Theta = 485\,\text{A}$ unter Berücksichtigung des Eisenanteils und unter dessen Vernachlässigung ermittelt werden. Da die Luftspaltlänge hier nur 1/320stel der Eisenlänge ist, wird sich durch die Vernachlässigung des Eisenanteils eine spürbare Abweichung beider Ergebnisse einstellen.

Mit den Werten aus der Musterlösung der Aufgabe 5.4 erhält man für die magnetischen Widerstände des Kerns, Ankers und Luftspalts folgende Ergebnisse:

$$R_{m_K} = \frac{l_K}{\mu \cdot A_K} = \frac{l_K}{\dfrac{B_K}{H_K} \cdot A_K} = \frac{3\dfrac{A}{cm} \cdot 14{,}4\,\text{cm}}{1{,}1\,\text{T} \cdot 230 \cdot 10^{-6}\,\text{m}^2} = 170{,}8 \cdot 10^3\,\text{H}^{-1}$$

$$R_{m_A} = \frac{l_A}{\mu \cdot A_A} = \frac{l_A}{\dfrac{B_A}{H_A} \cdot A_A} = \frac{2{,}5\dfrac{A}{cm} \cdot 4{,}8\,\text{cm}}{1\,\text{T} \cdot 230 \cdot 10^{-6}\,\text{m}^2} = 52{,}2 \cdot 10^3\,\text{H}^{-1}$$

$$R_{m_L} = \frac{l_L}{\mu_0 \cdot A_L} = \frac{0{,}6\,\text{mm}}{\mu_0 \cdot 256 \cdot 10^{-6}\,\text{m}^2} = 1865 \cdot 10^3\,\text{H}^{-1}$$

Somit ergibt sich unter Berücksichtigung des Eisenanteils eine Induktivität von

$$L = \frac{N^2}{R_{m_K} + R_{m_A} + R_{m_L}} = 172\,\text{mH} \quad \text{und bei Vernachlässigung davon} \quad L = \frac{N^2}{R_{m_L}} = 193\,\text{mH}\,.$$

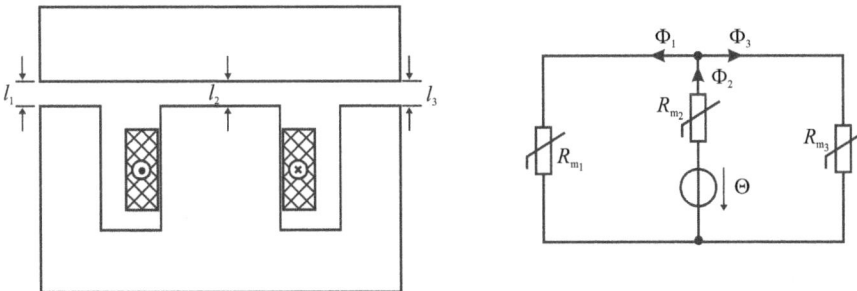

Abb. 6.28: Drossel mit magnetischem Ersatzschaltbild

Beispiel:

Eine Spule mit einem Luftspalt im Eisenkern nennt man auch **Drossel**. In dem EI-Kern der Abb. 6.28 haben die Luftspalte die Länge $l_1 = l_2 = l_3 = 1$ mm und die Luftspaltquerschnitte sind $A_1 = A_3 = 392$ mm^2 und $A_2 = 784$ mm^2. Die Windungszahl der Spule auf dem Mittel-schenkel ist $N = 1000$. Der Eiseneinfluss ist wegen der großen Luftspaltlängen vernachläs-sigbar. Es soll die Induktivität der Drossel bestimmt werden und welche Selbstinduktions-spannung an ihr auftritt, wenn ein Strom durch die Spule fließt, der innerhalb der Zeit von $t = 0$ bis $t = 2$ ms vom Wert null linear auf 1 A ansteigt und dann nach einer e-Funktion mit einer Zeitkonstante von 4 ms abfällt.

Die magnetischen Widerstände der drei Luftspalte sind:

$$R_{m_1} = R_{m_3} = \frac{l_1}{\mu_0 \cdot A_1} = 2{,}03 \cdot 10^6 \text{ H}^{-1} \qquad R_{m_2} = \frac{l_2}{\mu_0 \cdot A_2} = 1{,}01 \cdot 10^6 \text{ H}^{-1}$$

Der gesamte magnetische Widerstand ergibt sich in Analogie zu den Netzwerkberechnungs-verfahren zu

$$R_m = R_{m_2} + \frac{R_{m_1} \cdot R_{m_3}}{R_{m_1} + R_{m_3}} = 2{,}03 \cdot 10^6 \text{ H}^{-1} \qquad L = \frac{N^2}{R_m} = 493 \text{ mH}$$

Für den Zeitraum $0 \le t < 2$ ms ist die Selbstinduktionsspannung

$$u_L = L \cdot \frac{di}{dt} = 493 \text{ mH} \cdot \frac{d\left(0{,}5\dfrac{\text{A}}{\text{ms}} \cdot t\right)}{dt} = 246{,}5 \text{ V} \ .$$

Für den Zeitraum ab $2 \le t$ ergibt sich die Selbstinduktionsspannung zu:

$$u_L = L \cdot \frac{di}{dt} = 493 \text{ mH} \cdot \frac{d\left(1\text{A} \cdot e^{-\frac{t}{\tau}}\right)}{dt} = -123{,}3 \text{ V} \cdot e^{-\frac{t}{\tau}}$$

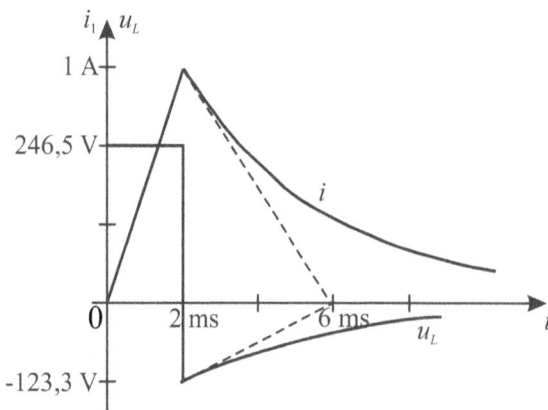

Abb. 6.29: Liniendiagramm des Stromes und der Selbstinduktionsspannung

Beispiel:

Nun wird die Aufgabenstellung umgedreht, die gewünschte Induktivität ist gegeben und die Luftspaltlänge gesucht. Der EI-Kern entspricht mit seinen Abmessungen außer der Luftspaltlänge dem von Abb. 5.39 in Abschn. 5.4.4. Es besteht hier aber der I-Teil wie der E-Teil aus Elektroblech V 360-50 B mit einem Füllfaktor $k_F = 0,9$. Die Streuung wird vernachlässigt. Wie groß muss der Luftspalt gemacht werden, damit sich bei einer Windungszahl $N = 800$ und einem Strom von 0,4 A eine Induktivität $L = 1$ H ergibt? Die Angabe des Stromes ist nur für den Fall notwendig, dass der Eisenanteil nicht mehr vernachlässigbar ist.

Soweit der Eisenanteil berücksichtigt werden muss, liegt hier die Aufgabenstellung nach Abschn. 5.4.4 vor, bei der die elektrische Durchflutung gegeben ist. Man kann sich den Eisenkern in der Mitte durchgeschnitten denken und die beiden sich ergebenden U-Teile zu einem zusammengefasst; dann hat man die Parallelschaltung zweier U-Teile vor sich. Bei der Berechnung verzweigter, symmetrischer Magnetkreise in Abschn. 5.4.4 wurde nur immer eine Hälfte des Kerns zur Berechnung herangezogen und damit nur die Hälfte des magnetischen Flusses, nämlich der Fluss in der Hälfte des Mittel- und eines der beiden Außenschenkel. Bei der Ermittlung der Induktivität muss aber mit dem Gesamtfluss gerechnet werden, deshalb die Zusammenfassung der beiden U-Teile.

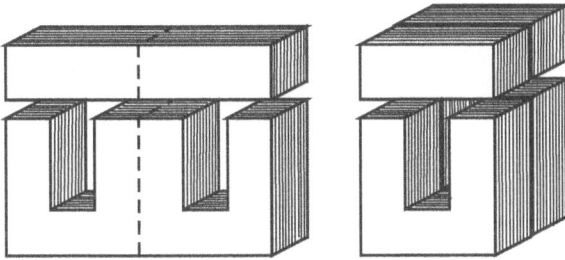

Abb. 6.30: Betrachtung eines EI-Kerns als zwei parallel liegende U-Kerne

Zunächst kann man die Aufgabe unter Vernachlässigung des Eisenanteils lösen und prüfen, ob die sich ergebende Luftspaltlänge $l_L > l_{Fe}/100$ ist. Ist dies nicht der Fall, so muss die Rechnung unter Berücksichtigung des Eisenanteils wiederholt werden. Die Luftspalte 1 und 3 fallen zusammen, die neue Luftspaltfläche ist doppelt so groß wie die eines einzelnen, d. h. $A_1 = A_2 = 784$ mm^2. Vernachlässigt man den Eisenanteil, so liegt die Reihenschaltung der magnetischen Widerstände der beiden Luftspalte vor.

$$R_m = R_{m_1} + R_{m_2} = 2 \cdot \frac{l_1}{\mu_0 \cdot A_1} \qquad L = \frac{N^2}{R_m} = \frac{N^2 \cdot \mu_0 \cdot A_1}{2 \cdot l_1}$$

$$l_1 = \frac{N^2 \cdot \mu_0 \cdot A_1}{2 \cdot L} = 315 \, \mu m$$

Die Länge des Eisenweges ist nach Abb. 5.39 bzw. der Tabelle zu dem Beispiel in Abschn. 5.4.4 168 mm, demnach war die Vernachlässigung des Eisenanteils nicht zulässig, da die Gesamtluftspaltlänge $l_1 + l_2$ nur 0,63 mm beträgt; ab 1,68 mm wäre die Näherung zulässig.

Da sich im Luftspalt und im Eisen unterschiedliche Flussdichten ergeben, muss die B-Achse der Magnetisierungskurve in eine Φ-Achse umgewandelt werden, indem man alle Flussdichtewerte mit der Eisenfläche $A_{Fe} = 784$ mm$^2 \cdot k_F = 705,6$ mm^2 multipliziert. Gegeben ist in diesem Fall die „Leerlauffeldstärke" H_0 (Gleichung 5.26) und der gewünschte Arbeitspunkt. Die Länge des Luftspalts erhält man aus dem sich ergebenden „Kurzschlussfluss" Φ_k (Gleichung 5.27).

$$H_0 = \frac{N \cdot I}{l_{Fe}} = 19 \frac{A}{cm} \qquad \Phi_{AP} = \frac{L \cdot I}{N} = 500\,\mu Wb$$

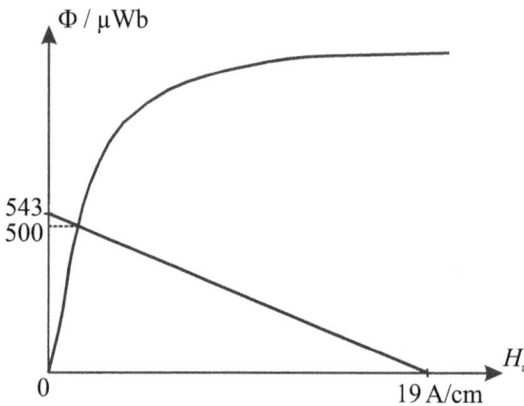

Abb. 6.31: Bestimmung des „Kurzschlussflusses"

Aus der Kennlinie ergibt sich ein „Kurzschlussfluss" $\Phi_k \approx 543\,\mu Wb$. Somit ist mit Gleichung 5.27:

$$l_L = \frac{\mu_0 \cdot A_L \cdot N \cdot I}{\Phi_k} = 580\,\mu m$$

Da sich diese Luftspaltlänge auf zwei Luftspalte bei Betrachtung als doppelter U-Kern bzw. in Realität auf drei Luftspalte aufteilt, erhält man für die einzustellenden Luftspalte eine Länge von ca. 290 µm.

Aufgabe 6.3

Welcher Luftspalt müsste eingestellt werden, wenn der Strom im vorhergehenden Beispiel nicht 0,4 A, sondern nur 0,2 A ist?

Induktivität einer Doppelleitung

Die Doppelleitung besteht aus zwei geraden Drähten mit dem Leiterradius r_L, die im Abstand a parallel zueinander verlaufen und von denen jeder die Länge l_L hat. Sie dienen als Hin- und Rückleitung zu einem Verbraucher und führen deshalb den gleichen Strom. Somit kann die Doppelleitung als eine Leiterschleife mit der Windungszahl $N = 1$ aufgefasst werden. Ist $r_L \ll a$, dann kann die innere Induktivität gegenüber der äußeren näherungsweise vernachlässigt werden, andernfalls muss die innere Induktivität der Hin- und Rückleitung zur äußeren addiert werden. Ist ferner $l_L \gg a$, so können die Randeffekte am Anfang und Ende der Leitung ebenfalls vernachlässigt werden. Man ermittelt die äußere Induktivität aus dem magnetischen Fluss, der das Innere der Leiterschleife durchsetzt. Da in Abschn. 5 keine Ableitung für das Feld einer Doppelleitung erfolgte, wird der Überlagerungssatz angewandt und das Feld aus der Wirkung der beiden Einzelleiter, sprich der Hin- und Rückleitung, ermittelt.

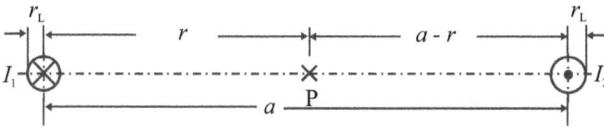

Abb. 6.32: Bestimmung des magnetischen Flusses in der von einer Leiterschleife eingeschlossenen Fläche

In dem Punkt P in Abb. 6.32 rührt die Flussdichte von den Strömen I_1 und I_2 her. Die Richtung der magnetischen Feldstärken H_1 und H_2 bzw. Flussdichten B_1 und B_2 ist bekannt (vgl. Abschn. 5.3 und die Abb. 5.17 und 5.18). Beide Größen wirken in die gleiche Richtung und können so algebraisch addiert werden. Mit den Gleichungen 5.14 und 5.15 erhält man:

$$B = B_1(I_1) + B_2(I_2) = \mu \cdot \frac{I_1}{2 \cdot \pi \cdot r} + \mu \cdot \frac{I_2}{2 \cdot \pi \cdot (a-r)} = \frac{\mu \cdot I}{2 \cdot \pi} \cdot \left(\frac{1}{r} + \frac{1}{a-r} \right)$$

Die Flussdichten der beiden Einzelleiter sind inhomogen, man erhält den Gesamtfluss durch Integration über die von den Leitern eingeschlossene Fläche. Vektoriell muss nicht gerechnet werden, da die Flussdichte- und Flächenvektoren gleiche Richtung haben.

$$\Phi = \int_A \vec{B} \cdot \mathrm{d}\vec{A} = \int_{r_L}^{a-r_L} B \cdot l_L \cdot \mathrm{d}r = \frac{\mu \cdot I \cdot l_L}{2 \cdot \pi} \cdot \int_{r_L}^{a-r_L} \left(\frac{1}{r} + \frac{1}{a-r} \right) \cdot \mathrm{d}r = \frac{\mu \cdot I \cdot l_L}{2 \cdot \pi} \cdot [\ln r - \ln(a-r)]_{r_L}^{a-r_L}$$

$$= \frac{\mu \cdot I \cdot l_L}{2 \cdot \pi} \cdot \ln\left(\frac{a-r_L}{r_L} \right)^2 = \frac{\mu \cdot I \cdot l_L}{\pi} \cdot \ln \frac{a-r_L}{r_L}$$

Die äußere Induktivität ergibt sich dann nach Gleichung 6.14 zu:

$$L_a = \frac{\Phi}{I} = \frac{\mu \cdot l_L}{\pi} \cdot \ln \frac{a-r_L}{r_L} \qquad (6.22)$$

Ist der Leiterabstand $a \gg r_L$, dann ist die gesamte Induktivität der Doppelleitung $L \approx L_a$, andernfalls muss die innere Induktivität mit berücksichtigt werden, wobei zu beachten ist, dass die Länge des Drahtes wegen der Hin- und Rückleitung $2 \cdot l_L$ ist (siehe Gleichung 6.46).

$$L = \frac{\mu \cdot l_L}{\pi} \cdot \left(0{,}25 + \ln \frac{a - r_L}{r_L} \right) \tag{6.23}$$

6.2.3 Zweipoldarstellung einer Induktivität

Bei den bisherigen Betrachtungen wurde immer nur die Induktivität einer Leiteranordnung untersucht. Man bezeichnet einen Zweipol, der ausschließlich die Eigenschaft einer konstanten Induktivität besitzt, als **idealen induktiven Zweipol**. Sein Schaltzeichen ist in Abb. 6.33 wiedergegeben.

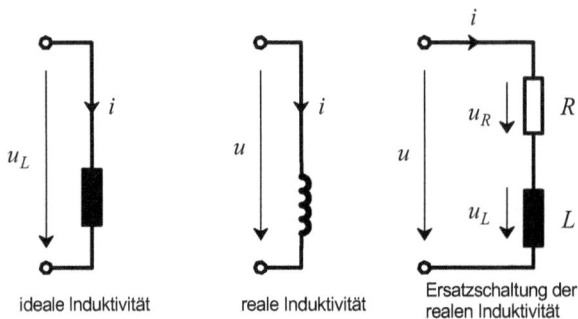

Abb. 6.33: Schaltzeichen eines idealen und realen induktiven Zweipols

Reale Spulen oder Leiteranordnungen haben allerdings immer auch einen ohmschen Widerstand und auch eine Kapazität. Bei Induktivitäten mit einem ferromagnetischen Kern kommen noch die Verluste durch die Ummagnetisierung und durch Wirbelströme hinzu. Solche Wirkverluste werden in einer Ersatzschaltung durch ohmsche Widerstände dargestellt. Auf die Hysterese- und Wirbelstromverluste wird noch im Rahmen dieses Kapitels eingegangen, die Ersatzschaltung für reale Induktivitäten wird aber erst im Zusammenhang mit Wechselströmen in Band 2 behandelt.

In den folgenden Kapiteln wird oft eine reale Induktivität als einfachste Ersatzschaltung durch die Reihenschaltung eines ohmschen Widerstandes und eines idealen induktiven Zweipols dargestellt. Der ohmsche Zweipol symbolisiert den in Wirklichkeit gleichmäßig über die Wicklung verteilten Drahtwiderstand.

Beispiel:

Durch die Reihenschaltung aus einem ohmschen Widerstand mit $R = 1\,\Omega$ und der konstanten Induktivität $L = 0,1\,\text{H}$ fließt der in Abb. 6.34 gezeigte Strom. Dazu sollen die Spannungen u_R, u_L und $u = u_R + u_L$ ermittelt werden. Das Ergebnis ist auch bereits in Abb. 6.34 eingetragen.

Für das Zeitintervall $0 \leq t < 0,1\,\text{s}$ gilt:

$$i = 10\frac{\text{A}}{\text{s}} \cdot t \qquad u_R = i \cdot R = 10\frac{\text{V}}{\text{s}} \cdot t \qquad u_L = L \cdot \frac{\mathrm{d}i}{\mathrm{d}t} = 1\,\text{V} \qquad u = u_R + u_L = 10\frac{\text{V}}{\text{s}} \cdot t + 1\,\text{V}$$

Für $t \geq 0,1\,\text{s}$ erhält man:

$$i = 1\,\text{A} \cdot e^{-\frac{t}{0,1\,\text{s}}} \qquad u_R = i \cdot R = 1\,\text{V} \cdot e^{-\frac{t}{0,1\,\text{s}}} \qquad u_L = L \cdot \frac{\mathrm{d}i}{\mathrm{d}t} = -1\,\text{V} \cdot e^{-\frac{t}{0,1\,\text{s}}}$$

$$u = u_R + u_L = 0$$

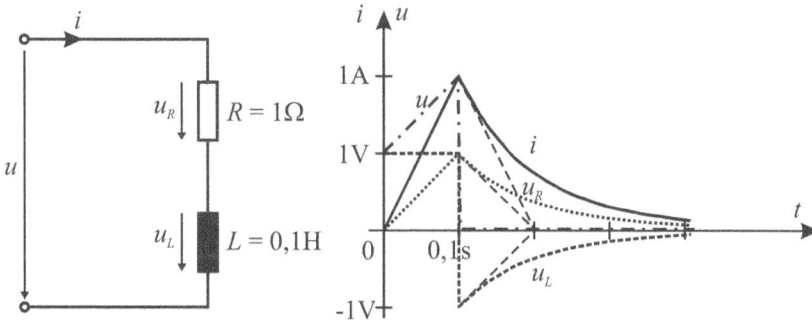

Abb. 6.34: Liniendiagramm des Stromes und der Spannungen bei einer Reihenschaltung aus R und L

6.2.4   Zusammenschaltung von Induktivitäten

Die Reihen- bzw. Parallelschaltung von Induktivitäten kann zu einer **Ersatzinduktivität** zusammengefasst werden. Voraussetzung ist dabei, dass die von den Induktivitäten erzeugten magnetischen Flüsse, sich nicht gegenseitig durchsetzen dürfen, andernfalls gelten die in Abschn. 6.4 erläuterten Beziehungen. Man spricht davon, dass die Induktivitäten **magnetisch entkoppelt** sind. Die Betrachtungen werden auf ideale Induktivitäten beschränkt, da die entsprechenden Schaltungen für ohmsche Widerstände bereits in Abschn. 3.2.1 und 3.2.2 abgehandelt wurden.

Reihenschaltung

Beide Induktivitäten werden vom gleichen Strom durchflossen, deshalb werden die Selbstinduktionsspannungen vom gleichen Strom induziert.

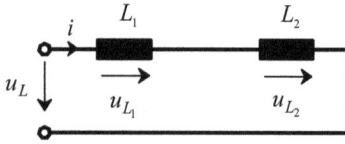

Abb. 6.35: Reihenschaltung zweier idealer Induktivitäten

$$u_L = u_{L_1} + u_{L_2}$$

$$L_e \cdot \frac{di}{dt} = L_1 \cdot \frac{di}{dt} + L_2 \cdot \frac{di}{dt} = (L_1 + L_2) \cdot \frac{di}{dt} \qquad L_e = L_1 + L_2$$

Somit ergibt sich bei der Reihenschaltung von n Induktivitäten die Ersatzinduktivität:

$$L_e = \sum_{i=1}^{n} L_i \qquad\qquad\qquad (6.24)$$

Parallelschaltung

Bei der Parallelschaltung liegen alle Induktivitäten an der gleichen Spannung, d. h. sie haben die gleiche Selbstinduktionsspannung. Der Gesamtstrom ist nach dem Knotensatz (vgl. Abschn. 3.1.1) die Summe der Einzelströme.

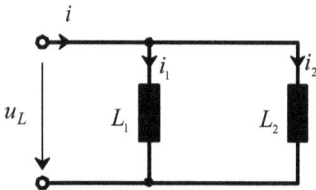

Abb. 6.36: Parallelschaltung zweier idealer Induktivitäten

$$i = i_1 + i_2 \quad \text{bzw.} \quad \frac{di}{dt} = \frac{di_1}{dt} + \frac{di_2}{dt} \quad \text{und mit} \quad u_L = L \cdot \frac{di}{dt} \quad \frac{u_L}{L} = \frac{di}{dt} \quad \text{wird}:$$

$$\frac{u_L}{L_e} = \frac{u_L}{L_1} + \frac{u_L}{L_2} \qquad \frac{1}{L_e} = \frac{1}{L_1} + \frac{1}{L_2}$$

Somit ergibt sich bei der Parallelschaltung von n Induktivitäten die Ersatzinduktivität:

$$L_e = \frac{1}{\sum\limits_{i=1}^{n} \dfrac{1}{L_i}} \qquad\qquad (6.25)$$

Bei nur zwei Induktivitäten kann die Gleichung 6.25 noch in einer anderen Form angegeben werden:

$$\frac{1}{L_e} = \frac{1}{L_1} + \frac{1}{L_2} = \frac{L_2 + L_1}{L_1 \cdot L_2} \qquad \text{bzw.} \qquad \frac{1}{L_1} = \frac{1}{L_e} - \frac{1}{L_2} = \frac{L_2 - L_e}{L_2 \cdot L_e}$$

$$L_e = \frac{L_1 \cdot L_2}{L_1 + L_2} \qquad \text{bzw.} \qquad L_1 = \frac{L_2 \cdot L_e}{L_2 - L_e} \qquad\qquad (6.26)$$

Vergleicht man die Reihen- und Parallelschaltung von Induktivitäten mit der von ohmschen Widerständen, so verhalten sich diese formal wie die ohmschen Widerstände.

6.3 Schaltvorgänge im Gleichstromkreis

Es werden hier nur einfache Schaltvorgänge mit nur einer Induktivität in einem Netzwerk betrachtet. Auf die Schaltvorgänge in Netzwerken mit mehreren und unterschiedlichen Energiespeichern (mit einer Ausnahme bei der rechten Schaltung in Abb. 6.42) sowie bei Wechselstrom wird erst in Band 2 eingegangen. Vorausgesetzt wird in Abschn. 6.3, dass die Induktivität konstant ist.

6.3.1 Kurzschließen einer stromdurchflossenen Induktivität

Bei der Schaltung in Abb. 6.37 wird zum Zeitpunkt $t = 0$ gleichzeitig der Schalter S_2 geschlossen und damit die Induktivität L und der ohmsche Widerstand R kurzgeschlossen, sowie der Schalter S_1 geöffnet, wodurch der rechte Teil der Schaltung von der Spannungsquelle mit dem Innenwiderstand R_i getrennt wird. Die Schalter werden als ideal betrachtet, d. h. sie sind unendlich schnell, prellen nicht, ziehen keinen Lichtbogen und ihr Kontaktwiderstand ist null. Man kann sich den Schalter S_1 als sehr empfindlich eingestellten und schnellen Überstromauslöser vorstellen.

Für die nach dem Schaltvorgang geschlossene Masche mit R und L über den Schalter S_2 wird die Maschengleichung aufgestellt.

$$u_R + u_L = R \cdot i + L \cdot \frac{di}{dt} = 0 \qquad\qquad \frac{L}{R} \cdot \frac{di}{dt} + i = 0$$

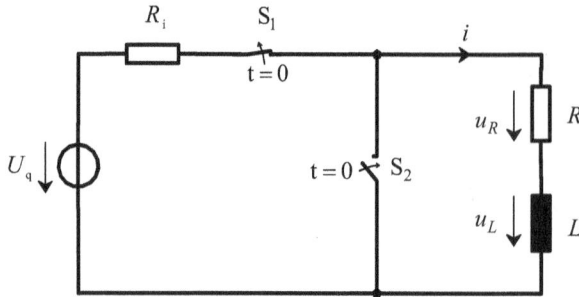

Abb. 6.37: Kurzschließen einer stromdurchflossenen Induktivität

Man erhält eine lineare, homogene Differenzialgleichung 1. Ordnung. Den Anfangswert für den Strom i erhält man, indem man den Strom bestimmt, der vor Einleitung des Schaltvorgangs floss. Dieser Strom kann sich nicht sprunghaft ändern, da in der Induktivität magnetische Energie gespeichert ist, deren Betrag von der augenblicklichen Größe des Stromes abhängt, wie noch in Abschn. 6.6 gezeigt wird. Eine sprunghafte Stromänderung würde eine sprunghafte Änderung des magnetischen Feldes bedeuten und damit das Auftreten einer unendlich großen induktiven Spannung.

> Bei einer Induktivität kann sich der Strom niemals sprunghaft ändern, die induktive Spannung dagegen schon.

Somit ist der Strom $i_{(t=0)}$ genauso groß wie direkt vor dem Schalten. Da die Quelle eine Gleichspannung liefert und angenommen wird, dass die Schaltung schon längere Zeit an der Quelle lag, so dass der Einschaltvorgang (vgl. Abschn. 6.3.2) abgeschlossen war, ändert sich der Strom i zeitlich nicht mehr und damit ist nach Gleichung 6.15 u_L null.

> Eine ideale Induktivität verhält sich bei Gleichstrom nach dem Abklingen des Einschaltvorgangs wie ein Kurzschluss.

$$i_{(t=0)} = \frac{U_q}{R_i + R}$$

Der Quotient L/R hat die Dimension der Zeit und wird deshalb als **Zeitkonstante** τ bezeichnet.

$$\tau = \frac{L}{R} \qquad [\tau] = \frac{[L]}{[R]} = 1\,\mathrm{s} \qquad\qquad (6.27)$$

Die Lösung der Differenzialgleichung erfolgt nach dem in Abschn. 4.7.1 vorgegebenen Schema. Somit könnte sofort das Ergebnis angeschrieben werden. Aus Übungszwecken wird aber die Lösung durch Trennung der Variablen und anschließende Integration nochmals gezeigt.

$$\tau \cdot \frac{di}{dt} + i = 0 \qquad \frac{di}{i} = -\frac{dt}{\tau} \qquad \int \frac{1}{i} \cdot di = -\int \frac{1}{\tau} \cdot dt \qquad \ln i + K_1 = -\frac{t}{\tau} + K_2$$

Fasst man die beiden unbekannten Integrationskonstanten K_1 und K_2 zu einer einzigen K_3 zusammen und benennt anschließend e^{K_3} als K_4, dann wird:

$$\ln i = -\frac{t}{\tau} + K_3 \qquad e^{\ln i} = i = e^{-\frac{t}{\tau} + K_3} = e^{-\frac{t}{\tau}} \cdot e^{K_3} = K_4 \cdot e^{-\frac{t}{\tau}}$$

Setzt man in die obige Gleichung die Anfangsbedingung ein, so erhält man daraus die Integrationskonstante:

$$i_{(t=0)} = \frac{U_q}{R_i + R} = K_4 \cdot e^{-0} = K_4 \cdot 1 \qquad K_4 = \frac{U_q}{R_i + R}$$

Somit ergibt sich als Lösung für $t \geq 0$:

$$i = \frac{U_q}{R_i + R} \cdot e^{-\frac{t}{\tau}} \tag{6.28}$$

Für die beiden Spannungen u_L und u_R folgt daraus für $t \geq 0$:

$$u_L = L \cdot \frac{di}{dt} = L \cdot \frac{U_q}{R_i + R} \cdot \left(-\frac{1}{\tau}\right) \cdot e^{-\frac{t}{\tau}} = L \cdot \frac{U_q}{R_i + R} \cdot \left(-\frac{R}{L}\right) \cdot e^{-\frac{t}{\tau}} \qquad u_R = i \cdot R$$

$$u_L = -U_q \cdot \frac{R}{R_i + R} \cdot e^{-\frac{t}{\tau}} \qquad u_R = U_q \cdot \frac{R}{R_i + R} \cdot e^{-\frac{t}{\tau}} \tag{6.29}$$

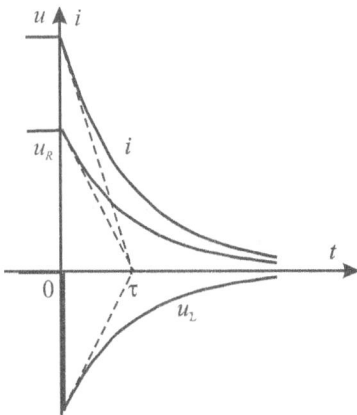

Abb. 6.38: Verlauf von u_L, u_R und i beim Kurzschließen einer stromdurchflossenen Induktivität

6.3.2   Einschalten einer Induktivität

Zum Zeitpunkt $t = 0$ werden durch Schließen des Schalters der Widerstand R und die konstante Induktivität L mit der Spannungsquelle verbunden (Abb. 6.39), gesucht ist der zeitliche Verlauf des Stromes i und der Spannungen u_L und u_R. Die Anfangsbedingung für $t = 0$ ist $i_{(t=0)} = 0$, d. h. der Strom kann sich nicht sprunghaft ändern und hat deshalb den gleichen Wert wie vor dem Schließen des Schalters.

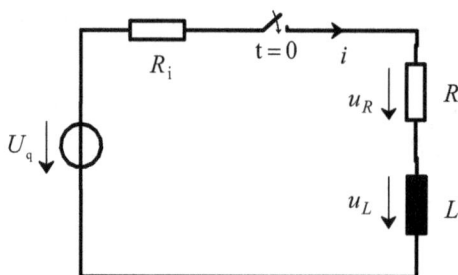

Abb. 6.39: Einschalten einer Induktivität

Der Maschensatz liefert eine lineare, inhomogene Differenzialgleichung 1. Ordnung, die nach dem in Abschn. 4.7.1 angegebenen Schema gelöst wird.

$$i \cdot (R_i + R) + u_L = U_q \qquad i \cdot (R_i + R) + L \cdot \frac{di}{dt} = U_q \qquad \frac{L}{R_i + R} \cdot \frac{di}{dt} + i = \frac{U_q}{R_i + R}$$

Im 1. Schritt wird die homogene Differenzialgleichung gelöst, sie liefert den flüchtigen Anteil i_{fl}:

$$\frac{L}{R_i + R} \cdot \frac{di}{dt} + i = 0 \qquad bzw. \qquad \tau \cdot \frac{di}{dt} + i = 0 \qquad mit \qquad \tau = \frac{L}{R_i + R}$$

Es ergibt sich also eine andere Zeitkonstante als beim Kurzschließen der Induktivität.

$$i_{fl} = K \cdot e^{-\frac{t}{\tau}}$$

Im 2. Schritt sucht man den stationären Endzustand i_{st} für den Strom. Da im stationären Endzustand der Strom sich zeitlich nicht mehr ändert, ist u_L null, d. h. der Strom wird nur von den beiden ohmschen Widerständen begrenzt.

$$i_{st} = \frac{U_q}{R_i + R}$$

Im 3. Schritt werden die beiden Lösungen überlagert:

$$i = i_{fl} + i_{st} = K \cdot e^{-\frac{t}{\tau}} + \frac{U_q}{R_i + R}$$

Im 4. Schritt wird aus der Anfangsbedingung die Integrationskonstante ermittelt:

$$i_{(t=0)} = 0 = K \cdot e^{-0} + \frac{U_q}{R_i + R} \qquad K = -\frac{U_q}{R_i + R}$$

Somit ist die Lösung für den Einschaltvorgang für $t \geq 0$:

$$i = \frac{U_q}{R_i + R} - \frac{U_q}{R_i + R} \cdot e^{-\frac{t}{\tau}} = \frac{U_q}{R_i + R} \cdot \left(1 - e^{-\frac{t}{\tau}}\right) \quad \text{mit} \quad \tau = \frac{L}{R_i + R} \qquad (6.30)$$

Für die beiden Spannungen u_L und u_R folgt daraus für $t \geq 0$:

$$u_L = L \cdot \frac{di}{dt} = L \cdot \left(-\frac{U_q}{R_i + R}\right) \cdot \left(-\frac{1}{\tau}\right) \cdot e^{-\frac{t}{\tau}} = -L \cdot \frac{U_q}{R_i + R} \cdot \left(-\frac{R_i + R}{L}\right) \cdot e^{-\frac{t}{\tau}} \qquad u_R = i \cdot R$$

$$u_L = U_q \cdot e^{-\frac{t}{\tau}} \qquad u_R = U_q \cdot \frac{R}{R_i + R} \cdot \left(1 - e^{-\frac{t}{\tau}}\right) \qquad (6.31)$$

Da im Schaltaugenblick der Strom und damit die an R_i und R abfallenden Spannungen noch null sind, muss u_L gleich der Quellenspannung sein.

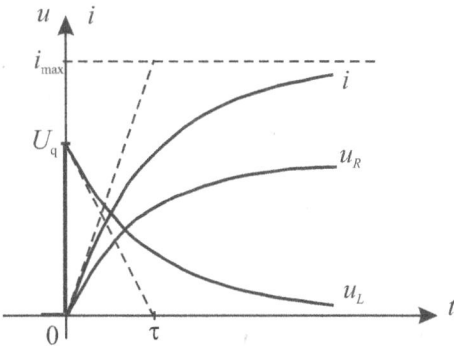

Abb. 6.40: Verlauf von u_L, u_R und i beim Einschalten einer Induktivität

6.3.3   Ausschalten einer Induktivität

Öffnet man den Schalter in Abb. 6.39 wieder, nachdem die Induktivität zugeschaltet wurde, so würde bei einem idealen Schalter der Strom schlagartig zu null. Dies verursacht einen Spannungssprung an der Induktivität, der gegen unendlich geht und die Spule zerstört. Selbst bei einem realen Schalter, der bei einem steilen Anstieg von u_L einen Lichtbogen bildet, wäre eine Zerstörung sehr wahrscheinlich. Um dies zu vermeiden, muss der Strom nach dem Öffnen des Schalters eine Möglichkeit haben weiterzufließen und sich so „totzulaufen". Dazu sind in Abb. 6.41 zwei Möglichkeiten aufgezeigt.

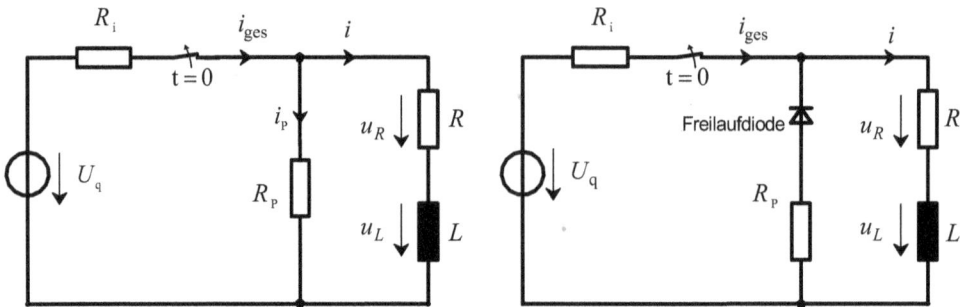

Abb. 6.41: Ausschalten einer Induktivität

Für den Ausschaltvorgang verhalten sich beide Schaltungen gleich, wenn man eine ideale Diode unterstellt (vgl. Abschn. 2.9.2, Abb. 2.14). Für den eingeschalteten Zustand fließt aber über den Widerstand R_p ständig ein Strom und verursacht somit Verluste. Schaltet man aber eine so genannte **Freilaufdiode** in Reihe zu R_p, dann sperrt diese für den Fall des geschlossenen Schalters. Wird der Schalter geöffnet, dann kann der Strom i in dem geschlossenen Kreislauf aus R, L, R_p und der Freilaufdiode weiterfließen. Es könnte hier auch auf den Widerstand R_p ganz verzichtet werden. Es soll die Lösung für die Schaltung mit idealer Freilaufdiode vorgeführt werden.

Die Anfangsbedingung für den Strom i zum Zeitpunkt $t = 0$ lautet $i_{(t=0)} = \dfrac{U_q}{R_i + R}$.

Nach dem Öffnen des Schalters ergibt der Maschensatz:

$i \cdot (R + R_p) + u_L = 0$ (Wollte man z. B. statt der idealen eine reale Freilaufdiode betrachten, so würde noch die Spannung u_D an der Diode anfallen, die allerdings nichtlinear ist. Hier könnte man $u_D \approx 0{,}7$ V setzen, um die Berechnung zu vereinfachen.)

Die Differenzialgleichung lautet:

$$i \cdot (R + R_p) + L \cdot \frac{di}{dt} = 0 \qquad \frac{L}{R + R_p} \cdot \frac{di}{dt} + i = 0 \qquad \text{d. h.} \qquad \tau = \frac{L}{R + R_p}$$

Mit der Anfangsbedingung erhält man somit die Lösung für i und u_L nach dem bekannten Schema für $t \geq 0$. Die Zeitkonstante ist dabei wieder anders als in den vorhergehenden Kapiteln.

$$i = \frac{U_q}{R_i + R} \cdot e^{-\frac{t}{\tau}} \qquad u_L = -U_q \cdot \frac{R + R_p}{R_i + R} \cdot e^{-\frac{t}{\tau}}$$

Da sich für den Ausschaltvorgang die Induktivität wie eine Quelle verhält, muss u_L negativ werden, da dann der noch kurzzeitig fließende Strom in der Induktivität entgegen der Potenzialdifferenz fließt.

Aufgabe 6.4
Es soll der Zeitverlauf des Stromes i und der Spannung u_L für die Schaltung ohne Freilaufdiode in Abb. 6.41 bestimmt werden.

Beispiel:
Welchen zeitlichen Verlauf nimmt die Spannung u_{AB} beim Einschalten der linken Schaltung von Abb. 6.42 und beim Öffnen des Schalters, wenn er vorher so lange geschlossen war, dass der Einschaltvorgang abgeklungen ist? Es ist $U_q = 10$ V, $R_1 = R_2 = R_3 = 1$ kΩ, $L = 1$ H.

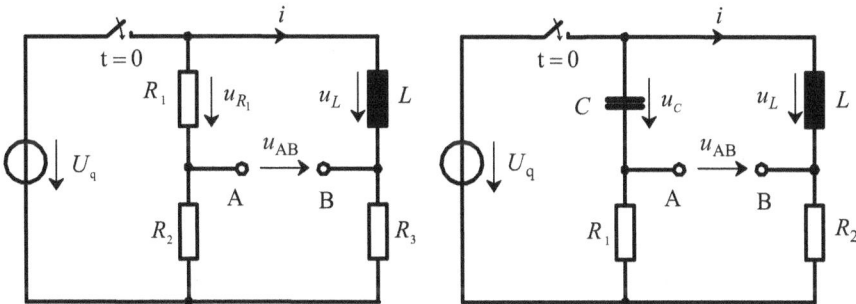

Abb. 6.42: Schaltungen für ein Übungsbeispiel

Im Augenblick des Schalterschlusses liegt die Quellenspannung an der Reihenschaltung aus R_1 und R_2, an beiden Widerständen fällt somit die halbe Quellenspannung ab. Für die Reihenschaltung aus L und R_3, die parallel zu der Reihenschaltung aus R_1 und R_2 liegt, kann man das Ergebnis aus Abschn. 6.3.2 übernehmen, wobei hier $R_i = 0$ ist. Im Schaltaugenblick ist $i = 0$, damit fällt an R_3 keine Spannung ab und $u_L = U_q$. Die Spannung u_L klingt nach einer e-Funktion mit der Zeitkonstante $\tau = L/R_3 = 1$ ms ab. Somit wird u_{AB} für $t \geq 0$:

$$u_{AB} = u_L - u_{R_1} = 10\,\text{V} \cdot e^{-\frac{t}{0,1\,\text{ms}}} - 5\,\text{V}$$

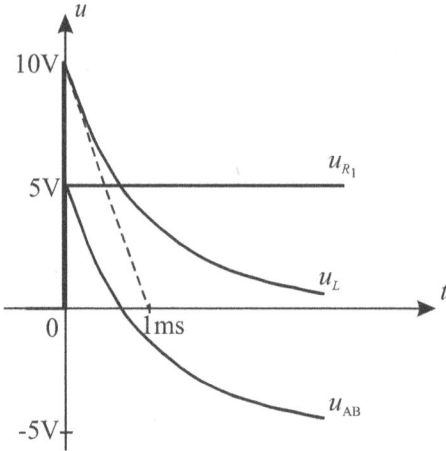

Abb. 6.43: Verlauf der Spannung u_{AB} für die linke Schaltung der Abb. 6.42 beim Einschalten

Nach spätestens 8 ms ist der Einschaltvorgang praktisch abgeklungen. Öffnet man nun den Schalter wieder, so ergibt sich die Zeitkonstante $\tau = L/(R_1 + R_2 + R_3) = 0{,}333$ ms. Die Anfangsbedingung für den Strom i zum neuen Zeitpunkt $t = 0$ lautet $i_{(t=0)} = U_q/R_3 = 10$ mA. Somit ergibt sich für $t \geq 0$:

$$i = 10\,\text{mA} \cdot e^{-\frac{t}{0{,}333\,\text{ms}}}$$

$$u_L = -30\,\text{V} \cdot e^{-\frac{t}{0{,}333\,\text{ms}}} \qquad u_{R_1} = i \cdot R_1 = 10\,\text{V} \cdot e^{-\frac{t}{0{,}333\,\text{ms}}}$$

$$u_{AB} = u_L - u_{R_1} = -30\,\text{V} \cdot e^{-\frac{t}{0{,}333\,\text{ms}}} - 10\,\text{V} \cdot e^{-\frac{t}{0{,}333\,\text{ms}}} = -40\,\text{V} \cdot e^{-\frac{t}{0{,}333\,\text{ms}}}$$

Für die zweite Schaltung kann nur der Verlauf der Spannung u_{AB} für das Schließen des Schalters bestimmt werden, da in diesem Fall die beiden unterschiedlichen Energiespeicher, d. h. die Kapazität und Induktivität sich wegen der idealen Quelle nicht gegenseitig beeinflussen. Für das Öffnen des Schalters nach Abklingen des Einschaltvorgangs muss auf Band 2 verwiesen werden. Schaltvorgänge mit mehreren Energiespeichern werden erst dort behandelt. Es ist $U_q = 10$ V, $R_1 = R_2 = 1$ kΩ, $L = 1$ H, $C = 1$ µF. Für die beiden parallelen Zweige aus C und R_1 sowie L und R_2 kann man getrennt die Spannungen u_C sowie u_L berechnen und daraus dann u_{AB}. Der Kondensator ist zunächst ungeladen und seine Spannung u_C nimmt mit der Zeitkonstanten $\tau = R_1 \cdot C = 1$ ms nach einer e-Funktion vom Wert null auf 10 V zu. Die Spannung u_L springt im Schaltaugenblick auf 10 V und geht nach einer e-Funktion mit der Zeitkonstanten $\tau = L/R_2 = 1$ ms auf null zurück. Mit den Gleichungen 4.45 und 6.31 ergibt sich für $t \geq 0$:

$$u_C = 10\,\text{V} \cdot \left(1 - e^{-\frac{t}{1\,\text{ms}}}\right) \qquad u_L = 10\,\text{V} \cdot e^{-\frac{t}{1\,\text{ms}}}$$

$$u_{\text{AB}} = u_L - u_C = 10\,\text{V} \cdot e^{-\frac{t}{1\,\text{ms}}} - 10\,\text{V} \cdot \left(1 - e^{-\frac{t}{1\,\text{ms}}}\right) = 20\,\text{V} \cdot e^{-\frac{t}{1\,\text{ms}}} - 10\,\text{V}$$

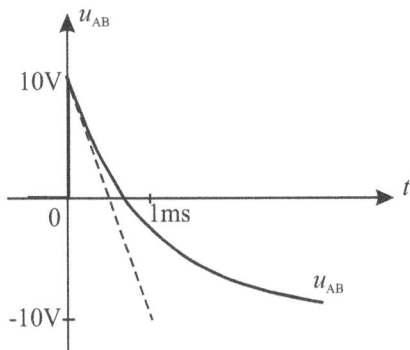

Abb. 6.44: Verlauf der Spannung u_{AB} für die rechte Schaltung der Abb. 6.42

Aufgabe 6.5:
Für die linke Schaltung in Abb. 6.42 sei angenommen, dass die dort als ideal angegebene Quelle nun einen Innenwiderstand von $R_i = 500\,\Omega$ hat. Es soll für den Einschaltvorgang der zeitliche Verlauf des Stromes i und der Spannung u_L bestimmt werden.

6.4   Magnetische Kopplung

Bereits in Abschn. 6.1.7 kamen einige Beispiele vor, bei denen eine stromdurchflossene Spule einen magnetischen Fluss erzeugte, der eine andere Leiterschleife oder Spule durchsetzte und in dieser eine Spannung induzierte. Beeinflussen sich zwei Spulen oder Leiteranordnungen gegenseitig über ihre magnetischen Felder und induzieren so bei einer Stromänderung in der jeweils anderen Spule oder Leiteranordnung eine Spannung, so bezeichnet man sie als **magnetisch gekoppelt** und den Vorgang selbst als **gegenseitige Induktion**.

6.4.1   Gegenseitige Induktivität

Solange bei zwei (oder mehr) magnetisch gekoppelten Spulen nur in einer davon ein Strom fließt und damit nur in ihr ein Magnetfeld erzeugt wird, ist die Betrachtung recht einfach, da auch bei einem nichtlinearen Zusammenhang zwischen der magnetischen Feldstärke und Flussdichte über die Magnetisierungskurve zu jeder elektrischen Durchflutung die Flussdichte bestimmbar ist. Überlagern sich dagegen magnetische Felder, weil in beiden Spulen ein Strom fließt, so ist für deren Berechnung nach dem in Abschn. 5.3 gezeigten Verfahren die Voraussetzung, dass ein linearer Raum vorliegt, d. h. μ_r muss konstant sein. Dies ist bei ferromagnetischen Stoffen meist nicht der Fall, durch einen Luftspalt im Eisenweg kann jedoch eine weitgehende Linearisierung erzielt werden. Voraussetzung für die Betrachtungen in diesem Kapitel ist ebenfalls ein linearer Zusammenhang zwischen B und H.

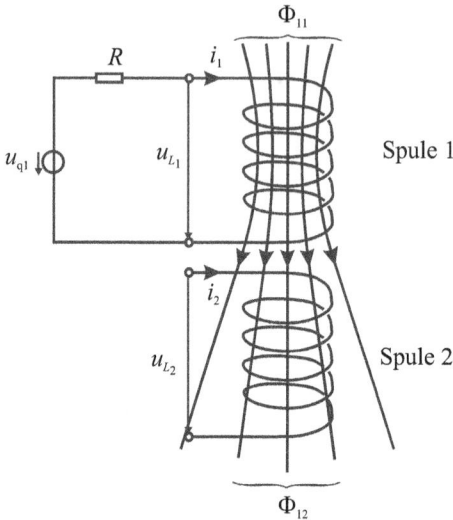

Abb. 6.45: Zwei magnetisch gekoppelte Spulen

In diesem Kapitel werden nur jeweils zwei magnetisch gekoppelte Spulen wie in Abb. 6.45 betrachtet. Der magnetische Fluss trägt dabei eine Doppelindizierung. Der erste Index drückt den Ort der Entstehung bzw. Ursache aus, der zweite den Ort der Wirkung. In der Spule 1 wird aufgrund der angelegten zeitlich veränderlichen Spannung ein zeitlich veränderlicher Strom hervorgerufen, der den Fluss Φ_{11} erzeugt, d. h. Φ_{11} wird in der Spule 1 erzeugt und wirkt in Spule 1, indem er infolge der Selbstinduktion die induktive Spannung u_{L_1} erzeugt.

Die Spule 2 ist stromlos. Ein Teil des in Spule 1 erzeugten Flusses wirkt auch in Spule 2, er wird mit Φ_{12} gekennzeichnet. Durch ihn wird die **gegeninduktive Spannung** u_{L_2} induziert.

Vereinfachend wird hier angenommen, dass sowohl in Spule 1 als auch in Spule 2 alle Windungen jeweils mit dem gleichen magnetischen Fluss verkettet sind, d. h. alle N_1 Windungen der Spule 1 sind mit Φ_{11} verkettet und alle N_2 Windungen der Spule 2 mit Φ_{12}. Ist dies nicht der Fall, so müsste mit den Verkettungsflüssen Ψ_{11} bzw. Ψ_{12} gearbeitet werden (vgl. Abschn. 6.1.2). Es ergäbe sich bei Leerlauf der Spule 2:

$$\Psi_{11} = \sum_{i=1}^{N_1} \Phi_i \quad \text{und} \quad \Psi_{12} = \sum_{i=1}^{N_2} \Phi_i$$

Damit wird $u_{L_2} = N_2 \cdot \dfrac{\mathrm{d}\Phi_{12}}{\mathrm{d}t}$ bzw. $u_{L_2} = \dfrac{\mathrm{d}\Psi_{12}}{\mathrm{d}t}$ und $u_{L_1} = N_1 \cdot \dfrac{\mathrm{d}\Phi_{11}}{\mathrm{d}t}$ bzw. $u_{L_1} = \dfrac{\mathrm{d}\Psi_{11}}{\mathrm{d}t}$.

Wird in Abb. 6.45 die Spule 2 an die Quelle angeschlossen und Spule 1 im Leerlauf betrieben, so erhält man analog:

$$u_{L_1} = N_1 \cdot \dfrac{\mathrm{d}\Phi_{21}}{\mathrm{d}t} \quad \text{bzw.} \quad u_{L_1} = \dfrac{\mathrm{d}\Psi_{21}}{\mathrm{d}t} \quad \text{und} \quad u_{L_2} = N_2 \cdot \dfrac{\mathrm{d}\Phi_{22}}{\mathrm{d}t} \quad \text{bzw.} \quad u_{L_2} = \dfrac{\mathrm{d}\Psi_{22}}{\mathrm{d}t}$$

Es ist nun sehr umständlich, die gegeninduktiven Spannungen aus der Flussänderung zu berechnen. Wie in Abschn. 6.2.1 für die Selbstinduktion die Selbstinduktivität oder kurz Induktivität definiert wurde, so wird hier eine **gegenseitige Induktivität** oder **Gegeninduktivität** definiert.

$$\begin{aligned}
L_{12} &= \frac{N_2 \cdot \Phi_{12}}{I_1} \quad \text{bzw.} \quad L_{12} = \frac{\Psi_{12}}{I_1} \quad \text{und} \\[2mm]
L_{21} &= \frac{N_1 \cdot \Phi_{21}}{I_2} \quad \text{bzw.} \quad L_{21} = \frac{\Psi_{21}}{I_2}
\end{aligned} \qquad (6.32)$$

> Die gegenseitigen Induktivitäten sind nur für linear wirkende Räume definiert. Wie noch in Abschn. 6.6.2 bewiesen wird, haben L_{12} und L_{21} stets gleiche Werte.

$$L_{12} = L_{21} \qquad (6.33)$$

Manchmal wird die gegenseitige Induktivität auch mit dem Formelbuchstaben M bezeichnet.

Die Selbstinduktivität ist stets positiv. Die gegenseitige Induktivität ist jedoch nur dann positiv, wenn eine **gleichsinnige Kopplung** wie in Abb. 6.45 vorliegt. Würde man in Abb. 6.45 die Zählpfeile für Spannung und Strom der Spule 2 umdrehen, so ergäbe sich eine **gegensinnige Kopplung** und L_{12} bzw. L_{21} wären negativ. In allen weiteren Betrachtungen werden hier gleichsinnige Kopplungen gewählt. Das Schaltsymbol für magnetisch gekoppelte Spulen ist in Abb. 6.46 gezeigt. Wenn die Art der Kopplung nicht aus der Aufgabenstellung bekannt ist, so kann sie durch die Zuordnung von Wicklungspunkten und der Wahl der Zählpfeile für die Ströme festgelegt werden. Eine Seite jeder Spule wird dabei durch einen Punkt markiert. Ist die Zuordnung der Stromzählpfeile zu den Wicklungspunkten in beiden Spulen gleich, so liegt eine gleichsinnige Kopplung vor, andernfalls eine gegensinnige. Auf die magnetische Kopplung wird meist durch einen Doppelpfeil zwischen den Spulen hingewiesen.

Entfernt man in Abb. 6.45 die beiden Spulen weiter voneinander oder verdreht die Spulen gegeneinander, so wird der Flussanteil Φ_{12} bzw. Φ_{21} geringer und damit L_{12} bzw. L_{21} kleiner.

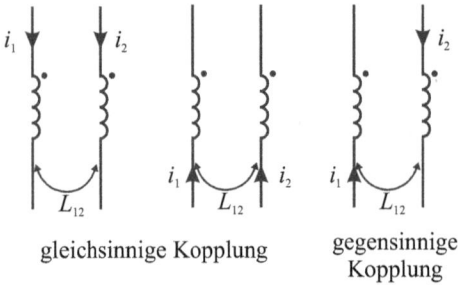

gleichsinnige Kopplung   gegensinnige
                                Kopplung

Abb. 6.46: Schaltzeichen für magnetisch gekoppelte Spulen bei gleich- und gegensinniger Kopplung

Die gegenseitige Induktivität zweier Spulen oder Leiteranordnungen ist ein Maß dafür, wie stark sie mit dem in der jeweils anderen Spule oder Leiteranordnung erzeugten magnetischen Fluss verkettet sind. Sie ist abhängig von den Abmessungen der Spule oder Leiteranordnung, der Windungszahl, den magnetischen Eigenschaften des Feldmediums und der Art der Kopplung.

Die Berechnung der gegenseitigen Induktivität ist meist sehr aufwändig und nur unter idealisierenden Annahmen mit vertretbarem Aufwand möglich. Deshalb sind, wie bei der Induktivität, für häufiger vorkommende Fälle die Werte für die gegenseitigen Induktivitäten in Tabellenbüchern zusammengefasst. Für zwei Beispiele soll die Berechnung der gegenseitigen Induktivität gezeigt werden.

Beispiel:
In einer langen Zylinderspule (siehe Abschn. 5.2.3) mit der Windungszahl N_1, die sich gleichmäßig über die Länge l_1 verteilt, und dem Querschnitt A_1 befindet sich eine zweite lange Zylinderspule mit N_2, l_2 und A_2. Es ist die gegenseitige Induktivität L_{12} und L_{21} zu berechnen.

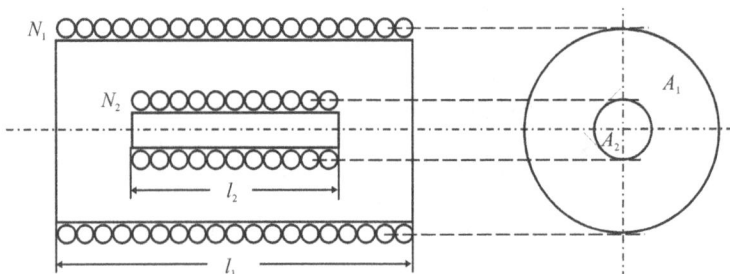

Abb. 6.47: Zwei magnetisch gekoppelte lange Zylinderspulen

Zunächst sei angenommen, dass die Spule 1 von einem Strom durchflossen wird und sich Spule 2 im Leerlauf befindet. Das Feld im Inneren der Spulen kann als homogen angesehen werden. Nur ein Teil des von der Spule 1 erzeugten Flusses durchsetzt den Querschnitt A_2. Mit den Gleichungen 6.32, 5.12, 5.13 und 5.3 erhält man somit:

$$L_{12} = \frac{N_2 \cdot \Phi_{12}}{I_1} \qquad \Phi_{12} = B_1 \cdot A_2 = \mu_0 \cdot H_1 \cdot A_2 = \mu_0 \cdot \frac{N_1 \cdot I_1}{l_1} \cdot A_2 \qquad L_{12} = N_1 \cdot N_2 \cdot \frac{\mu_0 \cdot A_2}{l_1}$$

Der Ausdruck $\mu_0 \cdot A_2 / l_1$ entspricht dabei einem magnetischen Leitwert.

Auf das gleiche Ergebnis muss man kommen, wenn man L_{21} ermittelt. Dazu wird die Spule 2 gespeist und Spule 1 läuft leer. Nach Abschn. 5.2.3 kann man bei einer langen Zylinderspule näherungsweise das Feld im Außenraum gegenüber dem im Inneren der Spule vernachlässigen. Dadurch sind aber nicht mehr alle N_1 Windungen der Spule mit dem in Spule 2 erzeugten Magnetfeld verkettet, da ja so getan wird, als ob nur im Inneren der Spule 2 ein Feld auf der Länge l_2 vorhanden sei. Es befinden sich nur mehr $N = N_1 \cdot l_2 / l_1$ Windungen im Magnetfeld. Der magnetische Fluss fließt dazu nur im Querschnitt A_2 und obwohl die Spule 1 einen größeren Querschnitt aufweist, ist nur ein Teil davon mit dem gesamten von der Spule 2 erzeugten Fluss durchsetzt. Somit wird:

$$L_{21} = \frac{N_1 \cdot \frac{l_2}{l_1} \cdot \Phi_{21}}{I_2} \qquad \Phi_{21} = B_2 \cdot A_2 = \mu_0 \cdot H_2 \cdot A_2 = \mu_0 \cdot \frac{N_2 \cdot I_2}{l_2} \cdot A_2 \qquad L_{21} = N_1 \cdot N_2 \cdot \frac{\mu_0 \cdot A_2}{l_1}$$

Beispiel:
Auf einem Eisenkern mit konstantem μ_r sind zwei Wicklungen aufgebracht. Die Streuung wird vernachlässigt, d. h. der magnetische Fluss fließt nur im Eisenquerschnitt A_{Fe}. Dadurch sind die Flüsse $\Phi_{11} = \Phi_{12}$ und $\Phi_{22} = \Phi_{21}$. Für die Länge der Feldlinien wird der mittlere Eisenweg l_{Fe} angesetzt. Zunächst wird die Spule 1 von einem Strom i_1 durchflossen, die Spule 2 ist stromlos, anschließend wird die Spule 2 von einem Strom durchflossen und Spule 1 ist stromlos. Es soll die gegenseitige Induktivität L_{12} und L_{21} ermittelt werden.

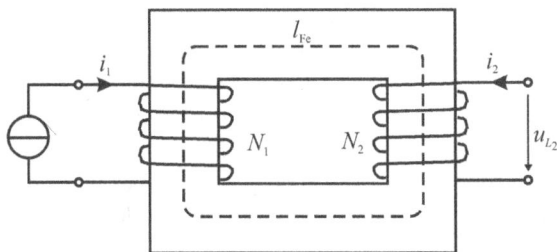

Abb. 6.48: Zwei magnetisch gekoppelte Spulen auf einem gemeinsamen Eisenkern

Abb. 6.48 entspricht einem Transformator im Leerlauf. Entsprechend dem Vorgehen im ersten Beispiel wird hier:

$$L_{12} = \frac{N_2 \cdot \Phi_{12}}{I_1} \qquad \Phi_{12} = B_1 \cdot A_{\text{Fe}} = \mu \cdot H_1 \cdot A_{\text{Fe}} = \mu \cdot \frac{N_1 \cdot I_1}{l_{\text{Fe}}} \cdot A_{\text{Fe}} \qquad L_{12} = N_1 \cdot N_2 \cdot \frac{\mu \cdot A_{\text{Fe}}}{l_{\text{Fe}}}$$

Damit ergeben sich die beiden Spannungen $u_{L_1} = N_1 \cdot \dfrac{\mathrm{d}\Phi_{11}}{\mathrm{d}t}$ und $u_{L_2} = N_2 \cdot \dfrac{\mathrm{d}\Phi_{12}}{\mathrm{d}t}$.

Da $\Phi_{11} = \Phi_{12}$ ist, wird das Verhältnis der beiden Spannungen zueinander:

$$\frac{u_{L_1}}{u_{L_2}} = \frac{N_1 \cdot \dfrac{\mathrm{d}\Phi_{11}}{\mathrm{d}t}}{N_2 \cdot \dfrac{\mathrm{d}\Phi_{12}}{\mathrm{d}t}} = \frac{N_1}{N_2}$$

Wird nun die Spule 2 gespeist, so erhält man das identische Ergebnis:

$$L_{21} = \frac{N_1 \cdot \Phi_{21}}{I_2} \qquad \Phi_{21} = B_2 \cdot A_{\text{Fe}} = \mu \cdot H_2 \cdot A_{\text{Fe}} = \mu \cdot \frac{N_2 \cdot I_2}{l_{\text{Fe}}} \cdot A_{\text{Fe}} \qquad L_{21} = N_1 \cdot N_2 \cdot \frac{\mu \cdot A_{\text{Fe}}}{l_{\text{Fe}}}$$

Bei den bisherigen Betrachtungen war immer eine der beiden Spulen stromlos. Führen beide Spulen einen Strom, weil z. B. die Spule 2 der Abb. 6.48 durch einen ohmschen Widerstand abgeschlossen wird, so gelten die Beziehungen entsprechend. Es ist dabei lediglich zu berücksichtigen, dass nun beide Spulen gleichzeitig einen magnetischen Fluss erzeugen; beide Flüsse überlagern sich zu einem Gesamtfluss. Der gesamte magnetische Fluss Φ_1 in der Spule 1 setzt sich zusammen aus dem in der Spule 1 erzeugten und in ihr wirksamen Fluss Φ_{11} und dem in der Spule 2 erzeugten und in der Spule 1 wirksamen Φ_{21}, Entsprechendes gilt für den gesamten Fluss Φ_2 in Spule 2, d. h. $\Phi_1 = \Phi_{11} + \Phi_{21}$ und $\Phi_2 = \Phi_{22} + \Phi_{12}$.

Multipliziert man beide Seiten der ersten Gleichung mit N_1 und der zweiten Gleichung mit N_2, so wird nach den Gleichungen 6.14 und 6.32:

$$\begin{aligned}
N_1 \cdot \Phi_1 &= L_1 \cdot I_1 + L_{21} \cdot I_2 \qquad \text{bzw.} \qquad \Psi_1 = L_1 \cdot I_1 + L_{21} \cdot I_2 \\
N_2 \cdot \Phi_2 &= L_2 \cdot I_2 + L_{12} \cdot I_1 \qquad \text{bzw.} \qquad \Psi_2 = L_2 \cdot I_2 + L_{12} \cdot I_1
\end{aligned} \qquad (6.34)$$

Sind die Ströme und damit die magnetischen Flüsse zeitabhängig und leitet man beide Seiten der Gleichungen 6.34 nach der Zeit ab, so erhält man die Formeln für die Klemmenspannungen der beiden Spulen. Diese bilden den Ausgangspunkt für den in Band 2 abgehandelten Transformator bzw. Übertrager. Dieser könnte prinzipiell bereits hier besprochen werden, da aber bei den nur bei einer konstanten Frequenz betriebenen Transformatoren üblicherweise mit den Blindwiderständen und komplexen Strömen und Spannungen gerechnet wird, die zum Stoff des Bandes 2 gehören, soll auch der Transformator dort behandelt werden.

$$\begin{aligned}
u_{L_1} &= L_1 \cdot \frac{\mathrm{d}i_1}{\mathrm{d}t} + L_{21} \cdot \frac{\mathrm{d}i_2}{\mathrm{d}t} \\
u_{L_2} &= L_2 \cdot \frac{\mathrm{d}i_2}{\mathrm{d}t} + L_{12} \cdot \frac{\mathrm{d}i_1}{\mathrm{d}t}
\end{aligned} \qquad (6.35)$$

Ist auch noch der ohmsche Anteil der Wicklungen zu berücksichtigen, dann kommt bei der ersten Gleichung 6.35 auf der rechten Seite noch der Summand $i_1 \cdot R_1$ und bei der zweiten Gleichung $i_2 \cdot R_2$ dazu.

Beispiel:
Es werden zwei magnetisch gekoppelte Spulen in Reihe geschaltet, beide werden somit vom gleichen Strom durchflossen. In Abb. 6.49 sind zwei unterschiedliche Möglichkeiten dazu gezeigt. Im linken Fall wirken die vom Strom i hervorgerufenen Felder in die gleiche Richtung. In der Spule 1 ergibt sich somit das gesamte Feld aus der Summe des in ihr erzeugten Felds und des von Spule 2 herrührenden Anteils, der in Spule 1 wirkt. Für Spule 2 gilt sinngemäß das Gleiche. Es liegt somit eine gleichsinnige Kopplung vor, und die gegenseitigen Induktivitäten sind positiv. Im rechten Fall wirkt bei einem positiven Strom das Feld in Spule 1 von oben nach unten, der Fluss in Spule 2 dagegen von unten nach oben. Somit ergibt sich für Spule 1 der Gesamtfluss aus der Differenz des von ihm erzeugten Flusses und des von Spule 2 kommenden Flussanteils. Für Spule 2 gilt wieder sinngemäß das Gleiche. Es liegt eine gegensinnige Kopplung vor, und die gegenseitigen Induktivitäten sind negativ.

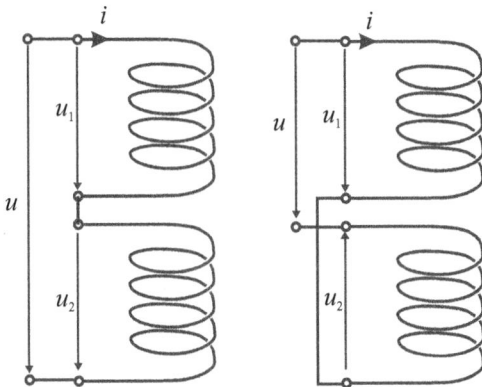

gleichsinnige Kopplung   gegensinnige Kopplung

Abb. 6.49: Reihenschaltung zweier magnetisch gekoppelter Spulen

Berücksichtigt man auch den ohmschen Anteil der Spulen, so ergeben sich die beiden Ersatzschaltbilder in Abb. 6.50. Der jeweils eingetragene Wicklungspunkt markiert den Spulenanfang. Es können die ohmschen und induktiven Anteile jeweils zu einem Ersatzwiderstand bzw. zu einer Ersatzinduktivität zusammengefasst werden.

Für beide Fälle ergibt sich mit $L_{12} = L_{21}$:

$$u = i \cdot R_1 + L_1 \cdot \frac{di}{dt} + L_{21} \cdot \frac{di}{dt} + i \cdot R_2 + L_2 \cdot \frac{di}{dt} + L_{12} \cdot \frac{di}{dt} = (R_1 + R_2) \cdot i + (L_1 + L_2 + 2 \cdot L_{12}) \cdot \frac{di}{dt}$$

$$R_e = R_1 + R_2 \qquad L_e = L_1 + L_2 + 2 \cdot L_{12}$$

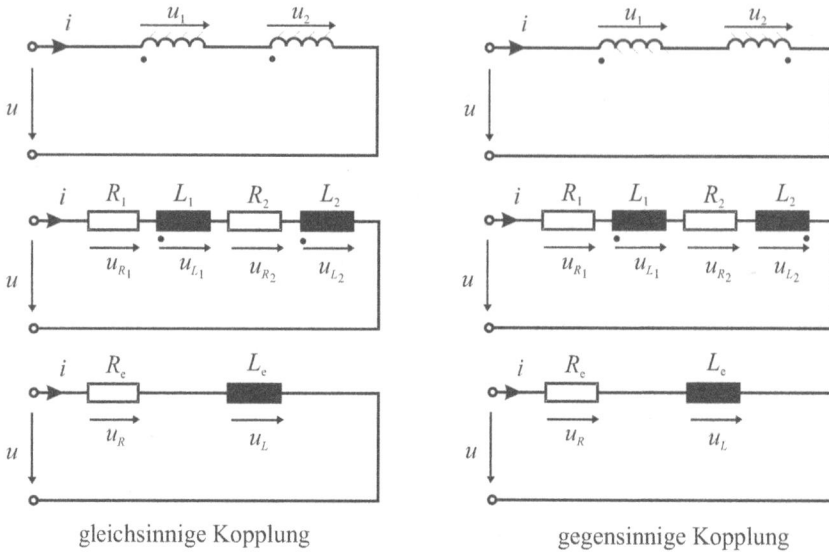

gleichsinnige Kopplung   gegensinnige Kopplung

Abb. 6.50: Ersatzschaltung zweier in Reihe geschalteter, magnetisch gekoppelter Spulen

Da bei der gleichsinnigen Kopplung L_{12} positiv und bei gegensinniger Kopplung L_{12} negativ ist, wird für gleichsinnige Kopplung $L_e > (L_1 + L_2)$ und für gegensinnige $L_e < (L_1 + L_2)$. Auf diese Weise kann mit einer Induktivitätsmessbrücke die gegenseitige Induktivität zweier Spulen bei vorgegebener geometrischer Anordnung zueinander gemessen werden. Man schaltet die beiden Spulen durch Vertauschen der Anschlüsse (vgl. Abb. 6.49) einmal gleichsinnig und einmal gegensinnig gekoppelt in Reihe und misst die Ersatzinduktivität. Man erhält dabei als Ergebnis der Messung:

$$L_{e_1} = L_1 + L_2 + 2 \cdot |L_{12}| \quad \text{und} \quad L_{e_2} = L_1 + L_2 - 2 \cdot |L_{12}|$$

Subtrahiert man die zweite von der ersten Gleichung, lässt sich die unbekannte gegenseitige Induktivität berechnen:

$$|L_{12}| = \frac{L_{e_1} - L_{e_2}}{4}$$

6.4.2   Kopplungsfaktor

Wie bereits im vorangegangenen Kapitel erläutert, ist der Betrag der gegenseitigen Induktivität ein Maß für den Grad der magnetischen Kopplung zweier Spulen. Werden beide Spulen vom gleichen Fluss durchsetzt, so erreicht $|L_{12}| = |L_{21}|$ ein Maximum. Man bezeichnet diesen

Fall als **ideal feste Kopplung**. Für diesen Fall gilt, dass $\Phi_{11} = \Phi_{12}$ bzw. $\Phi_{22} = \Phi_{21}$ ist. Daraus folgt für ideal feste Kopplung:

$$L_1 = \frac{N_1 \cdot \Phi_{11}}{I_1} \qquad L_2 = \frac{N_2 \cdot \Phi_{22}}{I_2}$$

$$L_{12} = \frac{N_2 \cdot \Phi_{12}}{I_1} \qquad L_{21} = \frac{N_1 \cdot \Phi_{21}}{I_2}$$

Dividiert man die jeweils untereinander stehenden Gleichungen durcheinander und multipliziert anschließend die rechten und linken Seiten der sich ergebenden Formeln miteinander, so gilt:

$$\frac{L_1}{L_{12}} = \frac{N_1}{N_2} \qquad \frac{L_2}{L_{21}} = \frac{N_2}{N_1} \qquad \frac{L_1 \cdot L_2}{L_{12} \cdot L_{21}} = \frac{L_1 \cdot L_2}{L_{12}^{\,2}} = 1$$

Für eine ideal feste Kopplung ergibt sich somit:

$$|L_{12}| = |L_{21}| = \sqrt{L_1 \cdot L_2} \qquad\qquad (6.36)$$

Praktisch ist dieser Idealfall nicht erreichbar, für reale Anwendungen ist $|L_{12}| < \sqrt{L_1 \cdot L_2}$. Als Maß für die Festigkeit der Kopplung definiert man den Kopplungsfaktor k_{12} bzw. k_{21}. Dieser ist wie die gegenseitige Induktivität für gleichsinnige Kopplung positiv und für gegensinnige negativ.

$$k_{12} = k_{21} = \frac{L_{12}}{\sqrt{L_1 \cdot L_2}} \qquad\qquad (6.37)$$

Man spricht von einer **festen Kopplung**, wenn $|k_{12}| \approx 1$ ist, und von **loser Kopplung** für den Fall, dass $|k_{12}| < 0{,}8$ wird.

Die Definition des Kopplungsfaktors kann aber auch über die Streuung erfolgen (vgl. Abschn. 5.4.3). Als Nutzfluss kann dabei der Fluss angesehen werden, der durch die jeweils andere Spule geht, also Φ_{12} bzw. Φ_{21}, und der Gesamtfluss ist dann Φ_{11} bzw. Φ_{22}. Der Streufluss ist dann $\Phi_{1\sigma} = \Phi_{11} - \Phi_{12}$ und $\Phi_{2\sigma} = \Phi_{22} - \Phi_{21}$. Im Gegensatz zum Streufaktor ist der Kopplungsfaktor jeweils das Verhältnis des Nutzflusses zum Gesamtfluss. Er gibt an, welcher Anteil des Gesamtflusses mit beiden Spulen verkettet ist.

$$k_{12} = \frac{\Phi_{12}}{\Phi_{11}} \quad \text{und} \quad k_{21} = \frac{\Phi_{21}}{\Phi_{22}} \qquad\qquad (6.38)$$

Mit Gleichung 5.25 wird dann:

$$\sigma_1 = \frac{\Phi_{1\sigma}}{\Phi_{11}} = \frac{\Phi_{11} - \Phi_{12}}{\Phi_{11}} = 1 - k_{12} \quad \text{bzw.} \quad \sigma_2 = \frac{\Phi_{2\sigma}}{\Phi_{22}} = \frac{\Phi_{22} - \Phi_{21}}{\Phi_{22}} = 1 - k_{21}$$

$$\sigma_1 + k_{12} = 1 \quad \text{und} \quad \sigma_2 + k_{21} = 1 \tag{6.39}$$

Setzt man in Gleichung 6.32 nacheinander die Beziehungen aus Gleichung 6.38 und 6.14 ein, so erhält man den Zusammenhang zwischen der gegenseitigen Induktivität und der Selbstinduktivität.

$$L_{12} = \frac{N_2 \cdot \Phi_{12}}{I_1} = \frac{N_2 \cdot k_{12} \cdot \Phi_{11}}{I_1} = \frac{N_2 \cdot k_{12} \cdot L_1 \cdot I_1}{N_1 \cdot I_1} \quad \text{bzw.} \quad L_{21} = \frac{N_1 \cdot \Phi_{21}}{I_2} = \frac{N_1 \cdot k_{21} \cdot L_2 \cdot I_2}{N_2 \cdot I_2}$$

$$L_{12} = k_{12} \cdot \frac{N_2}{N_1} \cdot L_1 \quad \text{und} \quad L_{21} = k_{21} \cdot \frac{N_1}{N_2} \cdot L_2 \tag{6.40}$$

Wie noch später beim Übertrager bzw. Transformator in Band 2 zu sehen sein wird, ist es von Vorteil, für diesen einen Gesamtstreufaktor oder **Streugrad** σ und einen **Kopplungsgrad** k zu definieren. Der Kopplungsgrad ist dabei das geometrische Mittel aus den beiden Kopplungsfaktoren. Setzt man bei der Definition für den Streugrad für k_{12} die Beziehung aus Gleichung 6.37 ein, so erhält man:

$$k = \sqrt{k_{12} \cdot k_{21}}$$
$$\sigma = 1 - k^2 = 1 - \frac{L_{12} \cdot L_{21}}{L_1 \cdot L_2} \tag{6.41}$$

Aufgabe 6.6
Zwei Spulen mit gleichen Abmessungen und Windungszahlen und somit gleicher Induktivität sind wie in Abb. 6.49 in Reihe geschaltet und magnetisch gekoppelt. Mit einer Induktivitätsmessbrücke wurde dabei einmal eine Gesamtinduktivität von 1,95 mH und nach Vertauschen der Anschlüsse von 0,65 mH gemessen. Aus diesen Messergebnissen sollen $L_1 = L_2$, $L_{12} = L_{21}$ und $k_{12} = k_{21}$ ermittelt werden.

6.5   Wirbelströme

Die Induktionswirkung in einem drahtförmigen Leiter lässt sich relativ einfach beschreiben und berechnen. Bewegt man dagegen eine Metallplatte in einem Magnetfeld oder treten in einem massiven Eisenkern einer Spule Magnetfeldänderungen auf, so werden auch dort Spannungen induziert, die ihrerseits Ströme hervorrufen. Dieser Effekt kann technisch ausgenutzt werden, aber auch sehr unerwünscht sein, da dadurch Verluste auftreten.

In Abb. 6.51 wird eine Metallplatte durch ein homogenes Magnetfeld bewegt. In den Bereichen, in denen die Metallplatte in das Magnetfeld eintritt und in denen sie es verlässt, werden infolge der Induktionswirkungen Spannungen induziert, die so genannte **Wirbelströme** verursachen. Die Wirbelströme verlaufen dabei so, dass die von ihnen erzeugten Magnetfelder der Flussänderung entgegenwirken. Am linken Rand wirkt dieses magnetische Feld der Flusszunahme und am rechten Rand der Flussabnahme entgegen. Diese Ströme können zu einer erheblichen Erwärmung des Materials und damit zu Verlusten – den so genannten **Wirbelstromverlusten** – führen. Dieser Effekt tritt in gleicher Weise auf, wenn die Metallplatte nicht bewegt wird, sich aber der magnetische Fluss zeitlich ändert.

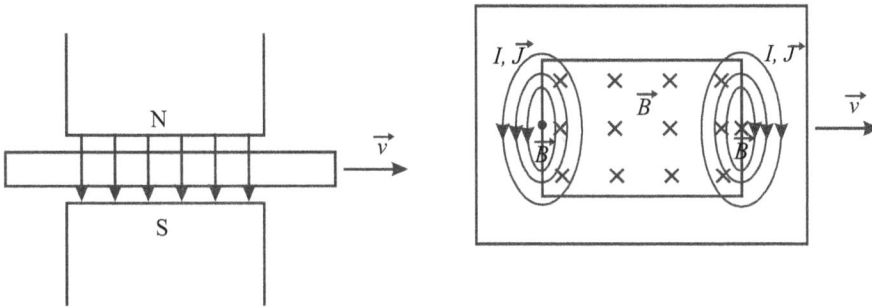

Abb. 6.51: Wirbelströme in einer durch ein Magnetfeld bewegten Metallplatte

Technisch ausgenützt werden Wirbelströme z. B. bei Wirbelstrombremsen, als Gegenmoment bei Zählscheiben von Induktionszählern, in Induktionsöfen oder zur Abschirmung von magnetischen Wechselfeldern.

Unerwünscht ist der Effekt in allen magnetischen Kreisen elektrischer Maschinen und Transformatoren. Es gibt zwei Maßnahmen zur Verringerung der Wirbelstromverluste. Bei kleinen Abmessungen verwendet man Ferritkerne. Ferrite sind Verbindungen aus Eisenoxid und anderen Metalloxiden, die in feinpulvrigem Zustand gesintert werden. Ferrite haben ferromagnetische Eigenschaften, besitzen aber nur eine sehr geringe elektrische Leitfähigkeit. Dadurch werden die Wirbelströme klein gehalten. Größere Kerne werden aus dünnen Eisenblechen hergestellt, die gegeneinander durch Lacke oder andere Isoliermaterialien elektrisch isoliert sind. Eisen und Isoliermaterial werden so angeordnet, dass sich eine Längsschichtung zum magnetischen Feld ergibt (vgl. Abschn. 5.4.2). Besteht ein Kern aus n Blechen, so beträgt der Anteil des magnetischen Flusses pro Blech nur 1/n des Gesamtflusses, wodurch auch die Stromstärke des Wirbelstromes pro Blech nur ca. 1/n-mal so groß ist wie bei einem Massivkern. Da die Wirbelstromverluste dem Quadrat des Stroms proportional sind (vgl. Abschn. 2.11.2 und Gleichung 2.24), reduzieren sich die Gesamtverluste bei einem geblechten Kern aus n Blechen ca. auf das $(1/n)^2 \cdot n = 1/n$-fache gegenüber einem Massivkern.

Die Wirbelstromverluste werden meist durch Näherungsformeln berechnet, wozu die Hersteller der Magnetmaterialien Kennwerte angeben. Eine übliche zugeschnittene Größengleichung dazu ist:

$$P_{\text{wirb}} = C_{\text{W}} \cdot \left(\frac{f}{100}\right)^2 \cdot B_{\text{max}}^2 \cdot G_{\text{Fe}} \qquad\qquad (6.42)$$

Man erhält dabei die Wirbelstromverluste in Watt, wenn man die Frequenz f in Hertz, die magnetische Flussdichte B in Tesla und das Eisengewicht G in Kilogramm einsetzt. Typische Werte für die Wirbelstromkonstante C_W liegen zwischen ca. 0,5 und 3 $W/(s^{-2} \cdot T^2 \cdot kg)$.

6.6   Magnetische Energie und Hystereseverluste

6.6.1   Magnetische Energie einer Induktivität

Bereits in Abschn. 6.3.1 wurde deutlich, dass nach dem Trennen einer Induktivität von der Quelle und gleichzeitigem Kurzschließen der Spule der Strom für kurze Zeit weiterhin fließt. Die Induktivität muss demnach in dem erregten Magnetfeld Energie gespeichert haben, die in Form elektrischer Energie von der Quelle geliefert wurde. Während des Kurzschlussvorgangs wird diese Energie wieder in elektrische Energie umgeformt und in den Widerständen des Stromkreises in Wärmeenergie umgewandelt.

Es liegt nahe, die in einem Magnetfeld gespeicherte magnetische Energie aus der elektrischen Energie zu bestimmen, die über den das Feld erregenden Strom der Induktivität zugeführt wird. Die Betrachtung erfolgt für einen idealen induktiven Zweipol. Nach dem Energieerhaltungssatz muss die gesamte ihm zugeführte elektrische Energie als magnetische Energie im Magnetfeld gespeichert werden. Eine sehr einfache Beziehung ergibt sich, wenn die Induktivität L der Leiteranordnung oder Spule bekannt und für den Betrachtungszeitraum konstant ist. Ist der Strom zum Zeitpunkt $t = 0$ ebenfalls null und zum Zeitpunkt $t = t_1$ gleich i_1, so erhält man:

$$W_m = \int_0^{t_1} u_L \cdot i \cdot dt = \int_0^{t_1} L \cdot \frac{di}{dt} \cdot i \cdot dt = L \cdot \int_0^{i_1} i \cdot di = \frac{L \cdot i_1^2}{2}$$

Die im Magnetfeld gespeicherte magnetische Energie ist somit nur von der Induktivität und dem Quadrat des Augenblickswertes des Stromes abhängig.

$$W_m = \frac{L \cdot i^2}{2} \qquad\qquad\qquad\qquad (6.43)$$

Ist L nicht bekannt, so kann ausgehend von Gleichung 6.7 die magnetische Energie über die Feldstärke, Flussdichte und das Volumen des Feldraumes ermittelt werden. Dies soll am Beispiel einer idealen, d. h. verlustlosen Ringspule gezeigt werden. Wie in Abschn. 5.2.4 wird angenommen, dass der mittlere Spulendurchmesser d_m sehr groß gegenüber dem Wicklungsdurchmesser d_W ist, so dass das Feld in einem Querschnitt im Spuleninneren näherungsweise als homogen angesehen werden kann. Zum Zeitpunkt $t = 0$ sei der magnetische Fluss null und zum Zeitpunkt t_1 habe er den Wert Φ_1.

$$W_\mathrm{m} = \int_0^{t_1} u_L \cdot i \cdot \mathrm{d}t = \int_0^{t_1} N \cdot \frac{\mathrm{d}\Phi}{\mathrm{d}t} \cdot i \cdot \mathrm{d}t = \int_0^{\Phi_1} N \cdot i \cdot \mathrm{d}\Phi = \int_0^{\Phi_1} \Theta \cdot \mathrm{d}\Phi$$

Mit $\Phi = B \cdot A$ und $\Theta = H \cdot l = H \cdot d_\mathrm{m} \cdot \pi$ wird dann:

$$W_\mathrm{m} = \int_0^{B_1} H \cdot d_\mathrm{m} \cdot \pi \cdot A \cdot \mathrm{d}B$$

Der Ausdruck $d_\mathrm{m} \cdot \pi \cdot A$ ist dabei das Volumen V des Feldraumes der Ringspule. Lösbar ist das Integral nur dann, wenn der Zusammenhang zwischen H und B formelmäßig bekannt ist, dies ist in der Regel nur bei linearen Feldmedien der Fall, wenn μ_r konstant ist. In diesem Fall gilt:

$$W_\mathrm{m} = V \cdot \int_0^{B_1} H \cdot \mathrm{d}B = V \cdot \int_0^{B_1} \frac{B}{\mu} \cdot \mathrm{d}B = \frac{V \cdot B_1^{\,2}}{2 \cdot \mu} \tag{6.44}$$

Ist die Permeabilität nicht konstant, sondern selbst eine Funktion der Feldstärke, so kann das Integral in Gleichung 6.44 graphisch gelöst werden, sofern die Magnetisierungskurve vorliegt, wie in Abb. 6.52 gezeigt. Dividiert man Gleichung 6.44 durch das Volumen des Feldraumes, so erhält man die Energiedichte w_m.

$$w_m = \int_0^{B_1} H \cdot \mathrm{d}B = \frac{B_1^{\,2}}{2 \cdot \mu} \tag{6.45}$$

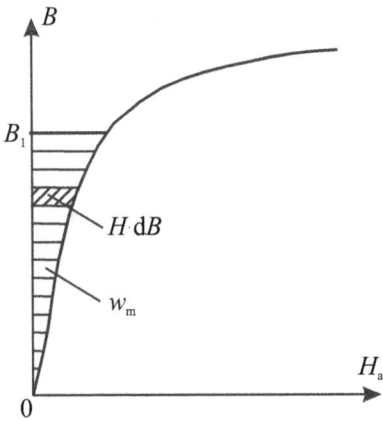

Abb. 6.52: Graphische Ermittlung der magnetischen Energiedichte

Berechnung der inneren Induktivität eines Drahtes

Wie bereits in Abschn. 6.2.2 angekündigt, kann mit Hilfe der magnetischen Energie die innere Induktivität eines Drahtes ermittelt werden, dabei geht man von $\mu_r \approx 1$ für das Leitermaterial aus. Nach den Gleichungen 6.43 und 6.45 ist:

$$L_i = \frac{2 \cdot W_m}{i^2} \quad \text{und} \quad w_m = \frac{B^2}{2 \cdot \mu} = \frac{\mu^2 \cdot H^2}{2 \cdot \mu} = \frac{\mu \cdot H^2}{2}$$

In Abwandlung von Gleichung 6.44 erhält man die magnetische Energie, wenn man die Energiedichte über das Volumen integriert. Die Feldstärke im Inneren des Drahtes ist aus Abschn. 5.2.1 mit Gleichung 5.16 bekannt.

$$W_m = \int_V w_m \cdot dV = \frac{\mu}{2} \cdot \int_V H_i^2 \cdot dV = \frac{\mu}{2} \cdot \int_V \frac{i^2 \cdot r^2}{4 \cdot \pi^2 \cdot r_L^4} \cdot dV$$

Das Volumen des Drahtes mit der Länge l ist aus vielen „Hohlzylindern" mit der jeweiligen sehr kleinen Dicke dr zusammengesetzt. Das Volumen dV eines solchen „Hohlzylinders" ist:

$$dV = l \cdot \pi \cdot \left[(r + dr)^2 - r^2 \right] = l \cdot \pi \cdot \left[r^2 + 2 \cdot r \cdot dr + (dr)^2 - r^2 \right] \approx l \cdot \pi \cdot 2 \cdot r \cdot dr \text{ ; die Näherung gilt,}$$

da $(dr)^2 \ll 2 \cdot r \cdot dr$ ist.

$$W_m = \frac{\mu}{2} \cdot \int_0^{r_L} \frac{i^2 \cdot r^2}{4 \cdot \pi^2 \cdot r_L^4} \cdot l \cdot 2 \cdot \pi \cdot r \cdot dr = \frac{\mu \cdot l \cdot i^2}{4 \cdot \pi \cdot r_L^4} \cdot \int_0^{r_L} r^3 \cdot dr = \frac{\mu \cdot l \cdot i^2}{16 \cdot \pi}$$

$$L_i = \frac{2}{i^2} \cdot \frac{\mu \cdot l \cdot i^2}{16 \cdot \pi} = \frac{\mu \cdot l}{8 \cdot \pi} \qquad\qquad (6.46)$$

6.6.2 Magnetische Energie gekoppelter Spulen

Die Betrachtung erfolgt für ein linear wirkendes Feldmedium. Für zwei magnetisch gekoppelte Spulen, die beide stromdurchflossen sind, soll die gesamte in ihnen gespeicherte magnetische Energie ermittelt werden (Abb. 6.53). L_1 und L_2 sind bei einer konstanten Permeabilität ebenfalls konstant. Dazu stellt man sich folgendes Experiment vor, das innerhalb der Zeitspanne von $t = 0$ bis $t = t_1$ abläuft. Zunächst ist die Spule 2 stromlos, und nur der Strom i_1 in der Spule 1 wächst vom Wert null auf den konstanten Wert I_1 an. Anschließend wird bei konstantem I_1 der Strom i_2 von null auf den konstanten Wert I_2 erhöht.

Die beiden Quellen liefern zusammen an die beiden gekoppelten Spulen elektrische Energie, die als magnetische Energie im resultierenden Magnetfeld gespeichert wird. Die gesamte Energie ist:

$$W_m = \int_0^{t_1} \left(u_{L_1} \cdot i_1 + u_{L_2} \cdot i_2 \right) \cdot dt$$

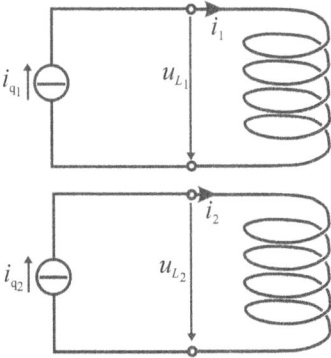

Abb. 6.53: Zwei stromdurchflossene, magnetisch gekoppelte Spulen

Setzt man für die beiden Spannungen die Beziehungen aus Gleichung 6.35 ein, so wird:

$$W_m = \int_0^{t_1} \left(L_1 \cdot \frac{di_1}{dt} \cdot i_1 + L_{21} \cdot \frac{di_2}{dt} \cdot i_1 + L_2 \cdot \frac{di_2}{dt} \cdot i_2 + L_{12} \cdot \frac{di_1}{dt} \cdot i_2 \right) \cdot dt$$

Während des ersten Abschnittes ist $i_2 = 0$ und damit auch $di_2/dt = 0$, ebenso wird die Spannung $u_{L_1} = 0$, sobald i_1 seinen Endwert I_1 erreicht hat und sich nicht mehr ändert. Der Endwert wird vor dem Zeitpunkt t_1 erreicht, weil auch noch der zweite Vorgang bis dahin abgeschlossen sein muss; die magnetische Energie nimmt aber nach dem Erreichen des Endwertes I_1 nicht weiter zu. Für diesen ersten Versuchsabschnitt ergibt sich somit die magnetische Energie:

$$W_{m_1} = \int_0^{t_1} L_1 \frac{di_1}{dt} \cdot i_1 \cdot dt = L_1 \cdot \int_0^{I_1} i_1 \cdot di_1 = \frac{L_1 \cdot I_1^{\,2}}{2}$$

Im zweiten Abschnitt wächst i_2 von null auf den konstanten Wert I_2, dabei ist $i_1 = I_1$ und somit $di_1/dt = 0$. Man erhält den Energiezuwachs:

$$W_{m_2} = \int_0^{t_1} \left(L_{21} \cdot \frac{di_2}{dt} \cdot I_1 + L_2 \cdot \frac{di_2}{dt} \cdot i_2 \right) \cdot dt = L_{21} \cdot I_1 \cdot \int_0^{I_2} di_2 + L_2 \cdot \int_0^{I_2} i_2 \cdot di_2 = L_{21} \cdot I_1 \cdot I_2 + \frac{L_2 \cdot I_2^{\,2}}{2}$$

Die gesamte magnetische Energie, die in beiden Spulen gespeichert ist, beträgt somit:

$$W_m = W_{m_1} + W_{m_2} = \frac{L_1 \cdot I_1^{\,2}}{2} + L_{21} \cdot I_1 \cdot I_2 + \frac{L_2 \cdot I_2^{\,2}}{2}$$

Führt man den Versuch in umgekehrter Reihenfolge durch, d. h. zunächst ist die Spule 1 stromlos und i_2 wächst von null auf den konstanten Wert I_2, anschließend lässt man bei konstantem I_2 den Strom i_1 von null auf den konstanten Wert I_1 anwachsen, so ergibt sich auf dem gleichen Lösungsweg:

$$W_\mathrm{m} = W_{\mathrm{m}_1} + W_{\mathrm{m}_2} = \frac{L_1 \cdot I_1^{\,2}}{2} + L_{12} \cdot I_1 \cdot I_2 + \frac{L_2 \cdot I_2^{\,2}}{2}$$

In beiden Fällen ist in den gekoppelten Spulen die gleiche magnetische Energie gespeichert, daraus folgt, dass $L_{12} = L_{21}$ ist.

Wäre die Permeabilität des Feldmediums nicht konstant, so kann der Gesamtfluss für eine Spule nicht durch Addition des Flussanteils, der durch den eigenen Strom erzeugt wird, und des vom Strom der zweiten Spule hervorgerufenen Flussanteils gebildet werden. In Abb. 6.54 ist dies für ein Beispiel gezeigt, bei dem die Durchflutung der Spule 1 und 2 jeweils gleich ist. Für beide Spulen würde sich somit der gleiche Fluss $\Phi_1 = \Phi_2$ ergeben. Die Gesamtdurchflutung $\Theta_1 + \Theta_2$ ergibt allerdings einen Gesamtfluss Φ_{ges}, der kleiner als die Summe aus Φ_1 und Φ_2 ist.

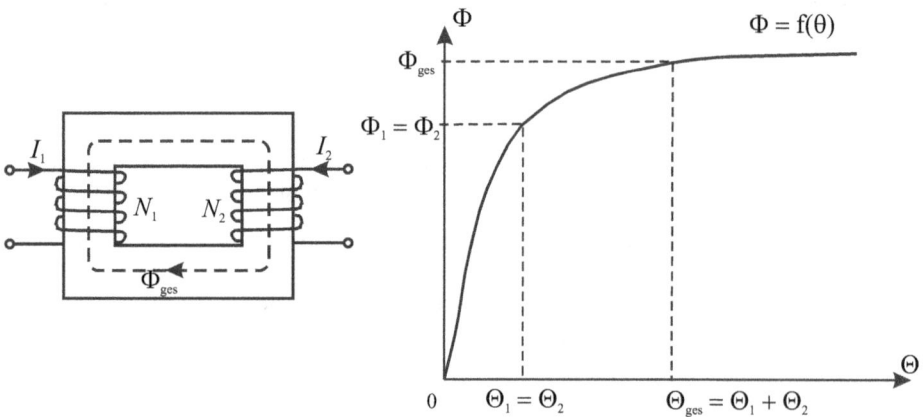

Abb. 6.54: Magnetischer Fluss in zwei gekoppelten Spulen bei nicht konstanter Permeabilität

Für solche Fälle muss man also zur Bestimmung des Gesamtflusses graphische Lösungsverfahren anwenden. Der Begriff der gegenseitigen Induktivität ist nicht mehr anwendbar, er ist nur für lineare Feldmedien definiert.

6.6.3   Hystereseverluste

Neben den Wirbelstromverlusten treten bei ferromagnetischen Stoffen in magnetischen Wechselfeldern weitere Verluste auf. Ein Teil der von der Quelle gelieferten Energie wird bei der ständigen Ummagnetisierung zur Verschiebung der Trennwände der weißschen Bezirke und für das „Umklappen" der Molekularmagnete gebraucht und erhöht den Wärmein-

halt des Magnetstoffes. Diese so genannten **Hystereseverluste** können aus der Hystereseschleife berechnet werden.

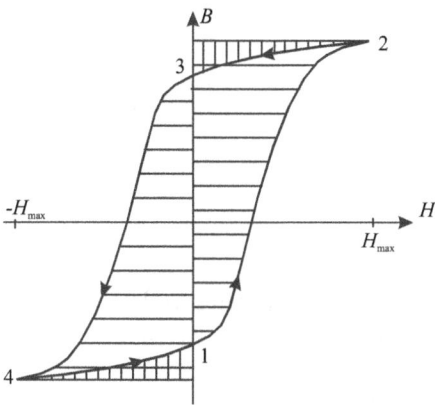

Abb. 6.55: Berechnung der Hystereseverluste aus der Hystereseschleife

Im magnetischen Wechselfeld pendelt die magnetische Feldstärke ständig zwischen den
beiden Grenzwerten $+ H_{max}$ und $- H_{max}$, und man durchläuft periodisch die Hystereseschleife
in der angegebenen Richtung. Für einen einmaligen Durchlauf, beginnend und endend bei
Punkt 1 in Abb. 6.55, erhält man dann die folgende Energiebilanz.

Von Punkt 1 nach Punkt 2 sind H und dB/dt stets positiv.

$W_{12} = V \cdot \int_1^2 H \cdot dB$ ist somit auch positiv und entspricht der waagerecht schraffierten Fläche.

Der Eisenkern nimmt diesen Anteil als elektrische Energie auf und speichert ihn als magnetische Energie.

Von Punkt 2 nach Punkt 3 sind H positiv und dB/dt negativ.

$W_{23} = V \cdot \int_2^3 H \cdot dB$ ist somit negativ und entspricht der senkrecht schraffierten Fläche.

Der Eisenkern gibt diesen Teil der gespeicherten magnetischen Energie während des Durchlaufs von Punkt 2 nach 3 als elektrische Energie ab.

Von Punkt 3 nach Punkt 4 sind H und dB/dt stets negativ.

$W_{34} = V \cdot \int_3^4 H \cdot dB$ ist somit positiv und entspricht der waagrecht schraffierten Fläche.

Der Eisenkern nimmt diesen Anteil wieder als elektrische Energie auf und speichert ihn als
magnetische Energie.

Von Punkt 4 nach Punkt 1 sind H negativ und dB/dt positiv.

$$W_{41} = V \cdot \int_4^1 H \cdot dB \quad \text{ist somit negativ und entspricht der senkrecht schraffierten Fläche.}$$

Der Eisenkern gibt diesen Teil der gespeicherten magnetischen Energie während des Durchlaufs von Punkt 4 nach 1 als elektrische Energie ab. Nach einem vollständigen Durchlauf wird also insgesamt die Energie aufgenommen und nicht mehr an die Quelle zurückgegeben, die dem Produkt aus dem Volumen des Eisenkerns und der von der Hystereseschleife eingeschlossenen Fläche entspricht.

$$W_{hyst} = V \cdot \oint H \cdot dB$$

Je schmaler die Hystereseschleife ist, desto geringer werden die Hystereseverluste. Würden im Idealfall beide Äste der Schleife zusammenfallen, dann wäre die während eines vollen Durchlaufs aufgenommene Energie gleich groß wie die wieder an die Quelle abgegebene. Die Hystereseverlustleistungen werden meist durch Näherungsformeln berechnet, wozu die Hersteller der Magnetmaterialien Kennwerte angeben. Eine übliche zugeschnittene Größengleichung dazu ist:

$$P_{hyst} = C_H \cdot \frac{f}{100} \cdot B_{max}^2 \cdot G_{Fe} \qquad (6.47)$$

Man erhält dabei die Hystereseverluste in Watt, wenn man die Frequenz f in Hertz, die magnetische Flussdichte B in Tesla und das Eisengewicht G in Kilogramm einsetzt. Typische Werte für die Hysteresekonstante C_H liegen zwischen ca. 2 und 4 $W/(s^{-1} \cdot T^2 \cdot kg)$.

6.7   Kräfte im magnetischen Feld

6.7.1   Kräfte zwischen Polflächen

Zwischen dem Nord- und Südpol eines Dauermagneten oder den Polflächen im Luftspalt eines magnetischen Kreises herrscht eine Zugkraft, durch welche die Pole angezogen werden. Da somit die Richtung der Kraft bekannt ist, genügt es den Betrag derselben zu bestimmen. Dazu wird folgender Versuch unternommen. Auf den Anker in Abb. 6.56 wird durch das Magnetfeld eine anziehende Kraft F ausgeübt, durch sie soll der Anker um ein kurzes Stück Δl weiter an den Kern gebracht werden. Dadurch würde der magnetische Widerstand des Magnetkreises kleiner und bei konstanter Durchflutung der magnetische Fluss größer. Deshalb soll der Strom so nachgeregelt werden, dass während des ganzen Vorgangs der Fluss und damit die Flussdichte konstant bleiben; da nun keine Flussänderung eintritt, ist auch u_L null. Somit findet während der Annäherung des Ankers an den Kern auch kein Energieaustausch zwischen der Quelle und dem Magnetfeld statt. Die Energie, die im ohmschen

Anteil der Spule durch den Strom in Wärme umgewandelt wird, ist für die Betrachtung ohne Belang, es interessiert allein die magnetische Energie. Weiter wird ein homogenes Magnetfeld im Luftspalt unterstellt und alle Feldlinien sollen senkrecht zur Polfläche stehen. Die erste Annahme ist bei kleinen Luftspaltlängen näherungsweise erfüllt; die zweite schon allein durch die in Abb. 6.56 gewählten geometrischen Abmessungen und wenn $\mu_{Fe} \gg \mu_L$ ist (vgl. Gleichung 5.24), was bei Eisen praktisch immer erfüllt ist.

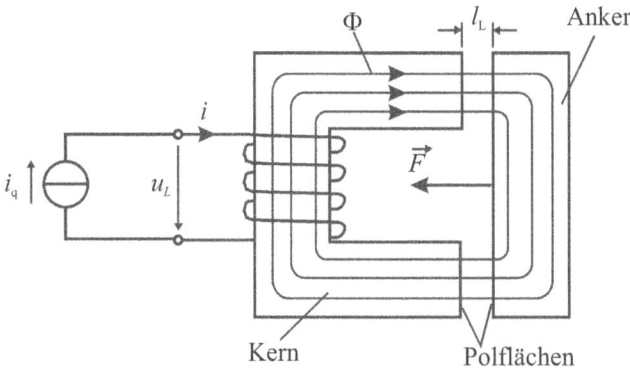

Abb. 6.56: Magnetische Kraft zwischen Polflächen

Weil der Fluss und die Flussdichte und somit auch die Feldstärke im Eisen konstant bleiben, ändert sich die magnetische Energie im Eisen nicht. Betrachtet man beide Luftspalte, so war in ihnen ursprünglich nach Gleichung 6.44 folgende magnetische Energie gespeichert:

$$W_m = \frac{V_L \cdot B_L{}^2}{2 \cdot \mu_0} = \frac{2 \cdot A_L \cdot l_L \cdot B_L{}^2}{2 \cdot \mu_0}$$

Verkleinert man den Luftspalt um die Länge Δl, so nimmt das Volumen jedes der beiden Luftspalte ab und damit die darin gespeicherte magnetische Energie. Die Energieabnahme für beide Luftspalte beträgt:

$$\Delta W_m = \frac{2 \cdot A_L \cdot \Delta l_L \cdot B_L{}^2}{2 \cdot \mu_0}$$

Wie festgestellt wurde, findet zwischen der Quelle und dem Magnetfeld kein Energieaustausch statt. Somit deckt die Abnahme der magnetischen Energie nur die aufgewendete mechanische Energie $\Delta W = F \cdot \Delta l$ zum Annähern des Ankers an den Kern ab. Setzt man beide Formeln gleich, so erhält man die Kraft, die insgesamt auf den Anker wirkt.

$$F \cdot \Delta l = \frac{2 \cdot A_L \cdot \Delta l_L \cdot B_L{}^2}{2 \cdot \mu_0} \qquad F = \frac{2 \cdot A_L \cdot B_L{}^2}{2 \cdot \mu_0}$$

Zwischen jedem der beiden Polpaare wirkt damit die Hälfte dieser Kraft.

$$F = \frac{A_L \cdot B_L{}^2}{2 \cdot \mu_0} \qquad\qquad (6.48)$$

Normalerweise bleibt bei einem Elektromagneten die Durchflutung gleich und wird nicht mit dem Anziehen des Ankers an den Kern zurückgeregelt. Dadurch steigt die magnetische Flussdichte mit kleiner werdendem Luftspalt an, und die Haltekraft bei völlig angezogenem Anker ist wesentlich höher als die Anzugskraft beim größtmöglichen Luftspalt. Bei Relais kann dies dazu führen, dass allein durch die Remanenzflussdichte ein angezogener Anker selbst bei abgeschaltetem Strom in der Erregerspule nicht mehr abfällt. Man kann dies dadurch verhindern, dass man zwischen die Polflächen ein dünnes nichtferromagnetisches Material einfügt, welches ein völliges Anziehen an den Kern verhindert und damit die maximal erreichbare Flussdichte begrenzt.

Beispiel:
Der Topfmagnet der Abb. 6.57 soll den Anker mit einer Kraft von 1,13 kN anziehen. Wie groß muss die Flussdichte im Luftspalt sein, wenn aufgrund der kleinen Luftspaltlänge ein homogener Feldverlauf angenommen werden darf? Die Radien sind $r_1 = 8,5$ cm, $r_2 = 15,3$ cm und $r_3 = 17,5$ cm.

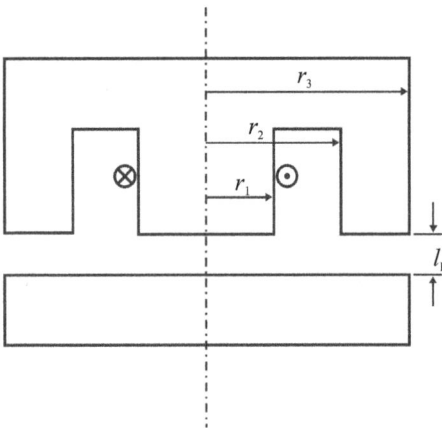

Abb. 6.57: Topfmagnet

Die Innenpolfläche des Topfmagneten beträgt $A_i = r_1{}^2 \cdot \pi = 22,7 \cdot 10^{-3}$ m^2 und die Außenpolfläche $A_a = (r_3{}^2 - r_2{}^2) \cdot \pi = 22,7 \cdot 10^{-3}$ m^2. Da beide Flächen gleich groß sind, ist auch die Flussdichte in beiden Polflächen und Luftspalten gleich, und die Kraft verteilt sich je zur Hälfte auf den Innen- und den Außenpol.

$$\frac{F}{2} = \frac{B_L{}^2 \cdot A_i}{2 \cdot \mu_0} = \frac{B_L{}^2 \cdot A_a}{2 \cdot \mu_0} \qquad\qquad B_L = \sqrt{\frac{F \cdot \mu_0}{A_i}} = 0,25\,\text{T}$$

Aufgabe 6.7
Gegeben ist ein EI-Kern aus Walzstahl (Vollmaterial) mit den Abmessungen aus Abb. 5.39. Die Luftspaltlänge $l_L = 0,5$ mm ist in allen drei Luftspalten gleich. Die Streuung sei vernachlässigbar. Welche Durchflutung muss aufgebracht werden, damit der Anker mit einer Kraft $F = 156$ N angezogen wird? Wie groß ist die Kraft auf den Anker, wenn er bei der ermittelten Durchflutung ganz angezogen wurde? (In der Praxis wird durch die Oberflächenrauhigkeit der Pole ein kleiner Luftspalt verbleiben und wegen der großen Flussdichte auch eine Streuung eintreten.)

6.7.2   Kräfte auf stromdurchflossene Leiter im Magnetfeld

In Abschn. 5.1 wurde die Kraftwirkung auf stromdurchflossene Leiter als eine der Wirkungen des magnetischen Feldes genannt.

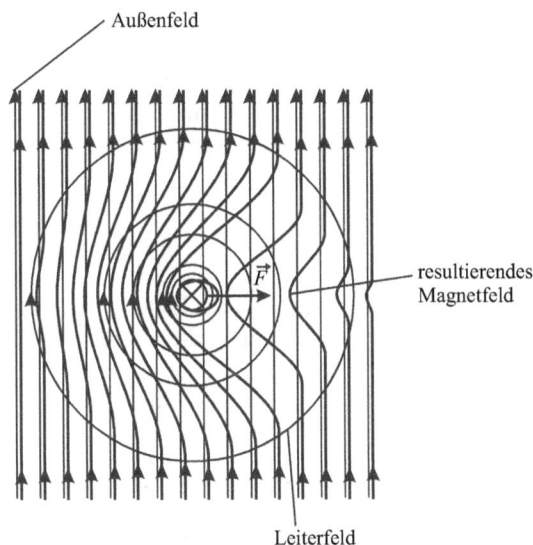

Abb. 6.58: Kraftwirkung auf einen stromdurchflossenen Leiter in einem homogenen Magnetfeld

In Abb. 6.58 ist ein gerader Leiter gezeigt, der sich so in einem homogenen Außenmagnetfeld befindet, dass alle Feldlinien senkrecht zu ihm verlaufen. Die Feldlinien des homogenen Außenfeldes und die Feldlinien des geraden Leiters sind dabei dünn eingetragen, die des resultierenden Magnetfelds (vgl. Abschn. 5.3) dagegen dick. Auf der einen Seite wird durch das Magnetfeld des Leiters das Außenfeld verstärkt, auf der anderen geschwächt; insgesamt ergibt sich ein stark inhomogenes Feld. Es tritt eine Kraftwirkung in Richtung der geschwächten Feldlinien auf. Dadurch wird der Leiter aus dem Feld gedrängt und das Magnetfeld versucht seine Feldlinien zu verkürzen.

Durch ein Experiment kann man nachweisen, dass die Kraftwirkung proportional der magnetischen Flussdichte des Außenfeldes, der Stromstärke und der wirksamen Leiterlänge im Magnetfeld ist. Der Betrag der Kraft ist unter den oben genannten Voraussetzungen:

$$F = B \cdot I \cdot l \qquad \qquad \qquad \qquad \qquad \qquad \qquad \qquad \cdot (6.49)$$

Handelt es sich nicht um einen Einzelleiter, sondern um die N Windungen einer Spulenhälfte, die alle die gleiche Länge haben und den gleichen Strom führen, so geht Gleichung 6.49 über in die Form:

$$F = N \cdot B \cdot I \cdot l \qquad \qquad \qquad \qquad \qquad \qquad \qquad (6.50)$$

Die Richtung der Kraft kann man mit der „**Linke-Hand-Regel**" bestimmen:

> Hält man die linke Hand so, dass die Feldlinien in die Handfläche eintreten und die gestreckten Finger in Richtung des tatsächlichen Stromes weisen, so zeigt der abgespreizte Daumen in die Richtung, in welcher die Kraft wirkt.

Ist das Magnetfeld zwar homogen, aber liegt der gerade Leiter bzw. liegen die geraden Teile der Windungen einer Spulenhälfte so im Magnetfeld, dass er bzw. sie mit den Feldlinien keinen rechten Winkel mehr einschließen, so muss vektoriell gerechnet werden (vgl. Abschn. 6.1.3 und 5.2.6):

$$\vec{F} = I \cdot \left(\vec{l} \times \vec{B} \right) \qquad \text{bzw.} \qquad \vec{F} = N \cdot I \cdot \left(\vec{l} \times \vec{B} \right) \qquad \qquad (6.51)$$

Hebt man nun noch die Voraussetzung auf, dass das Feld homogen und der Leiter gerade sei, so muss man die Länge in kleinste gerade Teilstücke zerlegen, längs derer die Flussdichte als konstant angesehen werden kann, und die Teilwirkungen aufaddieren. Somit ergibt sich als allgemeine Formel:

$$\vec{F} = I \cdot \int_l d\vec{l} \times \vec{B} \qquad \qquad \qquad \qquad \qquad (6.52)$$

Eine Einbeziehung der Windungszahl ist hier nicht sinnvoll, es sei denn, jede Windung hat exakt die gleiche Lage.

Beispiel:
Eine quadratische Spule mit $N = 10$ Windungen und der Seitenlänge $l = 50$ mm, die so eng gewickelt ist, dass für jede Windung der gleiche Querschnitt angesetzt werden darf, befindet sich im Luftspalt eines Magnetkreises mit einem homogenen Magnetfeld von $B = 0,5$ T. Das Feld tritt senkrecht durch die Spulenfläche. Das Gewicht der Spule ist $G = 0,2$ N; sie ist kurzgeschlossen und hat einen Widerstand von $R = 25$ mΩ. Die Spule, die zunächst festgehalten wurde, wird nun losgelassen und fällt aufgrund dessen aus dem Luftspalt. Gesucht ist die Geschwindigkeit, mit der sie aus dem Magnetfeld herausfällt.

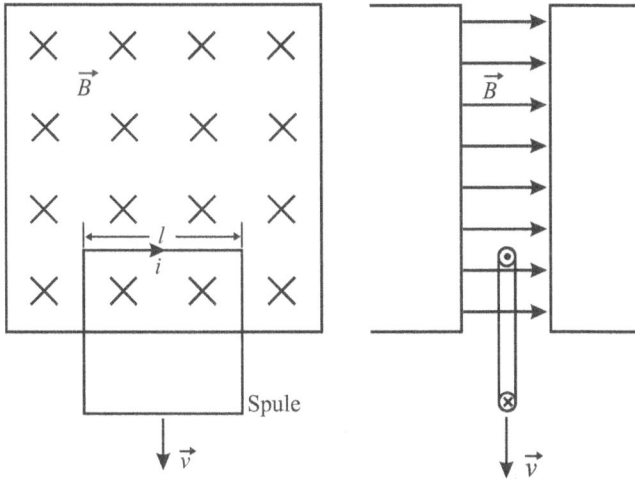

Abb. 6.59: Kurzgeschlossene Spule in einem homogenen Magnetfeld

Solange sich die ganze Spule im Magnetfeld befindet, wird in ihr keine Spannung induziert und sie wird durch die Erdanziehung beschleunigt. Sobald jedoch der untere Teil der Spule das Feld verlässt, tritt eine Flächenänderung ein, dadurch wird eine Spannung induziert, die einen Stromfluss zur Folge hat. Die Richtung des Stromes kann man mit Hilfe der „Rechte-Hand-Regel" ermitteln, sie ist in Abb. 6.59 eingetragen. Den Betrag des Stromes erhält man mit den Gleichungen 2.9 und 6.4:

$$i = \frac{u_L}{R} = \frac{N \cdot B \cdot l \cdot v}{R}$$

Die Geschwindigkeit, mit der die Spule aus dem Magnetfeld herausfällt, muss konstant sein. Würde die Geschwindigkeit größer (Beschleunigung), so würde auch u_L und damit i immer größer. Durch den Strom wirkt eine Kraft, die nach der „Linke-Hand-Regel" entgegen der Gewichtskraft gerichtet ist. Auch diese würde mit i wachsen und somit größer als die Gewichtskraft, d. h. sie würde die Spule in das Feld zurückziehen. Bei abnehmender Geschwindigkeit (Abbremsung) würde u_L und i und damit die Kraft abnehmen, wodurch die Gewichtskraft überwiegen und die Spule wieder beschleunigen würde. Somit wird die Spule abrupt in dem Moment, wenn sie das Feld verlässt, auf eine konstante Geschwindigkeit abgebremst, bei der die magnetische Kraft und Gewichtskraft betragsmäßig gleich groß sind, beide wirken in entgegengesetzter Richtung.

$$F = N \cdot B \cdot I \cdot l = N \cdot B \cdot l \cdot \frac{N \cdot B \cdot v \cdot l}{R} = G$$

$$v = \frac{G \cdot R}{N^2 B^2 l^2} = 80 \cdot 10^{-3} \frac{\text{m}}{\text{s}}$$

Beispiel:

In Abb. 6.60 ist eine rechteckige und um die eingezeichnete Achse drehbare Leiterschleife mit einer aktiven Leiterlänge im Magnetfeld $l = 5$ cm und einer Breite $a = 1$ cm in einem homogenen Magnetfeld von $B = 0,2$ T in zwei unterschiedlichen Lagen gezeigt. Der Strom durch die Leiterschleife beträgt 1 A. Gesucht ist das auf die Leiterschleife ausgeübte Drehmoment.

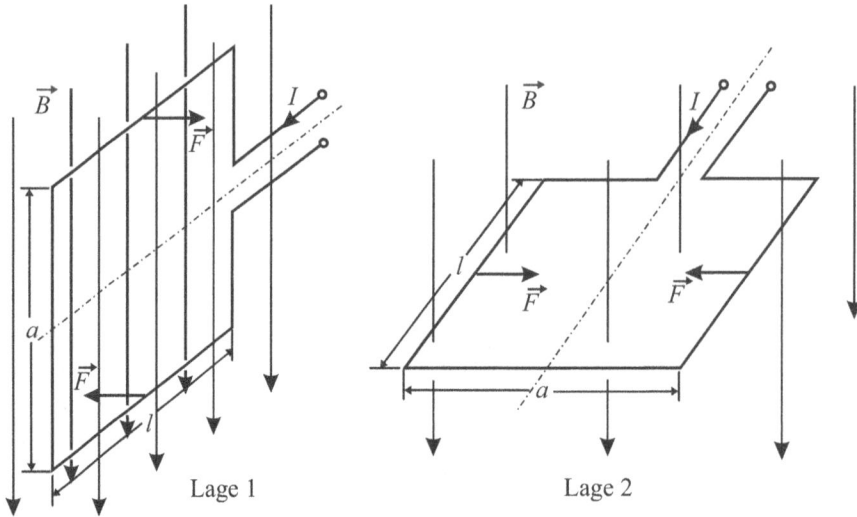

Abb. 6.60: Stromdurchflossene Leiterschleife in einem homogenen Magnetfeld

Die Richtung der Kraft wird mit der „Linke-Hand-Regel" bestimmt und ist in Abb. 6.60 für beide Seiten der Leiterschleife eingezeichnet. Der Betrag der Kraft, die auf jede der beiden Seiten der Leiterschleife ausgeübt wird, ist $F = B \cdot I \cdot l = 10$ mN. In der Lage 2 der Spule ist der Hebelarm null, somit ist auch das Drehmoment null. In der Lage 1 ist das Drehmoment:

$$M = 2 \cdot F \cdot \frac{a}{2} = 100\,\mu\text{N} \cdot \text{m}$$

Dadurch wird die Leiterschleife in Richtung des Uhrzeigersinnes gedreht.

Aufgabe 6.8

Im Luftspalt eines Eisenkerns befindet sich ein Kurzschlussrähmchen mit einem Widerstand $R = 1$ mΩ. Die Luftspaltlänge l_L beträgt 4 mm, dagegen kann der Eiseneinfluss des magnetischen Kreises vernachlässigt werden. Trotz des großen Luftspalts sei auch die Streuung vernachlässigt und ein homogener Feldverlauf im Luftspalt angenommen. Der quadratische Querschnitt des Eisens ist $A_{Fe} = A_L = 20$ cm^2, die Windungszahl $N = 1400$ und der Strom $I_q = 2$ A. Das Kurzschlussrähmchen wird mit konstanter Geschwindigkeit $v = 5$ m/s aus dem

Luftspalt gezogen. Welche Kraft ist dazu erforderlich und welche Richtung hat der Strom in dem Kurzschlussrähmchen?

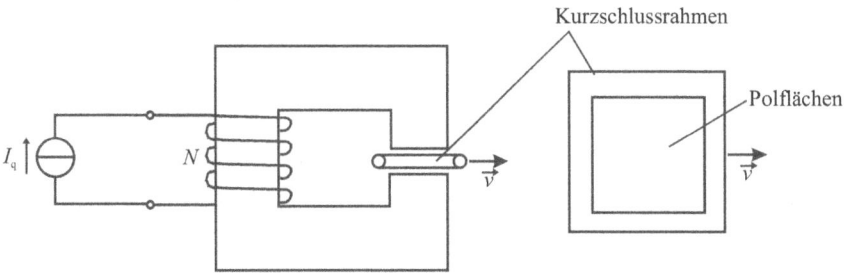

Abb. 6.61: Kurzschlussrähmchen in einem homogenen Magnetfeld

6.7.3   Kräfte zwischen stromdurchflossenen, parallelen Leitern

Der Feldverlauf für jeweils gleiche und entgegengesetzte Stromrichtung in den beiden Leitern ist in den Abb. 5.18 und 5.19 des Abschn. 5.3 gezeigt, Abb. 6.62 fasst beide Darstellungen nochmals zusammen. Voraussetzung für die Ableitung der Kraft ist, dass der Abstand a zwischen den Leitern groß gegenüber dem Leiterradius r_L ist. In diesem Fall kann man davon ausgehen, dass das Feld des rechten Leiters am Ort des linken über dessen Durchmesser näherungsweise homogen ist und umgekehrt. Ist außerdem $l \gg a$, so können die Randeffekte am Leitungsanfang und -ende vernachlässigt werden. Unter dieser Voraussetzung kann man den Betrag der Kraft, die auf jeden der beiden Leiter wirkt, mit Hilfe der Gleichung 6.49 aus dem vorhergehenden Kapitel ermitteln. Die Richtung der Kraft erhält man mit Hilfe der „Linke-Hand-Regel".

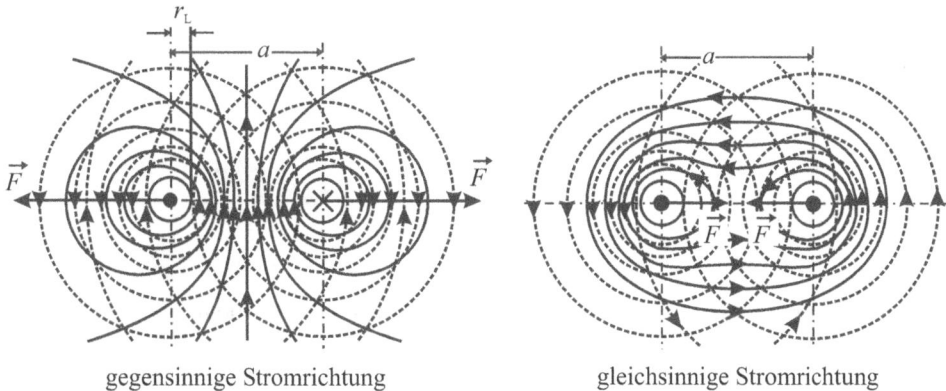

gegensinnige Stromrichtung   gleichsinnige Stromrichtung

Abb. 6.62: Kraftwirkung auf stromdurchflossene, parallele Leiter

In Abb. 6.62 verläuft bei gegensinniger Stromrichtung (linke Leiteranordnung) das vom rechten Leiter herrührende Feld am Ort des linken Leiters von unten nach oben. Für den linken Leiter ergibt sich somit eine Richtung der Kraft, die den Leiter nach außen abdrängen möchte. Der linke Leiter verursacht am Ort des rechten ebenfalls ein von unten nach oben gerichtetes Feld; somit wirkt auch die auf den rechten Leiter ausgeübte Kraft nach außen. Auf gleichem Weg lässt sich die Richtung der Kraft für die gleichsinnige Stromrichtung (rechte Leiteranordnung) in beiden Leitern herausfinden, hier wirken die Kräfte so, dass beide Leiter zueinander bewegt werden.

Der Betrag der Kraft auf den Leiter 1 ist nach Gleichung 6.49 $F_1 = B_2 \cdot I_1 \cdot l$, dabei ist B_2 die vom Strom I_2 erzeugte magnetische Flussdichte am Ort des Leiters 1. Sie erhält man aus den Gleichungen 5.14 und 5.15:

$$B_2 = \mu \cdot H_2 \qquad H_2 = \frac{I_2}{2 \cdot \pi \cdot r_2} = \frac{I_2}{2 \cdot \pi \cdot a} \qquad F_1 = \frac{\mu \cdot l}{2 \cdot \pi \cdot a} \cdot I_1 \cdot I_2$$

Für den Leiter 2 erhält man auf die gleiche Weise eine identische Lösung für F_2. Da man dazu in der Regel von einem nichtferromagnetischen Raum ausgehen kann, erhält man allgemein:

$$F = \frac{\mu_0 \cdot l}{2 \cdot \pi \cdot a} \cdot I_1 \cdot I_2 \qquad\qquad\qquad\qquad (6.53)$$

In einer Leiterschleife, die aus der Hin- und Rückleitung besteht, wirkt die Kraft aufgrund des Eigenfeldes so, dass sie die Leiterschleife zu vergrößern sucht. Diese Kräfte können z. B. in einer Schaltanlage so groß werden, dass sie einen Trenner selbsttätig aufreißen.

Beispiel:
In einer Schaltanlage verlaufen auf einer Länge von 5 m die Hin- und Rückleitung einer Leiterschleife im Abstand 20 cm parallel zueinander. Wie groß dürfte im Kurzschlussfall der kurzfristig bis zur Abschaltung fließende Strom werden, wenn die Kraft zwischen beiden Leitern nicht größer als 0,5 kN werden soll?

Da es sich um eine Hin- und Rückleitung handelt, ist $I_1 = I_2$.

$$I = \sqrt{\frac{F \cdot 2 \cdot \pi \cdot a}{\mu_0 \cdot l}} = 10\,\text{kA}$$

Aufgabe 6.9
Welche Kraft wird auf den Leiter 2 in Abb. 5.20 des Abschn. 5.3 auf 100 m Länge ausgeübt?

6.7.4 Kraft auf bewegte freie Ladungsträger

Die in Abschn. 6.7.2 beschriebene Kraftwirkung auf stromdurchflossene Leiter ist ein Sonderfall für die Kraftwirkung auf bewegte freie Ladungsträger in einem Magnetfeld, man bezeichnet sie als **Lorentzkraft**. Die allgemein gültige Formel für die Lorentzkraft auf bewegte, freie Ladungsträger kann somit aus Gleichung 6.49 abgeleitet werden, indem man den Strom nach Gleichung 2.4 durch den Quotienten aus Ladung und Zeit ersetzt. Dabei gelten aber weiter die Voraussetzungen des Abschn. 6.7.2. Diese Voraussetzungen sind, dass ein homogener Feldverlauf vorliegt und sich die freien Ladungsträger so bewegen, dass der Geschwindigkeitsvektor senkrecht zum Flussdichtevektor steht. Der Ausdruck l/t stellt dabei die Geschwindigkeit der freien Ladungsträger dar.

$$F = B \cdot I \cdot l = \frac{B \cdot Q \cdot l}{t} = B \cdot Q \cdot v \qquad (6.54)$$

Die Richtung der Kraft muss hier wieder mit Hilfe der „Linke-Hand-Regel" ermittelt werden. Dabei ist zu beachten, dass als positive Stromrichtung die Bewegungsrichtung positiv geladener Ladungsträger definiert wurde (vgl. Abschn. 2.3). Da es sich bei den freien Ladungsträgern meist um Elektronen handelt, ist dies die entgegengesetzte Richtung zu ihrem Geschwindigkeitsvektor.

Beispiel:
Dringt ein Elektron mit konstanter Geschwindigkeit in ein homogenes Magnetfeld ein, wobei $\vec{v}$ senkrecht zu $\vec{B}$ stehen soll, so wird das Elektron aufgrund der Lorentzkraft mit konstanter Kraft abgelenkt und gerät auf eine Kreisbahn, da die Kraft immer senkrecht zur Geschwindigkeitsrichtung steht und somit nicht geschwindigkeitserhöhend, sondern nur ablenkend wirken kann. Bekanntlich ist nur bei der Kreisbewegung die Normalbeschleunigung konstant. Die Fliehkraft F_F und die Lorentzkraft F_L halten sich dabei das Gleichgewicht.

$$F_F = \frac{m \cdot v^2}{r} = F_L = B \cdot e \cdot v$$

Es stellt sich somit ein Bahnradius von $r = \dfrac{m \cdot v}{e \cdot B}$ ein.

Dringt also z. B. ein Elektron mit der Masse $m = 0{,}911 \cdot 10^{-30}$ kg mit einer Geschwindigkeit $v = 10^7$ m/s in ein homogenes Magnetfeld mit der Flussdichte $B = 2$ mT ein, so gerät es auf eine Kreisbahn mit dem Radius $r = 28{,}4$ mm. War der Einschusswinkel dieses Elektrons zwischen die zwei Pole eines Elektromagneten rechtwinklig zum Rand der Polfläche, so verlässt das Elektron nach dem Durchlauf eines Halbbogens, im Abstand von 56,8 mm gegenüber dem Eintrittspunkt wieder das Feld, wie in Abb. 6.63 gezeigt.

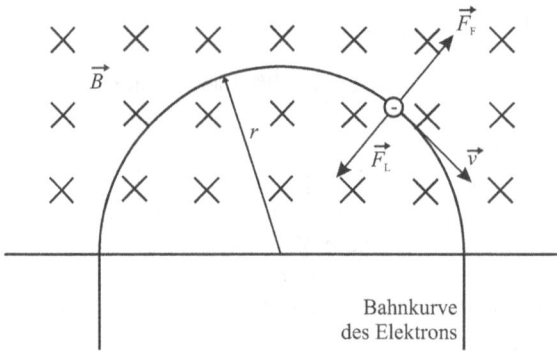

Abb. 6.63: Bahnkurve eines Elektrons in einem homogenen Magnetfeld

Beispiel:

Zur Messung der magnetischen Flussdichte werden **Hallsensoren** eingesetzt. Diese bestehen aus einem dünnen Halbleiterplättchen (z. B. aus Indiumantimonid InSb, Indiumarsenid InAs oder Indiumarsenidphosphid InAsP), das von einem konstanten Steuerstrom I_S durchflossen wird. Bringt man einen Hallsensor so in ein Magnetfeld, dass der magnetische Fluss die Oberfläche senkrecht durchsetzt, so wird die größtmögliche Lorentzkraft $F_L = B \cdot e \cdot v$ auf die infolge des Stromes bewegten Elektronen ausgeübt, wodurch die eine Seite des Hallplättchens an Elektronen verarmt und die andere entsprechend angereichert wird. Dadurch baut sich ein elektrisches Feld auf, das seinerseits eine Coulombkraft $F_C = e \cdot E$ (vgl. Abschn. 4.3.1, Gleichung 4.9) auf die Elektronen ausübt. Halten sich beide Kräfte das Gleichgewicht, so werden keine weiteren Elektronen mehr abgelenkt und es stellt sich eine konstante Hallspannung $U_H = E \cdot b$ ein.

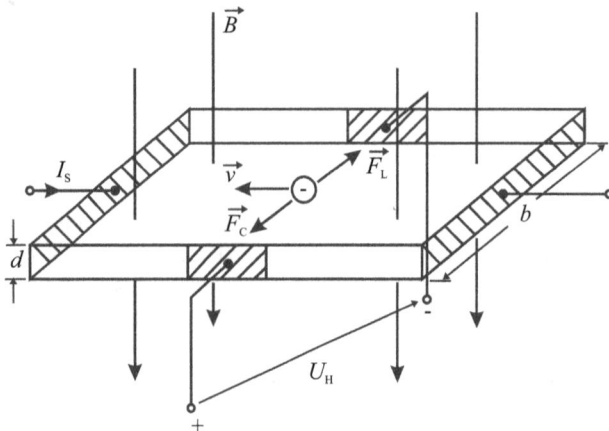

Abb. 6.64: Aufbau eines Hallsensors

Die Geschwindigkeit der Elektronen erhält man aus Gleichung 2.5.

$$v = \frac{I_S}{n_n \cdot e \cdot A} = \frac{I_S}{n_n \cdot e \cdot d \cdot b}$$

Damit wird die Hallspannung:

$$U_H = E \cdot b = B \cdot v \cdot b = \frac{I_S \cdot B}{n_n \cdot e \cdot d}$$

Sie ist also umso größer, je dünner das Hallplättchen und je kleiner die Anzahl der freien Ladungsträger pro Volumeneinheit ist (bei InSb z. B. ist $n_n = 1{,}1 \cdot 10^{16}$ cm^{-3}). Bei konstantem Steuerstrom ist $U_H \sim B$.

Aufgabe 6.10

Ein Elektron durchläuft wie in Abb. 6.65 gezeigt mit einer Geschwindigkeit von $v = 10^7$ m/s ein homogenes Magnetfeld mit der Flussdichte $B = 2$ mT und der Länge $l = 15$ mm. Im Abstand $a = 30$ mm nach dem Magnetfeld ist senkrecht zur ursprünglichen Bewegungsrichtung des Elektrons ein gerader Leuchtschirm angeordnet. In welchem Abstand b von der Mittellinie trifft das Elektron auf den Leuchtschirm auf? Abb. 6.65 ist nicht maßstäblich.

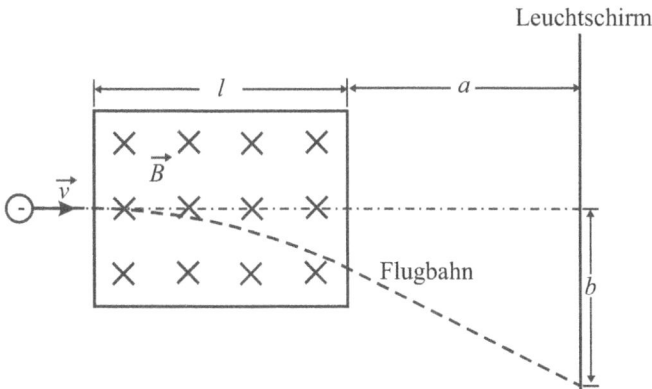

Abb. 6.65: Ablenkung eines Elektrons beim Durchlaufen eines homogenen Magnetfeldes

7   Lösung der Aufgaben

In der Regel wird hier nur immer ein Lösungsweg gezeigt bzw. ein Lösungsverfahren gewählt, obwohl meist mehrere Lösungswege möglich sind.

Aufgabe 2.1

Die relative Widerstandsänderung ist $\dfrac{\Delta R}{R_{20}} = \dfrac{R_\vartheta - R_{20}}{R_{20}} = 0{,}004$.

Gesucht ist die Temperaturänderung $\Delta\vartheta = \vartheta - 20°\mathrm{C}$. Durch Umformung der Gleichung 2.14 erhält man

$$\vartheta - 20°\mathrm{C} = \Delta\vartheta = \frac{R_\vartheta - R_{20}}{R_{20} \cdot \alpha_{20}} = \frac{0{,}004}{\alpha_{20}}$$

Für Kupfer wird $\Delta\vartheta = 1{,}02\,\mathrm{K}$ und für Konstantan wird $\Delta\vartheta = 400\,\mathrm{K}$.

Aufgabe 2.2

$$\gamma_{71} = \frac{l}{R_{71} \cdot \dfrac{d^2}{4} \cdot \pi} = 46{,}7\,\frac{\mathrm{S\cdot m}}{\mathrm{mm}^2}$$

Ersetzt man in Gleichung 2.16 die Widerstände durch ihre Ausdrücke entsprechend Gleichung 2.13, so wird:

$$\frac{l}{\gamma_{-10} \cdot A} = \frac{l}{\gamma_{71} \cdot A} \cdot \frac{\tau_{20} + \vartheta}{\tau_{20} + \vartheta_A} \qquad \gamma_{-10} = \frac{\gamma_{71} \cdot (\tau_{20} + 71°\mathrm{C})}{\tau_{20} + (-10°\mathrm{C})} = 63{,}5\,\frac{\mathrm{S\cdot m}}{\mathrm{mm}^2}$$

Aufgabe 2.3

Bei 20 °C ist $R_{20} = \dfrac{U}{I_{20}} = 575\,\Omega$, bei der unbekannten Temperatur ist $R_\vartheta = \dfrac{U}{I_\vartheta} = 920\,\Omega$.

Gleichung 2.14 nach der Temperatur umgeformt, ergibt:

$$\vartheta = \frac{R_\vartheta - R_{2o}}{R_{20} \cdot \alpha_{20}} + 20°\mathrm{C} = 173°\mathrm{C}$$

Aufgabe 2.4

Die Leistung P_N ist immer die an der Welle abgegebene Nennleistung. Diese wird abgegeben, wenn der Motor an Nennspannung liegt und den Nennstrom aufnimmt.

$$\eta = \frac{P_{ab}}{P_{zu}} = \frac{P_{ab}}{U_N \cdot I_N} = 0,82$$

Aufgabe 3.1

Die Aufgabe kann durch einfache Überlegung gelöst werden. $I = I_1 + I_2$ und $I_2/I_1 = 2$, d. h. der Gesamtstrom teilt sich in drei Teile auf. Somit ist $I_1 = 3,33$ A und $I_2 = 6,66$ A.

$$R_1 = \frac{U}{I_1} = 3\,\Omega \qquad R_2 = \frac{U}{I_2} = 1,5\,\Omega$$

Für einen formalen Lösungsweg braucht man zwei Gleichungen mit zwei Unbekannten, z. B.

$$R_e = \frac{U}{I} = 1\,\Omega$$

$$\frac{R_2}{R_1} = \frac{I_1}{I_2} = \frac{1}{2} \qquad \frac{1}{R_1} = \frac{1}{R_e} - \frac{1}{R_2} = \frac{R_2 - R_e}{R_2 \cdot R_e} \qquad \frac{R_2}{\frac{R_2 \cdot R_e}{R_2 - R_e}} = \frac{1}{2} \qquad R_2 = \frac{1}{2} \cdot R_e + R_e = 1,5\,\Omega$$

$$R_1 = 2 \cdot R_2 = 3\,\Omega \qquad I_1 = \frac{U}{R_1} = 3,33\,A \qquad I_2 = \frac{U}{R_2} = 6,66\,A$$

Aufgabe 3.2

Der Lösungsansatz erfolgt hier über die Spannungsgleichheit bei parallel geschalteten Widerständen. Der Gesamtstrom verteilt sich auf die parallelen Zweige.

Schalterstellung 1: $1\,mA \cdot R_M = (100-1)mA \cdot (R_1 + R_2)$

Schalterstellung 2: $1\,mA \cdot (R_M + R_1) = (1000-1)mA \cdot R_2$

$$R_2 = \frac{1\,mA}{999\,mA} \cdot (R_1 + R_M) \qquad 1\,mA \cdot R_M = 99\,mA \cdot \left(R_1 + \frac{1\,mA}{999\,mA} \cdot (R_1 + R_M) \right)$$

$$R_1 = 909,1\,m\Omega \qquad R_2 = 101\,m\Omega$$

Aufgabe 3.3

Es liegen alle sechs Widerstände zueinander parallel.

$$R_e = \frac{1}{\frac{1}{R_1} + \frac{1}{R_2} + \frac{1}{R_3} + \frac{1}{R_4} + \frac{1}{R_5} + \frac{1}{R_6}} = 2,16\,\Omega$$

Aufgabe 3.4

Wenn der Strom unabhängig von der Schalterstellung gleich sein soll, so müssen die jeweils zu R_1 parallel geschalteten Widerstände bzw. der Ersatzwiderstand der Schaltung gleich groß sein. In der in Abb. 3.17 gezeichneten Schalterstellung liegt R_2 in Reihe zu R_3 und parallel zu dieser Reihenschaltung R_x. In der anderen Schalterstellung ist R_3 kurzgeschlossen, R_x hängt in der Luft und R_2 liegt parallel zu R_1.

Somit muss $\dfrac{R_x \cdot (R_2 + R_3)}{R_x + R_2 + R_3} = R_2$ sein. $R_x = \dfrac{R_2^{\,2} + R_2 \cdot R_3}{R_3} = 15\,\Omega$

Aufgabe 3.5

$$R_x = R_e = \frac{(R_2 + R_3 + R_x) \cdot R_1}{R_2 + R_3 + R_x + R_1} = \frac{R_x \cdot 400\,\Omega + 80 \cdot 10^3\,\Omega^2}{R_x + 600\,\Omega}$$

$$R_x^{\,2} + R_x \cdot 200\,\Omega - 80 \cdot 10^3\,\Omega^2 = 0$$

$$R_{x_{1,2}} = \frac{-200\,\Omega \pm \sqrt{(200\,\Omega)^2 + 320 \cdot 10^3\,\Omega^2}}{2}$$

Relevant ist hier nur der positive Widerstandswert. Somit ist $R_x = 200\,\Omega$.

Aufgabe 3.6

Es sind jeweils Maschen bzw. Knoten zu suchen, bei denen nur eine der vorkommenden Spannungen bzw. Ströme unbekannt ist. Es darf dabei keine Masche gewählt werden, die über eine Stromquelle geht, denn die an der Stromquelle abfallende Spannung ist unbekannt und müsste erst ermittelt werden. Knotenpunkte, zwischen denen sich kein Schaltungselement befindet, können dabei zu einem einzigen Knotenpunkt zusammengefasst werden.

$$U_{q2} = U_{q3} - I_8 \cdot (R_7 + R_8) = 12\,\text{V} \qquad I_6 = I_7 + I_8 = 0{,}15\,\text{A}$$

$$R_{e2,3} = \frac{R_2 \cdot R_3}{R_2 + R_3} = 14\,\Omega \qquad R_{e4,5} = \frac{R_4 \cdot R_5}{R_4 + R_5} = 10\,\Omega$$

$$I_2 = I_3 = (I_q + I_6) \cdot \frac{R_{e2,3}}{R_2} = 175\,\text{mA} \qquad I_4 = (I_q + I_6) \cdot \frac{R_{e4,5}}{R_4} = 100\,\text{mA}$$

$$I_5 = (I_q + I_6) \cdot \frac{R_{e4,5}}{R_5} = 250\,\text{mA} \qquad I_k = I_2 - I_4 = 75\,\text{mA}$$

Zur Erstellung der Leistungsbilanz muss noch die Spannung bestimmt werden, die an der Stromquelle abfällt. Dazu soll der Zählpfeil für diese Spannung U_{I_q} von oben nach unten angenommen werden.

$$U_{I_q} = -U_{q1} + I_q \cdot R_1 + I_2 \cdot R_2 + I_4 \cdot R_4 = 1\,\text{V}$$

$$P_{R_1} = I_1^2 \cdot R_1 = 0,52\,\text{W} \qquad\qquad P_{I_q} = -I_q \cdot U_{I_q} = -0,2\,\text{W}$$

$$P_{R_2} = P_{R_3} = I_2^2 \cdot R_2 = 0,8575\,\text{W} \qquad P_{U_{q1}} = -I_q \cdot U_{q1} = -2\,\text{W}$$

$$P_{R_4} = I_4^2 \cdot R_4 = 0,35\,\text{W} \qquad\qquad P_{U_{q2}} = -I_7 \cdot U_{q_2} = -0,6\,\text{W}$$

$$P_{R_5} = 0,875\,\text{W} \qquad P_{R_6} = 0,54\,\text{W} \qquad P_{U_{q3}} = -I_8 \cdot U_{q_3} = -1,8\,\text{W}$$

$$P_{R_7} = 0,4\,\text{W} \qquad P_{R_8} = 0,2\,\text{W}$$

Damit ist die Summe der durch die Widerstände aufgenommenen Leistungen gleich 4,6 W, dies entspricht der Summe der von den Quellen abgegebenen Leistungen.

Nach dem Öffnen des Schalters wird der Strom I_8 null, und auch durch R_7 fließt kein Strom mehr, so dass an R_7 auch keine Spannung abfällt. Somit ist $U_S = U_{q2} - U_{q3} = -6\,\text{V}$. Den Strom I_7 könnte man nun neu berechnen. Aber mit folgender Überlegung findet man die Lösung schneller: Da die Summe aller Spannungen in einer Masche null ist und I_q als eingeprägter Strom auch gleich bleibt, muss auch I_6 gleich groß bleiben. Da aber keine Stromverzweigung an dem Knoten zwischen R_6 und R_7 stattfindet, ist $I_7 = I_6 = 0,15\,\text{A}$.

Aufgabe 3.7
Da andere Netzwerkberechnungsverfahren noch nicht behandelt wurden, muss aus den Widerständen R_1 bis R_5 ein Ersatzwiderstand gebildet werden. Dazu wird hier aus der Sternschaltung von R_3, R_4 und R_5 eine äquivalente Dreieckschaltung gemacht.

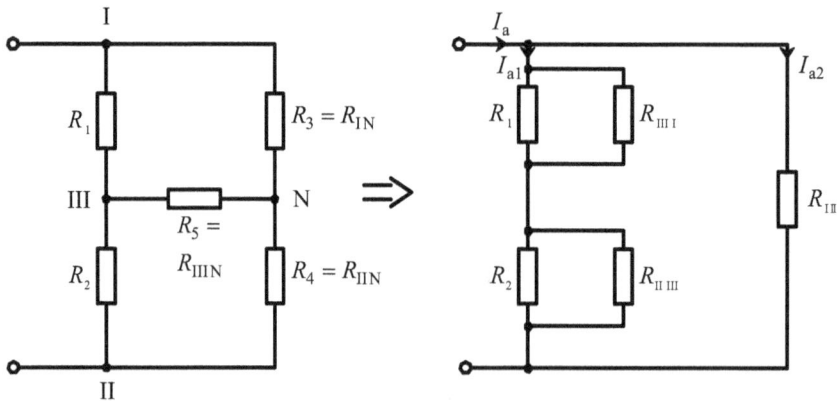

Abb. 7.1: Umwandlung der Schaltung aus R_1 bis R_5 durch Stern-Dreieck-Transformation von R_3, R_4 und R_5

Da $R_3 = R_4 = R_5 = 50\,\Omega$ ist, sind auch die transformierten Widerstände gleich groß, nach Gleichung 3.9 erhält man:

$$R_{\text{I II}} = R_{\text{II III}} = R_{\text{III I}} = R_{\text{IN}} + R_{\text{II N}} + \frac{R_{\text{IN}} \cdot R_{\text{IIN}}}{R_{\text{IIIN}}} = R_3 + R_4 + \frac{R_3 \cdot R_4}{R_5} = 150\,\Omega$$

Die Widerstände R_1 und $R_{\text{III I}}$ liegen zueinander parallel und haben einen Ersatzwiderstand von 50 Ω, ebenso liegen R_2 und $R_{\text{II III}}$ parallel, ihr Ersatzwiderstand ist 25 Ω. Die beiden Ersatzwiderstände liegen in Reihe und bilden einen Ersatzwiderstand von 75 Ω, der parallel zu $R_{\text{I II}}$ liegt. Der gesamte Ersatzwiderstand ist somit 50 Ω. Diese Zerlegung der Berechnung in mehrere kleine Stücke ist weniger aufwändig, als den Ansatz für R_e in einem Stück anzuschreiben.

Damit erhält man die Ströme I_a, I_i und I_U:

$$I_a = \frac{U_q}{R_e} = 200\,\text{mA} \qquad I_i = \frac{U_q}{R_i} = 20\,\text{mA} \qquad I_U = I_a + I_i - I_q = 70\,\text{mA}$$

Es werden zunächst die Ströme für die Ersatzschaltung der Widerstände und daraus dann die Ströme für die Originalschaltung berechnet. Der Strom I_a teilt sich nach Gleichung 3.7 in I_{a1} und I_{a2}.

$$I_{a1} = I_a \cdot \frac{R_e}{\dfrac{R_1 \cdot R_{\text{III I}}}{R_1 + R_{\text{III I}}} + \dfrac{R_2 \cdot R_{\text{II III}}}{R_2 + R_{\text{II III}}}} = 133{,}3\,\text{mA} \qquad I_{a2} = I_a - I_{a1} = 66{,}7\,\text{mA}$$

I_{a1} teilt sich weiter in I_1 und $I_{\text{III I}}$ und anschließend in I_2 und $I_{\text{II III}}$. Berechnet werden nur I_1 und I_2.

$$I_1 = I_{a1} \cdot \frac{\dfrac{R_1 \cdot R_{\text{III I}}}{R_1 + R_{\text{III I}}}}{R_1} = 88{,}9\,\text{mA} \qquad I_2 = I_{a2} \cdot \frac{\dfrac{R_2 \cdot R_{\text{II III}}}{R_2 + R_{\text{II III}}}}{R_2} = 111{,}1\,\text{mA}$$

$$I_5 = I_2 - I_1 = 22{,}2\,\text{mA} \qquad I_3 = I_a - I_1 = 111{,}1\,\text{mA} \qquad I_4 = I_a - I_2 = 88{,}9\,\text{mA}$$

Damit ergeben sich folgende Leistungen, deren Summe null ist:

$$P_{R_1} = I_1^2 \cdot R_1 = 0{,}593\,\text{W} \qquad P_{R_2} = 0{,}37\,\text{W} \qquad P_{R_3} = 0{,}617\,\text{W} \qquad P_{R_4} = 0{,}395\,\text{W}$$

$$P_{R_5} = 0{,}025\,\text{W} \qquad P_{R_i} = 0{,}2\,\text{W} \qquad P_{I_q} = -I_q \cdot U_q = -1{,}5\,\text{W} \qquad P_{U_q} = -I_U \cdot U_q = -0{,}7\,\text{W}$$

Aufgabe 3.8

Zur Bestimmung der drei unbekannten Ströme stehen eine Knoten- und zwei Maschengleichungen zur Verfügung, hier werden die Innenmaschen verwendet. Die linke Innenmasche wird im Uhrzeigersinn und die rechte entgegen dem Uhrzeigersinn durchlaufen:

$$\begin{bmatrix} 1 & -1 & 1 \\ R_1 & R_2 & 0 \\ 0 & R_2 & R_3 \end{bmatrix} \cdot \begin{bmatrix} I_1 \\ I_2 \\ I_3 \end{bmatrix} = \begin{bmatrix} 0 \\ U_{q1} + U_{q2} \\ U_{q2} + U_{q3} \end{bmatrix}$$

$I_1 = I_3 = 1$ A, $I_2 = 2$ A

Aufgabe 3.9

Zur Bestimmung der sechs unbekannten Ströme I, I_1, I_2, I_3, I_ϑ und I_{AB} können drei Knoten- und drei Maschengleichungen aufgestellt werden, verwendet werden die Innenmaschen. Die Gleichungen werden sofort in Matrizenform angeschrieben:

$$\begin{bmatrix} 1 & -1 & -1 & 0 & 0 & 0 \\ 0 & 1 & 0 & 0 & -1 & -1 \\ 0 & 0 & 1 & -1 & 0 & 1 \\ 0 & 0 & R_2 & R_3 & 0 & 0 \\ 0 & R_1 & -R_2 & 0 & 0 & R_M \\ 0 & 0 & 0 & -R_3 & R_\vartheta & -R_M \end{bmatrix} \cdot \begin{bmatrix} I \\ I_1 \\ I_2 \\ I_3 \\ I_\vartheta \\ I_{AB} \end{bmatrix} = \begin{bmatrix} 0 \\ 0 \\ 0 \\ U \\ 0 \\ 0 \end{bmatrix}$$

Benötigt wird nur der Strom I_{AB}, dieser ergibt sich zu 20,29 µA und damit wird die Spannung $U_M = I_{AB} \cdot R_M = 81{,}16$ mV. Dieses Ergebnis stimmt mit einem kleinen Rundungsfehler mit dem Ergebnis des Beispiels in Abschn. 3.2.4 überein.

Aufgabe 3.10

Wählt man den gleichen vollständigen Baum wie in Abb. 3.31, so erhält man auch das gleiche Gleichungssystem wie in Abschn. 3.5.1. Es sind nur andere Werte für die Widerstände einzusetzen.

$$\begin{bmatrix} (R_1 + R_3 + R_6) & -R_6 & -R_3 \\ -R_6 & (R_2 + R_4 + R_6) & -R_2 \\ -R_3 & -R_2 & (R_2 + R_3 + R_5) \end{bmatrix} \cdot \begin{bmatrix} I_I \\ I_{II} \\ I_{III} \end{bmatrix} = \begin{bmatrix} U_{q1} \\ U_{q2} \\ -U_{q2} \end{bmatrix}$$

$I_I = 5$ mA, $I_{II} = 5$ mA, $I_{III} = 0$

$I_1 = I_I = 5$ mA, $I_2 = I_{II} - I_{III} = 5$ mA, $I_3 = I_I - I_{III} = 5$ mA, $I_4 = I_{II} = 5$ mA, $I_5 = -I_{III} = 0$,

$I_6 = I_I - I_{II} = 0$, $U_a = I_4 \cdot R_4 = 5$ V

Aufgabe 3.11

Mit den drei Innenmaschen, die im Uhrzeigersinn durchlaufen werden, ergibt sich:

$$\begin{bmatrix} R_1 + R_2 & -R_2 & 0 \\ -R_2 & R_2 + R_{e3,4} + R_5 & -R_5 \\ 0 & -R_5 & R_5 + R_6 \end{bmatrix} \cdot \begin{bmatrix} I_{\mathrm{I}} \\ I_{\mathrm{II}} \\ I_{\mathrm{III}} \end{bmatrix} = \begin{bmatrix} U_{q1} \\ 0 \\ -U_{q2} \end{bmatrix}$$

$$I_{\mathrm{I}} = 335,7\,\mathrm{mA} = I_1$$

$$I_{\mathrm{II}} = 44,1\,\mathrm{mA} = I_{3,4} \qquad I_3 = I_{3,4} \cdot \frac{R_{e3,4}}{R_3} = 29,4\,\mathrm{mA} \qquad I_4 = I_{3,4} - I_3 = 14,7\,\mathrm{mA}$$

$$I_{\mathrm{III}} = -271,1\,\mathrm{mA} = -I_6$$

$$I_2 = I_{\mathrm{I}} - I_{\mathrm{II}} = 291,6\,\mathrm{mA}$$

$$I_5 = I_{\mathrm{II}} - I_{\mathrm{III}} = 315,2\,\mathrm{mA}$$

Aufgabe 3.12

Wandelt man die Stromquelle zusammen mit R_3 in eine Spannungsquelle um, so ergibt sich folgende Schaltung:

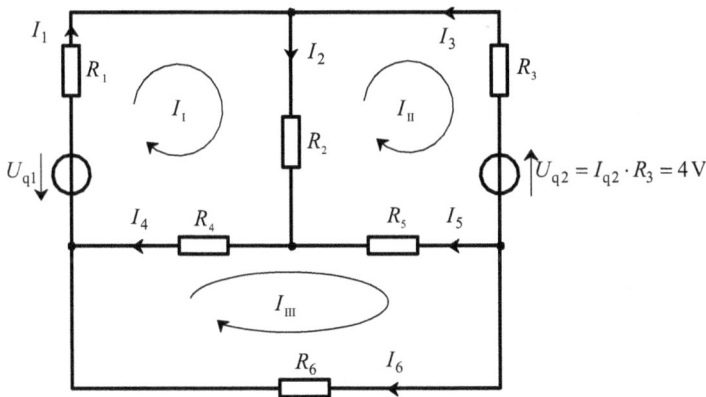

Abb. 7.2: Schaltung nach Umwandlung der Stromquelle und des Widerstandes R_3 in eine Spannungsquelle

Damit erhält man das Gleichungssystem für die unbekannten Maschenströme.

$$\begin{bmatrix} R_1 + R_2 + R_4 & -R_2 & -R_4 \\ -R_2 & R_2 + R_3 + R_5 & -R_5 \\ -R_4 & -R_5 & R_4 + R_5 + R_6 \end{bmatrix} \cdot \begin{bmatrix} I_{\mathrm{I}} \\ I_{\mathrm{II}} \\ I_{\mathrm{III}} \end{bmatrix} = \begin{bmatrix} U_{q1} \\ U_{q2} \\ 0 \end{bmatrix}$$

$I_{\mathrm{I}} = 0,6$ A, $I_{\mathrm{II}} = 0,3$ A, $I_{\mathrm{III}} = 0,2$ A

Die echten Zweigströme erhält man dann aus folgenden Beziehungen:

$I_1 = I_{\mathrm{I}} = 0,6$ A, $I_2 = I_{\mathrm{I}} - I_{\mathrm{II}} = 0,3$ A, $I_4 = I_{\mathrm{I}} - I_{\mathrm{III}} = 0,4$ A, $I_5 = I_{\mathrm{II}} - I_{\mathrm{III}} = 0,1$ A, $I_6 = I_{\mathrm{III}} = 0,2$ A

Der Strom I_3 in der Originalschaltung ist verschieden von dem in der umgewandelten. In der umgewandelten Schaltung ergäbe sich $I_3 = -I_{II} = -0,3$ A. Dagegen ist in der Originalschaltung $I_3 = I_q - I_5 - I_6 = -0,1$ A.

Aufgabe 3.13

Die Schaltung wird umgezeichnet, um die Maschenströme besser erkennen zu können. Der gewählte vollständige Baum ist dick eingezeichnet.

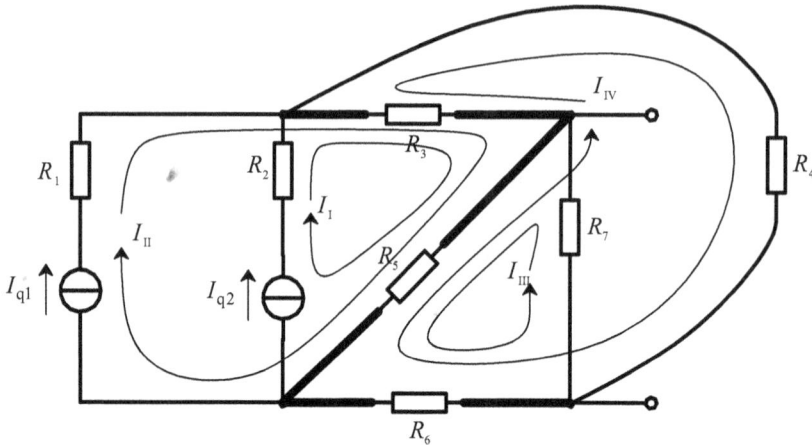

Abb. 7.3: Wahl der Maschenströme zu Aufgabe 3.13

Nur die Maschenströme I_{III} und I_{IV} sind unbekannt, die Maschenströme $I_I = I_{q1}$ und $I_{II} = I_{q2}$ sind bekannt.

$$\begin{bmatrix} R_5 + R_6 + R_7 & R_5 + R_6 \\ R_5 + R_6 & R_3 + R_4 + R_5 + R_6 \end{bmatrix} \cdot \begin{bmatrix} I_{III} \\ I_{IV} \end{bmatrix} = \begin{bmatrix} (I_I + I_{II}) \cdot R_5 \\ (I_I + I_{II}) \cdot (R_3 + R_5) \end{bmatrix}$$

$I_{III} = 15$ mA, $I_{IV} = 5$ mA

$I_3 = I_I + I_{II} - I_{IV} = 20$ mA, $I_4 = I_{IV} = 5$ mA, $I_5 = I_I + I_{II} - I_{III} - I_{IV} = 5$ mA,

$I_6 = I_{III} + I_{IV} = 20$ mA, $I_7 = I_{III} = 15$ mA, $U_a = I_7 \cdot R_7 = 30$ V

Leistungsbilanz:

$$P_{R_1} = I_{q1}^2 \cdot R_1 = 0,1\,\text{W} \qquad P_{R_2} = 0,225\,\text{W} \qquad P_{R_3} = 0,4\,\text{W} \qquad P_{R_4} = 0,25\,\text{W}$$

$$P_{R_5} = 0,25\,\text{W} \qquad P_{R_6} = 0,4\,\text{W} \qquad P_{R_7} = 0,45\,\text{W}$$

Für die Quellenleistungen müssen zuerst noch die an den Stromquellen abfallenden Spannungen ermittelt werden.

$$U_{I_{q1}} = I_{q1} \cdot R_1 + I_3 \cdot R_3 + I_5 \cdot R_5 = 80\,\text{V} \qquad U_{I_{q2}} = I_{q2} \cdot R_2 + I_3 \cdot R_3 + I_5 \cdot R_5 = 85\,\text{V}$$

$$P_{I_{q1}} = -I_{q1} \cdot U_{I_{q1}} = -0,8\,\text{W} \qquad P_{I_{q2}} = -I_{q2} \cdot U_{I_{q2}} = -1,275\,\text{W}$$

Die Summe aller Leistungen ist null.

Aufgabe 3.14

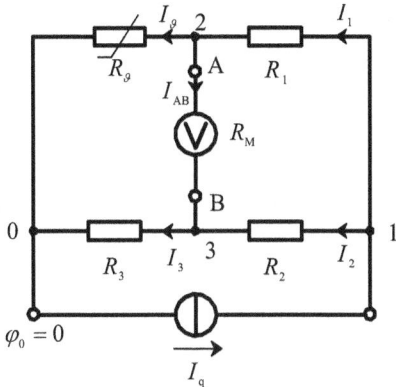

Abb. 7.4: Schaltung zu Aufgabe 3.14 mit den nummerierten Knoten

Mit dem gewählten Bezugsknoten sind die Knoten- und Zweigspannungen:

$$U_{10} = \varphi_1 - \varphi_0 = \varphi_1 \qquad U_{20} = \varphi_2 - \varphi_0 = \varphi_2 \qquad U_{30} = \varphi_3 - \varphi_0 = \varphi_3$$

$$U_{12} = \varphi_1 - \varphi_2 = U_{10} - U_{20} \qquad U_{13} = \varphi_1 - \varphi_3 = U_{10} - U_{30} \qquad U_{23} = \varphi_2 - \varphi_3 = U_{20} - U_{30}$$

Für die Knoten 1 bis 3 werden wieder zufließende Ströme negativ und abfließende positiv gewertet. Damit ergeben sich die drei Knotengleichungen:

$$I_1 + I_2 = I_q \qquad -I_1 + I_\vartheta + I_{AB} = 0 \qquad -I_2 + I_3 - I_{AB} = 0$$

Ersetzt man jetzt die Zweigströme durch die Zeigspannungen und Zweigleitwerte und drückt man die Zweigspannungen durch die Knotenspannungen aus, so lauten die drei Knotenglei-chungen:

$$U_{12} \cdot G_1 + U_{13} \cdot G_2 = I_q \qquad (U_{10} - U_{20}) \cdot G_1 + (U_{10} - U_{30}) \cdot G_2 = I_q$$
$$U_{10} \cdot (G_1 + G_2) - U_{20} \cdot G_1 - U_{30} \cdot G_2 = I_q$$

$$-U_{12} \cdot G_1 + U_{20} \cdot G_\vartheta + U_{23} \cdot G_M = 0 \qquad -(U_{10} - U_{20}) \cdot G_1 + U_{20} \cdot G_\vartheta + (U_{20} - U_{30}) \cdot G_M = 0$$
$$-U_{10} \cdot G_1 + U_{20} \cdot (G_1 + G_\vartheta + G_M) - U_{30} \cdot G_M = 0$$

$$-U_{13} \cdot G_2 + U_{30} \cdot G_3 - U_{23} \cdot G_M = 0 \qquad -(U_{10} - U_{30}) \cdot G_2 + U_{30} \cdot G_3 - (U_{20} - U_{30}) \cdot G_M = 0$$

$$-U_{10} \cdot G_2 - U_{20} \cdot G_M + U_{30} \cdot (G_2 + G_3 + G_M) = 0$$

Aus den drei Gleichungen können die Knotenspannungen U_{20} und U_{30} und daraus $U_{23} = U_{AB}$ ermittelt werden.

$$\begin{bmatrix} G_1 + G_2 & -G_1 & -G_2 \\ -G_1 & G_1 + G_g + G_M & -G_M \\ -G_2 & -G_M & G_2 + G_3 + G_M \end{bmatrix} \cdot \begin{bmatrix} U_{10} \\ U_{20} \\ U_{30} \end{bmatrix} = \begin{bmatrix} I_q \\ 0 \\ 0 \end{bmatrix}$$

$$U_{20} = 340\,\text{mV} \qquad U_{30} = 254{,}1\,\text{mV} \qquad U_{AB} = U_{23} = U_{20} - U_{30} = 85{,}9\,\text{mV}$$

Aufgabe 3.15

Zunächst müssen in Abb. 3.34 die Stromzählpfeile festgelegt werden. Sie wurden hier so gewählt, dass I_1 und I_2 vom Knoten 1 wegweisen, I_3 vom Knoten 2 und I_4 vom Knoten 0 wegweist. Die Knoten- und Zweigspannungen sind:

$$U_{10} = \varphi_1 - \varphi_0 = \varphi_1 \qquad U_{20} = \varphi_2 - \varphi_0 = \varphi_2 \qquad U_{30} = \varphi_3 - \varphi_0 = \varphi_3 = -U_{03}$$

$$U_{12} = \varphi_1 - \varphi_2 = U_{10} - U_{20} \qquad U_{13} = \varphi_1 - \varphi_3 = U_{10} - U_{30} \qquad U_{23} = \varphi_2 - \varphi_3 = U_{20} - U_{30}$$

Die Stromzählpfeile für I_1 und I_2 wurden vom Knotenpunkt 1, für I_3 vom Knotenpunkt 2 und für I_4 vom Knotenpunkt 0 wegweisend angenommen. Die Knotengleichungen lauten dann:

$$-I_1 - I_2 = -I_{q2} \qquad -U_{10} \cdot G_1 - U_{12} \cdot G_2 = -I_{q2} \qquad -U_{10} \cdot (G_1 + G_2) + U_{20} \cdot G_2 = -I_{q2}$$

$$I_2 - I_3 = -I_{q1} \qquad U_{12} \cdot G_2 - U_{23} \cdot G_3 = -I_{q1} \qquad U_{10} \cdot G_2 - U_{20} \cdot (G_2 + G_3) + U_{30} \cdot G_3 = -I_{q1}$$

$$I_3 + I_4 = I_{q2} \qquad U_{23} \cdot G_3 + U_{03} \cdot G_4 = I_{q2} \qquad U_{20} \cdot G_3 - U_{30} \cdot (G_3 + G_4) = I_{q2}$$

Von den Knotenspannungen muss nur die Spannung $U_{30} = U_{AB}$ ermittelt werden.

$$\begin{bmatrix} -(G_1 + G_2) & G_2 & 0 \\ G_2 & -(G_2 + G_3) & G_3 \\ 0 & G_3 & -(G_3 + G_4) \end{bmatrix} \cdot \begin{bmatrix} U_{10} \\ U_{20} \\ U_{30} \end{bmatrix} = \begin{bmatrix} -I_{q2} \\ -I_{q1} \\ I_{q2} \end{bmatrix}$$

$$U_{30} = U_{AB} = -5\,\text{V}$$

Aufgabe 3.16

Bei der gewählten Nummerierung für die Knoten und Festlegung des Bezugsknotens (siehe Abb. 7.5) erhält man die folgenden Knoten- und Zweigspannungen:

$$U_{10} = \varphi_1 - \varphi_0 = \varphi_1 \qquad U_3 = U_{01} = -U_{10}$$
$$U_{20} = \varphi_2 - \varphi_0 = \varphi_2 \qquad U_4 = U_{23} = U_{20} - U_{30}$$
$$U_{30} = \varphi_3 - \varphi_0 = \varphi_3 \qquad U_5 = U_{13} = U_{10} - U_{30}$$
$$U_6 = U_{20}$$

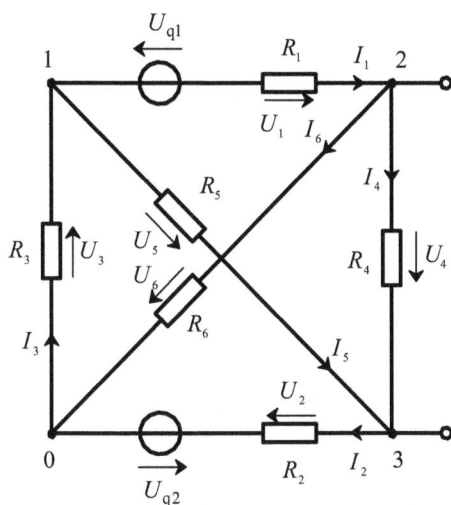

Abb. 7.5: Festlegung der Knotennummerierung und Eintrag der Zweigströme und -spannungen

Die Knotengleichungen lauten:

$$-I_1 + I_3 - I_5 = 0$$
$$I_1 - I_4 - I_6 = 0$$
$$-I_2 + I_4 + I_5 = 0$$

Die Ströme I_1 und I_2, die durch die Spannungsquellen fließen, erhält man mit Hilfe zweier beliebiger Maschengleichungen.

$$I_1 \cdot R_1 + U_{20} + U_{01} - U_{q1} = 0 \qquad I_1 = \left(U_{q1} + U_{10} - U_{20}\right) \cdot G_1$$
$$I_2 \cdot R_2 - U_{q2} + U_{02} + U_{23} = I_2 \cdot R_2 - U_{q2} - U_{20} + U_{20} - U_{30} = 0 \qquad I_2 = \left(U_{q2} + U_{30}\right) \cdot G_2$$

Drückt man nun die Ströme durch die Zweigspannungen und -leitwerte und anschließend die Zweigspannungen durch die Knotenspannungen aus, so erhält man die drei Gleichungen:

$$-\left(U_{q1} + U_{10} - U_{20}\right) \cdot G_1 + U_{01} \cdot G_3 - U_{13} \cdot G_5 = 0$$
$$-U_{10} \cdot \left(G_1 + G_3 + G_5\right) + U_{20} \cdot G_1 + U_{30} \cdot G_5 = U_{q1} \cdot G_1$$

$$\left(U_{q1} + U_{10} - U_{20}\right) \cdot G_1 - U_{23} \cdot G_4 - U_{20} \cdot G_6 = 0$$

$$U_{10} \cdot G_1 - U_{20} \cdot \left(G_1 + G_4 + G_6\right) + U_{30} \cdot G_4 = -U_{q1} \cdot G_1$$

$$-\left(U_{q2} + U_{30}\right) \cdot G_2 + U_{23} \cdot G_4 + U_{13} \cdot G_5 = 0$$

$$U_{10} \cdot G_5 + U_{20} \cdot G_4 - U_{30} \cdot \left(G_2 + G_4 + G_5\right) = U_{q2} \cdot G_2$$

$$\begin{bmatrix} -\left(G_1 + G_3 + G_5\right) & G_1 & G_5 \\ G_1 & -\left(G_1 + G_4 + G_6\right) & G_4 \\ G_5 & G_4 & -\left(G_2 + G_4 + G_5\right) \end{bmatrix} \cdot \begin{bmatrix} U_{10} \\ U_{20} \\ U_{30} \end{bmatrix} = \begin{bmatrix} U_{q1} \cdot G_1 \\ -U_{q1} \cdot G_1 \\ U_{q2} \cdot G_2 \end{bmatrix}$$

Als Lösung erhält man $U_{10} = -6{,}07$ V, $U_{20} = 2{,}67$ V und $U_{30} = -8{,}62$ V.

$U_a = U_4 = U_{23} = U_{20} - U_{30} = 11{,}29$ V

Aufgabe 3.17

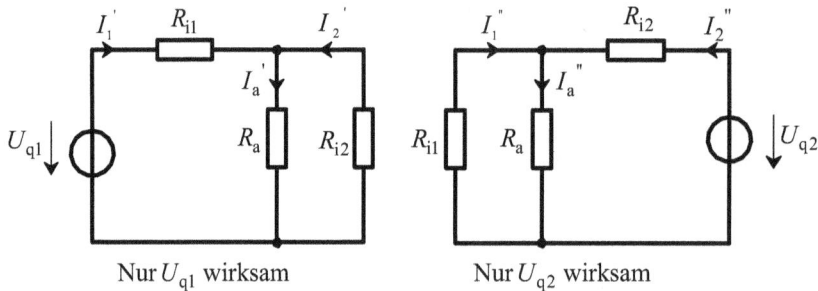

Abb. 7.6: Schaltungen bei nur jeweils einer wirksamen Quelle

$$I_1' = \dfrac{U_{q1}}{R_{i1} + \dfrac{R_a \cdot R_{i2}}{R_a + R_{i2}}} = 96{,}25\,\text{A} \qquad I_a' = I_1' \cdot \dfrac{\dfrac{R_a \cdot R_{i2}}{R_a + R_{i2}}}{R_a} = 13{,}75\,\text{A} \qquad I_2' = I_a' - I_1' = -82{,}5\,\text{A}$$

$$I_2'' = \dfrac{U_{q2}}{R_{i2} + \dfrac{R_a \cdot R_{i1}}{R_a + R_{i1}}} = 100\,\text{A} \qquad I_a'' = I_2'' \cdot \dfrac{\dfrac{R_a \cdot R_{i1}}{R_a + R_{i1}}}{R_a} = 25\,\text{A} \qquad I_1'' = I_a'' - I_1'' = -75\,\text{A}$$

$$I_1 = I_1' + I_1'' = 21{,}25\,\text{A} \qquad I_2 = I_2' + I_2'' = 17{,}5\,\text{A} \qquad I_a = I_a' + I_a'' = 38{,}75\,\text{A}$$

Aufgabe 3.18

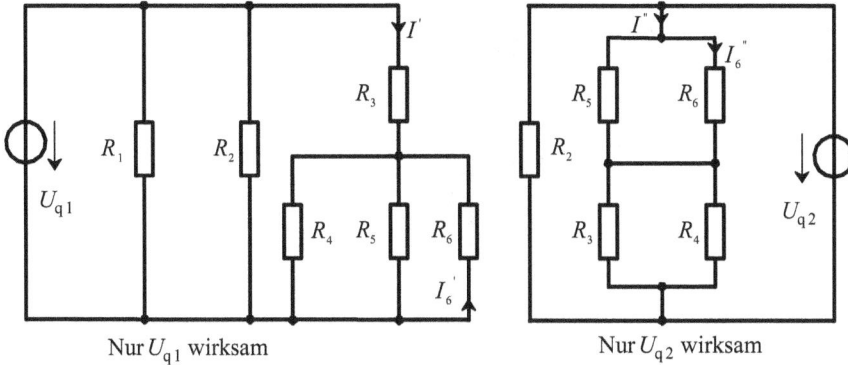

Abb. 7.7: Schaltungen bei nur jeweils einer wirksamen Quelle

Ist nur die Spannungsquelle 1 wirksam, so genügt es zur Ermittlung von I_6' den Strom I' auszurechnen. Es ist wieder besonders auf die Eintragung der Zählpfeile zu achten, die Zählpfeile für I_6' und I_6'' wurden in die gleiche Richtung wie der Zählpfeil für I_6 eingetragen.

$$I' = \frac{U_{q1}}{R_3 + \dfrac{1}{\dfrac{1}{R_4} + \dfrac{1}{R_5} + \dfrac{1}{R_6}}} = 18,02\,\text{mA} \qquad I_6' = -I' \cdot \frac{\dfrac{1}{\dfrac{1}{R_4} + \dfrac{1}{R_5} + \dfrac{1}{R_6}}}{R_6} = -4,74\,\text{mA}$$

Ist nur die Quelle 2 wirksam, so erhält man:

$$I'' = \frac{U_{q2}}{\dfrac{R_5 \cdot R_6}{R_5 + R_6} + \dfrac{R_3 \cdot R_4}{R_3 + R_4}} = 31,03\,\text{mA} \qquad I_6'' = I'' \cdot \frac{\dfrac{R_5 \cdot R_6}{R_5 + R_6}}{R_6} = 17,24\,\text{mA}$$

Somit ist $I_6 = I_6' + I_6'' = 12,5$ mA.

Aufgabe 3.19
Um die Schaltung in eine Ersatzspannungsquelle umzuwandeln, muss man den Ersatzinnenwiderstand und die Ersatzquellenspannung ermitteln. Um R_{ei} zu bestimmen, wandelt man die Dreieckschaltung aus R_2, R_3 und R_5 in eine Sternschaltung mit R_{IN}, R_{IIN} und R_{IIIN} um (siehe Abb. 7.8).

$$R_{IN} = \frac{R_2 \cdot R_3}{R_2 + R_3 + R_5} = 5\,\Omega \qquad R_{IIN} = \frac{R_3 \cdot R_5}{R_2 + R_3 + R_5} = 5\,\Omega \qquad R_{IIIN} = \frac{R_2 \cdot R_5}{R_2 + R_3 + R_5} = 2{,}5\,\Omega$$

$$R_{ei} = \frac{(R_1 + R_{IN}) \cdot (R_4 + R_{IIIN})}{R_1 + R_{IN} + R_4 + R_{IIIN}} + R_{IIN} = 10{,}56\,\Omega$$

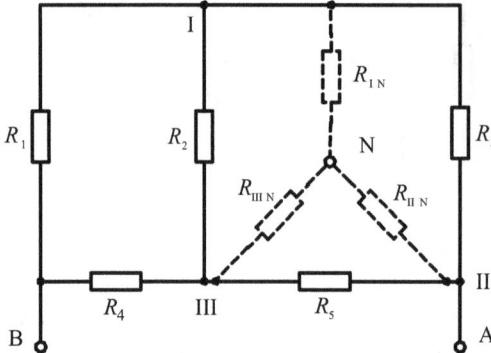

Abb. 7.8: Ermittlung der Ersatzinnenwiderstands

Die Leerlaufspannung U_{AB_0} entspricht der Ersatzquellenspannung U_{eq}.

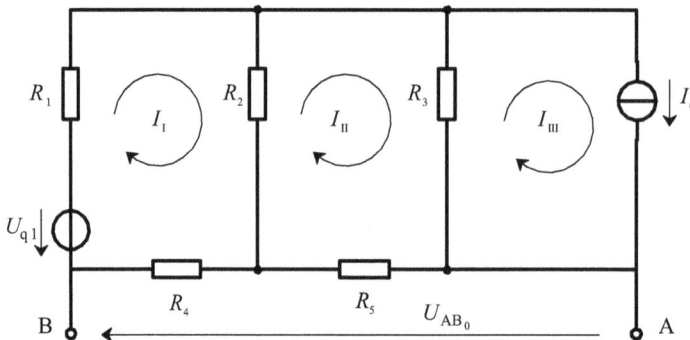

Abb. 7.9: Maschenstromverfahren zur Ermittlung der Leerlaufspannung

Bestimmt man die Leerlaufspannung z. B. mit Hilfe des Maschenstromverfahrens, so ist hier der Maschenstrom I_{III} bekannt, er entspricht dem Quellenstrom I_{q2}. Die Leerlaufspannung ist dann:

$$U_{AB_0} = I_I \cdot R_4 + I_{II} \cdot R_5$$

$$I_{\mathrm{I}} \cdot (R_1 + R_2 + R_4) - I_{\mathrm{II}} \cdot R_2 = U_{q1}$$

$$-I_{\mathrm{I}} \cdot R_2 + I_{\mathrm{II}} \cdot (R_2 + R_3 + R_5) = I_{\mathrm{III}} \cdot R_3 = I_{q2} \cdot R_3$$

Daraus erhält man: $I_{\mathrm{I}} = 488{,}9\,\mathrm{mA}$ $\qquad I_{\mathrm{II}} = 222{,}2\,\mathrm{mA}$ $\qquad U_{AB_0} = U_{eq} = 7{,}111\,\mathrm{V}$

Belastet man diese Ersatzquelle mit dem Widerstand R_6, so stellt sich folgender Strom I_6 ein:

$$I_6 = \frac{U_{eq}}{R_{ei} + R_6} = 0{,}2\,\mathrm{A}$$

Aufgabe 3.20

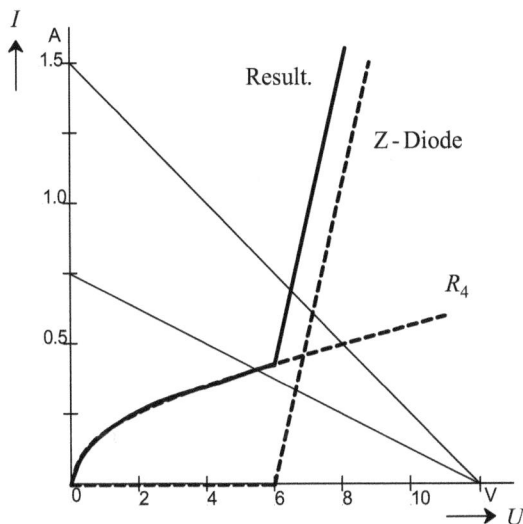

Abb. 7.10: *Resultierende Kennlinie für R_4 und die Z-Diode und Ermittlung des Arbeitspunktes bzw. neuen Kurz-schlussstroms*

a): Aus der Kennlinie für R_4 entnimmt man, dass sich bei $U_{AB} = 8\,\mathrm{V}$ ein Strom von $I_4 = 0{,}5\,\mathrm{A}$ einstellt. Außerdem ist $I_3 = I_4$.

Die linke Innenmasche in dem Netzwerk ergibt:

$$I_1 \cdot R_1 + I_4 \cdot R_3 + U_{AB} - U_{q1} = 0 \qquad I_1 = \frac{U_{q1} - I_4 \cdot R_3 - U_{AB}}{R_1} = 150\,\mathrm{mA}$$

Mit Hilfe des Knotensatzes erhält man $I_2 = I_3 - I_1 = 350\,\mathrm{mA}$.

Aus der rechten Innenmasche erhält man dann:

$$U_{q2} = U_{AB} + I_3 \cdot R_3 + I_2 \cdot R_2 = 14\,\text{V}$$

b): Für den Fall bei geschlossenem Schalter konstruiert man die resultierende Kennlinie für die Parallelschaltung aus R_4 und der Z-Diode und macht aus dem Rest der Schaltung eine Ersatzspannungsquelle mit:

$$R_{ei} = R_3 + \frac{R_1 \cdot R_2}{R_1 + R_2} = 8\,\Omega \qquad U_{eq} = U_{AB_0} = U_{q1} - I_1 \cdot R_1 = U_{q1} - \frac{U_{q1} - U_{q2}}{R_1 + R_2} \cdot R_1 = 12\,\text{V}$$

Daraus ergibt sich ein Kurzschlussstrom von $I_k = \dfrac{U_{eq}}{R_{ei}} = 1,5\,\text{A}$.

Aus dem Schnittpunkt der resultierenden Kennlinie und der Kennlinie für die Ersatzquelle ergibt sich $U_{AB} = 6,5\,\text{V}$.

c): Durch die Änderung von R_3 ändert sich U_{eq} nicht. Mit dem nun gegebenen Arbeitspunkt bei $U_{AB} = 5,5\,\text{V}$ erhält man:

$$I_{k_{neu}} = 0,75\,\text{A} \qquad R_{ei_{neu}} = \frac{U_{eq}}{I_{k_{neu}}} = 16\,\Omega \qquad R_3 = R_{ei_{neu}} - \frac{R_1 \cdot R_2}{R_1 + R_2} = 14,4\,\Omega$$

Diesen Wert darf R_3 nicht überschreiten.

Aufgabe 3.21

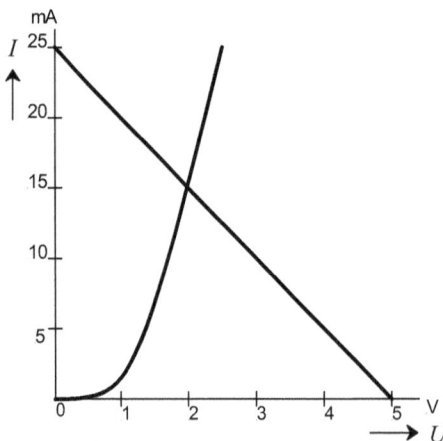

Abb. 7.11: Ermittlung des sich einstellenden Arbeitspunkts

Wandelt man den linearen Teil des Netzwerks in eine Ersatzquelle um, so erhält man:

$$U_{AB_0} = U_{eq} = 5\,V \qquad R_{ei} = \cfrac{1}{\cfrac{1}{R_1} + \cfrac{1}{R_2} + \cfrac{1}{R_3} + \cfrac{1}{R_4}} = 200\,\Omega \qquad I_k = \frac{U_{eq}}{R_{ei}} = 25\,mA$$

Der Schnittpunkt der Kennlinie der Leuchtdiode und der Ersatzquelle liefert den Arbeitspunkt $U_{AB} = 2\,V$ und $I_{LED} = 15\,mA$.

Die notwendige Spannung U_{q1} kann z. B. mit Hilfe des Maschenstromverfahrens gefunden werden:

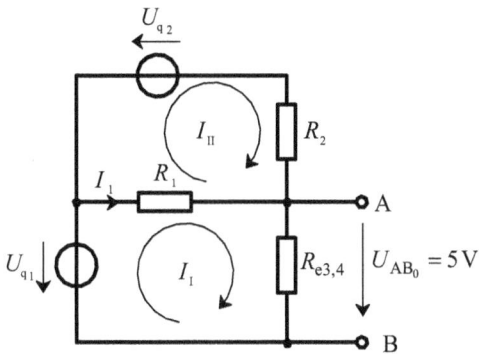

Abb. 7.12: Ermittlung der Spannung U_{q1}

Der Maschenstrom I_I ergibt sich durch die an $R_{e3,4}$ abfallende Spannung:

$$I_I = \frac{U_{AB_0}}{R_{e3,4}} = 16,67\,mA$$

Aus der oberen Innenmasche erhält man den Maschenstrom I_{II}:

$$-I_I \cdot R_1 + I_{II} \cdot (R_1 + R_2) = U_{q2} \qquad I_{II} = \frac{U_{q2} + I_I \cdot R_1}{R_1 + R_2} = 10,83\,mA$$

Daraus lässt sich der Strom I_1 und daraus dann U_{q1} ermitteln:

$$I_1 = I_I - I_{II} = 5,83\,mA \qquad U_{q1} = I_1 \cdot R_1 + U_{AB_0} = 12\,V$$

Aufgabe 3.22
Für die Spannungsteiler A und B müssen die Vierpolgleichungen aufgestellt werden; da es sich um jeweils gleichartige Vierpole handelt, genügt es, dies für den Spannungsteiler A vorzunehmen:

$$U_{A_1} = A_{A_{11}} \cdot U_{A_2} + A_{A_{12}} \cdot \left(-I_{A_2}\right)$$
$$I_{A_1} = A_{A_{21}} \cdot U_{A_2} + A_{A_{22}} \cdot \left(-I_{A_2}\right)$$

Für $I_{A_2} = 0$, d. h. bei Leerlauf am Ausgang des Spannungsteilers A, ist:

$$U_{A_1}{}' = \frac{R_1 + R_2}{R_2} \cdot U_{A_2} \qquad \text{und} \qquad I_{A_1}{}' = \frac{U_{A_2}}{R_2} = G_2 \cdot U_{A_2}$$

Für $U_{A_2} = 0$, d. h. bei Kurzschluss am Ausgang des Spannungsteilers A, ist:

$$U_{A_1}{}'' = R_1 \cdot I_{A_1} = R_1 \cdot \left(-I_{A_2}\right) \text{ und somit } U_{A_1} = U_{A_1}{}' + U_{A_1}{}'' = \frac{R_1 + R_2}{R_2} \cdot U_{A_2} + R_1 \cdot \left(-I_{A_2}\right)$$

$$I_{A_1}{}'' = -I_{A_2} = 1 \cdot \left(-I_{A_2}\right) \text{ und somit } I_{A_1} = I_{A_1}{}' + I_{A_1}{}'' = G_2 \cdot U_{A_2} + 1 \cdot \left(-I_{A_2}\right)$$

Für den Spannungsteiler B erfolgt die Lösung auf gleichem Wege. Somit erhält man die Kettenmatrix A_A und A_B:

$$A_A = \begin{bmatrix} \dfrac{R_1 + R_2}{R_2} & R_1 \\ G_2 & 1 \end{bmatrix} \qquad A_B = \begin{bmatrix} \dfrac{R_3 + R_4}{R_4} & R_3 \\ G_4 & 1 \end{bmatrix}$$

Auf formalem Weg erhält man dann für den Ersatzvierpol aus der Kettenschaltung der beiden Spannungsteiler

$$\begin{bmatrix} U_1 \\ I_1 \end{bmatrix} = \begin{bmatrix} \dfrac{R_1 + R_2}{R_2} & R_1 \\ G_2 & 1 \end{bmatrix} \cdot \begin{bmatrix} \dfrac{R_3 + R_4}{R_4} & R_3 \\ G_4 & 1 \end{bmatrix} \cdot \begin{bmatrix} U_2 \\ I_2 \end{bmatrix}$$

Die Kettenmatrix $A = A_A \cdot A_B$ erhält man nach dem Schema von Falk:

$$A_{11} = A_{A_{11}} \cdot A_{B_{11}} + A_{A_{12}} \cdot A_{B_{21}} = \frac{R_1 + R_2}{R_2} \cdot \frac{R_3 + R_4}{R_4} + R_1 \cdot G_4$$

$$= \frac{R_1 \cdot R_2 + R_1 \cdot R_3 + R_1 \cdot R_4 + R_2 \cdot R_3 + R_2 \cdot R_4}{R_2 \cdot R_4}$$

$$A_{12} = A_{A_{11}} \cdot A_{B_{12}} + A_{A_{12}} \cdot A_{B_{22}} = \frac{R_1 + R_2}{R_2} \cdot R_3 + R_1 \cdot 1 = \frac{R_1 \cdot R_2 + R_1 \cdot R_3 + R_2 \cdot R_3}{R_2}$$

$$A_{21} = A_{A_{21}} \cdot A_{B_{11}} + A_{A_{22}} \cdot A_{B_{21}} = G_2 \cdot \frac{R_3 + R_4}{R_4} + 1 \cdot G_4 = \frac{R_2 + R_3 + R_4}{R_2 \cdot R_4}$$

$$A_{22} = A_{A_{21}} \cdot A_{B_{12}} + A_{A_{22}} \cdot A_{B_{22}} = G_2 \cdot R_3 + 1 \cdot 1 = \frac{R_2 + R_3}{R_2}$$

Dieses Ergebnis soll nun dadurch überprüft werden, dass die Vierpolgleichungen für die Kettenschaltung direkt aus der Schaltung des Ersatzvierpols ermittelt werden.

$$U_1 = A_{11} \cdot U_2 + A_{12} \cdot \left(-I_2\right)$$
$$I_1 = A_{21} \cdot U_2 + A_{22} \cdot \left(-I_2\right)$$

Für $I_2 = 0$, d. h. den Leerlauf am Ende des Spannungsteilers B, muss zur Ermittlung von U_1' zuerst für die Widerstände R_2, R_3 und R_4 eine Dreieck-Stern-Umwandlung erfolgen (oder für R_1, R_2 und R_3 eine Stern-Dreieck-Umwandlung). Das Ergebnis dieser Umwandlung ist in der folgenden Abbildung gezeigt. Ebenso könnte man z. B. das Maschenstromverfahren anwenden. Die Umwandlung ist aber auch für die zweite Vierpolgleichung hilfreich und wurde deshalb hier vorgenommen.

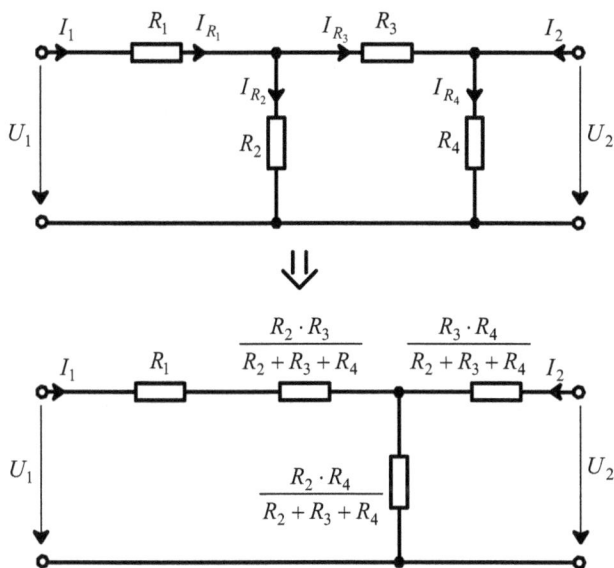

Abb. 7.13: Umwandlung der Schaltung in eine gleichwertige Ersatzschaltung zur Ermittlung von U_1'

Da $I_2 = 0$ ist, fällt auch an dem hinteren Widerstand keine Spannung ab und man erhält:

$$U_1' = \frac{R_1 + \dfrac{R_2 \cdot R_3}{R_2 + R_3 + R_4} + \dfrac{R_2 \cdot R_4}{R_2 + R_3 + R_4}}{\dfrac{R_2 \cdot R_4}{R_2 + R_3 + R_4}} \cdot U_2$$

$$= \frac{R_1 \cdot R_2 + R_1 \cdot R_3 + R_1 \cdot R_4 + R_2 \cdot R_3 + R_2 \cdot R_4}{R_2 \cdot R_4} \cdot U_2$$

Für $U_2 = 0$ (d. h. Kurzschluss am Ende des Spannungsteilers B und damit Kurzschließen von R_4) wird zunächst der sich einstellende Gesamtstrom I_1'' bestimmt, dieser verteilt sich dann auf die parallel geschalteten Widerstände R_2 und R_3. Der Strom I_{R_3} ist gleich $-I_2$.

$$I_1'' = \frac{U_1''}{R_1 + \dfrac{R_2 \cdot R_3}{R_2 + R_3}} = \frac{U_1''}{\dfrac{R_1 \cdot R_2 + R_1 \cdot R_3 + R_2 \cdot R_3}{R_2 + R_3}} \qquad \frac{I_1''}{I_2} = -\frac{R_3}{\dfrac{R_2 \cdot R_3}{R_2 + R_3}} = -\frac{R_2 + R_3}{R_2}$$

Durch Umformen der ersten Gleichung und Einsetzen der zweiten für I_1'' erhält man:

$$U_1'' = -\frac{R_2 + R_3}{R_2} \cdot I_2 \cdot \frac{R_1 \cdot R_2 + R_1 \cdot R_3 + R_2 \cdot R_3}{R_2 + R_3} = -\frac{R_1 \cdot R_2 + R_1 \cdot R_3 + R_2 \cdot R_3}{R_2} \cdot I_2$$

$$U_1 = U_1' + U_1''$$

$$= \frac{R_1 \cdot R_2 + R_1 \cdot R_3 + R_1 \cdot R_4 + R_2 \cdot R_3 + R_2 \cdot R_4}{R_2 \cdot R_4} \cdot U_2 + \frac{R_1 \cdot R_2 + R_1 \cdot R_3 + R_2 \cdot R_3}{R_2} \cdot (-I_2)$$

Es fehlt noch die zweite Vierpolgleichung.

Für den unbelasteten Ausgang des Spannungsteilers B erhält man mit Hilfe der unteren Schaltung in der Abb. 7.13:

$$I_1' = \frac{R_2 + R_3 + R_4}{R_2 \cdot R_4} \cdot U_2$$

Für den Kurzschluss am Ausgang des Spannungsteilers B geht man besser wieder auf die Originalschaltung über:

$$I_1'' = -\frac{R_3}{\dfrac{R_2 \cdot R_3}{R_2 + R_3}} \cdot I_2 = -\frac{R_2 + R_3}{R_2} \cdot I_2$$

$$I_1 = I_1' + I_1'' = \frac{R_2 + R_3 + R_4}{R_2 \cdot R_4} \cdot U_2 + \frac{R_2 + R_3}{R_2} \cdot (-I_2)$$

Beide Ergebnisse stimmen überein. Man kann aber erkennen, dass bereits bei einfachen Vierpolschaltungen der formale Weg über die Multiplikation der Kettenmatrizen (bzw. bei anderen Schaltungen über die Addition der Widerstands-, Leitwert-, Reihenparallel- oder Parallelreihenmatrizen) bedeutend kürzer und einfacher ist.

Aufgabe 4.1

Es liegt hier ein homogenes elektrisches Strömungsfeld vor, die elektrische Feldstärke ist deshalb überall gleich groß und beträgt:

$$E = \frac{U}{l} = 0{,}1 \frac{V}{m}.$$

Mit der Leitfähigkeit für Kupfer aus Tab. 2.2 mit $\gamma = 56\dfrac{S \cdot m}{mm^2}$ erhält man

$$J = \gamma \cdot E = 5{,}6\frac{A}{mm^2} \ .$$

$$I = J \cdot A = 14\,A \qquad R = \frac{U}{I} = 7{,}14\,m\Omega$$

Aufgabe 4.2

Auf der Erdoberfläche bilden sich kreisförmige Äquipotenziallinien und auf ihr stellt sich ein radialhomogenes Strömungsfeld ein. Mit der Manteloberfläche für eine Halbkugel kann man die Stromdichte und Feldstärke und daraus dann die Spannung ermitteln. Für jede zum Erder konzentrische Halbkugelfläche erhält man eine Stromdichte und Feldstärke in dieser Fläche von:

$$J = \frac{I}{A} = \frac{I}{2 \cdot \pi \cdot r^2} \qquad E = \frac{J}{\gamma_E} = \frac{I}{2 \cdot \pi \cdot r^2 \cdot \gamma_E}$$

Für einen Radius $r = r_E + 1\,m$ erhält man :

$$U = \int_{r_E}^{r} E \cdot dr = \int_{r_E}^{r} \frac{I}{2 \cdot \pi \cdot \gamma_E} \cdot \frac{1}{r^2} \cdot dr = \frac{I}{2 \cdot \pi \cdot \gamma_E} \cdot \left[-\frac{1}{r} \right]_{r_E}^{r} = \frac{I}{2 \cdot \pi \cdot \gamma_E} \cdot \left(\frac{1}{r_E} - \frac{1}{r} \right) = 63.2\,V$$

Aufgabe 4.3

Die Ladung auf dem Plattenkondensator wird durch die Prozedur nicht verändert. Der Index 1 bei E, U und ε gelte bei Luft als Dielektrikum und der Index 2 bei Transformatoröl. Mit Gleichung 4.16 ergibt sich:

$$Q = \varepsilon_0 \cdot \varepsilon_{r_1} \cdot E_1 \cdot A = \varepsilon_0 \cdot \varepsilon_{r_2} \cdot E_2 \cdot A$$

$$\varepsilon_0 \cdot \varepsilon_{r_1} \cdot \frac{U_1}{l} \cdot A = \varepsilon_0 \cdot \varepsilon_{r_2} \cdot \frac{U_2}{l} \cdot A \qquad \varepsilon_{r_1} \cdot U_1 = \varepsilon_{r_2} \cdot U_2 \qquad U_2 = U_1 \cdot \frac{\varepsilon_{r_1}}{\varepsilon_{r_2}} = 47{,}83\,V$$

Aufgabe 4.4

$$C_1 = C_2 = C_3 = \frac{\varepsilon \cdot A}{l_1} = 88{,}54\,pF \qquad C_4 = C_5 = C_6 = \frac{\varepsilon \cdot A}{l_4} = 44{,}27\,pF$$

Die Ersatzkapazitäten für C_2 und C_3 und für C_4, C_5 und C_6 sind recht einfach zu ermitteln, da sie jeweils gleich groß sind.

$$C_{e2,3} = \frac{C_2}{2} = 44{,}27\,pF \qquad C_{e4,5,6} = \frac{C_4}{3} = 14{,}76\,pF$$

$$C_e = \frac{C_1 \cdot \left(C_{e2,3} + C_{e4,5,6}\right)}{C_1 + C_{e2,3} + C_{e4,5,6}} = 35,42\,\text{pF} \qquad U_1 = U \cdot \frac{C_e}{C_1} = 9,6\,\text{V}$$

Ersetzt man bei den drei Kondensatoren das Dielektrikum Luft durch Glimmer, so wird:

$$C_4 = C_5 = C_6 = \frac{\varepsilon \cdot A}{l_4} = 318,8\,\text{pF} \quad C_{e4,5,6} = \frac{C_4}{3} = 106,3\,\text{pF} \quad C_e = 55,75\,\text{pF} \quad U_1 = 15,11\,\text{V}$$

Aufgabe 4.5

Ohne Flüssigkeit liegt eine Reihenschaltung eines Zylinderkondensators C_K mit Kunststoff und C_L mit Luft als Dielektrikum vor.

$$C_L = \frac{2 \cdot \pi \cdot l \cdot \varepsilon_0}{\ln \dfrac{r_3}{r_2}} = 359\,\text{pF} \qquad C_K = \frac{2 \cdot \pi \cdot l \cdot \varepsilon_0 \cdot \varepsilon_r}{\ln \dfrac{r_2}{r_1}} = 6,76\,\text{nF} \qquad C_e = \frac{C_L \cdot C_K}{C_L + C_K} = 341\,\text{pF}$$

Für den mit Flüssigkeit gefüllten Teil liegt eine Reihenschaltung eines Kondensators C_{K_F} und C_F vor, für den verbleibenden Teil eine Reihenschaltung aus C_{K_L} und C_L, beide Ersatzkapazitäten liegen zueinander parallel.

$$C_e = \frac{C_L \cdot C_{K_L}}{C_L + C_{K_L}} + \frac{C_F \cdot C_{K_F}}{C_F + C_{K_F}}$$

$$C_L = \frac{2 \cdot \pi \cdot \varepsilon_0 \cdot (l - h)}{\ln \dfrac{r_3}{r_2}} = (l - h) \cdot 598 \cdot 10^{-12}\,\frac{\text{A} \cdot \text{s}}{\text{V} \cdot \text{m}}$$

$$C_{K_L} = \frac{2 \cdot \pi \cdot \varepsilon_0 \cdot \varepsilon_{r_K} \cdot (l - h)}{\ln \dfrac{r_2}{r_1}} = (l - h) \cdot 11,27 \cdot 10^{-9}\,\frac{\text{A} \cdot \text{s}}{\text{V} \cdot \text{m}}$$

$$C_F = \frac{2 \cdot \pi \cdot h \cdot \varepsilon_0 \cdot \varepsilon_{r_F}}{\ln \dfrac{r_3}{r_2}} = h \cdot 1,2 \cdot 10^{-9}\,\frac{\text{A} \cdot \text{s}}{\text{V} \cdot \text{m}}$$

$$C_{K_F} = \frac{2 \cdot \pi \cdot h \cdot \varepsilon_0 \cdot \varepsilon_{r_K}}{\ln \dfrac{r_2}{r_1}} = h \cdot 11,27 \cdot 10^{-9}\,\frac{\text{A} \cdot \text{s}}{\text{V} \cdot \text{m}}$$

$$C_e = 341\,\text{pF} + h \cdot 513,4 \cdot 10^{-12}\,\frac{\text{A} \cdot \text{s}}{\text{V} \cdot \text{m}}$$

Ist der Zylinder vollständig mit Flüssigkeit gefüllt, ergibt sich eine Kapazität von 649 pF. Da die Einlaufgeschwindigkeit der Flüssigkeit konstant ist, nimmt die Füllstandshöhe linear mit der Zeit zu. Innerhalb von 10 s steigt somit die Kapazität linear vom Wert 341 pF auf 649 pF an.

Aufgabe 4.6

Man hat eine Reihenschaltung von $C_1 = 1{,}77$ nF und $C_2 = 15{,}94$ nF vor sich.

$$C_e = \frac{C_1 \cdot C_2}{C_1 + C_2} = 1{,}59\,\text{nF} \qquad U_1 = U \cdot \frac{C_e}{C_1} = 900\,\text{V} \qquad U_2 = U - U_1 = 100\,\text{V}$$

$$E_1 = \frac{U_1}{l_1} = 9\,\frac{\text{kV}}{\text{cm}} \qquad E_2 = \frac{U_2}{l_2} = 1\,\frac{\text{kV}}{\text{cm}}$$

Wenn E_1 gleich 27 kV/cm ist, dann muss nach Gleichung 4.35 E_2 gleich 3 kV/cm sein.

$$U = U_1 + U_2 = E_1 \cdot l_1 + E_2 \cdot (l - l_1) \qquad l_1 = \frac{U - E_2 \cdot l}{E_1 - E_2} = 0{,}167\,\text{mm}$$

Der Kondensator wurde auf eine Ladung $Q = C_e \cdot U = 1{,}59\,\mu\text{C}$ aufgeladen, diese Ladung ändert sich nach Abtrennen der Quelle (ideale Nichtleiter als Dielektrikum vorausgesetzt) nicht mehr. Nach dem Herausziehen von Dielektrikum 2 ist die Kapazität $C_e = 885$ pF und somit steigt U auf 1,8 kV an. Die Feldstärke im Dielektrikum 1 bleibt also unverändert auf 9 kV/cm.

Aufgabe 4.7

Bereits in Aufgabe 4.5 wurde gezeigt, dass durch die einfließende Flüssigkeit die Kapazität linear zunimmt. Da der Zylinderkondensator aber an einer konstanten Spannung liegt, muss auch die Ladung auf ihm zunehmen. Nimmt aber die Ladung zu, so muss auch während des Ansteigens der Flüssigkeit zwischen den Zylinderelektroden ein Strom fließen.

Die Formel 4.43 $i_C = C \cdot \dfrac{\mathrm{d}u_C}{\mathrm{d}t}$ ist umzuformen, da nicht mehr die Spannung, sondern die

Kapazität eine Zeitfunktion ist; $i_C = U_C \cdot \dfrac{\mathrm{d}C}{\mathrm{d}t}$. Ersetzt man in der Gleichung für C_e in Aufgabe 4.5 die Füllstandshöhe h durch das Produkt aus Einlaufgeschwindigkeit und Zeit, so wird mit $v \cdot t = h$:

$$i_C = 1\,\text{kV} \cdot \frac{\mathrm{d}\left[341\,\text{pF} + 6 \cdot 10^{-2}\,\dfrac{\text{m}}{\text{s}} \cdot t \cdot 513{,}4 \cdot 10^{-12}\,\dfrac{\text{A} \cdot \text{s}}{\text{V} \cdot \text{m}}\right]}{\mathrm{d}t} = 30{,}8\,\text{nA}$$

Während der 10 s Einlaufzeit fließt ein konstanter Strom von 30,8 nA, der die ursprüngliche Ladung von $Q = 341$ nC auf 649 nC erhöht. Eine einfachere Lösung ergibt sich aus dieser Ladungserhöhung mit Gleichung 2.3:

$$i_C = \frac{\Delta Q}{\Delta t} = \frac{(649 - 341)\,\text{nC}}{10\,\text{s}} = 30{,}8\,\text{nA}$$

Aufgabe 4.8

Der Kondensator ist auf die Spannung aufgeladen, die an den leerlaufenden Klemmen AB anliegt. Diese Spannung kann auf mehreren Wegen bestimmt werden. Trennt man den Kondensator aus der Schaltung heraus, so ergibt sich:

$$i = \frac{U_q}{R_1 + \dfrac{(R_2 + R_3)\cdot(R_4 + R_5)}{R_2 + R_3 + R_4 + R_5}} = 1\,\text{A} \qquad i_1 = i_2 = \frac{i}{2} = 0{,}5\,\text{A}$$

Dabei müssen i_1 und i_2 gleich groß sein, da beide über einen Widerstand von je 100 Ω fließen.

$$u_{AB_0} = u_{R_4} - u_{R_2} = R_4 \cdot i_2 - R_2 \cdot i_1 = 40\,\text{V} = u_C$$

Wird der Schalter geöffnet, dann entlädt sich der Kondensator über die Widerstände R_2 bis R_5. Fasst man diese Widerstände zu einem Ersatzwiderstand zusammen, so hat man die in Abb. 4.40 gezeigte Reihenschaltung eines Kondensators mit einem Widerstand vor sich.

$$R_e = \frac{(R_2 + R_4)\cdot(R_3 + R_5)}{R_2 + R_3 + R_4 + R_5} = 50\,\Omega \qquad \tau = R_e \cdot C = 0{,}5\,\text{ms} \qquad u_C = 40\,\text{V} \cdot e^{-\frac{t}{\tau}}$$

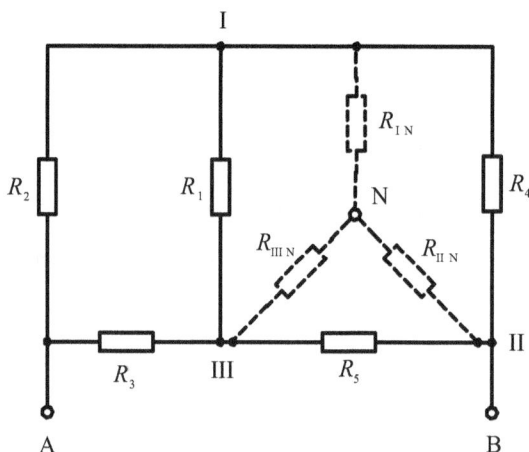

Abb. 7.14: Schaltung zur Bestimmung des Ersatzinnenwiderstandes

Beim Wiedereinschalten fasst man, wie beim Entladen, alle Widerstände zu einem Ersatzwiderstand zusammen. Die Spannung der Ersatzquelle ist nicht von Belang, sie entspräche der bereits ermittelten Spannung u_{AB_0}. Man hat dann eine Schaltung wie in Abb. 4.35 vor sich.

Schließt man die Spannungsquelle kurz und betrachtet die Schaltung von den Klemmen AB aus, so erhält man die in Abb. 7.14 gezeigte Schaltung. Um R_e zu ermitteln, muss also eine

Dreieck-Stern-Umwandlung durchgeführt werden. Eine andere Methode wäre, den Kurzschlussstrom an den Klemmen AB und daraus mit der Ersatzquellenspannung den Ersatzinnenwiderstand zu berechnen.

$$R_{IN} = \frac{R_1 \cdot R_4}{R_1 + R_4 + R_5} = 30\,\Omega \qquad R_{IIN} = \frac{R_4 \cdot R_5}{R_1 + R_4 + R_5} = 6\,\Omega \qquad R_{IIIN} = \frac{R_1 \cdot R_5}{R_1 + R_4 + R_5} = 3,33\,\Omega$$

$$R_e = R_{IIN} + \frac{(R_2 + R_{IN}) \cdot (R_3 + R_{IIIN})}{R_2 + R_{IN} + R_3 + R_{IIIN}} = 34\,\Omega \qquad \tau = R_e \cdot C = 0,34\,\text{ms}$$

Aufgabe 4.9

Bei der ersten Aufladung folgt u_C der Gleichung 4.45 und dann bei jeder weiteren der Gleichung 4.47, wobei jeweils die Spannung U_A, bei der die erneute Aufladung beginnt, aus der Vorgeschichte ermittelt bzw. übernommen wird. Der Entladevorgang folgt Gleichung 4.48, wobei wiederum die jeweils vorher erreichte Spannung U_A einzusetzen ist.

Die Zeitkonstante für den Ladevorgang ist $\tau_L = R_1 \cdot (C_1 + C_2) = 10\,\text{ms}$ und für den Entladevorgang $\tau_E = (R_1 + R_2) \cdot (C_1 + C_2) = 30\,\text{ms}$.

Die folgende Abbildung gibt den zeitlichen Verlauf von u_C wieder.

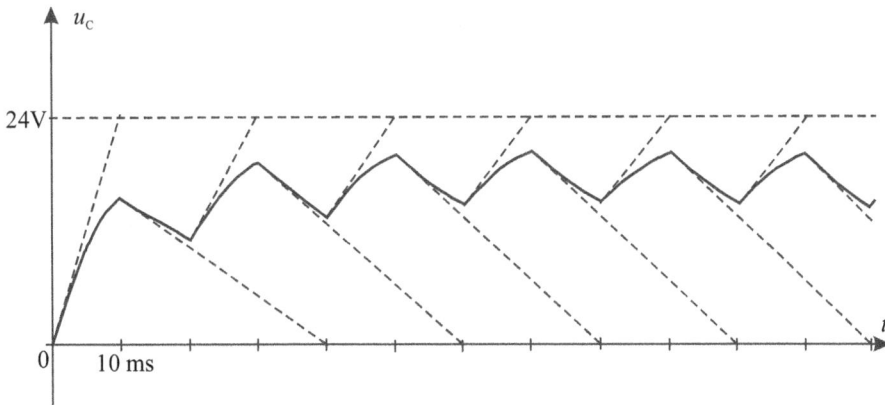

Abb. 7.15: Zeitlicher Verlauf von u_C in der Schaltung von Aufgabe 4.9

Aufgabe 5.1

Porzellan ist nichtferromagnetisch, d. h. $\mu \approx \mu_0$. Der magnetische Leitwert ist $\Lambda = \frac{\mu_0 \cdot A}{l}$.

Für die Fläche nimmt man jedoch nicht allein die Querschnittsfläche des Porzellanringes, sondern rechnet (wie in Abschn. 5.2.4 beschrieben) noch die Hälfte der Wicklung dazu, da sich auch bei einem kreisförmigen Integrationsweg, der in die Wicklung hineinreicht, eine

Durchflutung ergibt. Dadurch erhält man eine bessere Näherung als bei alleiniger Annahme des Porzellanringquerschnittes als Gesamtquerschnitt des Feldes. Die folgende Abbildung aus einem Ausschnitt der Ringspule soll die Geometrie zur Bestimmung des Durchmessers, für die zu berücksichtigende Querschnittsfläche, näher erläutern.

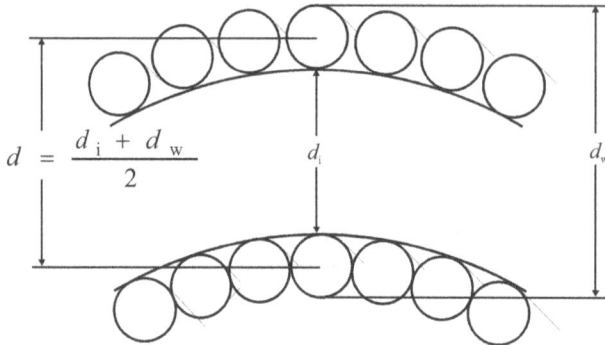

Abb. 7.16: Zu berücksichtigende Querschnittsfläche für den magnetischen Leitwert

$$A = \left(\frac{d_i + d_W}{4}\right)^2 \cdot \pi$$

Um den Wicklungsdurchmesser d_W zu erhalten, muss der Drahtdurchmesser zweimal zum Innendurchmesser der Spule d_i addiert werden.

$$A = \left(\frac{20\,\text{mm} + 21{,}2\,\text{mm}}{4}\right)^2 \cdot \pi = 333{,}3\,\text{mm}^2 = 333{,}3 \cdot 10^{-6}\,\text{m}^2$$

Die mittlere Feldlinienlänge ist $l = d_m \cdot \pi = 471{,}2 \cdot 10^{-3}\,\text{m}$.

$$\Lambda = \frac{\mu_0 \cdot A}{l} = 889\,\text{pH}$$

Daraus erhält man sofort die notwendige Durchflutung bzw. Windungszahl N.

$$\Theta = N \cdot I = \frac{\Phi}{\Lambda} \qquad N = \frac{\Phi}{\Lambda \cdot I} = 675$$

Hätte man bei dieser Aufgabe nicht zuerst den magnetischen Leitwert ermittelt, so wäre auch ein anderer Lösungsweg sinnvoll:

$$\Theta = N \cdot I = H \cdot l = \frac{B}{\mu_0} \cdot l = \frac{\Phi}{A \cdot \mu_0} \cdot l \qquad N = \frac{\Phi \cdot d_m \cdot \pi}{A \cdot \mu_0} = 675$$

Aufgabe 5.2

$$H_i \approx \frac{N \cdot I}{l_i} = 1150 \frac{A}{m} = 11,5 \frac{A}{cm} \qquad B_i = \mu_0 \cdot H_i \approx 1,45 \, mT$$

Zur Berechnung des magnetischen Flusses muss noch der Querschnitt für den Feldraum ermittelt werden. Wie in Abschn. 5.2.3 ausgeführt, soll dazu nicht allein die Fläche des Spuleninneren herangezogen, sondern beim Durchmesser noch zweimal die Hälfte der Dicke der Wicklung dazu genommen werden.

$$A_i = \left(\frac{d_i + d_W}{4} \right)^2 \cdot \pi = \left(\frac{d_i + (d_i + 2 \cdot d_{Cu})}{4} \right)^2 \cdot \pi = 277,6 \, mm^2$$

$$\Phi_i = B_i \cdot A_i \approx 403 \, nWb$$

Aufgabe 5.3

Die Beträge der drei Feldstärken, jeweils von den Strömen I_1, I_2 oder I_3 herrührend, werden mit Hilfe der Gleichung 5.15 bestimmt; dabei sind

$$r_1 = r_3 = \sqrt{(0,2 \, m)^2 + (0,15 \, m)^2} = 0,25 \, m \qquad r_2 = 0,15 \, m \,.$$

$$H_1 = H_3 = \frac{I_1}{2 \cdot \pi \cdot r_1} = 95,5 \frac{A}{m} \qquad H_2 = \frac{I_2}{2 \cdot \pi \cdot r_2} = 159,2 \frac{A}{m} = H_{2h} \qquad H_{2v} = 0$$

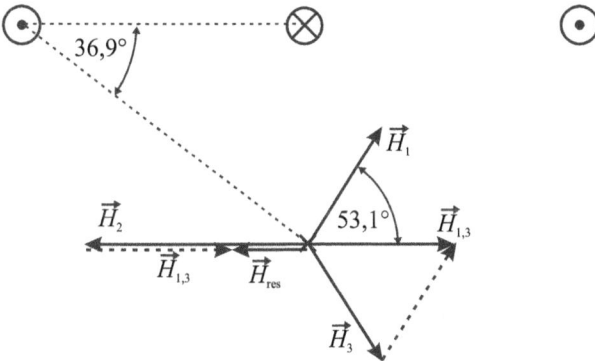

Abb. 7.17: Bestimmung der magnetischen Feldstärken im Punkt P

Wie man aus der Abbildung erkennt, ist die resultierende Feldstärke $\overrightarrow{H_{1,3}}$ entgegengesetzt wie $\overrightarrow{H_2}$ gerichtet. Durch geometrische Addition der drei Feldstärken ergibt sich:

$$H_{res} = 44{,}6 \frac{A}{m}$$

Bei einer Nachrechnung mit Hilfe der trigonometrischen Beziehungen müsste man nur die beiden Horizontalkomponenten für $\vec{H_1}$ und $\vec{H_3}$ ermitteln, da sich die beiden Vertikalkomponenten gegenseitig aufheben, wie man aus der Abbildung erkennt.

$$\alpha = \arctan \frac{0{,}15\,\text{m}}{0.2\,\text{m}} = 36{,}9°$$

$$H_{1h} = H_{3h} = H_1 \cdot \cos(90° - 36{,}9°) = 57{,}3 \frac{A}{m}$$

$$H_{res} = H_{2h} - (H_{1h} + H_{3h}) = 44.6 \frac{A}{m}$$

Um die größtmögliche Flussdichte zu erhalten, muss der magnetische Fluss die Spulenfläche senkrecht durchsetzen, also der Vektor der Feldstärke und der Fläche in gleicher Richtung liegen.

Aufgabe 5.4

Die Längen (gestrichelt eingetragen) und Querschnittsflächen ergeben sich aus Abb. 5.33, dabei werden die beiden Luftspalte rechnerisch zu einem Luftspalt mit doppelter Länge zusammengefasst:

$l_L = 0{,}06$ cm, $l_{Kern} = 14{,}4$ cm, $l_{Anker} = 4{,}8$ cm

$A_L = (16 \cdot 10^{-3}\,\text{m})^2 = 256 \cdot 10^{-6}\,\text{m}^2 \qquad A_{Kern} = A_{Anker} = k_F \cdot A_L = 230 \cdot 10^{-6}\,\text{m}^2$

$\Phi_{Anker} = B \cdot A_{Anker} = 230 \cdot 10^{-6}$ Wb

Durch den Streufaktor muss im Kern ein größerer Fluss erzeugt werden als im Anker wirksam ist. Aus Formel 5.25 erhält man:

$$\Phi_{ges} = \frac{\Phi_N}{1 - \sigma} = \Phi_{Kern} = \frac{\Phi_{Anker}}{1 - \sigma} = 256\,\mu\text{Wb}$$

Die Flussdichten werden nach Formel 5.13 ermittelt und die zugehörigen Feldstärken für den Kern und Anker aus der Magnetisierungskurve abgelesen bzw. für Luft nach Formel 5.14 berechnet.

Somit kann mit Hilfe der folgenden Tabelle die Durchflutung ermittelt werden und daraus dann der Strom:

$$I = \frac{\Theta}{N} = 808\,\text{mA}$$

Feldteil	A	Φ	B	H	l	V
	$[m^2]$	$[Wb]$	$[T]$	$[A/cm]$	$[cm]$	$[A]$
Kern	$230 \cdot 10^{-6}$	$256 \cdot 10^{-6}$	1,1	3	14,4	43,2
Anker	$230 \cdot 10^{-6}$	$230 \cdot 10^{-6}$	1,0	2,5	4,8	12
Luftspalt	$256 \cdot 10^{-6}$	$230 \cdot 10^{-6}$	0,9	$7,16 \cdot 10^3$	0,06	430

$$\Theta = \sum V \approx 485\,A$$

Aufgabe 5.5

Der magnetische Fluss ist $\Phi = B_L \cdot A_L = 5$ mWb. Die Flussdichten für die Eisenteile und die Feldstärke im Luftspalt ergeben sich zu:

$$B_1 = \frac{\Phi}{k_F \cdot A_1} = 1,39\,T \qquad B_2 = \frac{\Phi}{k_F \cdot A_2} = 1,1\,T \qquad H_L = \frac{B_L}{\mu_0} = 7955\,\frac{A}{cm}$$

Die zugehörigen Feldstärken liest man aus der Magnetisierungskurve ab.

Feldteil	A	Φ	B	H	l	V
	$[m^2]$	$[Wb]$	$[T]$	$[A/cm]$	$[cm]$	$[A]$
Eisen 1	$36 \cdot 10^{-4}$	$5 \cdot 10^{-3}$	1,39	6	45	270
Eisen 2	$45 \cdot 10^{-4}$	$5 \cdot 10^{-3}$	1,1	1,8	5	9
Luftspalt	$50 \cdot 10^{-4}$	$5 \cdot 10^{-3}$	1	7955	0,25	1989

$$\Theta = \sum V = 2268\,A$$

$$I = \frac{\Theta}{N} = 3,78\,A$$

Aufgabe 5.6

Da der Querschnitt im Eisen und Luftspalt gleich ist, kann mit der $B = f(H)$-Kennlinie gearbeitet werden.

$$B_k = \frac{\mu_0 \cdot N \cdot I}{l_L} = 1,68\,T \qquad H_0 = \frac{\Theta}{l_{Fe}} = 20\,\frac{A}{cm}$$

Trägt man die Gerade der „magnetischen Ersatzquelle" in die Magnetisierungskurve ein, so ergibt sich als Arbeitspunkt $B = 0,92$ T.

Rechnet man mit diesem Wert zurück, so erhält man:

$$H_{Fe} = 9\,\frac{A}{cm} \quad \text{(aus Magnetisierungskurve)} \qquad V_{Fe} = H_{Fe} \cdot l_{Fe} = 360\,A$$

$$H_L = \frac{B}{\mu_0} = 732 \cdot 10^3\,\frac{A}{m} \qquad V_L = H_L \cdot l_L = 439\,A \qquad \Theta = V_{Fe} + V_L = 799\,A$$

Es ergibt sich trotz der Ableseungenauigkeiten eine sehr gute Übereinstimmung.

Aufgabe 5.7

Zunächst wird das magnetische Ersatzschaltbild für den Magnetkreis gezeichnet.

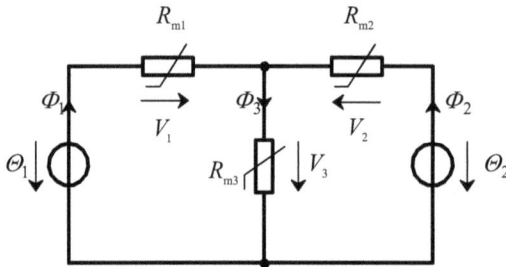

Abb. 7.18: Magnetisches Ersatzschaltbild für Aufgabe 5.7

Der Eintrag in die folgende Tabelle erfolgt in der Reihenfolge der Lösung und ist zur besseren Übersichtlichkeit durch Kleinbuchstaben gekennzeichnet. Ohne Kennzeichnung bleibt der Eintrag der geometrischen Daten.

Feldteil	A	Φ	B	H	l	V
	[m²]	[µWb]	[T]	[A/cm]	[cm]	[A]
Eisenteil 1	$350 \cdot 10^{-6}$	532 h	1,52 g	12,76 f	12,6	160,8 e
Eisenteil 2	$350 \cdot 10^{-6}$	448 i	1,28 j	4,7 k	12,6	59,2 l
Eisenteil 3	$700 \cdot 10^{-6}$	980 b	1,4 a	7 c	5,6	39,2 d

b) $\Phi_3 = B_3 \cdot A_3$ c) Magnetisierungskurve   d) $V_3 = H_3 \cdot l_3$ e) $V_1 = \Theta_1 - V_3$

f) $H_1 = \dfrac{V_1}{l_1}$ g) Magnetisierungskurve   h) $\Phi_1 = B_1 \cdot A_1$ i) $\Phi_2 = \Phi_3 - \Phi_1$

j) $B_2 = \dfrac{\Phi_2}{A_2}$ k) Magnetisierungskurve   l) $V_2 = H_2 \cdot l_2$

Endergebnis: $\Theta_2 = V_2 + V_3 = 98{,}4\,\text{A}$

Die Durchflutung Θ_2 muss in die gleiche Richtung wie Θ_1 wirken (Abb. 7.18), d. h. der Strom I_2 muss im linken Leiter der Wicklung 2 in die Zeichenebene hinein und entsprechend im rechten Leiter aus der Zeichenebene heraus gerichtet sein.

Aufgabe 6.1
Für $0 \le t < 0{,}5\,\text{s}$ ergibt sich kein Unterschied zur Lösung des ersten Beispiels aus Abschn. 6.1.6. Nun tritt der rechte Teil der Leiterschleife in den zweiten Luftspalt ein und in ihm wird die Spannung $u_{i_r} = -80\,\text{mV}$ induziert, während die Spannung u_{i_l} nach wie vor $80\,\text{mV}$ bleibt. Somit wird $u = u_{i_r} - u_{i_l} = -160\,\text{mV}$.

Zum Zeitpunkt $t = 0{,}6\,\text{s}$ verlässt der linke Teil der Leiterschleife das Feld im ersten Luftspalt, während der rechte Teil sich noch für weitere $0{,}2\,\text{s}$ im zweiten Feld bewegt. Damit wird ab diesem Zeitpunkt $u = -80\,\text{mV}$.

Ab dem Zeitpunkt $t = 0{,}7\,\text{s}$ befindet sich die ganze Leiterschleife im zweiten Luftspalt und die Spannung u wird null.

Von nun an ist der Verlauf wieder identisch mit der Lösung des ersten Beispiels aus Abschn. 6.1.6, allerdings treten alle Ereignisse $0{,}2\,\text{s}$ früher ein, da sich ja die Abstände um $0{,}2\,\text{m}$ verkürzt haben. Es ergibt sich folgender Zeitverlauf der Spannung u:

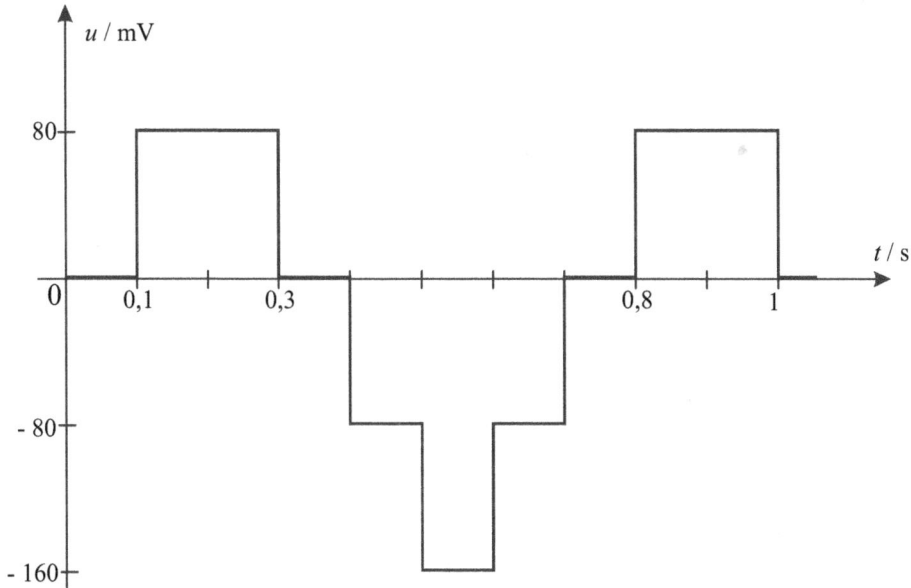

Abb. 7.19: Zeitlicher Verlauf der Spannung u

Aufgabe 6.2

Im Zeitintervall von $0 \leq t \leq 1\,\text{ms}$ folgt der magnetische Fluss folgender Zeitfunktion, danach beharrt er auf seinem erreichten Wert von 1,25 Wb:

$$u_{L_2} = N_2 \cdot \frac{\mathrm{d}\Phi}{\mathrm{d}t} \qquad \Phi = \int \frac{1}{N_2} \cdot u_{L_2} \cdot \mathrm{d}t = \frac{1}{N_2} \cdot \int 10\,\frac{\text{V}}{\text{ms}} \cdot t \cdot \mathrm{d}t = 20\,\frac{\text{V}}{\text{s}} \cdot t^2$$

Aufgabe 6.3

Mit dem neuen Strom ergibt sich:

$$H_0 = \frac{N \cdot I}{l_{\text{Fe}}} = 9,5\,\frac{\text{A}}{\text{cm}} \qquad \Phi_{\text{AP}} = \frac{L \cdot I}{N} = 250\,\mu\text{Wb}$$

Überträgt man die Werte in die Φ-H-Kennlinie der Abb. 6.31, so erhält man $\Phi_k \approx 270\,\mu\text{Wb}$. Damit ergibt sich eine Länge für den gesamten Luftspalt von

$$l_{\text{L}} = \frac{\mu_0 \cdot A_{\text{L}} \cdot N \cdot I}{\Phi_k} = 584\,\mu\text{m}\,.$$

Es ergibt sich praktisch keine Änderung gegenüber dem Strom von 0,4 A, d. h. die Induktivität der Drossel ist in diesem Bereich (und auch noch ein ganzes Stück darüber hinaus) als konstant anzusehen.

Aufgabe 6.4

Die Differenzialgleichung ist identisch mit der in Abschn. 6.3.3, es ergibt sich hier nur eine andere Anfangsbedingung für den Strom i zum Zeitpunkt $t = 0$ und damit eine andere Lösung der Differenzialgleichung. Es gibt unterschiedliche Möglichkeiten $i_{(t=0)}$ zu bestimmen, z. B. über die Stromteilerregel nach Gleichung 3.7. Da sich die Schaltung vor dem Öffnen des Schalters in einem stationären Zustand befindet, ist die Induktivität unwirksam und wirkt wie ein Kurzschluss.

$$i_{\text{ges}} = \frac{U_{\text{q}}}{R_{\text{i}} + \dfrac{R \cdot R_{\text{p}}}{R + R_{\text{p}}}} = U_{\text{q}} \cdot \frac{R + R_{\text{p}}}{R_{\text{i}} \cdot R + R_{\text{i}} \cdot R_{\text{p}} + R \cdot R_{\text{p}}}$$

$$i_{(t=0)} = i_{\text{ges}} \cdot \frac{\dfrac{R \cdot R_{\text{p}}}{R + R_{\text{p}}}}{R} = U_{\text{q}} \cdot \frac{R + R_{\text{p}}}{R_{\text{i}} \cdot R + R_{\text{i}} \cdot R_{\text{p}} + R \cdot R_{\text{p}}} \cdot \frac{R_{\text{p}}}{R + R_{\text{p}}} = U_{\text{q}} \cdot \frac{R_{\text{p}}}{R_{\text{i}} \cdot R + R_{\text{i}} \cdot R_{\text{p}} + R \cdot R_{\text{p}}}$$

Für $t \geq 0$ wird somit:

$$i = U_{\text{q}} \cdot \frac{R_{\text{p}}}{R_{\text{i}} \cdot R + R_{\text{i}} \cdot R_{\text{p}} + R \cdot R_{\text{p}}} \cdot \text{e}^{-\frac{t}{\tau}} \qquad \text{mit} \qquad \tau = \frac{L}{R + R_{\text{p}}}$$

$$u_L = -U_q \cdot \frac{R_p \cdot (R + R_p)}{R_i \cdot R + R_i \cdot R_p + R \cdot R_p} \cdot e^{-\frac{t}{\tau}}$$

Aufgabe 6.5

Der stationäre Endzustand für den Strom i, den man zur Lösung der Differenzialgleichung braucht, könnte unmittelbar, z. B. mit Hilfe der Stromteilerregel, aus der Schaltung ermittelt werden. Da aber auch die Zeitkonstante für den Einschaltvorgang bestimmt werden muss, ist es einfacher, die Spannungsquelle mit ihrem Innenwiderstand und die Widerstände R_1 und R_2 zu einer Ersatzspannungsquelle zusammenzufassen (vgl. Abschn. 3.8.1). Man hat dann die Schaltung von Abb. 6.39 vor sich und kann dann auch aus dieser Ersatzschaltung i_{st} bestimmen.

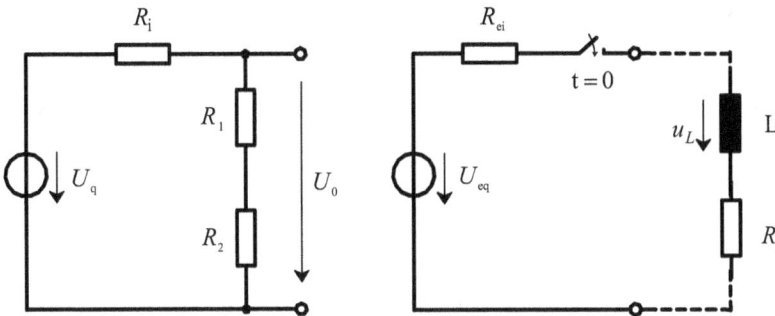

Abb. 7.20: Umwandlung eines Teils der Schaltung in eine Ersatzspannungsquelle

$$R_{ei} = \frac{R_i \cdot (R_1 + R_2)}{R_i + R_1 + R_2} = 400\,\Omega \qquad U_0 = U_{eq} = U_q \cdot \frac{R_1 + R_2}{R_i + R_1 + R_2} = 8\,V$$

Damit erhält man sofort die Zeitkonstante und den stationären Endzustand für i:

$$\tau = \frac{L}{R_{ei} + R_3} = 0{,}714\,ms \qquad i_{st} = \frac{U_{eq}}{R_{ei} + R_3} = 5{,}71\,mA$$

Nach Gleichung 6.30 und 6.31 ist dann $i = 5{,}71\,mA \cdot \left(1 - e^{-\frac{t}{0{,}714\,ms}}\right)$ und $u_L = 8\,V \cdot e^{-\frac{t}{0{,}714\,ms}}$.

Aufgabe 6.6

Es liegt einmal eine gleich- und einmal eine gegensinnige Kopplung vor. Für die beiden Fälle gilt:

$$L_{e_1} = 1,95\,\text{mH} = L_1 + L_2 + 2 \cdot L_{12} = 2 \cdot L_1 + 2 \cdot L_{12}$$

$$L_{e_2} = 0,65\,\text{mH} = L_1 + L_2 - 2 \cdot L_{12} = 2 \cdot L_1 - 2 \cdot L_{12}$$

Bildet man die Summe und die Differenz dieser beiden Gleichungen, dann erhält man:

$2,6\,\text{mH} = 4 \cdot L_1$ und daraus $L_1 = 0,65\,\text{mH}$ sowie $1,3\,\text{mH} = 4 \cdot L_{12}$ und daraus $L_{12} = 0,325\,\text{mH}$

Mit Gleichung 6.37 erhält man dann den Kopplungsfaktor:

$$k_{12} = \frac{L_{12}}{\sqrt{L_1 \cdot L_2}} = \frac{L_{12}}{L_1} = 0,5$$

Aufgabe 6.7

Die Flächen A_1 und A_3 der beiden außen liegenden Pole und ihrer Luftspalte sind gleich groß, $A_1 = 14\,\text{mm} \cdot 28\,\text{mm} = 3,92 \cdot 10^{-4}\,\text{m}^2$; die Fläche des mittleren Polpaars ist doppelt so groß, $A_2 = (28\,\text{mm})^2 = 7,84 \cdot 10^{-4}\,\text{m}^2$. Die Gesamtkraft verteilt sich auf die drei Luftspalte, die Flussdichte ist in allen dreien gleich, da sich der Fluss des Mittelschenkels gleichmäßig auf die beiden Außenschenkel verteilt.

$$F = F_1 + F_2 + F_3 = \frac{B^2}{2 \cdot \mu_0}\left(A_1 + A_2 + A_3\right) \qquad B = \sqrt{\frac{F \cdot 2 \cdot \mu_0}{A_1 + A_2 + A_3}} = 0,5\,\text{T}$$

Aus der Magnetisierungskurve Abb. 5.25 liest man für diese Flussdichte bei Walzstahl eine magnetische Feldstärke $H = 5$ A/cm ab. Zur Ermittlung der Durchflutung muss wieder nur der halbe Eisenkern betrachtet werden. Mit der mittleren Feldlinienlänge für den EI-Kern von $l_{\text{Fe}} = (12,6 + 4,2)$ cm $= 16,8$ cm erhält man eine magnetische Spannung für den Eisenteil von $V_{\text{Fe}} = H_{\text{Fe}} \cdot l_{\text{Fe}} = 84$ A. Für den Luftspalt erhält man

$$H_L = \frac{B_L}{\mu_0} = 3979\,\frac{\text{A}}{\text{cm}} \qquad V_L = H_L \cdot l_L = 397,9\,\text{A} \approx 398\,\text{A} \qquad \Theta = V_{\text{Fe}} + V_L = 482\,\text{A}$$

Bei völlig angezogenem Anker (I-Teil) erhält man bei dieser Durchflutung eine Feldstärke im Eisen von $H_{\text{Fe}} = \Theta/l_{\text{Fe}} = 28,7$ A/cm. Dazu erhält man aus der Magnetisierungskurve eine Flussdichte von $B = 1,44$ T. Somit ergibt sich eine Haltekraft

$$F = \frac{B^2}{2 \cdot \mu_0}\left(A_1 + A_2 + A_3\right) = 1294\,\text{N}$$

Aufgabe 6.8

Unterstellt man durch die Vernachlässigung des Eiseneinflusses, dass die gesamte Durchflutung am Luftspalt abfällt, so erhält man eine Flussdichte von

$$B_L = \frac{\Phi}{A_L} = \frac{\Theta}{R_{m_L} \cdot A_L} = \frac{I_q \cdot N \cdot \mu_0 \cdot A_L}{l_L \cdot A_L} = 0,88\,\text{T}$$

Sobald das Kurzschlussrähmchen mit seinem linken Rand in das Feld eintritt, wird darin eine Spannung induziert, die einen Strom zur Folge hat. Die aktive Leiterlänge im Magnetfeld ist

$$l = \sqrt{20\,\mathrm{cm}^2} = 4,47\,\mathrm{cm}\,.$$

$$u_L = B_{\mathrm{L}} \cdot l \cdot v = 0,197\,\mathrm{V} \qquad I = \frac{u_L}{R} = 197\,\mathrm{A} \qquad F = B_{\mathrm{L}} \cdot l \cdot I = 7,74\,\mathrm{N}$$

Der magnetische Fluss im Luftspalt ist von oben nach unten gerichtet. Nach der „Rechte-Hand-Regel" ist der Strom im linken Stück des Kurzschlussrähmchens in die Zeichenebene gerichtet, bzw. wirkt das durch den Strom verursachte Feld der Feldabnahme durch das Herausziehen des Rähmchens entgegen.

Aufgabe 6.9

Die Beträge der Kräfte, die vom Leiter 1 und 3 herrühren, sind:

$$F_1 = \frac{\mu_0 \cdot l}{2 \cdot \pi \cdot a} \cdot I_1 \cdot I_2 = 6,4\,\mathrm{N} \qquad F_3 = \frac{\mu_0 \cdot l}{2 \cdot \pi \cdot a} \cdot I_3 \cdot I_2 = 6,4\,\mathrm{N}$$

Die Richtung der Kräfte ergibt sich nach Abb. 6.62 bzw. der „Linke-Hand-Regel".

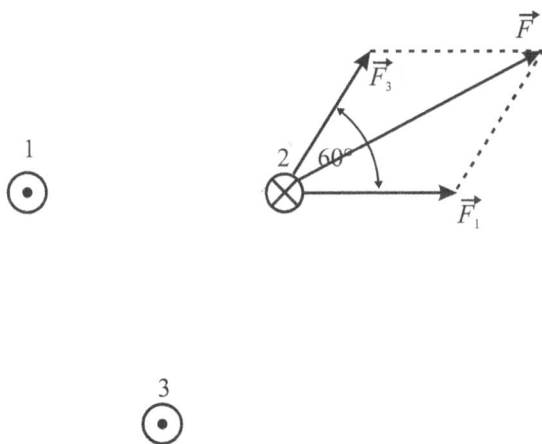

Abb. 7.21: Richtung der Kräfte auf den Leiter 2

Der Winkel zwischen beiden Kräften beträgt 60°. Damit ist der Betrag der resultierenden Kraft nach dem Sinussatz:

$$F = \frac{F_3}{\sin 30°} \cdot \sin 120° = 11,1\,\mathrm{N}$$

Aufgabe 6.10

Innerhalb des Magnetfeldes gerät das Elektron auf eine Kreisbahn mit einem Radius von 28,4 mm, dieses Ergebnis kann unmittelbar aus dem ersten Beispiel von Abschn. 6.7.4 übernommen werden. Es empfiehlt sich hier eine zeichnerische Lösung, entsprechend der Skizze in Abb. 7.22. Nach dem Verlassen des Feldes fliegt das Elektron geradeaus weiter.

$$r = \frac{m \cdot v}{e \cdot B} = 28,4\,\text{mm}$$

Daraus ergibt sich $b = 22,6$ mm.

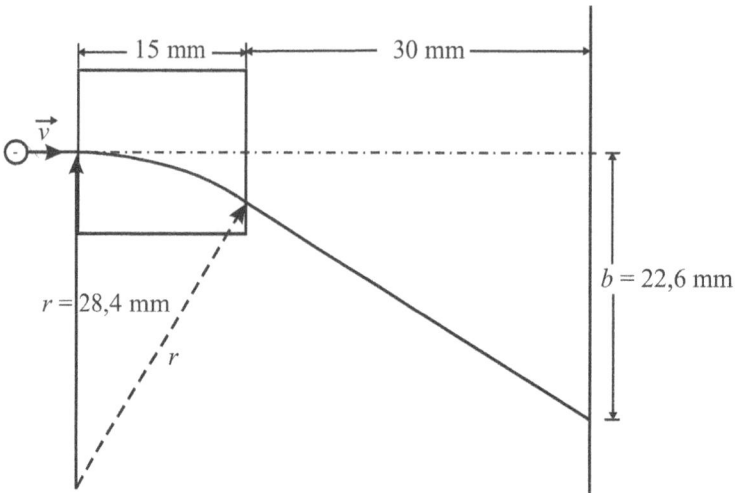

Abb. 7.22: Ablenkung eines Elektrons beim Durchlaufen eines homogenen Magnetfeldes

8   Weiterführende Literatur

Horst Clausert, Günther Wiesemann, Volker Hinrichsen, Jürgen Stenzel
Grundgebiete der Elektrotechnik 1 + 2
Oldenbourg Verlag

Karl Küpfmüller, Wolfgang Mathis, Albrecht Reibiger
Theoretische Elektrotechnik: Eine Einführung
Springer Verlag

Eugen Philippow
Grundlagen der Elektrotechnik
Verlag Technik

Stichwortverzeichnis

www.ingramcontent.com/pod-product-compliance
Lightning Source LLC
Chambersburg PA
CBHW081046220326
41598CB00038B/7000